太赫兹回旋器件原理及应用

刘頔威　王　维　宋　韬　著

科学出版社
北　京

内 容 简 介

本书围绕一类重要太赫兹辐射源——基于电子回旋受激辐射机理的太赫兹回旋器件的发展现状、相关理论及典型应用进行系统阐述。全书共7章，第1章介绍太赫兹回旋器件的发展现状；第2～6章详细阐述电子光学系统、太赫兹回旋振荡器、太赫兹回旋放大器、输入输出结构和准光模式变换器；第7章介绍太赫兹回旋器件的两个重要应用，即电子回旋共振加热和动态核极化核磁共振波谱技术。

本书既可作为太赫兹科学技术和真空电子相关专业研究生的教学参考书，也可作为相关领域科研人员和工程技术人员的专业参考书。

图书在版编目(CIP)数据

太赫兹回旋器件原理及应用 / 刘頔威，王维，宋韬著. --北京：科学出版社，2025.6. --ISBN 978-7-03-080140-1

Ⅰ. TN6

中国国家版本馆 CIP 数据核字第 2024WY8509 号

责任编辑：孟 锐 / 责任校对：郝璐璐
责任印制：罗 科 / 封面设计：墨创文化

科学出版社 出版
北京东黄城根北街16号
邮政编码：100717
http://www.sciencep.com

成都锦瑞印刷有限责任公司 印刷
科学出版社发行 各地新华书店经销

*

2025年6月第 一 版	开本：787×1092 1/16
2025年6月第一次印刷	印张：17 1/4
	字数：409 000

定价：168.00 元
（如有印装质量问题，我社负责调换）

序

  电磁频谱资源的利用，对人类文明和文化进步起到了很大的作用。诸如无线通信、导航、雷达、电视以及计算机科学的发展，无不依赖电磁频谱资源的开发利用。

  1930~1950 年普通微波管的发展，1950 年以后各种固体器件的发展，为开拓波长在 0.1m~1cm 的微波波段做出了重大贡献。1960 年以后迅速发展的激光技术，开拓了可见光及两侧(红外线和紫外线)的电磁波。但在上述两个频段之间，即微波到红外线之间的频段——毫米波到太赫兹波——的开拓工作进展则非常缓慢。无论是普通微波管还是各种以量子效应为基础的器件(激光器和固态器件)，在该频段均面临效率和功率急剧下降等问题。回旋管是一种基于自由电子在纵向磁场中回旋受激辐射机理的快波器件，不需要传统电真空器件所必需的慢波结构，跟普通微波管等辐射源相比，不仅具有更大功率，而且具有更高的能量转换效率，在毫米波太赫兹频段可实现大功率、高频率电磁波输出。经过科学家的不懈努力，回旋管已经发展成一个庞大的家族。

  太赫兹波和相关领域技术是世界各国争先抢占的核心频谱战略资源和科学制高点。太赫兹波具有不同于微波和光波的独特性质，是电磁波谱中尚待全面开发、亟待全面探索，且具有重大科学意义和应用前景的电磁频段，具有载波频率高、通信容量大、穿透性强、光子能量低、不会产生生物电离等特性。太赫兹科学技术有望在远距离成像探测、遥感、大分子生物医学检测、超高速无线通信等领域取得革命性的突破。但当前太赫兹科学技术的发展仍然受制于大功率、高效率太赫兹辐射源。回旋管是当前产生高频率、大功率太赫兹辐射的主要器件。

  该书共分为 7 章，依次从太赫兹回旋器件的发展现状、电子光学系统、太赫兹回旋振荡器和放大器的基础理论和设计方法、太赫兹回旋器件的输入输出结构、实现回旋器件工作模式到线极化高斯波束转化的准光模式变换器，以及太赫兹回旋器件在回旋共振加热和增强核磁共振波谱技术等多个方面对太赫兹回旋振荡器和太赫兹回旋放大器进行全面深入的讨论。书中的内容既是对近年来国内外太赫兹回旋器件的全面总结，也是对作者及所在团队在太赫兹回旋器件方面最新成果的展示。

  该书不仅可以让读者了解太赫兹回旋器件的整个发展历程和未来发展方向，还可以让读者系统地学习相关理论知识，加深对太赫兹回旋器件的认识和理解。除此之外，该书可以引导读者将数学和物理紧密结合，将抽象的数学理论应用于实际的物理问题，有利于培养读者分析和解决问题的能力。

刘盛纲
中国科学院院士
2024 年 12 月

前　言

　　回旋器件是目前产生大功率、高频率电磁辐射的主要手段。回旋器件已形成了一个庞大的家族，包括回旋振荡管、回旋行波管、回旋速调管、回旋返波管、回旋磁控管和回旋行波速调管等。回旋器件研究工作十分重要，但相关的专业著作却不多，尤其是中文著作。我在电子科技大学攻读研究生期间，有幸对我的硕士和博士生导师、中国科学院院士刘盛纲教授编著的《相对论电子学》进行了系统的学习。该书对电子回旋器件进行了全面的阐述，内容包含电子回旋器件研究所需要的相关数学物理知识、回旋器件的线性和非线性理论及多种类型回旋器件的分析方法，是关于回旋器件的经典之作，但该书成书于1987年，到现在已近40年。近40年来，回旋器件的研究工作取得了长足进展，出现了新的研究成果和新的研究方法，因此我认为很有必要对回旋器件，尤其是近年发展起来的太赫兹回旋器件进行全面系统的总结，这也是我撰写本书的初衷。

　　本书共分为7章。第1章对太赫兹回旋振荡器和放大器的发展现状和未来发展方向进行全面深入的介绍，以期读者能对太赫兹回旋器件有一个全面的了解。

　　第2章讨论电子光学系统。在这一章中，对磁控注入式电子枪的设计理论、磁场曲线拟合方法进行全面的阐述，同时也对大回旋电子枪的相关理论进行讨论。

　　第3章讨论太赫兹回旋振荡器。在该章中，讨论多种结构的开放回旋谐振腔，线性理论、非线性理论和时域多模非线性理论，同时包含作者本人及研究生的研究成果。

　　第4章阐述太赫兹回旋放大器。在该章中，对多种可能用于太赫兹回旋放大器的高频结构，包括单共焦准光波导、双共焦准光波导、均匀介质加载波导和周期介质加载波导，以及螺旋波纹波导等进行详细的讨论，同时讨论太赫兹回旋行波管的线性及非线性理论。

　　第5章讨论太赫兹回旋器件的输入输出结构，输入和输出结构是太赫兹回旋器件的重要组成部分，包括盒型输入窗、多种结构输出窗的设计理论及方法，以及波导模式转换器和波纹波导。

　　第6章主要讨论准光模式变换器，包括几何光学理论、标量衍射理论和矢量衍射理论等准光模式变换器的理论分析方法，以及相位校正理论。

　　太赫兹回旋器件具有高频率和大功率等优势，在国防安全和国民经济等诸多领域有广泛的应用潜力，电子回旋共振加热和太赫兹增强核磁共振是太赫兹回旋器件目前的两个主要应用方向。第7章对电子回旋共振加热的基本原理、各个不同聚变装置中电子回旋共振加热系统的回旋管参数进行详细的介绍，同时也对太赫兹增强核磁共振波谱技术的基本原理、多频段商用的太赫兹增强核磁共振波谱系统中回旋管的工作参数进行详细的介绍。

　　在本书写作过程中，我的同事王维、宋韬，博士研究生黄杰、张晨、齐旭、良佩声、李杰龙、毛涛涛和朱承辉，硕士研究生张弛、王太行、王旌成、张澳歌、蓝显树、曾凡奇、张一帆、郝伊宁、王爱钦、吴迪、刘城、马佳甜、柴宇轩、张朝阳、易至、谭国庆和贺美航等均给予了很大的帮助，谨向他们表示由衷的感谢，也感谢家人和朋友们一贯的关心、鼓励、支持和协助。

衣带渐宽终不悔，为伊消得人憔悴。在本书的写作过程中，我倾注了大量的心血，但太赫兹回旋器件发展非常迅速，相关文献浩如烟海，再加上学术水平有限，书中不足之处在所难免，恳请各位读者不吝赐教。

刘頔威
2024 年于电子科技大学

目 录

第1章 绪论 ... 1
1.1 太赫兹回旋管发展现状 ... 3
1.2 太赫兹回旋放大器发展现状 ... 7
参考文献 ... 10

第2章 电子光学系统 ... 13
2.1 小回旋电子枪 ... 15
2.1.1 收敛磁场及其绝热压缩作用 ... 15
2.1.2 电子光学系统中的静电场和静磁场 ... 17
2.1.3 电子注的主要性能参数指标 ... 23
2.2 大回旋电子枪 ... 30
2.2.1 电子运动方程 ... 30
2.2.2 缓变倒向磁场大回旋电子枪 ... 36
2.2.3 速度离散 ... 38
参考文献 ... 40

第3章 太赫兹回旋振荡器 ... 41
3.1 开放回旋谐振腔 ... 41
3.1.1 三段式圆柱开放回旋谐振腔 ... 49
3.1.2 改进型多段式圆柱开放回旋谐振腔 ... 52
3.1.3 三段式同轴开放回旋谐振腔 ... 54
3.1.4 复合开放回旋谐振腔 ... 56
3.1.5 共焦波导开放回旋谐振腔 ... 57
3.1.6 光子晶体回旋谐振腔 ... 65
3.2 回旋管的线性理论 ... 69
3.2.1 色散曲线 ... 69
3.2.2 注波耦合系数 ... 70
3.2.3 起振电流 ... 70
3.3 回旋管的稳态非线性理论 ... 78
3.3.1 回旋中心坐标系下的自洽非线性理论 ... 81
3.3.2 波导中心坐标系下的自洽非线性理论 ... 82
3.4 回旋管的时域多模自洽非线性理论 ... 89
参考文献 ... 99

第4章 太赫兹回旋放大器 ... 101
4.1 太赫兹回旋行波管注波互作用结构 ... 101
4.1.1 共焦波导 ... 102
4.1.2 介质加载波导 ... 106
4.1.3 螺旋波纹波导 ... 114
4.2 回旋行波管的动力学理论 ... 120
4.3 回旋行波管的非线性理论 ... 140
参考文献 ... 145

第5章 输入输出结构 ... 147
5.1 低损耗传输线 ... 147
5.1.1 TE_{10}-HE_{11}模式变换器 ... 151
5.1.2 过模圆柱波纹波导 ... 152
5.1.3 斜角弯头 ... 156
5.2 太赫兹回旋行波管输入窗 ... 158
5.3 太赫兹回旋行波管输入耦合器 ... 158
5.3.1 圆柱波导回旋行波管输入耦合器 ... 161
5.3.2 单共焦波导回旋行波管输入耦合器 ... 163
5.3.3 双共焦波导回旋行波管输入耦合器 ... 164
5.4 太赫兹回旋器件输出窗 ... 165
5.4.1 单层结构输出窗 ... 166
5.4.2 多层结构输出窗 ... 168
5.4.3 超材料输出窗 ... 170
5.4.4 布鲁斯特输出窗 ... 171
参考文献 ... 173

第6章 准光模式变换器 ... 175
6.1 准光模式变换器的基本理论 ... 177
6.1.1 几何光学理论 ... 177
6.1.2 标量衍射理论 ... 183
6.1.3 矢量绕射理论 ... 185
6.2 辐射器 ... 191
6.2.1 Valsov型辐射器 ... 191
6.2.2 Denisov型辐射器 ... 193
6.2.3 混合型辐射器 ... 207
6.3 反射镜 ... 210
6.3.1 准椭圆型反射镜 ... 210
6.3.2 抛物型反射镜 ... 212
6.3.3 相位校正镜 ... 214
参考文献 ... 216

第7章　太赫兹回旋器件的应用 ····································· 218
7.1　电子回旋共振加热 ··· 218
7.1.1　ITER 装置 ·· 224
7.1.2　JET 电子回旋加热系统 ································· 226
7.1.3　Tore Supra 电子回旋加热系统 ·························· 226
7.1.4　DIII-D 电子回旋加热系统 ······························ 227
7.1.5　FTU 电子回旋加热系统 ································ 228
7.1.6　HL-2A 电子回旋加热系统 ······························ 228
7.1.7　EAST 电子回旋加热系统 ······························· 229
7.1.8　CFETR 电子回旋加热系统 ······························ 229
7.2　动态核极化核磁共振波谱技术 ······························ 230
参考文献 ·· 240
附录 ·· 241

第1章 绪 论

太赫兹(terahertz,THz)波是指频率为 0.1～10THz($1THz=10^{12}Hz$)的电磁波,相应的波长介于 3mm～30μm,处于电子学向光子学过渡的频谱区域,如图 1.1 所示。太赫兹波具有不同于微波和光波的独特性质,是电磁波谱中尚待全面开发、亟待全面探索,且具有重大科学意义和应用前景的电磁频段。太赫兹波具有载波频率高、通信容量大、穿透性强、光子能量低、不会产生生物电离等特性,同时许多大分子有机物的振动和转动能级与太赫兹频段的光子能量相近。基于这些特性,太赫兹波及相关科学技术有望在远距离成像探测、遥感、大分子生物医学检测、超高速无线通信等领域取得革命性的突破,目前已成为世界发达国家争先抢占的频谱资源和科学制高点。美国把太赫兹科学技术列为改变世界未来的十大技术之一,欧盟将其列为"改变未来世界的六大科学技术之一",日本将其列为国家十大支柱产业之一。"十三五"期间,我国把太赫兹科学技术列为国防三大颠覆类技术之一。

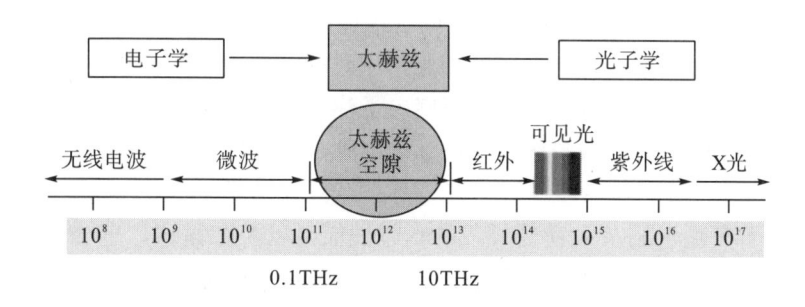

图 1.1 太赫兹波在电磁频谱中的位置

作为一个年轻且具有重大科学意义及应用价值的前沿领域,近三十年来,太赫兹科学技术得到了迅猛发展。太赫兹科学技术已不像发展之初那样局限于天文学和波谱学等少数领域的应用,而是涉及从基础科学到实际应用的诸多方面。尽管国内外科学家在太赫兹科学技术及其交叉领域取得了一系列原创性成果,但当前太赫兹科学技术的发展仍然受制于大功率、高效率太赫兹辐射源的技术瓶颈。目前,产生太赫兹辐射主要有两大技术手段:电子学方法和光子学方法。电子学太赫兹辐射源主要包括电真空器件、固态器件和量子级联激光器(quantum cascade laser,QCL)等;光子学太赫兹辐射源主要包括激光泵浦气体激光器、光学差频太赫兹辐射源以及基于时域光谱(time-domain spectroscopy,TDS)技术的太赫兹辐射源等。对于传统的电真空器件,要使其工作频率提升到太赫兹频段,需要大幅度缩小周期慢波结构至太赫兹波长尺度,面临慢波结构加工难度大、高质量电子注成形困难、注波互作用效率低，以及输出功率与工作频率平方成反比等难题。对于太赫兹固态器件，随着工作频率提高，要求材料迁移率大幅增加、电子输运沟道长度大幅缩小以缩短渡越时间，为了降低寄生电容效应，器件的尺寸需要进一步缩小。太赫兹固态器件输出功率随工作频率的升高迅速降低，且器件的量子效应显著。基于传统天然半导体材料中的电子-空穴复合来产生太赫兹辐射同样遇到了瓶颈，其原因是传统天然半导体材料的禁带宽度在数个电子伏特，而太赫兹的能量仅仅在 4.2meV 左右，二者相差数百倍，自然界没有如此小禁带宽度的半导体材料。采用人工超晶格方法制造的量子级联激光器虽然可以实现小的子能级宽度，但必须工作在超低温情况下，才能避免热噪声等问题。基于光子学方法，由于量子效率等因素影响，目前只有少数几种气体物质的能级跃迁可以达到太赫兹频段的高频部分。基于光整流的非线性光学方法可产生皮秒量级、脉冲能量数为十微焦、场强超过 1MV/cm 的强太赫兹脉冲，但由于材料吸收、损伤阈值等因素，器件的工作频率和脉冲能量受到了限制[1]。基于飞秒激光的太赫兹时域光谱技术可以产生宽带太赫兹辐射，但面临大面积光电导器件生产成本高昂和功率谱密度低等问题。因此，大功率、高效率太赫兹辐射源的发展十分迫切。

在电子学太赫兹辐射源中，回旋管(gyrotron)是目前产生大功率、高频率太赫兹辐射的主要器件。回旋管是一种基于自由电子在纵向磁场中回旋受激辐射机理的快波器件，不需要传统电真空器件所必需的慢波结构，在太赫兹频段不仅具有大功率而且具有高的能量转换效率，可实现大功率、高频率电磁波输出。1958 年，澳大利亚天文学家特韦斯在观察电离层吸收电磁波现象时，发现了电子回旋谐振受激辐射机理。同一时期，苏联学者卡帕若诺夫也发现了回旋电子注与电磁波相互作用时的相对论效应作用。1964 年，苏联科学家利用这一机理研制出了第一支基于回旋电子注与电磁波相互作用的样管，并命名为回旋管。该回旋管采用矩形谐振腔作为注波互作用腔，工作模式为 TE_{101} 模式，连续波输出功率为 6W[2]。

回旋管由于在毫米波及太赫兹频段的卓越性能，以及在雷达、电子对抗、受控热核聚变、材料、高能物理和生物医学等诸多领域广阔的应用前景，近年来得到了迅猛发展。目前，回旋管已形成了一个庞大的家族，几乎所有传统微波管都有相对应的回旋器件：回旋振荡管(gyro oscillator)、回旋行波管(gyro-TWT)、回旋速调管(gyroklystron)、回旋返波管(gyro-BWO)、回旋磁控管(gyro-magnetron)和回旋行波速调管(gyro twystron)等。上述回旋器件大致可以分为两类：回旋振荡器和回旋放大器。回旋振荡器包括回旋振荡管、回旋磁控管和回旋返波管；回旋放大器包括回旋行波管、回旋速调管和回旋行波速调管。

如果不特别说明，一般所谓的回旋管就是指回旋振荡管。三段腔回旋管是最简单的回旋管，除此之外还有复合腔回旋管、准光回旋管和光子晶体回旋管等。三段腔回旋管的结构如图 1.2 所示，图中同时给出了回旋管工作磁场的纵向分布。回旋管具有轴对称性，大致可以分为 4 个主要部分，即电子枪、注波互作用腔、收集极和输出结构。

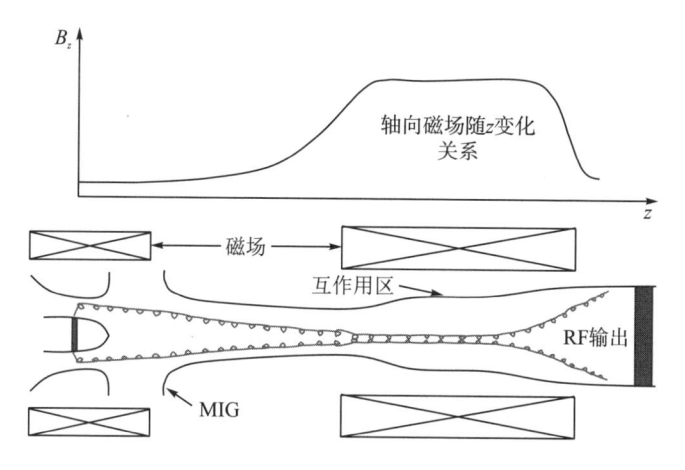

图 1.2 回旋管结构示意图及工作磁场的纵向分布

MIG 即磁控注入电子枪；RF 输出即射频输出

在回旋管中，电子枪的作用是形成具有足够横向能量和电流密度的回旋电子注。在电子枪向注波互作用腔过渡的空间区域，纵向磁场由弱变强，即具有收敛性，收敛磁场的径向压缩作用和回旋管结构的轴对称性，使得阴极发射面足够大，产生速度离散相对较小的大电流电子注。电子注通过电子枪过渡区磁场的绝热或非绝热压缩获得足够大的横向能量，形成回旋电子注，进入开放式回旋谐振腔。在回旋谐振腔中，回旋电子在均匀磁场的控制下，与谐振腔中的高频场角向电场分量相互作用，产生受激辐射(电子向高频场交出能量)或受激吸收(电子从高频场获得能量)，当相位有利于受激辐射的电子在数量上较相位有利于受激吸收的电子占优势时，就能向外产生电磁辐射。回旋电子通过回旋谐振腔交出能量后，进入焦散区，并最终打在收集极上。电子在回旋谐振腔中激励起的电磁波通过输出结构，并最终在输出窗输出。

1.1 太赫兹回旋管发展现状

目前，回旋管的发展主要包括两个方面：大功率回旋管和高频率回旋管。大功率回旋管的应用主要包括电子回旋共振加热(electron cyclotron resonance heating，ECRH)、电子回旋电流驱动(electron cyclotron current drive，ECCD)、用于产生清洁能源的受控热核聚变中磁约束等离子体的稳定性控制和诊断、拒止武器系统和放射性物质远距离探测等。电子回旋共振加热是托卡马克(Tokamak)和仿星器(stellarator)中公认的加热方法。现有的聚变装置中约束磁感应强度 B_0 在 1~3.6T，随着聚变装置的变大、工作磁感应强度的提高(B_0≈5.5T)及等离子体密度的增加，连续波回旋管需要工作在更高的频率和更大的功率。国际热核聚变实验堆(International Thermonuclear Experimental Reactor，ITER)以及下一代仿星器(W7-X)要求电磁波频率在 140GHz 和 170GHz 时，功率达到 10~40MW，这就需要回旋管的单管连续波功率达到 1MW 以上。140GHz 以下大功率回旋管发展现状如表 1.1

所示；140GHz 及以上大功率回旋管发展现状如表 1.2 所示。目前，140GHz、兆瓦级商用回旋管最长连续波工作时间为 30min。日本研制的 170GHz 回旋管 1MW 输出时连续波工作时间为 300s，转化效率为 51%。俄罗斯研制的 170GHz 回旋管输出功率为 0.96MW 时连续波工作时间为 1000s，1.2MW 时连续波工作时间为 100s，转化效率为 53%。欧洲研制的 170GHz、2MW 同轴回旋管在短脉冲工作状态下最大输出功率为 2.2MW，转化效率为 48%[3]。

表 1.1　用于回旋共振加热及磁聚变稳定性控制的大功率回旋管发展现状（<140GHz）

研究机构	工作频率/GHz	工作模式	输出模式	功率/MW	效率/%	脉宽/s
美国通信与电力工业公司	110	$TE_{22,6}$	TEM_{00}	1.05	31	5.0
	110	$TE_{22,6}$	TEM_{00}	0.106	21	CW（连续波）
德国卡尔斯鲁厄理工学院	117.9	$TE_{19,5}$	TEM_{00}	1.55	49.5	0.007
俄罗斯 GYCOM 公司	110	$TE_{19,5}$	TEM_{00}	1.0	65	0.0001
	105	$TE_{17,6}$	TEM_{00}	1.04/0.85	57/50	10/300
日本佳能公司	110	$TE_{22,8}$	TEM_{00}	1.5/1.0	47/45	3.8/100
日本三菱集团	137.6	$TE_{27,10}$	TEM_{00}	1.0	44	100
法国泰雷兹集团	110	TE_{64}	TE_{64}	0.39	19.5	0.21
	118	$TE_{22,6}$	TEM_{00}	0.53/0.35	32/23	5.0/111

表 1.2　用于回旋共振加热及磁聚变稳定性控制的大功率回旋管发展现状（≥140GHz）

研究机构	工作频率/GHz	工作模式	输出模式	功率/MW	效率/%	脉宽/s
中国北京真空电子技术研究所	140.2	$TE_{22,6}$	TEM_{00}	0.56/0.43	24.5/22.6	0.001
美国通信与电力工业公司	140	TE_{02}/TE_{03}	TE_{03}	0.1	27	CW（连续波）
	170	$TE_{31,8}$	TEM_{00}	1.0/0.6	35/26	0.002/15
中国工程物理研究院	140	TE_{73}	TEM_{00}	0.03/0.052	34/39.4	60/30
德国卡尔斯鲁厄理工学院	139.8	$TE_{28,8}$	TEM_{00}	0.92	44	1800
俄罗斯 GYCOM 公司	140	$TE_{22,6}$	TEM_{00}	1.14/0.95/0.7	59/52/49	10/300/1000
	170	$TE_{25,10}$	TEM_{00}	1.2/0.96	53/58	100/1000
日本佳能公司	170	$TE_{31,11}$	TEM_{00}	1.23/1.05/0.6	47/51/46	2/300/1000
	154	$TE_{28,8}$	TEM_{00}	0.35	39	1800

主动拒止系统（active denial system，ADS）是大功率回旋管的另外一个重要应用方向。拒止武器是一种非致命性武器，可产生毫米波能量束，使武器射程范围内的人群皮肤温度瞬间升高，达到无法容忍的程度而逃离现场，驱散不受欢迎人群。为了使能量束有效地进入人体皮下痛感神经的深度并具有较大的射程范围，该系统要求辐射源工作在 95GHz，输出功率在 100kW 左右。目前只有回旋管能满足主动拒止系统对辐射源的要求。中国、美国、俄罗斯、英国、法国、德国、以色列、印度和韩国等国家均在开展相关的研究，美国研制的 95GHz 回旋管输出功率为 100kW、脉冲宽度为秒级，利用超导磁体为回旋管提

供工作磁场；同时，美国也在开展基于永磁体的大功率回旋管研究，输出功率为 50kW。韩国研制的面向主动拒止系统的大功率回旋管脉宽为 50μs、重频为 50Hz 时，最大输出功率为 100kW[4]。包括电子科技大学在内的多家国内单位也在开展面向主动拒止系统应用的大功率回旋管研究[5]。

利用大功率太赫兹波远距离检测隐藏的放射性材料是大功率太赫兹回旋管一个新的应用方向。众所周知，屏蔽的放射性材料会发射能穿透容器壁的伽马射线，这些射线会导致空气分子电离。当空气中存在自由电子时，强电磁波聚焦后在焦点处的强场会引发空气雪崩击穿。为了能够远程检测隐藏的放射性材料，电磁波功率必须足够高，应超过空气击穿阈值；同时，电磁波频率不能过低，频率过低时，聚焦后束斑面积大，束斑处存在自由电子的概率高，空气中自身存在的自由电子都有可能引发空气击穿；频率也不能过高，光波可以聚焦到很小的束斑，束斑处存在自由电子的概率很小，但光子的能量很高，没有自由电子存在也可使中性分子发生多光子电离。670GHz 的太赫兹波是合适的选择，首先，该频率位于大气窗口，大气衰减约为 50dB/km（20～40m 距离衰减为 1～2dB）；其次，这一频率接近大气环境中电子和分子的碰撞频率，容易引发空气击穿。为了满足上述要求，需要工作频率 670GHz、输出功率 200kW、脉冲宽度 10μs 的重频工作大功率太赫兹辐射源。回旋管是目前唯一能满足上述要求的紧凑型太赫兹辐射源[6]。

近年来，高频率回旋管也取得了长足进展，目前回旋管的最高工作频率达到了 1.3THz，该回旋管由俄罗斯科学院应用物理研究所（Institute of Applied Physics of the Russian Academy of Sciences，IAP RAS）研制，工作磁感应强度为 50T，利用线圈磁体为回旋管提供工作磁场[7]。随着工作频率的提高，回旋管所需要的工作磁感应强度增大。回旋管工作磁感应强度和工作频率之间满足：

$$B_0 = 35.7 \frac{\gamma}{s} f \tag{1.1}$$

式中，B_0 为工作磁感应强度，T；γ 为相对论因子；s 为回旋谐波次数；f 为工作频率，THz。不难看出，可以通过高次回旋谐波工作方式来降低回旋管工作磁场。高次谐波回旋管按照电子回旋轨道的不同可以分为小回旋轨道回旋管和大回旋轨道回旋管。在小回旋轨道回旋管中，电子围绕以引导半径为半径的圆做小回旋运动；在大回旋轨道回旋管中，电子围绕回旋谐振腔的轴线做大回旋运动。小回旋轨道高次谐波回旋管通常工作在二次谐波。日本福井大学研制的 0.8THz 二次谐波回旋管，利用回旋超导磁体为回旋管提供 14.4T 的工作磁场，工作模式为 TE_{85} 模，输出功率为 9W[8]。大回旋轨道回旋管可以工作在三次及以上的回旋谐波。俄罗斯科学家利用三次谐波大回旋轨道回旋管在 14T 工作磁场下实现了工作频率为 1THz、输出功率为 1.8kW 的大功率太赫兹波输出[9]。

太赫兹波增强核磁共振波谱是高频率回旋管的一个重要应用方向。太赫兹波驱动的动态核极化是一种公认的提高核磁共振波谱灵敏度的有效方法。对于 300～1000MHz 的高场核磁共振波谱系统，所需要太赫兹辐射源的工作频率为 200～650GHz。为了最大限度地提高核磁共振波谱的灵敏度，太赫兹辐射源的功率需要介于 20～100W，工作频率在一定范围内连续可调的太赫兹辐射源能够更好地满足动态核极化核磁共振波谱的需要，可以通过调节驱动太赫兹波工作频率的方式代替核磁共振系统的磁场调节，进一步提高动态核极化核磁共振波谱的灵敏度。在众多的太赫兹辐射源中,目前只有回旋管能满足太赫兹波增强核磁共振波谱系统对太赫兹辐射源的要求。在回旋管中,可以通过改变工作磁场或电子注能量的大小来激励起系列横向指数相同、纵向指数不同的工作模式,从而实现工作频率的连续调节[10]。

美国麻省理工学院(Massachusetts Institute of Technology,MIT)一直在进行太赫兹波增强核磁共振波谱系统的研究。1992年,MIT率先将研制的140GHz回旋管用于动态核极化增强核磁共振波谱实验,该回旋管工作在回旋基波状态,工作电压为12.3kV,工作电流为25mA,工作磁感应强度为5.12T,连续波功率为20W,脉冲功率为200W,工作模式为TE_{03}模[11]。MIT研制的250GHz回旋管,工作在回旋基波状态,工作模式为TE_{52}模,工作电压小于15kV,工作电流为95mA,输出功率大于10W,该回旋管应用于380MHz核磁共振波谱系统[12]。MIT研制的330GHz回旋管,应用于500MHz核磁共振波谱系统,工作在二次谐波状态,工作模式为TE_{43}模,工作电压为9.4kV,工作电流为50mA,输出功率为2.5W。MIT研制的用于700MHz核磁共振波谱系统的460GHz二次谐波回旋管,工作电压为13kV,工作电流为100mA,输出功率为16W[13]。2014年,MIT研制出用于800MHz核磁共振波谱系统的527GHz回旋管,工作在二次谐波状态,工作模式为$TE_{11,2}$模,工作电压为16.65kV,工作电流为110mA,输出功率为9.3W。

美国通信和电力工业有限公司(Communications & Power Industries,CPI)研制出四个频段的频率可调回旋管,分别为263GHz、395GHz、527GHz和593GHz,其中,263GHz回旋管工作在基波状态,工作模式为TE_{03}模,工作电压为12kV,工作电流为25~75mA,输出功率为20~90W[14];395GHz回旋管工作在二次回旋谐波状态,工作模式为$TE_{10,3}$模,工作电压为14.3~15.8kV,工作电流为160mA,输出功率为5~57W;527GHz回旋管工作在二次回旋谐波状态,工作模式为$TE_{14,3}$模,工作电压为17.5kV,工作电流为140mA,输出功率大于50W;593GHz回旋管工作模式为$TE_{14,3}$模,工作电压为17~19kV,工作电流为220mA,输出功率为50W。它们分别应用于Brucker公司的400MHz、600MHz、800MHz和900MHz太赫兹增强核磁共振波谱系统。

日本福井大学远红外中心(FIR Center,University of Fukui)Idehara教授团队也开展了太赫兹波增强核磁共振波谱系统的研究,研制出系列连续波频率可调太赫兹回旋管,其中,II系列用于日本Osaka大学(大阪大学)蛋白质研究所的核磁共振波谱实验,频率范围为110~400GHz,输出功率为20~200W,磁感应强度为8T;VI系列用于日本Osaka大学蛋白质研究所600MHz动态核极化核磁共振实验中的蛋白质研究,频率为393~396GHz,功率为50~100W。福井大学200MHz动态核极化核磁共振实验中使用的频率可调回旋管为福井大学研制的IV系列回旋管,工作频率为131~139GHz,输出功率范围为5~60W。VII系列回旋管用于英国华威大学(University of Warwick)300MHz和600MHz动态核极化核磁共振波谱系统,研究聚合物的表面结构,工作频率为203.7GHz和395.3GHz,输出功率为200W和50W[15]。

在国内,包括电子科技大学和北京大学等多所高校和研究所也开展了频率可调太赫兹回旋管的研究工作。电子科技大学研制的263GHz频率可调谐回旋管采用基波工作方式,工作模式为TE_{72}模,当工作电压为20kV、工作电流为800mA时,通过调节工作磁场的方式实现了 1.45GHz 的频率调谐带宽,输出功率介于 26~463W[16];研制的 500GHz 回旋管工作在二次回旋谐波状态,工作模式为 TE_{85} 模式,当工作电压为 20kV、工作电流为 800mA 时,通过改变工作磁场实现了 1.28GHz 的频率调谐带宽,输出功率为 4~220W[17]。表 1.3 为频率可调谐太赫兹回旋管的发展现状。

表 1.3 频率可调谐太赫兹回旋管的发展现状

研究机构	工作频率/GHz	工作模式	谐波次数	工作电压/kV	工作电流/mA	输出功率/W
MIT 美国	140	TE_{03}	1	12.3	25	20
	250	TE_{52}	1	<15	95	>10
	330	TE_{43}	2	9.4	50	2.5
	460	$TE_{11,2}$	2	13	100	16
	527	$TE_{11,2}$	2	16.65	110	9.3
CPI 美国	263	TE_{03}	1	12	25~75	20~90
	395	$TE_{10,3}$	2	14.3~15.8	160	5~57
	527	$TE_{15,3}$	2	17.5	140	>50
	593	$TE_{14,3}$	2	17~19	220	50
Bridge12 公司 美国	198	TE_{42}	1	2~3	30	>5
	395	TE_{93}	2	15	200	>20
福井大学 日本	394.6	TE_{06}	2	12	250	10~50
	393~396	—	—	—	—	50~100
	203.7/395	—	—	—	—	200/50
	131~139	—	—	—	—	5~60
电子科技大学 中国	263	TE_{72}	1	20	800	26~463
	500	TE_{85}	2	20	800	4~220

1.2 太赫兹回旋放大器发展现状

回旋行波管是利用回旋电子注与同向传播的快波之间的对流不稳定性来实现电磁波放大的一类快波器件,其互作用高频结构一般为传播快波的波导。回旋行波管兼具高功率和大带宽等特性,在现代高性能雷达、远距离通信技术和电子对抗等领域有广泛的应用前景。

美国马里兰国立大学(National University of Maryland,NUM)Granatstein 教授等在 1975 年便通过实验证实了回旋行波放大机理。在 1.2MV、5kA 的强相对论电子注驱动下,对功率为 100kW、波长为 3cm 的输入信号实现了稳定放大,增益为 16dB。1979 年,美国海军研究实验室(United States Naval Research Laboratory,NRL)采用 TE_{01} 模作为工作模式,在工作电压为 70kV、工作电流为 3A 的电子注驱动下,实现了工作频率为 34GHz、峰值功率为 10kW 的电磁波输出,增益为 47dB[18]。随后他们一方面采用渐变结构拓宽回旋行波管工作带宽,另一方面采用损耗波导提高稳定性。在同一时期,美国瓦里安(Varian)

公司开展了 C 波段回旋行波管的研究,该回旋行波管工作在圆波导基模 TE$_{11}$ 模,实现了 120kW 的峰值输出功率,增益为 18dB。瓦里安公司还最早开展 W 波段回旋行波管的研制,峰值输出功率达 30kW。

在回旋行波管发展的早期,人们对寄生振荡,包括近截止区的绝对不稳定性振荡、返波振荡和反射振荡等缺乏足够的认识,导致这一阶段回旋行波管的输出功率较低。20 世纪 90 年代,中国台湾清华大学朱国瑞教授团队对回旋行波管理论进行了深入研究,取得了里程碑式的成就。他们采用介质加载的分布式损耗结构来抑制可能的自激振荡,提高了回旋行波管工作的稳定性。最终在以 TE$_{11}$ 模作为工作模式的 Ka 波段回旋行波管实验中,在 33.6GHz 时实现了 93kW 的饱和输出功率,获得了 70dB 的超高增益[19]。此后,科学家们相继提出了多种分布损耗结构,如美国加利福尼亚大学洛杉矶分校(University of California,Los Angeles,UCLA)和戴维斯分校(University of California,Davis,UCD)在高次谐波回旋行波管中采用的开缝波导和开槽波导结构,美国海军研究实验室提出的损耗陶瓷和金属环间隔周期排列的分布损耗结构[20]。国内有关高校和研究院所,如电子科技大学、中国科学院空天信息创新研究院和中国电子科技集团有限公司第十二研究所等也采用不同材料的损耗陶瓷加载结构研发了高性能的回旋行波管。俄罗斯科学院应用物理研究所和英国斯特拉斯克莱德大学(University of Strathclyde)基于螺旋波纹波导结构进行了一系列大回旋行波管实验研究[21]。表 1.4 为国内外回旋行波管的研究现状。

表 1.4 国内外回旋行波管的研究现状

研究机构	工作模式	工作频率/GHz	饱和功率/kW	效率/%	增益/dB	带宽/%	高频结构
北京真空电子技术研究所 中国	TE$_{01}$	34.2	290	34	65	8.0	PLC①
	TE$_{01}$	48	150	35	50	7.0	
	TE$_{01}$	95	120	32	39	6.3	
中国科学院电子学研究所 中国	TE$_{11}$	16.2	130	17.8	41	12.3	PLC
	TE$_{01}$	34.5	110	15.2	33	5	
台湾清华大学 中国	TE$_{11}$	35.8	27	16	35	7.5	LDL②
	TE$_{11}$	34.2	62	21	33	12	
	TE$_{11}$	33.6	93	26.5	70	8.6	
电子科技大学 中国	TE$_{01}$	34	165	27.5	45	10	PLC
	TE$_{01}$	48	158	22.6	47	7	
	TE$_{01}$	92.5	110	19.3	69.2	4.2	
IAP RAS 俄罗斯	TE$_{-21}$/TE$_{+11}$	36.3 (2Ω$_e$)③	180	27	25	10	HCW④
	TE$_{-21}$/TE$_{+11}$	34.3 (2Ω$_e$)	120	23	20	6	
斯特拉斯克莱德大学 英国	TE$_{-21}$/TE$_{+11}$	93 (2Ω$_e$)	3.4	4.2	37	5.8	HCW
CPI 美国	TE$_{01}$	95	1.5	4.2	42	7.7	PLC
	TE$_{11}$	93.7	28	7.8	31	2	
NRL 美国	TE$_{01}$	34	137	17	47	3.3	PLC
	TE$_{11}$	35.6	70	17	60	17	LDL

续表

研究机构	工作模式	工作频率/GHz	饱和功率/kW	效率/%	增益/dB	带宽/%	高频结构
UCD 美国	TE$_{01}$	92	140	22	60	2.2	LDL
MIT 美国	HE$_{06}$⑤(QO)	140	30	12.5	29	1.6	QO⑥
	TE$_{06}$-like⑦	250	0.045	0.4	38	3.2	PBG⑧

注：①PLC: periodic lossy ceramic-loaded circuit, 损耗陶瓷周期加载电路；②LDL: lossy dielectric-loaded circuit, 损耗介质加载电路；③Ω_e 为电子回旋频率；④HCW: helical corrygated waveguide, 螺旋波纹波导；⑤HE 为 TE 和 TM 模式的混合模式；⑥QO: quasi-optical waveguide, 准光波导；⑦TE$_{06}$-like 为跟 TE$_{06}$ 模相似的模式；⑧PBG: photonic band gap, 光子晶体带隙结构。

尽管国内外在回旋行波管的研制方面取得了很大进展，但回旋行波管尤其是太赫兹频段回旋行波管的研究依然面临着诸多挑战。目前国内外学者在回旋行波管方面的研究重点主要集中在以下几个方面。

损耗加载技术：寄生振荡是影响回旋行波管性能的一个关键因素。寄生振荡包括工作模式在近截止频率处的绝对不稳定性、返波模式振荡和终端反射，波导壁加载损耗介质是抑制寄生振荡的有效手段。回旋行波管有三种常见的高频结构损耗加载方式，即集中衰减截断结构、分布式损耗加载结构和周期陶瓷加载结构。集中衰减截断结构与传统行波管中采用切断慢波线来抑制反射振荡的方式类似，因为电子注已经受到了高频场调制，此时高频场的幅值和相位等信息已经耦合到了电子注中，切断电磁波传输路径并不会对电磁信号进行抑制。当电子注通过截断位置传输进入下一段高频电路之后，调制后的电子注会再次激励起更强的高频场信号。分布式损耗加载结构和周期陶瓷加载结构使得竞争模式受到强衰减的同时保持对工作模式的适当衰减，抑制自激振荡，产生稳定的增益。

高阶模式工作：回旋行波管高频结构通常为圆波导，圆波导基模为 TE$_{11}$ 模，目前回旋行波管工作的主要模式包括高阶 TE$_{01}$ 模和 TE$_{21}$ 模等，与回旋振荡管相比，回旋行波管依然工作在较低阶的模式。工作在高阶模式可以有效增加器件的功率容量，但回旋行波管工作在高阶模式时，会出现更为严重的寄生振荡。同时，回旋行波管高频结构的长度一般为回旋振荡管高频结构长度的 2~3 倍，容易形成轴向高阶模式，而轴向高阶模式的干扰也是回旋行波管中需要重点考虑的因素之一。因此，只有采用更有效的竞争模式抑制方式，才能使回旋行波管稳定工作在高阶模式。

高次回旋谐波工作：高次回旋谐波（回旋谐波次数 $s>1$）工作可以有效降低回旋行波管的工作磁场，在有限的实验条件下工作在更高的频率；谐波工作时注波耦合强度相对于基波要小很多，无形中增加了工作模式绝对不稳定性振荡的起振电流；大回旋电子注非常适合谐波工作的回旋行波管，对于 TE$_{mn}$ 模而言，只有当回旋谐波次数 s 与模式的角向指数 m 相等时，其耦合系数才不为零，因此可以有效抑制竞争模式，但到目前为止，用来产生大回旋电子注的磁会切电子枪（cusp electron gun）发展还不成熟，很大程度上限制了高次谐波大回旋电子注回旋行波管的发展。

新型互作用结构：对于传统高频结构回旋行波管，为了抑制寄生模式振荡，一般采用低阶工作模式。当回旋行波管工作在更高频率时，互作用高频结构的尺寸会明显减小、功率容量会大幅降低、欧姆损耗会显著增加。因此，低模式密度、竞争模式易于抑制的互作用高频结构是高频率回旋行波管发展的一个重要方向。2013年，MIT的Temkin教授团队提出了一种基于光子晶体高频结构的回旋放大器，利用光子晶体的带隙结构实现频率选择，从而实现高阶模式工作。选择金属光子晶体结构中类TE$_{03}$模作为工作模式，在250GHz时输出功率为50W左右，3dB带宽为4.5GHz，增益大于20dB[22]。由于光子晶体结构固有的特性，当其工作在高频率时，周期结构尺寸变小，加工装配困难且不易散热，所以光子晶体结构回旋放大器只适合工作在中小功率。2003年，MIT报道了140GHz单共焦准光回旋行波管的实验，在电压为65kV、电流为7A条件下，实现了30kW峰值输出功率、29dB增益和2.3GHz带宽[23]。随后，利用单共焦准光回旋行波管，实现了140GHz皮秒脉冲信号的放大，增益为30dB。这种准光结构具有很好的模式选择特性，可以大幅地减小模式谱密度，有效地改善模式竞争。同时，可以利用准光波导结构开放式边界带来的衍射损耗抑制绝对不稳定性振荡，包括寄生模式的返波振荡和工作模式的自激振荡，因此跟传统圆波导或者波纹波导高频结构不同，单共焦准光回旋行波管可以工作在更高阶的模式，可以实现更高工作频率和更大输出功率。国内多家单位也在进行相关研究。单共焦准光回旋行波管采用的是具有高度对称性的环形回旋电子注，但单共焦准光结构中的场对称性不强，电子注中有一部分电子不能与高频场充分作用，因此单共焦回旋行波管的效率相对较低。针对这个问题，有学者提出了一种新的回旋器件高频结构，即双共焦波导，并开展了基于双共焦波导的回旋振荡器和回旋放大器的研究[24-27]。

随着人类社会对电磁频谱资源的深度开发和利用，太赫兹科学技术已经成为当前学术界最活跃的研究领域之一。太赫兹科学技术的发展对增强国防安全和推动国民经济发展都具有重要意义。与固态电子器件和传统电真空器件相比，回旋器件在输出功率上具有无法比拟的优势。太赫兹回旋器件将在太赫兹辐射源中扮演越来越重要的角色。回旋器件将向着大功率、高频率、高效率、高次谐波、新型高频结构和小型化等方向发展。

参 考 文 献

[1] Dhillon S S, Vitiello M S, Linfield E H, et al. The 2017 terahertz science and technology roadmap[J]. Journal of Physics D: Applied Physics, 2017, 50(4): 043001.

[2] Petelin M I. One century of cyclotron radiation[J]. IEEE Transactions on Plasma Science, 1999, 27(2): 294-302.

[3] Thumm M. State-of-the art of high-power gyro-devices and free electron masers[J]. Journal of Infrared Millimeter and Terahertz Waves, 2020, 41(1): 1-140.

[4] Han S T, Sirigiri J R, Khatun H, et al. Development of a compact W-band gyrotron system with a depressed collector[J]. IEEE Transactions on Plasma Science, 2021, 49(2): 672-679.

[5] Liu Y H, Liu Q, Niu X J, et al. Design and experiment on a 95-GHz 400 kW-level gyrotron[J]. IEEE Transactions on Electron Devices, 2021, 68(1): 434-437.

[6] Glyavin M Y, Luchinin A G, Nusinovich G S, et al. A 670 GHz gyrotron with record power and efficiency[J]. Applied Physics Letters, 2012, 101(15): 153503.

[7] Bratman V L, Glyavin M Y, Kalynov Y K, et al. Terahertz gyrotrons at IAP RAS: Status and new designs[J]. Journal of Infrared Millimeter and Terahertz Waves, 2011, 32(3): 371-379.

[8] Mitsudo S, Glyavin M, Khutoryan E, et al. An experimental investigation of a 0.8THz double-beam gyrotron[J]. Journal of Infrared Millimeter and Terahertz Waves, 2019, 40(11): 1114-1128.

[9] Bratman V L, Kalynov Y K, Manuilov V N. Large-orbit gyrotron operation in the terahertz frequency range[J]. Physical Review Letters, 2009, 102(24): 245101.

[10] Nanni E A, Barnes A B, Griffin R G, et al. THz dynamic nuclear polarization NMR[J]. IEEE Transactions on Terahertz Science and Technology, 2011, 1(1): 145-163.

[11] Joye C D, Griffin R G, Hornstein M K, et al. Operational characteristics of a 14-W 140-GHz gyrotron for dynamic nuclear polarization[J]. IEEE Transactions on Plasma Science, 2006, 34(3): 518-523.

[12] Jawla S, Ni Q Z, Barnes A, et al. Continuously tunable 250 GHz gyrotron with a double disk window for DNP-NMR spectroscopy[J]. Journal of Infrared Millimeter and Terahertz Waves, 2013, 34(1): 42-52.

[13] Hornstein M K, Bajaj V S, Griffin R G, et al. Continuous-wave operation of a 460-GHz second harmonic gyrotron oscillator[J]. IEEE Transactions on Plasma Science, 2006, 34(3): 524-533.

[14] Rosay M, Tometich L, Pawsey S, et al. Solid-state dynamic nuclear polarization at 263 GHz: Spectrometer design and experimental results[J]. Physical Chemistry Chemical Physics, 2010, 12(22): 5850-5860.

[15] Idehara T, Kosuga K, Agusu L, et al. Continuously frequency tunable high power sub-THz radiation source-gyrotron FU CW VI for 600MHz DNP-NMR spectroscopy[J]. Journal of Infrared Millimeter and Terahertz Waves, 2010, 31(7): 775-790.

[16] Song T, Huang J, Zhang C, et al. Experimental investigations on effects of operation parameters on a 263 GHz gyrotron[J]. IEEE Transactions on Electron Devices, 2022, 69(9): 5256-5261.

[17] Song T, Qi X, Yan Z, et al. Experimental investigations on a 500 GHz continuously frequency-tunable gyrotron[J]. IEEE Electron Device Letters, 2021, 42(8): 1232-1235.

[18] Barnett L R, Lau Y Y, Chu K R, et al. An experimental wide-band gyrotron traveling-wave amplifier[J]. IEEE Transactions on Electron Devices, 1981, 28(7): 872-875.

[19] Chu K R, Chen H Y, Hung C L, et al. Ultrahigh gain gyrotron traveling wave amplifier[J]. Physical Review Letters, 1998, 81(21): 4760-4763.

[20] Calame J P, Garven M, Danly B G, et al. Gyrotron-traveling wave-tube circuits based on lossy ceramics[J]. IEEE Transactions on Electron Devices, 2002, 49(8): 1469-1477.

[21] Harriet S B, McDermott D B, Gallagher D A, et al. Cusp gun TE_{21} second-harmonic Ka-band gyro-TWT amplifier[J]. IEEE Transactions on Plasma Science, 2002, 30(3): 909-914.

[22] Nanni E A, Lewis S M, Shapiro M A, et al. Photonic-band-gap traveling-wave gyrotron amplifier[J]. Physical Review Letters, 2013, 111(23): 235101.

[23] Sirigiri J R, Shapiro M A, Temkin R J. High-power 140-GHz quasioptical gyrotron traveling-wave amplifier[J]. Physical Review Letters, 2003, 90(25): 258302.

[24] Nusinovich G S. Efficiency of the gyrotron with single and double confocal resonators[J]. Physics of Plasmas, 2018, 25(7): 073104.

[25] Zhang C, Wang W, Song T, et al. Detailed investigations on double confocal waveguide for a gyro-TWT[J]. Journal of Infrared and Millimeter Waves, 2020, 39(5): 547-552.

[26] Zhang C, Song T, Huang J, et al. Theoretical analysis and PIC simulation of a 140 GHz double confocal waveguide gyro-TWA[J]. IEEE Transactions on Electron Devices, 2020, 67(10): 4453-4459.

[27] Zhang C, Song T, Liang P S, et al. Theoretical and experimental investigations on input couplers for a double confocal gyro-amplifier[J]. IEEE Transactions on Electron Devices, 2022, 69(7): 3914-3919.

第 2 章　电子光学系统

在回旋器件中，电子枪的作用是形成具有足够横向能量和电流密度的电子注。在电子枪向高频结构过渡区域，纵向磁场由弱变强，且具有收敛性。收敛磁场的径向压缩作用和电子枪结构的轴对称性，使得阴极面积可以足够大，产生大电流电子注，且速度离散相对较小。电子注经过电子枪过渡区磁场的绝热或非绝热压缩后获得足够大的横向（回旋）能量，形成做回旋运动的电子注，进入高频互作用结构，产生或者放大高频场。

20 世纪 70 年代，美国科学家 Dtskerson 及 Johnson 提出了小回旋轨道磁控注入电子枪。磁控注入电子枪的工作原理是：在温度限制下，环状阴极产生的空心电子注在倾斜电场和纵向磁场共同作用下，产生一个初始的回旋运动。此时，电子横向能量较小，经过一段纵向磁场缓变的过渡区，回旋电子注受到绝热压缩，电流密度增大，电子注半径减小，横向能量逐渐增加。经绝热压缩后，电子注中的电子既有纵向速度 v_z，又有横向速度 $v_\perp$。当电子的横向速度和纵向速度比值即电子横纵速度比 $\alpha = v_\perp/v_z$ 达到要求时，电子注进入注波互作用区，与电磁波交换能量。国内外多家科研机构和高校对单阳极和双阳极磁控注入式电子枪、大回旋电子枪等多种类型的回旋电子枪进行了深入的研究。其中应用最多、研究最深入的是单阳极磁控注入式电子枪和双阳极磁控注入式电子枪。单阳极磁控注入式电子枪如图 2.1 所示，单阳极磁控注入式电子枪没有控制极，只能通过阴极处的磁场调节来改变电子注的横向能量；双阳极磁控注入式电子枪如图 2.2 所示，双阳极磁控注入式电子枪中电子的横向动量可以方便地利用控制极、阳极电压和阴极区的外部磁场进行调整[1]。

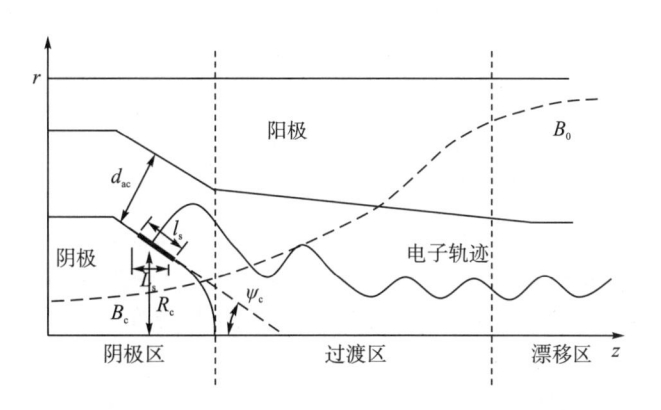

图 2.1　单阳极磁控注入式电子枪结构示意图

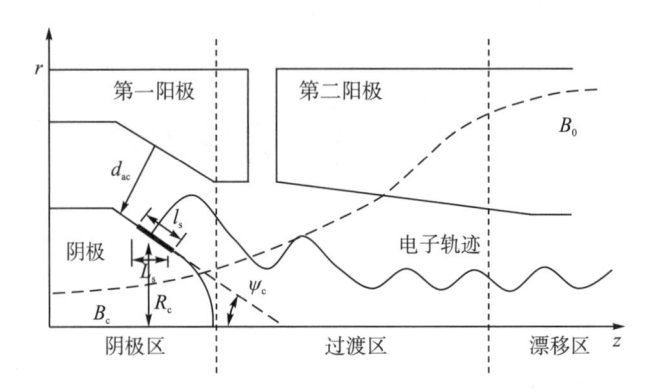

图 2.2 双阳极磁控注入式电子枪结构示意图

大回旋(cusp)电子注形成的主要原理是：使用球形环状的皮尔斯阴极产生空心无旋转的电子注，由于磁场反转点处径向磁场分量较大，在较大洛伦兹力 $v_z \times B_r$ 作用下，角向运动被引入轴向加速的电子注中，电子注经过反转磁场(会切磁场，cusp 磁场)后由小回旋运动转换为绕轴旋转的大回旋运动。随后在绝热压缩磁场作用下，电子注横向能量逐渐增加，当横纵速度比 $\alpha = v_\perp / v_z$ 达到要求时，电子注进入注波互作用区，与电磁波交换能量。1962 年，美国科学家 George Schmidt 对非相对论电子注和电子层在会切磁场中的非绝热运动进行了系统描述。Friedman 于 1970 年首次完成了相对论电子注在会切磁场中运动的实验，证实了强流电子注进入会切磁场后将形成高能绕轴旋转的电子注。1974 年，马里兰国立大学的 Rhee 等对相对论电子注在理想会切磁场中的运动情况进行了较为详细的理论分析，从理论上推导出由皮尔斯枪形成的空心电子注经过会切磁场后，将变成绕轴的大回旋运动，建立了较为完整的大回旋电子注形成理论，对大回旋电子枪及相关器件的研究具有重要指导意义[2]。

大回旋电子注产生方案中，工作磁场有两种典型的方案，一种是传统的理想会切磁场方案，另一种是新型的缓变反转磁场方案。在如图 2.3 所示的传统理想会切磁场方案中，利用两个反向的线圈来形成会切磁场，磁场是突变的，在两个线圈之间加上一软铁板来缩短会切区的宽度。该方案电子枪在结构上一般分为皮尔斯二极管区、会切磁场区和绝热压缩区三个区域。大回旋电子注的产生可以分为三步：球形环状的阴极处在皮尔斯二极管区，阴极处的磁力线方向与电子注速度方向一致，运动电子不受洛伦兹力的作用，从而形成中空无回旋的电子注；在会切磁场区，因为存在较大的径向磁场分量，沿轴向加速的电子注通过该区域时，会受到较大洛伦兹力 $v_z \times B_r$ 的作用，从而使电子绕中心轴旋转，形成沿轴向做螺旋运动的大回旋电子注；进入绝热压缩区后，大回旋电子注在绝热压缩磁场的作用下，部分纵向能量转换为横向能量，当横纵速度比 $\alpha = v_\perp / v_z$ 达到要求时，电子注进入注波互作用区，与电磁波交换能量。传统方案中，会切区磁场是突变的，但实际上理想的会切磁场是很难实现的，不可避免存在一定长度的过渡区，从而影响电子注的质量。在如图 2.4 所示的缓变反转磁场方案中，用缓变的反转磁场来代替理想的会切磁场，阴极置于反转点前轴向磁场逐渐减小的区域，通过控制缓变反转磁场在阴极区及互作用区的磁感应强度值，使电子的初始正则动量差异尽量小，利用电子枪中的电场和磁场分布，控制电子在会切点的回旋相位,使可能引起电子注偏心的因素相互抵消,达到调节横向能量差异并减小电子注引导中心半径的目的,获得高质量的大回旋电子注。

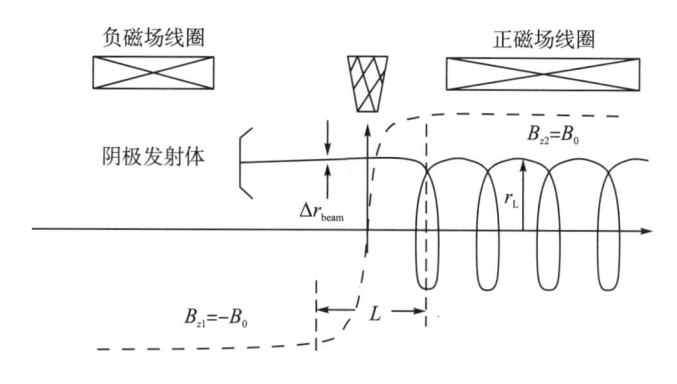

图 2.3 传统理想会切磁场 cusp 电子枪

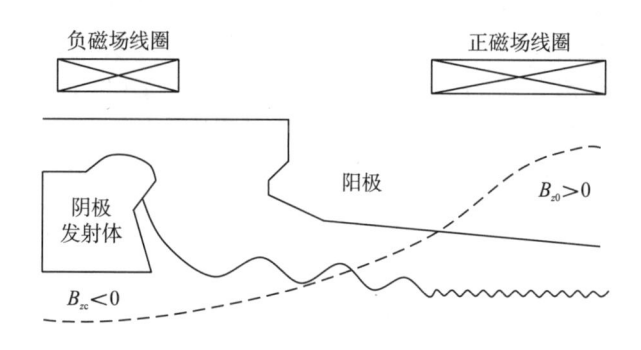

图 2.4 缓变反转磁场 cusp 电子枪

2.1 小回旋电子枪

2.1.1 收敛磁场及其绝热压缩作用

回旋管磁控注入式电子枪(magnetic injection gun,MIG)一个重要的特点是工作在一个沿轴向收敛的磁场中,这是它与 O 型磁控注入式电子枪的本质区别,后者工作在轴向均匀的磁场中。在回旋管磁控注入式电子枪中,轴向磁场是逐渐增强的,因此[3]:

$$\frac{\partial B_z}{\partial z} > 0 \tag{2.1}$$

根据磁场的散度方程:

$$\nabla \cdot B = 0 \tag{2.2}$$

在圆柱坐标系(r, θ, z)下可以得到

$$\frac{1}{r}\frac{\partial}{\partial r}(rB_r) + \frac{1}{r}\frac{\partial B_\theta}{\partial \theta} + \frac{\partial B_z}{\partial z} = 0 \tag{2.3}$$

考虑磁控注入式电子枪结构的对称性,角向磁场满足:

$$\frac{\partial B_\theta}{\partial \theta} = 0 \tag{2.4}$$

将式(2.4)代入式(2.3)可以得到

$$rB_r = -\int r\frac{\partial B_z}{\partial z}\mathrm{d}r \tag{2.5}$$

当磁场满足缓变条件，即在电子回旋运动一圈的范围内时，如下近似关系成立：

$$\frac{\partial B_z}{\partial z} \approx 常数 \tag{2.6}$$

则有

$$B_r = -\frac{1}{2}\frac{\partial B_z}{\partial z}r_\mathrm{L} \tag{2.7}$$

式中，r_L 为电子的回旋半径，又称拉莫半径。式(2.7)表明：如果磁场 B 的轴向分量 B_z 在 z 向有变化，则必然存在磁场的径向分量 B_r；当 B_z 沿 z 向增大时，即 $\partial B_z/\partial z>0$ 时，B_r 在 r 向为负。这样，径向磁场与轴向磁场就合成了所谓的收敛磁场。

从磁控注入式电子枪的结构不难看出，由于阴阳极存在倾斜面，在阴阳极之间的电场不仅有 E_r 分量，还有 E_z 分量。E_z 分量使电子获得一个纵向速度 v_z。E_r 和 B_z 构成一个正交电磁场，使得电子围绕阴极做摆线运动，即回旋运动与角向漂移运动合成的复合运动，回旋运动的角向线速度是横向的，用 $v_\perp$ 表示。同时具有横向速度 $v_\perp$ 和纵向速度 v_z 的电子在既有纵向分量 B_z 又有径向分量 B_r 的磁场中，横向速度 $v_\perp$ 与径向磁场分量 B_r 将产生纵向的磁场力 F_z。

$$F_z = e_0 v_\perp B_r = -\frac{1}{2}e_0 v_\perp r_\mathrm{L}\frac{\partial B_z}{\partial z} \tag{2.8}$$

其中，e_0 为电子电量。因为 $B_z \gg B_r$，$B \approx B_z$，式(2.8)可以进一步近似表示成

$$F_z \approx -\frac{1}{2}e_0 v_\perp r_\mathrm{L}\frac{\mathrm{d}B_z}{\mathrm{d}z} = -\frac{e_0}{2}\frac{v_\perp^2}{\Omega_\mathrm{c}}\frac{\mathrm{d}B_z}{\mathrm{d}z} \approx -\frac{W_\perp}{B}\frac{\mathrm{d}B}{\mathrm{d}z} \tag{2.9}$$

式中，$\Omega_\mathrm{c}=v_\perp/r_\mathrm{L}$ 为电子的回旋频率；$W_\perp = m_\mathrm{e}v_\perp^2/2$，为电子横向能量，$m_\mathrm{e}$ 为电子质量。

根据牛顿第二定律，有

$$F_z = m_\mathrm{e}\frac{\mathrm{d}v_z}{\mathrm{d}t} = m_\mathrm{e}\frac{\mathrm{d}v_z}{\mathrm{d}z}\frac{\mathrm{d}z}{\mathrm{d}t} = m_\mathrm{e}v_z\frac{\mathrm{d}v_z}{\mathrm{d}z} = \frac{\mathrm{d}W_z}{\mathrm{d}z} \tag{2.10}$$

其中，$W_z = m_\mathrm{e}v_z^2/2$，为电子的纵向能量。利用式(2.9)和式(2.10)，可得

$$\frac{\mathrm{d}W_z}{\mathrm{d}z} = -\frac{W_\perp}{B}\frac{\mathrm{d}B}{\mathrm{d}z} \tag{2.11}$$

根据能量守恒定律，有

$$\frac{\mathrm{d}W_z}{\mathrm{d}z} + \frac{\mathrm{d}W_\perp}{\mathrm{d}z} = 0 \tag{2.12}$$

利用式(2.11)和式(2.12)，则有

$$\frac{\mathrm{d}W_\perp}{\mathrm{d}z} = -\frac{\mathrm{d}W_z}{\mathrm{d}z} = \frac{W_\perp}{B}\frac{\mathrm{d}B}{\mathrm{d}z} \tag{2.13}$$

将 $W_\perp/B$ 对 z 求导，即

$$\frac{\mathrm{d}}{\mathrm{d}z}\left(\frac{W_\perp}{B}\right) = \frac{1}{B}\frac{\mathrm{d}W_\perp}{\mathrm{d}z} + W_\perp \frac{\mathrm{d}}{\mathrm{d}z}\left(\frac{1}{B}\right) = \frac{1}{B}\left(\frac{\mathrm{d}W_\perp}{\mathrm{d}z} - \frac{W_\perp}{B}\frac{\mathrm{d}B}{\mathrm{d}z}\right) \tag{2.14}$$

根据式(2.13)和式(2.14)可得

$$\frac{\mathrm{d}}{\mathrm{d}z}\left(\frac{W_\perp}{B}\right) = 0 \tag{2.15}$$

即

$$\frac{W_\perp}{B} = \mu = 常数 \tag{2.16}$$

式中，μ 称为绝热不变量，收敛磁场的这一特征称为绝热压缩作用，这是回旋管磁控注入式电子枪的一个重要特征。通过式(2.16)可以发现，为了增加电子的横向能量 $W_\perp$，只需要增加磁场 B 即可。换言之，当磁场逐渐增强时，电子的横向能量，即横向速度随之增大。根据能量守恒定理，横向能量的增加必然导致纵向能量的减少，也就是说，电子随着纵向磁场的增强，不断地将纵向速度转换为横向速度，这种电子能量不与外场发生能量交换而只是自身能量形式的转换，就是缓变磁场的绝热压缩作用。

2.1.2 电子光学系统中的静电场和静磁场

在回旋管电子光学系统的分析和研究中，确定电场和磁场分布是至关重要的。对于电子光学系统中的场分布，可以作如下假设：电场和磁场均为静场，即场不随时间变化；电场和磁场均为真空中的场；不考虑粒子束本身的空间电荷和电流影响，即场中没有自由空间电荷和空间电流分布；电场和磁场旋转对称[4]。在上述假设条件下，麦克斯韦方程组可表示为

$$\begin{cases} \nabla \times E = 0, \nabla \cdot E = 0 \\ \nabla \times B = 0, \nabla \cdot B = 0 \end{cases} \tag{2.17}$$

式中，E 为电场强度；B 为磁感应强度。在上述假设条件下，电场和磁场都是无源场和无旋场。

对于静电场，场强可以用标量电位 φ 表示：

$$E = -\nabla \varphi \tag{2.18}$$

该场为无源场，标量电位 φ 满足拉普拉斯方程：

$$\nabla^2 \varphi = 0 \tag{2.19}$$

在圆柱坐标系中，考虑场的旋转对称性，标量电位 φ 与角度 θ 无关，即 $\partial \varphi / \partial \theta = 0$，上述拉普拉斯方程可以表示为

$$\nabla^2 \varphi = \frac{\partial^2 \varphi}{\partial z^2} + \frac{1}{r}\frac{\partial \varphi}{\partial r} + \frac{\partial^2 \varphi}{\partial r^2} = 0 \tag{2.20}$$

在回旋管电子光学系统中，我们讨论的场作用空间中无奇异点、无点电荷、无面电荷和偶电层等，电位函数 φ 是解析函数，可以展开成幂级数。根据场的旋转对称性，标量电位 φ 满足如下关系：

$$\varphi(r,z) = \varphi(-r,z) \tag{2.21}$$

因此标量电位 φ 是关于 r 的偶函数，用级数展开后只存在 r 的偶次幂项，即

$$\varphi(r,z) = \sum_{k=0}^{\infty} a_{2k}(z) r^{2k} \tag{2.22}$$

根据式 (2.22) 可得

$$\begin{cases} \dfrac{\partial^2 \varphi}{\partial z^2} = \sum_{k=0}^{\infty} a''_{2k}(z) r^{2k} \\ \dfrac{\partial^2 \varphi}{\partial r^2} = \sum_{k=1}^{\infty} 2k(2k-1) a_{2k}(z) r^{2k-2} \\ \dfrac{1}{r}\dfrac{\partial \varphi}{\partial r} = \sum_{k=1}^{\infty} 2k a_{2k}(z) r^{2k-2} \end{cases}$$

将上述微分表达式代入式 (2.20) 可得

$$\sum_{k=0}^{\infty} a''_{2k}(z) r^{2k} + \sum_{k=1}^{\infty} 4k^2 a_{2k}(z) r^{2k-2} = 0 \tag{2.23}$$

将式 (2.23) 中各项按照 r 的幂级数排列展开，则有

$$\sum_{k=1}^{\infty} \left[a''_{2k-2}(z) + 4k^2 a_{2k}(z) \right] r^{2k-2} = 0 \tag{2.24}$$

对于任意的 k 值，上式均成立。故 r 的各幂次项系数均为零，即

$$a''_{2k-2}(z) + 4k^2 a_{2k}(z) = 0, \quad k=1,2,3,\cdots \tag{2.25}$$

或

$$a_{2k}(z) = -\frac{1}{4k^2} a''_{2k-2}(z), \quad k=1,2,3,\cdots \tag{2.26}$$

这就是标量电位 φ 级数展开后各项系数间的递推公式。

当 $k=1$ 时，有

$$a_2 = (-1)\frac{1}{2^2} a''_0 = -\frac{1}{4} a''_0$$

当 $k=2$ 时，有

$$a_4 = (-1)\frac{1}{4^2} a''_2 = (-1)^2 \frac{a_0^{(4)}}{4^2 \times 2^2} = (-1)^2 \frac{a_0^{(4)}}{2^4 \times (2!)^2}$$

当 $k=3$ 时，有

$$a_6 = (-1)\frac{1}{6^2} a''_4 = (-1)^3 \frac{a_0^{(6)}}{6^2 \times 4^2 \times 2^2} = (-1)^3 \frac{a_0^{(6)}}{2^6 \times (3!)^2}$$

当 $k=k$ 时，有

$$a_{2k} = (-1)^k \frac{a_0^{(6)}}{(2k)^2 \times \cdots \times 6^2 \times 4^2 \times 2^2} = (-1)^k \frac{a_0^{(2k)}}{2^{2k} (k!)^2}$$

上式中 $a_0^{(2k)}$ 表示对 a_0 求 $2k$ 次导数。因此，如果 $a_0(z)$ 已知，就可以得到全部的 $a_{2k}(z)$。从而得到标量电位 $\varphi(r,z)$ 的表达式为

$$\varphi(r,z) = \sum_{k=0}^{\infty} (-1)^k \frac{a_0^{(2k)}}{2^{2k}(k!)^2} r^{2k} \tag{2.27}$$

当 $r=0$ 时，$\varphi(0,z)=a_0(z)=V(z)$，$a_0(z)$ 就是轴上的电位分布。所以空间电位分布 $\varphi(r,z)$ 也可以用轴上电位 $V(z)$ 来表示，这时式(2.27)改写为

$$\varphi(r,z)=\sum_{k=0}^{\infty}(-1)^k\frac{V^{2k}(z)}{2^{2k}(k!)^2}r^{2k} \tag{2.28}$$

这就是轴对称电场标量电位的幂级数表达形式。式(2.28)表明，只要已知轴上的电位分布，就可以唯一地确定空间电位分布。该公式是电子光学的基本公式，即舍尔策(Scherzer)公式。实际上，在绝大多数电子光学系统中，电子运动都局限在近轴区，即 r 较小的区域，此时该级数收敛较快，取级数的前几项就可以确定空间的场分布。

在近轴区，由式(2.18)以及舍尔策公式[式(2.28)]可以得到电场的轴向及径向分量：

$$E_z=-\frac{\partial\varphi}{\partial z}=\sum_{k=0}^{\infty}(-1)^{k+1}\frac{V^{2k+1}(z)r^{2k}}{2^{2k}(k!)^2} \tag{2.29}$$

$$E_r=-\frac{\partial\varphi}{\partial r}=\sum_{k=1}^{\infty}(-1)^{k+1}\frac{kV^{2k}(z)r^{2k-1}}{2^{2k-1}(k!)^2} \tag{2.30}$$

对于静磁场，引入矢量磁位 A 来描述磁感应强度 B，且有

$$B=\nabla\times A$$

将上式代入式(2.17)可得

$$\nabla\times\nabla\times A=\nabla(\nabla\cdot A)-\nabla^2 A=0 \tag{2.31}$$

利用库伦规范条件 $\nabla\cdot A=0$，根据式(2.31)可得

$$\nabla^2 A=0 \tag{2.32}$$

在圆柱坐标系中，轴对称静磁场的磁感应强度 B 可以表示为

$$B=B_z e_z+B_r e_r+B_\theta e_\theta$$

将磁感应强度 B 用矢量磁位 A 的行列式表示为

$$B=\frac{1}{r}\begin{vmatrix} e_z & e_r & re_\theta \\ \dfrac{\partial}{\partial z} & \dfrac{\partial}{\partial r} & \dfrac{\partial}{\partial \theta} \\ A_z & A_r & rA_\theta \end{vmatrix}$$

可得磁感应强度 B 的三个分量与矢量磁位三个分量间的关系为

$$\begin{cases} B_r=\dfrac{1}{r}\dfrac{\partial A_z}{\partial \theta}-\dfrac{1}{r}\dfrac{\partial(rA_\theta)}{\partial z} \\ B_\theta=\dfrac{\partial A_r}{\partial z}-\dfrac{\partial A_z}{\partial r} \\ B_z=\dfrac{1}{r}\dfrac{\partial(rA_\theta)}{\partial r}-\dfrac{1}{r}\dfrac{\partial A_r}{\partial \theta} \end{cases} \tag{2.33}$$

由于磁场具有旋转对称性，磁感应强度 B 的各分量与 θ 无关，式(2.33)可以进一步化简为

$$\begin{cases} B_r = -\dfrac{1}{r}\dfrac{\partial(rA_\theta)}{\partial z} \\ B_\theta = \dfrac{\partial A_r}{\partial z} - \dfrac{\partial A_z}{\partial r} \\ B_z = \dfrac{1}{r}\dfrac{\partial(rA_\theta)}{\partial r} \end{cases} \quad (2.34)$$

通常，回旋管工作所需的轴对称磁场由通电流的多圈圆形线圈产生，在这种情况下，$B_\theta = 0$，因此由式(2.34)可得

$$\frac{\partial A_r}{\partial z} = \frac{\partial A_z}{\partial r} \quad (2.35)$$

磁感应强度 B 是具有直接物理意义的物理量，而矢量磁位 A 只是为了描述磁场而引入的辅助量，它是可以由我们来进行选择的。由于 A_r 和 A_θ 在式(2.34)的第一个和第三个等式中均未出现，所以最简单的选择是

$$A_r = A_z = 0, \quad A = A_\theta(r,z) \quad (2.36)$$

这是电子光学中常用的一种选择，它表明矢量磁位 A 只有角向分量，且它的数值就等于矢量磁位的数值。在以后不引起混淆的情况下，将把 A_θ 直接记为 A。

在无自由空间电流分布的区域，磁场是无旋场，即 $\nabla \times B = 0$，在轴对称磁场中（$B_\theta=0$），其行列式为

$$\nabla \times B = \frac{1}{r}\begin{vmatrix} e_z & e_r & re_\theta \\ \dfrac{\partial}{\partial z} & \dfrac{\partial}{\partial r} & 0 \\ B_z & B_r & 0 \end{vmatrix} = 0$$

展开后可得

$$\frac{\partial B_r}{\partial z} - \frac{\partial B_z}{\partial r} = 0 \quad (2.37)$$

将式(2.34)中径向和轴向的磁感应强度的表达式代入式(2.37)中可得

$$\frac{\partial^2(rA)}{\partial z^2} + \frac{\partial^2(rA)}{\partial r^2} - \frac{1}{r}\frac{\partial(rA)}{\partial r} = 0 \quad (2.38)$$

即为矢量磁位 A 所满足的二阶线性偏微分方程。

磁场具有旋转对称性，rA 是 r 的偶函数，因此 A 为 r 的奇函数，即

$$A(r,z) = -A(-r,z)$$

故 A 的幂级数展开式可以表示为

$$A(r,z) = \sum_{k=0}^{\infty} a_{2k+1}(z) r^{2k+1} \quad (2.39)$$

将式(2.39)代入式(2.38)后化简，可以得矢量磁位 A 的幂级数展开式中各项系数满足如下递推公式：

$$a_{2k+1}(z) = -\frac{a''_{2k-1}(z)}{2k(2k+2)} \tag{2.40}$$

当 $k=1$ 时，有

$$a_3(z) = -\frac{a''_1(z)}{2 \times 4}$$

当 $k=2$ 时，有

$$a_5(z) = -\frac{a''_3(z)}{4 \times 6} = (-1)^2 \frac{a_1^{(4)}(z)}{2 \times 4 \times 4 \times 6}$$

以此类推，$k=k$ 时有

$$a_{2k+1}(z) = (-1)^k \frac{a_1^{(2k)}(z)}{k!(k+1)!2^{2k}} \tag{2.41}$$

根据式(2.39)，以及矢量磁位 A 与磁感应强度 B 之间的关系式(2.34)，可得磁感应强度纵向分量 B_z 的表达式为

$$B_z = \sum_{k=0}^{\infty}(2k+2)a_{2k+1}(z)r^{2k} = 2a_1 + 4a_3 r^2 + \cdots$$

当 $r=0$ 时，上式变为

$$B_z = B_z(0,z) = B_z(z) = 2a_1$$

式中，$B(z)$ 为轴上磁感应强度，对上式进行变换可得

$$a_1 = \frac{1}{2}B_z(z) = \frac{1}{2}B(z)$$

代入式(2.41)中，结合式(2.39)，可以得到矢量磁位 A 的幂级数表达式：

$$A(r,z) = \sum_{k=0}^{\infty} \frac{(-1)^k}{k!(k+1)!} B^{(2k)}(z) \left(\frac{r}{2}\right)^{2k+1} \tag{2.42}$$

代入式(2.34)中，可得

$$B_r = \sum_{k=0}^{\infty} \frac{(-1)^{k+1}}{k!(k+1)!} B^{(2k+1)}(z) \left(\frac{r}{2}\right)^{2k+1} \tag{2.43}$$

$$B_z = \sum_{k=0}^{\infty}(-1)^k \frac{B^{(2k)}(z)}{(k!)^2} \left(\frac{r}{2}\right)^{2k} \tag{2.44}$$

从式(2.42)～式(2.44)可以看出，在轴对称磁场中，可以用轴上的轴向磁场分布 $B(z)$ 来表示空间磁场分布及矢量磁位分布。

回旋器件所需的工作磁场通常由通电螺线管产生，螺线管磁场可以通过单个螺旋线圈的空间磁场叠加得到。单个螺旋线圈的空间磁场分布可以通过严格的解析理论得到，因此可以通过通电螺线管磁场叠加的方式得到比轴上磁场近似展开更精确的空间磁场分布。

设半径为 a 的圆环通过的电流为 I，取圆环位于 xy 平面内，圆心与坐标系原点 $O(0,0,0)$ 重合。由于场具有对称性，取任意一点 $P(r,0,z)$ 作为场点将不失一般性，如图 2.5 所示。在圆环电流上取电流元：$Idl = e_\theta a I d\theta$，$e_\theta$ 表示 θ 方向的单位矢量，电流元在 P 点处产生的矢量磁位可以表示成

$$dA_{+\theta} = \frac{\mu_0 I dl}{4\pi R} = e_\theta \frac{\mu_0 I a d\theta}{4\pi R} \tag{2.45}$$

其中，μ_0 为真空磁导率。电流元 Idl 到 P 点距离 R 表示为

$$R = \sqrt{a^2 + r^2 + z^2 - 2ar\cos\theta}$$

同理，在圆环电流上 $-\theta$ 的位置取一个对称的电流元，则两对称电流元在 P 点产生的矢量磁位的值为

$$dA = dA_{+\theta} + dA_{-\theta} = e_\theta \frac{\mu_0 I a \cos\theta d\theta}{2\pi R} \tag{2.46}$$

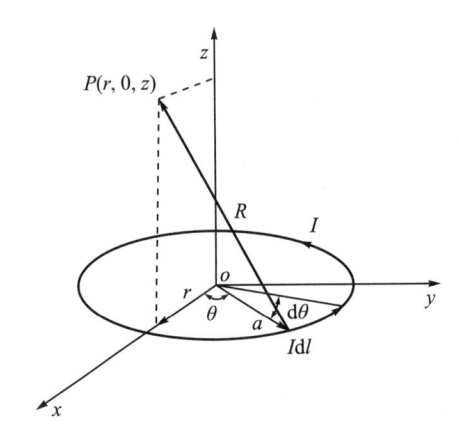

图 2.5 圆环电流磁场

对式(2.46)进行积分可得

$$A_\theta = \frac{\mu_0 I a}{2\pi} \int_0^\pi \frac{\cos\theta d\theta}{\sqrt{a^2 + r^2 + z^2 - 2ar\cos\theta}} \tag{2.47}$$

令

$$R' = \sqrt{(r+a)^2 + z^2}$$

并对式(2.47)进行积分变换：$\theta = \pi - 2\Phi$，可得

$$A_\theta = -\frac{\mu_0 I a}{\pi R'} \int_0^{\frac{\pi}{2}} \frac{\left(1 - 2\sin^2\Phi\right) d\Phi}{\sqrt{1 - \frac{4ar}{R'^2}\sin^2\Phi}}$$

令模数

$$k = 2\sqrt{\frac{ar}{R'^2}} \in [0,1]$$

并利用第一类和第二类完全椭圆积分：

$$\begin{cases} K(k) = \int_0^{\frac{\pi}{2}} \dfrac{\mathrm{d}\Phi}{\sqrt{1-k^2\sin^2\Phi}} \\ E(k) = \int_0^{\frac{\pi}{2}} \sqrt{1-k^2\sin^2\Phi}\,\mathrm{d}\Phi \end{cases}$$

A_θ 可以进一步写成

$$A_\theta = \frac{\mu_0 I}{2\pi r R'}\left[\left(a^2 + r^2 + z^2\right)K(k) - R'^2 E(k)\right] \tag{2.48}$$

利用椭圆积分的导数公式

$$\begin{cases} \dfrac{\mathrm{d}E(k)}{\mathrm{d}k} = \dfrac{E(k)-K(k)}{k} \\ \dfrac{\mathrm{d}K(k)}{\mathrm{d}k} = \dfrac{E(k)}{k(1-k^2)} - \dfrac{K(k)}{k} \end{cases}$$

结合式(2.34)及式(2.48)，可以得到磁感应强度的各分量表达式为

$$B_r = \frac{\mu_0 I z}{2\pi r R'}\left[\frac{\left(a^2+r^2+z^2\right)}{(a-r)^2+z^2}E(k) - K(k)\right] \tag{2.49}$$

$$B_z = \frac{\mu_0 I}{2\pi R'}\left[K(k) - \frac{r^2+z^2-a^2}{(a-r)^2+z^2}E(k)\right] \tag{2.50}$$

$$B_\theta = 0 \tag{2.51}$$

式(2.49)～式(2.51)就是理想线圈空间磁感应强度的解析公式，利用不同空间位置电流线圈产生的磁感应强度叠加，即可得到满足需求的磁场分布。

2.1.3 电子注的主要性能参数指标

回旋器件的磁控注入式电子枪与普通电真空器件的电子枪有本质区别。为了使回旋器件能够正常工作，电子光学系统中的电子枪必须提供符合以下要求的回旋电子注。

(1) 电子具有较大的横向能量和适当的纵向能量。为了使电子具有更多的自由能，实现较高的互作用效率，电子应具有较大的横向能量；另外，为了提高电子注的稳定性，使其在大横向速度条件下不发生反转，对电子注纵向速度也有一定的要求。表征电子注这一性能的参量称为横向速度和纵向速度的速度比，简称速度比：

$$\alpha = \frac{v_\perp}{v_z} \tag{2.52}$$

在回旋电子注中，电子的径向速度 $v_r = 0$，因此，通常情况下 $v_\perp$ 为电子的角向速度 v_θ。

(2) 电子注的加速电压和电流满足功率要求。电子注加速电压满足：

$$e_0 U_0 = m_e c^2 (\gamma - 1) \tag{2.53}$$

其中，c 为真空中的光速；γ 为相对论因子；U_0 为电子注加速电压。考虑相对论效应时，电子在静电场中加速时的加速电压(U_0)、电子速度(v)和相对论因子(γ)的对应关系如表 2.1 所示。

表 2.1 电子在静电场中加速后电压与速度及相对论因子间关系

U_0 /kV	γ	$\beta=v/c$	v /(m/s)
0.001	1.000	0.002	5.931×10^5
0.01	1.000	0.006	1.876×10^6
0.1	1.000	0.020	5.93×10^6
1	1.002	0.063	1.873×10^7
10	1.020	0.195	5.845×10^7
20	1.039	0.272	8.150×10^7
30	1.059	0.328	9.845×10^7
40	1.078	0.374	1.121×10^8
50	1.098	0.413	1.237×10^8
60	1.117	0.446	1.338×10^8
70	1.137	0.476	1.427×10^8
80	1.157	0.502	1.506×10^8
90	1.176	0.526	1.578×10^8
100	1.196	0.548	1.644×10^8

对于回旋电子枪，其输入功率可定义为 $P_{in}=U_0I_0$，I_0 为电子注电流。回旋管总效率为 η_{total}，输出功率 P_{out} 和电子枪输入功率之间满足：

$$\eta_{total} = \frac{P_{out}}{U_0I_0} \tag{2.54}$$

(3) 电子注的速度离散尽可能小。为了使电子与高频场之间的能量交换更加充分有效，电子注的速度离散应尽可能小。电子注的速度离散分为横向速度离散和纵向速度离散，分别表示为

$$\delta v_\perp = \frac{\Delta v_\perp}{v_\perp}, \quad \delta v_z = \frac{\Delta v_z}{v_z} \tag{2.55}$$

(4) 适当的引导中心半径。当电子注在互作用区具有最佳引导中心半径 R_g 时，回旋电子可以高效地与高频场互作用，将电子的横向能量充分地转化给高频场。最佳引导中心半径处的电子与高频场的能量交换最充分，因此应尽可能地使各层电子处于最佳引导中心的位置，电子注的厚度不宜过大。

在圆柱坐标系中，考虑相对论效应时，在静电场和静磁场作用下，由电子的角动量守恒定律可得[5,6]

$$\gamma m_e r^2 \dot{\theta} - \frac{1}{2} e_0 B_z r^2 = \text{const} \tag{2.56}$$

式中，$\dot{\theta}$ 为角速度；r 为回旋电子的瞬时半径；const 表示常数。回旋运动电子截面图如图 2.6 所示，r_L 为回旋运动电子的拉莫半径。

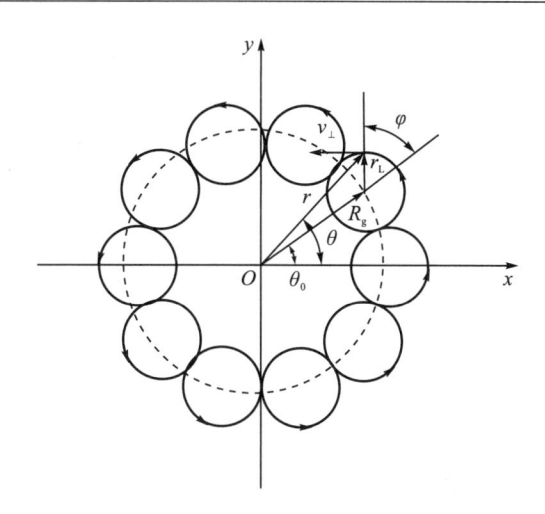

图 2.6　小回旋电子注的拉莫半径和引导半径关系示意图

在回旋管的互作用区入口处，根据式(2.56)可得

$$\gamma m_e r^2 \dot{\theta} - \frac{1}{2} e_0 B_z r^2 = \frac{1}{2} e_0 B_z \left(r_L^2 - R_g^2 \right) \tag{2.57}$$

电子从阴极发射环出射时，可忽略电子的角向运动，即 $\dot{\theta} = 0$，根据式(2.56)可得

$$B_c R_c^2 = B_0 \left(R_g^2 - r_L^2 \right) \tag{2.58}$$

式中，B_0 为互作用区入口处的磁感应强度；B_c 为阴极发射环处的磁感应强度；R_c 为阴极发射环半径。引入磁场性能参数，即磁压缩比：

$$F_m = \frac{B_0}{B_c} \tag{2.59}$$

联立式(2.58)和式(2.59)可得

$$F_m = \mu^2 \left(\frac{R_c}{r_L} \right)^2 \tag{2.60}$$

式中，$\mu = \left(R_g^2 / r_L^2 - 1 \right)^{-1/2}$，表示柱体几何因子。同时 μ 还可以表示为

$$\mu = \frac{R_{lc}}{R_c} \tag{2.61}$$

式中，R_{lc} 为近阴极区初始的拉莫半径。当外加磁场为绝热磁场时：

$$B_z r_L^2 = \text{const} \tag{2.62}$$

联立式(2.60)和式(2.61)可得

$$F_m = \left(\frac{R_{lc}}{r_L} \right)^2 \tag{2.63}$$

当 $R_g \gg r_L$ 时，根据式(2.58)和式(2.59)可得磁压缩比的近似表达式为

$$F_m \approx \left(\frac{R_c}{R_g} \right)^2 \tag{2.64}$$

磁控注入式电子枪发射带为空心环状，设阴极发射环平均半径 $R_c = (R_{c1} + R_{c2})/2$，$R_{c1}$ 和 R_{c2} 分别表示阴极发射环的最大和最小半径。在阴极发射能力即电流发射密度 J_c 一定、电子注电流 I_0 确定的条件下，发射环斜面宽度 l_s 由

$$l_s = \frac{I_0}{2\pi R_c J_c} \tag{2.65}$$

确定。当阴极角度为 ψ_c 时，如图 2.7 所示，发射带宽度可以表示为

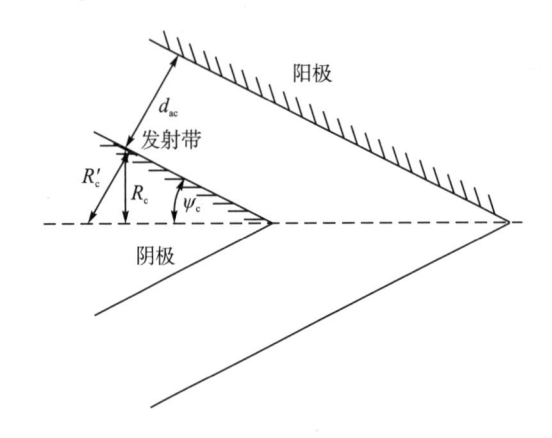

$$L_s = l_s \cos\psi_c \tag{2.66}$$

图 2.7 锥形电极结构示意图

电子注厚度是回旋电子注的一个重要参量，电子注过厚会导致注波互作用效率降低。对式 (2.58) 两端同时微商，并联立式 (2.60) 和式 (2.65) 可得

$$\frac{\Delta R_g}{R_g} = \frac{I_0 \sin\psi_c}{2\pi R_c^2 J_c (1+\mu^2)} \tag{2.67}$$

在磁控注入式电子枪的初始设计中，为了防止电子直接降落在阳极壁上，阴极与第一阳极间距离 d_{ac} 必须满足：

$$d_{ac} > 2R_{lc}/\cos\psi_c \tag{2.68}$$

d_{ac} 的取值越大，意味着第一阳极所需的电压越高，当第一阳极电压达到电子注电压时，第二阳极可以取消，双阳极磁控注入式电子枪退变成单阳极磁控注入式电子枪。

忽略电子在发射环处的角向运动，即 $\dot{\theta}_c = 0$，在阴极第一个拉莫圆的最高点 p 处，由角动量守恒公式：

$$-\frac{1}{2}e_0 B_c R_c^2 = \gamma_p m_e R_p^2 \dot{\theta}_p - \frac{1}{2}e_0 B_p R_p^2 \tag{2.69}$$

在轨道峰值 p 点处，径向速度 $v_r = 0$，其余两个速度分量间的夹角约等于阴极倾角，p 点的速度为 v_p，角向速度为 $v_{\theta p}$，存在如下等式：

$$v_p \approx v_{\theta p}/\cos\psi_c = R_p \dot{\theta}_p / \cos\psi_c \tag{2.70}$$

利用

$$\gamma_p v_p = c\sqrt{\gamma_p^2 - 1}$$

式中，γ_p 为 p 点处电子的相对论因子。将式(2.70)两端同时乘上 γ_p，并利用式(2.69)可得

$$c\sqrt{\gamma_p^2-1} = \frac{e_0 B_c}{m_e \cos\psi_c} \frac{R_p^2 - R_c^2}{2R_p} \tag{2.71}$$

根据能量守恒定律：

$$\gamma_p = 1 + \frac{e_0 U_p}{m_e c^2}$$

利用式(2.71)可得 p 点处的电压为

$$U_p = \frac{m_e c^2}{e_0} \left\{ \left[1 + \left(\frac{e_0 B_c}{cm_e \cos\psi_c}\right)^2 \left(\frac{R_p^2 - R_c^2}{2R_p}\right)^2 \right]^{\frac{1}{2}} - 1 \right\} \tag{2.72}$$

对于一个由半径为 r_c 的阴极和半径为 r_a 的阳极组成的均匀同轴系统，阴阳极间半径为 r 处的任意一点的电压和电场跟阳极电压 U_a 间存在如下关系：

$$\begin{cases} U(r) = U_a \dfrac{\ln(r/r_c)}{\ln(r_a/r_c)} \\ E(r) = -\dfrac{U_a}{r\ln(r_a/r_c)} \end{cases} \tag{2.73}$$

当 d_{ac}/R_c 和 ψ_c 很小时，式(2.73)可以扩展应用于如图 2.7 所示的回旋磁控注入式电子枪中由阴阳极构成的锥形同轴结构，但需进行如下的参数变换，即 $r_c=R_c/\cos\psi_c$，$r_a=R_a/\cos\psi_c=r_c+d_{ac}$。利用式(2.73)，可得第一阳极电压 U_a 与 p 点处电压 U_p 之间的关系为

$$U_a = \frac{\ln(r_a/r_c)}{\ln(r_p/r_c)} U_p \tag{2.74}$$

式中，$r_p=R_p/\cos\psi_c$，$R_p=R_c+2R_{lc}$，将式(2.72)代入式(2.74)并进一步整理可得

$$U_a = \frac{m_e c^2}{e_0} \frac{\ln(1+D_F\mu)}{\ln[(1+2\mu)]} \left\{ \left[1 + \frac{4}{\mu^2}\left(\frac{1+\mu}{1+2\mu}\right)^2 \left(\frac{\gamma_0^2-1}{R_c^2 \cos^2\psi_c}\right)\left(\frac{\alpha_0^2}{\alpha_0^2+1}\right) \right]^{\frac{1}{2}} - 1 \right\} \tag{2.75}$$

式中，$\alpha_0 = v_{\perp 0}/v_{z0}$，为电子在回旋器件互作用区入口处的横纵速度比；$v_{\perp 0}$ 和 v_{z0} 分别表示回旋器件在互作用区入口处电子的横向和纵向速度；D_F 为衡量阴阳极间距离的空间因子：

$$D_F = \frac{d_{ac}}{R_{lc} \cos\psi_c} \tag{2.76}$$

根据式(2.73)，可得阴极区的电场强度为

$$E_c = -\frac{U_a \cos\psi_c}{R_c \ln(1+d_{ac}\cos\psi_c/R_c)} \tag{2.77}$$

阴极区电场受到阴极半径、阴极倾角、阴阳极间距以及电子空间电荷效应的共同影响。电场强度 E_c 不能超过 100kV/cm，否则会在阴阳极间产生电弧，损坏电子枪。在阴极电场强度较大、阳极电压不变、阴阳极间距一定且阴极倾角不变的情况下，可以增大阴极半径来降低电场强度。因此可以利用式(2.77)得到阴极半径的最小值。

由朗缪尔(Langmuir)方程可得磁控注入式电子枪电极间的 Langmuir 限制电流密度为

$$J_L = \frac{14.66 \times 10^{-6} U_a^{\frac{3}{2}} \cos^2 \psi_c}{2\pi R_c (R_c + d_{ac} \cos\psi_c) \chi^2} \tag{2.78}$$

其中

$$\chi = \exp\left(-\frac{\zeta}{2}\right)\left(\zeta + \frac{1}{10}\zeta^2 + \frac{5}{300}\zeta^3 + \frac{24}{9900}\zeta^4 + \cdots\right)$$

$$\zeta = \ln(1 + D_F \mu)$$

根据 Langmuir 限制电流密度 J_L 公式[式(2.78)]及发射电流密度 J_c[式(2.65)]可得

$$\frac{J_c}{J_L} = \frac{I_0 (R_c + d_{ac} \cos\psi_c) \chi^2}{14.66 \times 10^{-6} U_a^{\frac{3}{2}} l_s \cos^2 \psi_c} \tag{2.79}$$

随着电子枪阴极半径的增大，Langmuir 限制电流密度迅速减小，两电流密度比值快速达到最大值。在绝热磁控注入式电子枪中，两电流密度比值一般控制在 15%～20%。根据式(2.79)，可得阴极半径的最大值。因此，联立式(2.77)和式(2.79)，可得阴极半径的取值范围。

为了确保电子注与回旋器件的高频场高效互作用，磁控注入式电子枪发射的电子注各关键参数，包括横纵速度比、速度离散、引导中心半径、电子注的厚度和功率等都必须满足一定要求。

当柱体几何因子 μ 较小时，电子注在绝热压缩磁场作用下，由角动量守恒公式可得

$$v_{\perp 0} \approx \frac{F_m^{\frac{3}{2}} E_c \cos\psi_c}{B_0 \gamma_0} \tag{2.80}$$

根据横纵速度比的定义及相对论因子与速度之间的关系，可得

$$v_{\perp 0} = c \left(\frac{1 - \gamma_0^{-2}}{1 + \alpha_0^{-2}}\right)^{\frac{1}{2}} \tag{2.81}$$

引入电子注的横向能量参数：

$$T \approx \frac{\alpha_0^2}{\alpha_0^2 + 1} \tag{2.82}$$

联立式(2.80)、式(2.81)和式(2.82)可得

$$T \approx \frac{F_m^3 E_c^2 \cos^2 \psi_c}{(\gamma_0^2 - 1) B_0^2 c^2} \tag{2.83}$$

在电子枪几何结构不变，工作频率和电子注功率一定的条件下，有

$$T \propto \frac{E_c^2}{B_c^3} \tag{2.84}$$

从式(2.84)不难看出，可以通过增大阴极电场或减小阴极磁场的方式增加电子注的横向能量，阴极磁场 B_c 对横向能量的影响要高于阴极电场 E_c 的影响。

利用阴极电场的表达式(2.77)，电子注横向能量参数式(2.83)可以进一步改写成

第 2 章 电子光学系统

$$T \approx \frac{B_0 U_a^2 \cos^4 \psi_c}{(\gamma_0^2 - 1) c^2 B_c^3 R_c^2 \ln^2(1 + d_{ac} \cos \psi_c / R_c)} \tag{2.85}$$

对于单阳极磁控注入式电子枪，$U_a = U_0$，可以通过调节外部磁场或改变电子枪的几何结构尺寸来提高电子注的横向能量。对于双阳极磁控注入式电子枪，还可以通过提高第一阳极的电压来提高电子注的横向能量。

磁控注入式电子枪产生的电子注的速度离散包括横向速度离散 $\Delta v_\perp$ 和纵向速度离散 Δv_z。回旋电子注的速度离散 $\Delta v_\perp$ 和 Δv_z 之间满足如下关系：

$$\frac{\Delta v_z}{v_z} = \alpha^2 \frac{\Delta v_\perp}{v_\perp} \tag{2.86}$$

回旋电子注在绝热压缩磁场及静电场共同作用下，电子在阴极发射环处的横向速度 $v_{\perp c}$ 和互作用区入口处的横向速度 $v_{\perp 0}$ 之间满足：

$$\frac{\gamma_c^2 v_{\perp c}^2}{B_c} = \frac{\gamma_0^2 v_{\perp 0}^2}{B_0} \tag{2.87}$$

在阴极发射环附近，电子的相对论因子 $\gamma_c \approx 1$。对式(2.87)进一步变换可得电子在阴极发射环处的横向速度 $v_{\perp c}$ 的表达式为

$$v_{\perp c} = \frac{\gamma_0}{F_m^{1/2}} v_{\perp 0} \tag{2.88}$$

电子注的横向速度离散包括热初速度离散 $(\Delta v_\perp)_T$、阴极表面粗糙度引起的速度离散 $(\Delta v_\perp)_R$ 及电子光学系统引起的速度离散 $(\Delta v_\perp)_0$。这三种速度离散是统计独立的。在阴极发射环处，热初速度离散 $(\Delta v_\perp)_T$ 和阴极表面粗糙度引起的速度离散 $(\Delta v_\perp)_R$ 表示为

$$(\Delta v_\perp)_T = \left(\frac{K T_c}{m_e}\right)^{1/2} \tag{2.89}$$

$$(\Delta v_\perp)_R = 0.4 \left(\frac{2 e_0 E_c R}{m_e}\right)^{1/2} \tag{2.90}$$

式中，T_c 为阴极温度，K；K 为玻尔兹曼常数；R 为阴极表面半球形突起物半径，即阴极粗糙度尺寸。磁控注入式电子枪中，在绝热压缩磁场作用下，对于空间电荷效应可忽略的回旋电子注，$(\Delta v_\perp / v_\perp)_T$ 和 $(\Delta v_\perp / v_\perp)_R$ 可以近似为一个常量。利用式(2.88)，根据式(2.89)和式(2.90)可进一步得到互作用区入口处速度离散为

$$\left(\frac{\Delta v_\perp}{v_\perp}\right)_T = \left(\frac{K T_c}{m_e} \frac{F_m}{\gamma_0^2}\right)^{1/2} \frac{1}{v_{\perp 0}} \tag{2.91}$$

$$\left(\frac{\Delta v_\perp}{v_\perp}\right)_R = 0.4 \left(\frac{2 e_0 E_c R}{m_e} \frac{F_m}{\gamma_0^2}\right)^{1/2} \frac{1}{v_{\perp 0}} \tag{2.92}$$

热初速度离散、阴极表面粗糙度引起的速度离散以及电子光学系统引起的速度离散之间是统计独立的。因此，总的横向速度离散可表示成

$$\left(\frac{\Delta v_\perp}{v_\perp}\right)_{\text{total}} = \left[\left(\frac{\Delta v_\perp}{v_\perp}\right)_0^2 + \left(\frac{\Delta v_\perp}{v_\perp}\right)_T^2 + \left(\frac{\Delta v_\perp}{v_\perp}\right)_R^2\right]^{1/2} \tag{2.93}$$

根据式(2.86)和式(2.93)，可得回旋电子注的纵向速度离散。

2.2 大回旋电子枪

回旋器件工作磁场随工作频率的提高而增大，当回旋管工作在太赫兹频段时，通常采用谐波工作方式来降低工作磁场；当回旋器件工作在 s 次回旋谐波时，在相同工作频率条件下，工作磁场降低为基波工作时的 $1/s$。对于采用小回旋电子注的回旋器件，高次谐波工作时，必须抑制低次谐波可能激励的竞争模式，保证器件正常工作，同时，随着回旋谐波次数的增加，注波互作用效率显著降低。因此基于小回旋电子注的谐波回旋器件在太赫兹频段主要工作在二次回旋谐波状态。

为了进一步降低工作磁场，须进一步提高回旋谐波次数，因此，科学家提出了大回旋电子注回旋器件的概念。大回旋电子注回旋器件利用绕轴旋转的大回旋电子注与互作用结构中的高频场互作用，激励或放大高频场。在大回旋器件中，当电子注工作在 s 次回旋谐波时，只能激励起角向指数 $m=s$ 的模式，即 TE_{mn} 模，因此，大回旋器件具有更好的模式选择特性，可解决传统小回旋电子注回旋器件工作在高次谐波时存在的严重模式竞争问题。同时，大回旋电子注回旋器件具有较高的能量转化效率[7-11]。

大回旋电子注中的电子直接绕轴做回旋运动，理想情况下电子注的引导中心半径为0，即电子回旋中心与轴心重合，实际上电子注与轴心间存在一定的偏移，导致电子注在引导中心半径附近波动，形成具有一定厚度的电子注。在轴对称分布的电磁场中，单个运动电子遵循能量守恒定律：

$$(\gamma-1)m_e c^2 = e_0 U_0 \tag{2.94}$$

2.2.1 电子运动方程

电子在给定电场和磁场条件下所受到的力，由洛伦兹方程来确定：
$$F = -e_0(E + v \times B) \tag{2.95}$$

非相对论情况下，在直角坐标系 (x,y,z) 中，回旋电子加速度各分量之间满足：
$$a = \ddot{x}e_x + \ddot{y}e_y + \ddot{z}e_z \tag{2.96}$$

利用圆柱坐标系 (r,θ,z) 与直角坐标系 (x,y,z) 之间的转换关系：
$$\begin{cases} x = r\cos\theta \\ y = r\sin\theta \\ z = z \end{cases} \tag{2.97}$$

$$\begin{cases} e_x = \cos\theta e_r - \sin\theta e_\theta \\ e_y = \sin\theta e_r + \cos\theta e_\theta \\ e_z = e_z \end{cases} \tag{2.98}$$

对式(2.97)两端对时间求二阶导数可得

$$\begin{cases} \ddot{x} = \ddot{r}\cos\theta - 2\dot{r}\dot{\theta}\sin\theta - r\ddot{\theta}\sin\theta - r\dot{\theta}^2\cos\theta \\ \ddot{y} = \ddot{r}\sin\theta + 2\dot{r}\dot{\theta}\cos\theta + r\ddot{\theta}\cos\theta - r\dot{\theta}^2\sin\theta \\ \ddot{z} = \ddot{z} \end{cases} \tag{2.99}$$

将式(2.98)和式(2.99)代入直角坐标系下的加速度公式(2.96)，可得圆柱坐标系下加速度的表达式：

$$a = \left(\ddot{r} - r\dot{\theta}^2\right)e_r + \left(r\ddot{\theta} + 2\dot{r}\dot{\theta}\right)e_\theta + \ddot{z}e_z \tag{2.100}$$

联立式(2.95)和式(2.100)，可得洛伦兹方程在圆柱坐标系三个坐标上的投影为

$$\begin{cases} m_e\left(\ddot{r} - r\dot{\theta}^2\right) = -e_0\left(E_r + r\dot{\theta}B_z - \dot{z}B_\theta\right) \\ m_e\left(r\ddot{\theta} + 2\dot{r}\dot{\theta}\right) = -e_0\left(E_\theta + \dot{z}B_r - \dot{r}B_z\right) \\ m_e\ddot{z} = -e_0\left(E_z + \dot{r}B_\theta - r\dot{\theta}B_r\right) \end{cases} \tag{2.101}$$

考虑相对论效应时，电子运动方程表示为

$$m_e\frac{\mathrm{d}(\gamma v)}{\mathrm{d}t} = -e_0(E + v \times B) \tag{2.102}$$

其中，$v^2 = v_r^2 + v_\theta^2 + v_z^2$。利用相对论因子$\gamma$与速度$v$间的关系可得

$$\frac{\mathrm{d}\gamma}{\mathrm{d}t} = \frac{\gamma^3}{c^2}v\frac{\mathrm{d}v}{\mathrm{d}t} \tag{2.103}$$

在式(2.102)两端同时用速度v进行点积，并利用$v \cdot (v \times B) \equiv 0$可得

$$v \cdot m_e\frac{\mathrm{d}(\gamma v)}{\mathrm{d}t} = -e_0 v \cdot E \tag{2.104}$$

式(2.104)左端可以写成

$$v \cdot m_e\frac{\mathrm{d}(\gamma v)}{\mathrm{d}t} = m_e\left(\gamma v \cdot \frac{\mathrm{d}v}{\mathrm{d}t} + \frac{v^2}{c^2}\gamma^3 v \cdot \frac{\mathrm{d}v}{\mathrm{d}t}\right) = m_e\gamma^3 v\frac{\mathrm{d}v}{\mathrm{d}t}$$

代入式(2.104)并利用式(2.103)可得

$$c^2\frac{\mathrm{d}\gamma}{\mathrm{d}t} = -\frac{e_0}{m_e}v \cdot E \tag{2.105}$$

利用式(2.105)，对式(2.102)进一步处理可得

$$\frac{\mathrm{d}v}{\mathrm{d}t} = \frac{\eta_e}{\gamma}\frac{v}{c^2}(v \cdot E) - \frac{\eta_e}{\gamma}(E + v \times B) \tag{2.106}$$

式中，η_e为电子的荷质比。根据式(2.106)可得电子运动各分量为

$$\begin{cases} \ddot{r} = -\frac{\eta_e}{\gamma}\left[\left(1 - \frac{\dot{r}^2}{c^2}\right)E_r - \frac{r\dot{r}\dot{\theta}}{c^2}E_\theta - \frac{\dot{r}\dot{z}}{c^2}E_z - \dot{z}B_\theta + r\dot{\theta}B_z\right] + r\dot{\theta}^2 \\ \ddot{\theta} = -\frac{\eta_e}{\gamma}\left[-\frac{\dot{r}\dot{\theta}}{c^2}E_r + \left(\frac{1}{r} - \frac{r\dot{\theta}^2}{c^2}\right)E_\theta - \frac{\dot{\theta}\dot{z}}{c^2}E_z + \frac{\dot{z}}{r}B_r - \frac{\dot{r}}{r}B_z\right] - 2\frac{\dot{r}\dot{\theta}}{r} \\ \ddot{z} = -\frac{\eta_e}{\gamma}\left[-\frac{\dot{r}\dot{z}}{c^2}E_r - \frac{r\dot{\theta}\dot{z}}{c^2}E_\theta + \left(1 - \frac{\dot{z}^2}{c^2}\right)E_z - r\dot{\theta}B_r + \dot{r}B_\theta\right] \end{cases} \tag{2.107}$$

在会切磁场中，不考虑电场的作用，并利用式(2.51)，即角向磁感应强度 $B_\theta = 0$，电子运动方程可以简化为

$$\begin{cases} \ddot{r} = r\dot{\theta}^2 - \dfrac{\eta_e}{\gamma} r\dot{\theta} B_z \\ \ddot{\theta} = -\dfrac{\eta_e}{\gamma}\left(\dfrac{\dot{z}}{r} B_r - \dfrac{\dot{r}}{r} B_z\right) - 2\dfrac{\dot{r}\dot{\theta}}{r} \\ \ddot{z} = \dfrac{\eta_e}{\gamma} r\dot{\theta} B_r \end{cases} \quad (2.108)$$

将式(2.34)中圆柱坐标系中磁感应强度各分量与磁位间关系式代入式(2.108)可得

$$\frac{1}{r}\frac{\mathrm{d}}{\mathrm{d}t}(r^2\dot{\theta}) = \frac{\eta_e}{\gamma}\frac{1}{r}\frac{\mathrm{d}(rA)}{\mathrm{d}t} \quad (2.109)$$

对式(2.109)积分可得

$$r^2\dot{\theta} = \frac{\eta_e}{\gamma} rA + C_0 \quad (2.110)$$

式中，常数 C_0 由初始条件决定。假定初始条件为 $\dot{\theta}=0, r=r_0, A=A_0$，式(2.110)可以进一步写成：

$$r^2\dot{\theta} = \frac{\eta_e}{\gamma} rA - \frac{\eta_e}{\gamma} r_0 A_0 \quad (2.111)$$

将式(2.111)和式(2.34)一并代入式(2.108)可得

$$\begin{cases} \ddot{r} = -\left(\dfrac{\eta_e}{\gamma}\right)^2 \left(A - \dfrac{r_0 A_0}{r}\right)\left(\dfrac{\partial A}{\partial r} + \dfrac{r_0 A_0}{r^2}\right) \\ \ddot{z} = -\left(\dfrac{\eta_e}{\gamma}\right)^2 \left(A - \dfrac{r_0 A_0}{r}\right)\dfrac{\partial A}{\partial z} \end{cases} \quad (2.112)$$

如图 2.8 所示的理想会切磁场，其纵向磁场分布为

$$B_z = B_0[1 - 2u(z)] \quad (2.113)$$

式中，$u(z)$ 为阶跃函数。

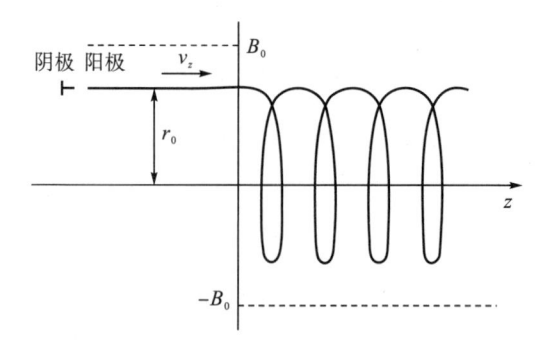

图 2.8 理想会切磁场及电子运动轨迹

$$u(z) = \begin{cases} 1, & z \geqslant 0 \\ 0, & z < 0 \end{cases}$$

将理想会切磁场的纵向磁感应强度表达式(2.113)代入式(2.34)，积分整理后可得

$$A = \frac{r}{2}B_0(1-2u) \tag{2.114}$$

式中，由于 $B = \nabla \times A$，所以式(2.114)中略去的积分常数对磁感应强度 B 不产生影响。将式(2.114)代入式(2.111)可得

$$\dot{\theta} = \frac{\Omega_c}{2}\left[(1-2u) - \frac{r_0^2}{r^2}\right] \tag{2.115}$$

式中，$\Omega_c = \eta_e B_0/\gamma$ 为电子的回旋频率。将式(2.114)代入式(2.112)中，可得电子在会切磁场中的径向和纵向运动方程

$$\begin{cases} \ddot{r} = -\dfrac{r\Omega_c^2}{4}\left[(1-2u)^2 - \dfrac{r_0^4}{r^4}\right] \\ \ddot{z} = \dfrac{\Omega_c^2}{2}\left[r^2(1-2u) - r_0^2\right]\delta(z) \end{cases} \tag{2.116}$$

式中，冲激函数 $\delta(z) = \mathrm{d}u(z)/\mathrm{d}z$。对式(2.116)中电子的纵向运动方程，利用 $\mathrm{d}/\mathrm{d}t = v_z\mathrm{d}/\mathrm{d}z$，并进行积分可得

$$v_{z2}^2 = v_{z1}^2 - r_0^2\Omega_c^2 \tag{2.117}$$

式中，v_{z1} 和 v_{z2} 分别为电子经过会切磁场前后的纵向速度。式(2.117)表明，经过会切磁场转换前后电子的轴向速度变化与电子通过会切磁场前的回旋半径无关；经过会切磁场转换后，电子的纵向速度变小，失去的这部分纵向能量转换成了电子的横向能量；存在一个纵向速度阈值 $v_{th} = r_0\Omega_c$，低于该阈值速度的电子将在会切磁场作用下反射回去，因此要求电子的纵向速度 $v_z > r_0\Omega_c$。

对式(2.116)中电子的径向运动方程，除会切磁场过渡点 $z=0$ 外，其他所有点均满足 $(1-2u)^2 = 1$，因此，对于 $z=0$ 之外的其他点，电子的径向运动方程可以简化成

$$\ddot{r} + \frac{r\Omega_c^2}{4}\left(1 - \frac{r_0^4}{r^4}\right) = 0 \tag{2.118}$$

在圆柱坐标系中，当一个质点以角频率 ω、回旋半径 r_L、回旋中心距系统轴线距离 R_g 运动时，其运动方程为

$$\ddot{r} + \frac{r\omega^2}{4}\left[1 - \frac{(R_g^2 - r_L^2)^2}{r^4}\right] = 0 \tag{2.119}$$

比较式(2.118)和式(2.119)可得

$$\begin{cases} R_g^2 - r_L^2 = r_0^2, & R_g > r_L \\ r_L^2 - R_g^2 = r_0^2, & r_L > R_g \\ \omega = \Omega_c \end{cases} \tag{2.120}$$

在静磁场中，磁场不做功，电子的总能量守恒，因此：

$$v_0^2 = v_{z1}^2 + r_{L1}^2 \Omega_c^2 = v_{z2}^2 + r_{L2}^2 \Omega_c^2 \tag{2.121}$$

联立式(2.117)和式(2.121)可得

$$\begin{cases} r_{L2}^2 = r_0^2 + r_{L1}^2 = R_{g1}^2 \\ R_{g2}^2 = r_{L2}^2 - r_0^2 = r_{L1}^2 \end{cases} \tag{2.122}$$

图 2.9 展示了大回旋电子注的形成过程。电子经过会切磁场转换后,小回旋电子注变成了绕轴的大回旋电子注。小回旋运动的回旋半径越小,经会切磁场后形成的大回旋电子注的厚度就越薄,电子注的最大厚度约为通过会切磁场过渡点前电子运动的最大拉莫半径的两倍。因此,电子通过会切磁场后,可以将小回旋电子注转换成大回旋电子注,将电子的纵向能量转换成横向能量。

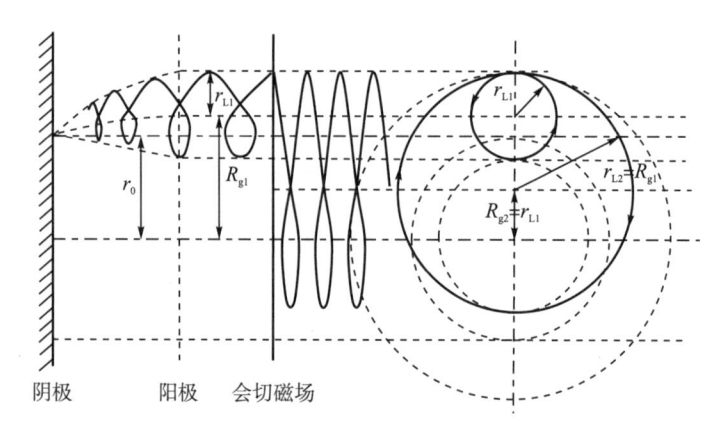

图 2.9 大回旋电子注的形成过程

实际的会切磁场分布并不满足理想的单位阶跃函数分布,而是具有一定宽度的过渡倒向区域,形式上类似于双曲正切函数。一般情况下,磁场分布可以采用 $B = B_{z0}f(z)$ 的形式,则矢量磁位的角向分量为

$$A_\theta = \frac{r}{2} B_{z0} f(z) = A \tag{2.123}$$

其中,$f(z)$ 是任意函数且满足

$$\lim_{z \to \pm\infty} f(z) = \mp 1$$

在会切磁场过渡区,假定 $r \doteq r_0$,$\dot{r}/r_0\Omega_c \ll 1$,利用式(2.123),则式(2.115)和式(2.116)可以简化为

$$\dot{\theta} = \frac{\Omega_c}{2}(f - 1) \tag{2.124}$$

$$\ddot{r} + \frac{r_0 \Omega_c^2}{4}(f^2 - 1) = 0 \tag{2.125}$$

$$\ddot{z} + \frac{\Omega_c^2 r_0^2}{4}(f - 1)f' = 0 \tag{2.126}$$

利用 $\mathrm{d}/\mathrm{d}t = v_z \mathrm{d}/\mathrm{d}z$,对式(2.126)进行积分可得

$$v_z = \frac{\Omega_c r_0}{2}\left(4\eta^2 - q^2\right)^{1/2} \tag{2.127}$$

式中，$q = 1-f$；$\eta = v_0/(r_0\Omega_c)$。将式(2.127)代入式(2.125)可以得到会切磁场过渡区的径向速度：

$$\dot{r} = \int_0^2 \frac{\Omega_c}{2} \frac{f^2-1}{(4\eta^2-q^2)^{1/2}} \frac{\mathrm{d}q}{f'} \tag{2.128}$$

实际的轴向磁场可以近似地用双曲正切函数拟合，即 $f = -\tanh(z/\zeta)$，ζ 为会切磁场过渡区的宽度因子。根据 f 的表达式可以得到

$$f' = -\frac{1}{\zeta}\left(1 - \tanh^2 \frac{z}{\zeta}\right) = \frac{f^2-1}{\zeta}$$

将上式代入式(2.128)中可以得到电子会切磁场过渡区的径向速度：

$$\dot{r} = \frac{\Omega_c \zeta}{2} \sin^{-1} \frac{1}{\eta} \tag{2.129}$$

显然，过渡区的存在将不可避免地导致电子注回旋中心的偏心。图 2.10 给出了电子轨道的偏心方式，偏心量为

$$\Delta R = \frac{\dot{r}}{\Omega_c} = \frac{\zeta}{2} \sin^{-1} \frac{1}{\eta} \tag{2.130}$$

ΔR 的方向与电子通过会切点时的回旋半径约呈 90°夹角（$\theta \ll 1$），且所有通过会切点的电子都将偏离圆心。偏心的结果就是通过会切磁场后，电子将形成一个具有一定能量分散的中空电子注，且电子注包络具有一定的波动，如图 2.11 所示，其波长为

$$\lambda = \frac{2\pi v_{z2}}{\Omega_c} = \frac{2\pi\left(v_{z1}^2 - r_0^2 \Omega_c^2\right)^{1/2}}{\Omega_c} = 2\pi r_0 \left(\eta^2 - 1\right)^{1/2} \tag{2.131}$$

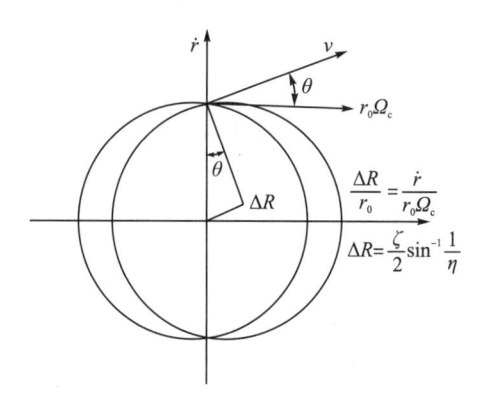

图 2.10　电子轨道的偏心

这种偏心将引起电子注的厚度增加，从图 2.10 不难看出，其厚度 d 为

$$d = \Delta R = \frac{\zeta}{2} \sin^{-1} \frac{1}{\eta} \tag{2.132}$$

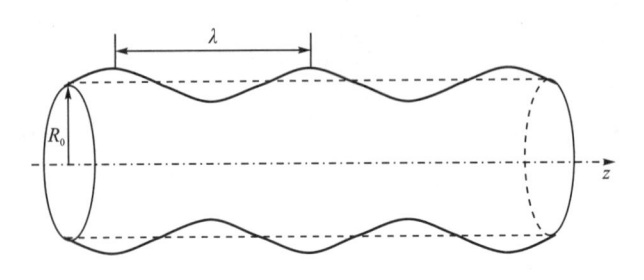

图 2.11　具有一定能量分散的电子注包络

非理想会切磁场过渡区的存在,大大地增加了空心电子注的厚度,使得大回旋电子注中的电子与回旋器件中高频场的互作用效率大幅降低。因此,应尽可能地减小磁场会切区宽度 ζ,即缩小磁场倒向区域,过渡区的宽度越窄越好,但实际是很难实现的。

2.2.2　缓变倒向磁场大回旋电子枪

对于突变磁场大回旋电子枪,大回旋电子注的产生主要分为三步:第一步,利用环形球面阴极产生会聚的环形电子注,使阴极位于轴向磁场幅值逐渐增加的区域,使磁力线走向尽可能与电子注包络一致,并逐渐过渡为一轨迹与系统轴线平行的薄环形电子注;第二步,让该电子注通过过渡区尽可能窄的倒向磁场,使其转变为绕轴旋转的大回旋电子注;第三步,通过绝热压缩使电子的横纵速度比 α 达到要求值。该方法产生大回旋电子注的关键在于会切点前无限薄电子注的产生及无限窄会切磁场的实现。为此,需要在真空管内引入铁磁物质并采用非常薄的管壁,使得该大回旋电子枪的结构和工艺变得极为复杂。即便如此,仍不可能完全逼近理想情况,各种非理想因素叠加后依然会导致电子注存在较大的离散和波动,这在一定程度上限制了突变磁场大回旋电子枪的广泛应用。

为了解决上述问题,人们提出了如图 2.12 所示的缓变倒向磁场大回旋电子枪。在该结构大回旋电子枪中,阴极置于磁场倒向点前的轴向磁场幅值逐渐减小区域,通过控制缓变倒向磁场在阴极区和互作用区的磁感应强度 B_c 和 B_0 的取值,使得各电子的初始正则动量差异尽可能小,通过调整电子枪中电场和磁场的分布,控制电子在会切点的回旋相位,使可能引起电子注偏心的各种因素尽可能相互抵消,达到调节电子注横向能量差异、减小引导中心半径的目的,从而获得较为理想的大回旋电子注。缓变会切磁场分布如图 2.12 所示。

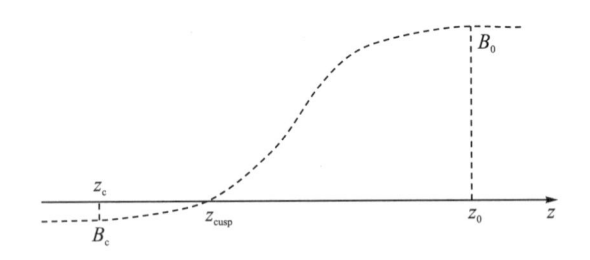

图 2.12　缓变会切磁场

与传统的会切磁场不同，在缓变倒向磁场中，已经没有会切点前后的理想磁场均匀区磁感应强度，相应的是阴极区磁感应强度 B_c 和互作用区均匀磁感应强度 B_0。在轴对称静电场和静磁场中，电子的拉格朗日量可表示为

$$L = -m_e c^2 \sqrt{1-\beta^2} - e_0 v \cdot A + e_0 \varphi$$

$$= -m_e c^2 \left(1 - \frac{\dot{r}^2 + r^2 \dot{\theta}^2 + \dot{z}^2}{c^2}\right)^{1/2} - e_0 r \dot{\theta} A_\theta + e_0 \varphi \quad (2.133)$$

式中，v 为电子运动速度；$\beta = v/c$，为电子归一化速度；A 为矢量磁位；φ 为标量势。对于轴对称线圈产生的磁场，角向磁矢位 A_θ 为磁矢位的唯一非零分量。

轴对称条件下拉格朗日量不显含 θ，因此电子满足正则角动量守恒，即

$$P_\theta = \frac{\partial L}{\partial \dot{\theta}} = m_e \gamma \left[r v_\theta - \frac{1}{2} r^2 \frac{e_0 B_z(z)}{m_e \gamma}\right] = \text{const} \quad (2.134)$$

式中，v_θ 为电子的角向速度；$B_z(z)$ 为轴向磁感应强度。在阴极表面电子发射环处，$r=R_c$，$v_\theta=0$，$\gamma=1$，$B_z(z)=B_c$，从而有

$$P_{\theta c} = -\frac{1}{2} e_0 B_c R_c^2 \quad (2.135)$$

假定互作用区磁场均匀，并忽略空间电荷效应，电子围绕引导中心做大回旋运动，且引导中心轨迹为一平行于系统轴的直线。设引导中心半径为 R_g，电子的拉莫半径为 r_L，则电子离轴最远点的半径为 $r_+ = r_L + R_g$，在最远点处，$v_r=0$，$v_\theta=v_\perp=r_L \Omega_c$。根据式(2.134)，离轴最远点处电子的正则角动量为

$$P_{\theta 0} = \frac{1}{2} e_0 B_0 \left(r_L^2 - R_g^2\right) \quad (2.136)$$

利用正则角动量守恒，有 $P_{\theta c} = P_{\theta 0}$，根据式(2.135)和式(2.136)可得

$$\frac{r_L^2 - R_g^2}{R_c^2} = -\frac{B_c}{B_0} \quad (2.137)$$

根据式(2.137)可知，当 $B_c/B_0 > 0$ 时，$r_L^2 - R_g^2 < 0$，电子做小回旋运动；当 $B_c/B_0 < 0$ 时，$r_L^2 - R_g^2 > 0$，电子做大回旋运动。特别地，当 $R_g = 0$ 时，电子做理想大回旋运动，$r_L^2 / R_c^2 = -B_c / B_0$。

根据式(2.137)，一般情况下，电子进入互作用区时的横向速度：

$$v_\perp = r_L \dot{\theta} = \left(R_g^2 - \frac{B_c}{B_0} R_c^2\right)^{1/2} \dot{\theta} \quad (2.138)$$

需要注意的是，式(2.137)和式(2.138)并不依赖于磁感应强度幅值 B_c 到 B_0 的具体变化细节。这种变化过程可以是突变的，可以是缓变的，甚至可以是多次倒向的。令 $R_g=0$，即可得到理想大回旋电子注形成的必要条件：B_c 和 B_0 反号，且 $r_L^2 B_0 = -R_c^2 B_c$。因此，理想的 cusp 磁场并不是获得理想大回旋电子注的必要条件，实际上只需要控制引导中心半径 R_g，使其尽可能接近于零即可。由于式(2.137)不能唯一确定电子的运动状态，在阴极发射环处磁感应强度 B_c、互作用区磁感应强度 B_0 和发射环半径 R_c 确定的情况下，有多组引导中心半径为 R_g 和拉莫半径为 r_L 的组合可以满足式(2.137)。这时候设计大回旋电子枪就

变为适当地控制引导中心半径 R_g 和拉莫半径 r_L，使电子注参量满足要求。

由电子的角动量守恒定律式(2.56)，并忽略阴极发射环处电子的角向运动，可得

$$m_e \gamma r_L^2 \dot{\theta} - \frac{1}{2} e_0 r_L^2 B_0 = -\frac{1}{2} e_0 R_c^2 B_c \tag{2.139}$$

对式(2.139)进一步处理可得

$$\dot{\theta} = \frac{\eta_e}{2\gamma}\left(B_0 - B_c \frac{R_c^2}{r_L^2}\right) \tag{2.140}$$

式(2.140)即为 Bush 定理表达式。Bush 定理表明，当电子注内的磁通量发生变化时，电子的角速度也会随之改变。B_c 和 R_c 分别为角速度为零时的轴向磁感应强度和电子注半径。对于 cusp 电子枪，B_c 和 R_c 分别对应阴极发射环处的磁感应强度和发射环半径；B_0 和 r_L 分别为互作用区的磁感应强度和电子回旋半径。因此，将 Bush 定理应用到 cusp 电子枪中，式(2.140)可以改写成

$$\frac{v_\perp}{r_L} = \frac{\eta_e}{2\gamma}\left(B_0 - B_c \frac{R_c^2}{r_L^2}\right) \tag{2.141}$$

利用电子的相对论因子 γ 与加速电压 U_0 间的关系：

$$\gamma = \left(1 - v^2\right)^{-1/2} = 1 + \eta_e U_0 / c^2$$

电子总的速度 v 与横向速度 $v_\perp$ 和纵向速度 v_z 之间的关系：

$$v = \left(v_\perp^2 + v_z^2\right)^{1/2}$$

可得电子横向和纵向速度比值 α 的表达式：

$$\alpha = \frac{v_\perp}{v_z} = \sqrt{\frac{-\eta_e^2 B_c B_0 R_c^2}{\gamma^2 v^2 + \eta_e^2 B_c B_0 R_c^2}} \tag{2.142}$$

因此，通过调整阴极半径 R_c、阴极发射环处的磁感应强度 B_c、互作用区的磁感应强度 B_0 及加速电压 U_0 等参数，即可得到大回旋电子枪中电子注所需的横纵速度比。

2.2.3 速度离散

在大回旋电子枪中，根据能量守恒，电子的横向速度离散和纵向速度离散之间仍然满足式(2.86)所示的关系。因此在分析电子注速度离散时，只需要重点分析引起横向速度离散的因素。引起横向速度离散的因素主要包括电子注厚度、初始磁通离散、电子注偏心和空间电荷效应。

对于电子注厚度引起的速度离散，可以从式(2.140)出发进行分析。设阴极发射环半径最小值为 R_{cmin}，阴极发射环宽度即电子注的初始厚度为 ΔR_c，位于发射环最小半径 R_{cmin} 处和最大半径 $R_{cmin}+\Delta R_c$ 处电子的运动轨迹为

$$\dot{\theta}(R_{cmin}) = \frac{\eta_e B_c}{2\gamma}\left(f(z) - \frac{R_{cmin}^2}{r_L^2}\right) \tag{2.143}$$

$$\dot{\theta}(R_{cmin} + \Delta R_c) = \frac{\eta_e B_c}{2\gamma}\left[f(z) - \frac{(R_{cmin} + \Delta R_c)^2}{r_L^2}\right] \tag{2.144}$$

式中，$f(z) = B_0/B_c$，为互作用区磁感应强度与阴极发射环处磁感应强度的比值。根据式(2.143)和式(2.144)可以得到电子注初始厚度引起的横向速度离散为

$$\frac{\dot{\theta}(R_{cmin}) - \dot{\theta}(R_{cmin} + \Delta R_c)}{\dot{\theta}(R_{cmin})} \approx \frac{2R_{cmin}\Delta R_c}{f(z)r_L^2 - R_{cmin}^2} \tag{2.145}$$

由式(2.145)可知，电子注厚度引起的横向速度离散正比于阴极发射环的宽度，即电子注的初始厚度。理论上，只要尽可能减小阴极发射环面积，就可以获得尽可能薄的电子注，达到控制电子注横向速度离散的目的。对于小电流大回旋电子枪来说，这种控制速度离散的方法是可行的，但当电流较大时，小的阴极发射面意味着须提高阴极发射电流密度，如果长时间超过阴极负载，将会影响阴极寿命。因此，在调整阴极发射环宽度来减小电子注横向速度离散时，还需要兼顾阴极的负载能力。

在式(2.138)中，若阴极发射环上的电子感受到的磁感应强度 B_c 不同，则可以将 $B_cR_c^2$ 作为一个整体来考虑，该项正比于磁通量。当发射环上较小 R_c 处的电子刚好对应较大的 B_c 时，此项引起的速度离散减小。因此，可以将阴极发射环置于倒向点前的轴向磁场幅值逐渐减小的区域中，这样可以适当补偿不同位置电子的 $B_cR_c^2$ 差异。

根据式(2.138)，可得电子注偏心(引导中心半径 $R_g \neq 0$)引起的横向速度变化为

$$\Delta v_\perp = \left(R_g^2 - \frac{B_c}{B_0}R_c^2 \right)^{-1/2} \dot{\theta} R_g \Delta R_g \tag{2.146}$$

记

$$\delta R_g = \Delta R_g/R_g$$

为引导中心离散，结合式(2.138)和式(2.146)，并结合式(2.137)中电子的拉莫半径、引导中心半径和阴极发射环半径之间的关系，可得引导中心离散导致的电子注横向速度离散为

$$\delta v_\perp = \frac{R_g^2}{r_L^2} \delta R_g \tag{2.147}$$

由式(2.147)可以看出，若电子在横纵速度转换过程中的引导中心半径 $R_g \neq 0$，将导致由电子注偏心引起的横向速度离散。电子注偏心引起的横向速度离散不仅与引导中心半径有关，还与引导中心离散的具体分布有关。

空间电荷效应也会引起速度离散，其影响主要分为以下三个方面：一是空间电荷的存在会引起空间电荷压降，导致内层电子与外层电子的速度存在差异；二是空间电荷力会导致枪区电子轨迹发散，导致相邻电子通过磁场会切点时的径向位置差异变大，使得转换后电子的横向速度不同；三是回旋电子注中部分电子可能一直处于空间电荷力的轴向加速场中，另一部分电子则一直处于空间电荷力的轴向减速场中，使其轴向速度差异变得越来越大。

另外，阴极发射面粗糙程度、阴极表面的非均匀场、电子初始速度的热分布、电极系统和磁系统的非严格轴对称特性等也将导致一定程度的速度离散。

需要注意的是，上述诸多因素导致的速度离散不一定是相互叠加的。在调节电子枪各电极的几何形状及在磁场系统中的相对位置时，将改变电子枪内部的电磁场分布，从而使引起速度离散的各种因素可以部分抵消。因此，实际的电子注速度离散可能远小于由上述

这些因素引起的速度离散的叠加值。

参 考 文 献

[1] Mark Baird J, Lawson W. Magnetron injection gun(MIG)design for gyrotron applications[J]. International Journal of Electronics, 1986, 61(6): 953-967.

[2] Rhee M J, Destler W W. Relativistic electron dynamics in a cusped magnetic field[J]. The Physics of Fluids, 1974, 17(8): 1574-1581.

[3] 王文祥. 微波工程技术[M]. 北京: 国防工业出版社, 2009.

[4] 杜秉初, 汪健如. 电子光学[M]. 北京: 清华大学出版社, 2002.

[5] Tsimring S E. Gyrotron electron beams: Velocity and energy spread and beam instabilities[J]. International Journal of Infrared and Millimeter Waves, 2001, 22(10): 1433-1468.

[6] Tsimring S E. On the spread of velocities in helical electron beams[J]. Radiophysics and Quantum Electronics, 1972, 15(8): 952-961.

[7] Gallagher D A, Barsanti M, Scafuri F, et al. High-power cusp gun for harmonic gyro-device applications[J]. IEEE Transactions on Plasma Science, 2000, 28(3): 695-699.

[8] He W, Whyte C G, Rafferty E G, et al. Axis-encircling electron beam generation using a smooth magnetic cusp for gyrodevices[J]. Applied Physics Letters, 2008, 93(12): 121501.

[9] Anderson J P, Temkin R J, Shapiro M A. Experimental studies of local and global emission uniformity for a magnetron injection gun[J]. IEEE Transactions on Electron Devices, 2005, 52(5): 825-828.

[10] Jeon S G, Baik C W, Kim D H, et al. Study on velocity spread for axis-encircling electron beams generated by single magnetic cusp[J]. Applied Physics Letters, 2002, 80(20): 3703-3705.

[11] Tsai C H, Chang T H, Yamaguchi Y, et al. Nonadiabatic effects on beam-quality parameters for frequency-tunable gyrotrons[J]. IEEE Transactions on Electron Devices, 2020, 67(1): 341-346.

第3章 太赫兹回旋振荡器

基于真空电子学的太赫兹辐射源是一类重要的太赫兹辐射源。在传统真空电子器件中,利用自由电子与周期慢波结构相互作用来产生电磁辐射。这类器件具有明显的尺度效应,即互作用高频结构尺寸与工作频率成反比,频率越高,互作用高频结构尺寸越小。同时,受空间电荷等因素影响,电子注的电流密度不能无限提高,导致传统真空电子器件在太赫兹频段的输出功率和注波互作用效率都比较低。回旋振荡器(回旋管)是一种基于电子回旋受激辐射机理,突破尺度效应的快波器件,不需要传统真空电子器件所必需的慢波结构,在太赫兹频段可实现瓦级甚至兆瓦级的功率输出。

3.1 开放回旋谐振腔

在回旋管中,电磁波与电子注间的能量交换发生在开放回旋谐振腔中。电子注从开放回旋谐振腔的一端注入,与腔体中的高频场交换能量后,与激励起的高频场一同从腔体的另一端输出。合理地开放谐振腔体结构可以提高回旋管的注波互作用效率并改善模式竞争。开放回旋谐振腔的三个关键电磁参数为:谐振频率 f_0、衍射品质因数 Q_d 和欧姆品质因数 Q_o。典型的三段式开放回旋谐振腔如图3.1所示[1]。

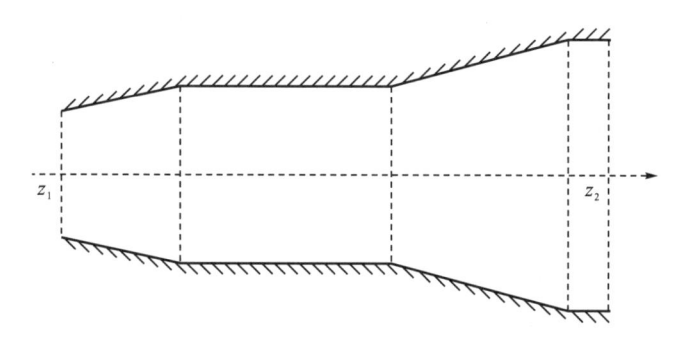

图3.1 开放回旋谐振腔

开放回旋谐振腔具有如下特点。

(1)腔体的两端没有金属封闭面,腔内振荡的形成不像传统封闭谐振腔那样依赖两端金属面的反射,而是腔体两端的截止段或不均匀段(腔体截面的变化)反射的结果。因此,这种腔体结构具有足够大的电子通道来保证电子注顺利通过,同时腔体对某些模式仍具有很高的品质因数(Q 值)，使得这些模式的部分能量在腔体中反射形成振荡，另一部分能量向外辐射输出。

(2) 腔体的截止段只对某些模式截止，对更高阶的模式不截止。这些不被截止的模式不具有足够的反射形成振荡，从而减小了腔内的谐振模式，提高了模式隔离度。

(3) 在开放回旋谐振腔中，波以接近截止的状态传输，相速远大于光速，而波的群速即能量的传输速度则远小于光速。

如图 3.1 所示的开放回旋谐振腔中，电场 E 和磁场 H 可以分别表示成横向场分量 E_T、H_T 与纵向场分量 E_z、H_z 叠加的形式，即[2]

$$\begin{cases} E(r,t) = \left[E_T(r) + E_z(r)e_z \right] e^{j\omega t} \\ H(r,t) = \left[H_T(r) + H_z(r)e_z \right] e^{j\omega t} \end{cases} \tag{3.1}$$

式中，r 为空间坐标；ω 为电磁波频率。在圆柱波导中，横向场分量可以表示为系列波导模式的场分量叠加。

$$\begin{cases} E_T = \sum_{i=1}^{2} \sum_{mn} V_{mn}^{(i)}(z) e_{mn}^{(i)}(r,z) \\ H_T = \sum_{i=1}^{2} \sum_{mn} I_{mn}^{(i)}(z) h_{mn}^{(i)}(r,z) \end{cases} \tag{3.2}$$

式中，$V_{mn}^{(i)}(z)$ 和 $I_{mn}^{(i)}(z)$ 分别为电场和磁场幅值；$e_{mn}^{(i)}(r,z)$ 和 $h_{mn}^{(i)}(r,z)$ 分别为单位横向电矢量和单位横向磁矢量。$i=1$ 对应 TE 模，$i=2$ 对应 TM 模。

对于 TE$_{mn}$ 模，$e_{mn}^{(1)}$ 和 $h_{mn}^{(1)}$ 与标量位函数 Φ_{mn} 间满足：

$$\begin{cases} h_{mn}^{(1)} = -\nabla_T \Phi_{mn} \\ e_{mn}^{(1)} = h_{mn}^{(1)} \times e_z \end{cases} \tag{3.3}$$

TE$_{mn}$ 模的标量位函数 Φ_{mn} 满足：

$$\begin{cases} \nabla_T^2 \Phi_{mn} + k_{c,mn}^{(1)2} \Phi_{mn} = 0 \\ e_n \cdot \nabla \Phi_{mn} \big|_C = 0 \end{cases} \tag{3.4}$$

式中，$k_{c,mn}^{(1)}$ 为 TE$_{mn}$ 模的截止波数；e_n 为边界面 C 上的单位法向矢量。对于 TE$_{mn}$ 模，根据式(3.3)和式(3.4)可得

$$\nabla_T \nabla_T \cdot h_{mn}^{(1)} = -k_{c,mn}^{(1)2} h_{mn}^{(1)} \tag{3.5}$$

对于 TM$_{mn}$ 模，$e_{mn}^{(2)}$ 和 $h_{mn}^{(2)}$ 与标量位函数 Ψ_{mn} 间满足：

$$\begin{cases} e_{mn}^{(2)} = -\nabla_T \Psi_{mn} \\ h_{mn}^{(2)} = e_z \times e_{mn}^{(2)} \end{cases} \tag{3.6}$$

TM$_{mn}$ 模的标量位函数 Ψ_{mn} 满足如下亥姆霍兹方程：

$$\begin{cases} \nabla_T^2 \Psi_{mn} + k_{c,mn}^{(2)2} \Psi_{mn} = 0 \\ \Psi_{mn} \big|_C = 0 \end{cases} \tag{3.7}$$

式中，$k_{c,mn}^{(2)}$ 为 TM$_{mn}$ 模的截止波数。对于 TM$_{mn}$ 模，根据式(3.6)和式(3.7)可得

第3章 太赫兹回旋振荡器

$$\nabla_T \nabla_T \cdot e_{mn}^{(2)} = -k_{c,mn}^{(2)2} e_{mn}^{(2)} \tag{3.8}$$

将式(3.1)代入下面的无源麦克斯韦方程:

$$\begin{cases} \nabla \times E = -\dfrac{\partial B}{\partial t} \\ \nabla \times H = \dfrac{\partial D}{\partial t} \end{cases}$$

并利用电磁场的本构关系 $D = \varepsilon_0 E$、$B = \mu_0 H$,ε_0 和 μ_0 分别为真空中的介电常数和磁导率,可得横向场分量和纵向场分量分别为

$$\begin{cases} \dfrac{\partial E_T}{\partial z} = \nabla_T E_z - j\omega\mu_0 H_T \times e_z \\ \dfrac{\partial H_T}{\partial z} = \nabla_T H_z + j\omega\varepsilon_0 E_T \times e_z \end{cases} \tag{3.9}$$

$$\begin{cases} H_z = -\dfrac{1}{j\omega\mu_0} \nabla_T \cdot (E_T \times e_z) \\ E_z = \dfrac{1}{j\omega\varepsilon_0} \nabla_T \cdot (H_T \times e_z) \end{cases} \tag{3.10}$$

其中,∇_T 为横向微分算符。

将式(3.10)代入式(3.9),消掉纵向场分量 H_z 和 E_z,并分别与单位电矢量共轭 $e_{mn}^{(i)*}$ 和单位磁矢量共轭 $h_{mn}^{(i)*}$ 点积后,在开放回旋谐振腔的横截面上积分可得

$$\begin{cases} \displaystyle\int_S \dfrac{\partial E_T}{\partial z} \cdot e_{mn}^{(i)*} dS = \dfrac{1}{j\omega\varepsilon_0} \int_S \left[\nabla_T \nabla_T \cdot (H_T \times e_z)\right] \cdot e_{mn}^{(i)*} dS \\ \qquad\qquad\qquad\qquad - j\omega\mu_0 \displaystyle\int_S (H_T \times e_z) \cdot e_{mn}^{(i)*} dS \\ \displaystyle\int_S \dfrac{\partial H_T}{\partial z} \cdot h_{mn}^{(i)*} dS = -\dfrac{1}{j\omega\mu_0} \int_S \left[\nabla_T \nabla_T \cdot (E_T \times e_z)\right] \cdot h_{mn}^{(i)*} dS \\ \qquad\qquad\qquad\qquad + j\omega\varepsilon_0 \displaystyle\int_S (E_T \times e_z) \cdot h_{mn}^{(i)*} dS \end{cases} \tag{3.11}$$

利用式(3.2)、式(3.3)和式(3.6),以及模式间的正交性,对于 TE_{mn} 模,式(3.11)可以进一步化简为

$$\begin{cases} \displaystyle\int_S \dfrac{\partial E_T}{\partial z} \cdot e_{mn}^{(i)*} dS = \dfrac{1}{j\omega\varepsilon_0} \int_S \left[\nabla_T \nabla_T \cdot (H_T \times e_z)\right] \cdot e_{mn}^{(i)*} dS - j\omega\mu_0 I_{mn}^{(i)} \\ \displaystyle\int_S \dfrac{\partial H_T}{\partial z} \cdot h_{mn}^{(i)*} dS = -\dfrac{1}{j\omega\mu_0} \int_S \left[\nabla_T \nabla_T \cdot (E_T \times e_z)\right] \cdot h_{mn}^{(i)*} dS - j\omega\varepsilon_0 V_{mn}^{(i)} \end{cases} \tag{3.12}$$

利用矢量积分变换公式:

$$\begin{aligned} \int_S (\nabla_T \nabla_T \cdot A) \cdot B \, dS = &\int_S A \cdot (\nabla_T \nabla_T \cdot B) dS \\ &+ \oint_C (\nabla_T \cdot A)(B \cdot e_n) dl - \oint_C (A \cdot e_n)(\nabla_T \cdot B) dl \end{aligned} \tag{3.13}$$

式(3.12)中右端的积分项可以进一步写成:

$$\begin{cases} \int_S \left[\nabla_T \nabla_T \cdot (H_T \times e_z)\right] \cdot e_{mn}^{(i)*} \mathrm{d}S = \int_S (H_T \times e_z) \cdot \left(\nabla_T \nabla_T \cdot e_{mn}^{(i)*}\right) \mathrm{d}S + \oint_C \left[\nabla_T \cdot (H_T \times e_z)\right] \left(e_{mn}^{(i)*} \cdot e_n\right) \mathrm{d}l \\ \qquad - \oint_C \left[(H_T \times e_z) \cdot e_n\right] \left(\nabla_T \cdot e_{mn}^{(i)*}\right) \mathrm{d}l \\ \int_S \left[\nabla_T \nabla_T \cdot (E_T \times e_z)\right] \cdot h_{mn}^{(i)*} \mathrm{d}S = \int_S (E_T \times e_z) \cdot \left(\nabla_T \nabla_T \cdot h_{mn}^{(i)*}\right) \mathrm{d}S + \oint_C \left[\nabla_T \cdot (E_T \times e_z)\right] \left(h_{mn}^{(i)*} \cdot e_n\right) \mathrm{d}l \\ \qquad - \oint_C \left[(E_T \times e_z) \cdot e_n\right] \left(\nabla_T \cdot h_{mn}^{(i)*}\right) \mathrm{d}l \end{cases} \tag{3.14}$$

为了将式(3.14)进一步化简,这里考虑波导内壁为理想导体的情况。在这种情形下,波导中的场可以表示成一系列独立的 TE 模和 TM 模的叠加。对于 TM_{mn} 模,利用式(3.6)~式(3.8)和式(3.10),式(3.14)可以化简为

$$\begin{cases} \int_S \left[\nabla_T \nabla_T \cdot (H_T \times e_z)\right] \cdot e_{mn}^{(2)*} \mathrm{d}S = -k_{c,mn}^{(2)2} I_{mn}^{(2)} + \mathrm{j}\omega\varepsilon_0 \oint_C E_z \left(e_{mn}^{(2)*} \cdot e_n\right) \mathrm{d}l \\ \int_S \left[\nabla_T \nabla_T \cdot (E_T \times e_z)\right] \cdot h_{mn}^{(2)*} \mathrm{d}S = 0 \end{cases} \tag{3.15}$$

根据图 3.2 中变截面波导的边界条件(电场垂直于波导壁)可知,在边界上,有

$$E_z = -\tan\phi E_T \cdot e_n \tag{3.16}$$

成立,将式(3.16)代入式(3.15)可得

$$\begin{cases} \int_S \left[\nabla_T \nabla_T \cdot (H_T \times e_z)\right] \cdot e_{mn}^{(2)*} \mathrm{d}S = -k_{c,mn}^{(2)2} I_{mn}^{(2)} - \mathrm{j}\omega\varepsilon_0 \oint_C \tan\phi (E_T \cdot e_n) \left(e_{mn}^{(2)*} \cdot e_n\right) \mathrm{d}l \\ \int_S \left[\nabla_T \nabla_T \cdot (E_T \times e_z)\right] \cdot h_{mn}^{(2)*} \mathrm{d}S = 0 \end{cases} \tag{3.17}$$

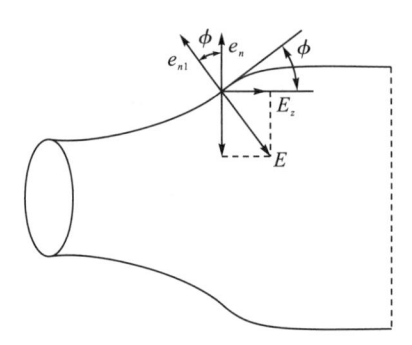

图 3.2 变截面波导的边界条件

对于式(3.12)左端的积分项,因为积分面积 S 是变化的,是 z 的函数,因此面积分和对 z 的微分次序不能颠倒。利用变化面积分的微分定理,存在如下关系:

$$\begin{cases} \int_S \dfrac{\partial E_T}{\partial z} \cdot e_{mn}^{(i)*} \mathrm{d}S = \dfrac{\mathrm{d}}{\mathrm{d}z} \int_S E_T \cdot e_{mn}^{(i)*} \mathrm{d}S - \int_S E_T \cdot \dfrac{\partial e_{mn}^{(i)*}}{\partial z} \mathrm{d}S - \oint_C \tan\phi E_T \cdot e_{mn}^{(i)*} \mathrm{d}l \\ \int_S \dfrac{\partial H_T}{\partial z} \cdot h_{mn}^{(i)*} \mathrm{d}S = \dfrac{\mathrm{d}}{\mathrm{d}z} \int_S H_T \cdot h_{mn}^{(i)*} \mathrm{d}S - \int_S H_T \cdot \dfrac{\partial h_{mn}^{(i)*}}{\partial z} \mathrm{d}S - \oint_C \tan\phi H_T \cdot h_{mn}^{(i)*} \mathrm{d}l \end{cases} \tag{3.18}$$

将式(3.17)和式(3.18)代入式(3.12),并利用式(3.2)可得

$$\begin{cases} \dfrac{\mathrm{d}V_{mn}^{(2)}}{\mathrm{d}z} = -\mathrm{j}Z_{mn}^{(2)} k_{z,mn}^{(2)} I_{mn}^{(2)} + \int_S E_T \cdot \dfrac{\partial e_{mn}^{(2)*}}{\partial z} \mathrm{d}S \\ \dfrac{\mathrm{d}I_{mn}^{(2)}}{\mathrm{d}z} = -\mathrm{j}\dfrac{k_{z,mn}^{(2)}}{Z_{mn}^{(2)}} V_{mn}^{(2)} + \int_S H_T \cdot \dfrac{\partial h_{mn}^{(2)*}}{\partial z} \mathrm{d}S + \oint_C \tan\phi H_T \cdot h_{mn}^{(2)*} \mathrm{d}l \end{cases} \tag{3.19}$$

式中，$Z_{mn}^{(2)}$ 为 TM$_{mn}$ 模的波阻抗：

$$Z_{mn}^{(2)} = \frac{k_{z,mn}^{(2)}}{\omega \varepsilon_0} \tag{3.20}$$

$k_{z,mn}^{(2)}$ 为 TM$_{mn}$ 模的纵向波数：

$$k_{z,mn}^{(2)} = \left(\frac{\omega^2}{c^2} - k_{c,mn}^{(2)2} \right)^{\frac{1}{2}}$$

将场的展开式(3.2)代入式(3.19)，利用单位磁矢量和单位电矢量之间的关系式(3.6)，可得

$$\begin{cases} \dfrac{\mathrm{d} V_{mn}^{(2)}}{\mathrm{d} z} = -\mathrm{j} Z_{mn}^{(2)} k_{z,mn}^{(2)} I_{mn}^{(2)} + \sum\limits_{i'=1}^{2} \sum\limits_{mn'} V_{mn'}^{(i')} \int_S e_{mn'}^{(i')} \cdot \dfrac{\partial e_{mn}^{(2)*}}{\partial z} \mathrm{d} S \\ \dfrac{\mathrm{d} I_{mn}^{(2)}}{\mathrm{d} z} = -\mathrm{j} \dfrac{k_{z,mn}^{(2)}}{Z_{mn}^{(2)}} V_{mn}^{(2)} + \sum\limits_{i'=1}^{2} \sum\limits_{mn'} I_{mn'}^{(i')} \left(\int_S e_{mn'}^{(i')} \cdot \dfrac{\partial e_{mn}^{(2)*}}{\partial z} \mathrm{d} S + \oint_C \tan\phi\, e_{mn'}^{(i')} \cdot \dfrac{\partial e_{mn}^{(2)*}}{\partial z} \mathrm{d} l \right) \end{cases} \tag{3.21}$$

利用变截面积分公式

$$\int_S \frac{\partial e_{mn'}^{(i')}}{\partial z} \cdot e_{mn}^{(i)*} \mathrm{d} S + \int_S e_{mn'}^{(i')} \cdot \frac{\partial e_{mn}^{(i)*}}{\partial z} \mathrm{d} S + \oint_C \tan\phi\, e_{mn'}^{(i')} \cdot e_{mn}^{(i)*} \mathrm{d} l = \frac{\mathrm{d}}{\mathrm{d} z} \int_S e_{mn'}^{(i')} \cdot e_{mn}^{(i)*} \mathrm{d} S = 0 \tag{3.22}$$

式(3.21)可以进一步改写成

$$\begin{cases} \dfrac{\mathrm{d} V_{mn}^{(2)}}{\mathrm{d} z} = -\mathrm{j} Z_{mn}^{(2)} k_{z,mn}^{(2)} I_{mn}^{(2)} + \sum\limits_{i'=1}^{2} \sum\limits_{mn'} V_{mn'}^{(i')} \int_S e_{mn'}^{(i')} \cdot \dfrac{\partial e_{mn}^{(2)*}}{\partial z} \mathrm{d} S \\ \dfrac{\mathrm{d} I_{mn}^{(2)}}{\mathrm{d} z} = -\mathrm{j} \dfrac{k_{z,mn}^{(2)}}{Z_{mn}^{(2)}} V_{mn}^{(2)} - \sum\limits_{i'=1}^{2} \sum\limits_{mn'} I_{mn'}^{(i')} \int_S \dfrac{\partial e_{mn'}^{(i')}}{\partial z} \cdot e_{mn}^{(2)*} \mathrm{d} S \end{cases} \tag{3.23}$$

对于 TE$_{mn}$ 模，利用式(3.3)～式(3.5)，以及式(3.10)，式(3.14)可以化简为

$$\begin{cases} \int_S \left[\nabla_T \nabla_T \cdot (H_T \times e_z) \right] \cdot e_{mn}^{(1)*} \mathrm{d} S = -\mathrm{j} \omega \varepsilon_0 \oint_C \tan\phi (E_T \cdot e_n)\left(e_{mn}^{(1)*} \cdot e_n\right) \mathrm{d} l \\ \int_S \left[\nabla_T \nabla_T \cdot (E_T \times e_z) \right] \cdot h_{mn}^{(1)*} \mathrm{d} S = k_{c,mn}^{(1)2} V_{mn}^{(1)} \end{cases} \tag{3.24}$$

将式(3.24)代入式(3.12)，并利用式(3.18)及式(3.2)，可得

$$\begin{cases} \dfrac{\mathrm{d} V_{mn}^{(1)}}{\mathrm{d} z} = -\mathrm{j} Z_{mn}^{(1)} k_{z,mn}^{(1)} I_{mn}^{(1)} + \sum\limits_{i'=1}^{2} \sum\limits_{mn'} V_{mn'}^{(i')} \int_S e_{mn'}^{(i')} \cdot \dfrac{\partial e_{mn}^{(1)*}}{\partial z} \mathrm{d} S \\ \dfrac{\mathrm{d} I_{mn}^{(1)}}{\mathrm{d} z} = -\mathrm{j} \dfrac{k_{z,mn}^{(1)}}{Z_{mn}^{(1)}} V_{mn}^{(1)} + \sum\limits_{i'=1}^{2} \sum\limits_{mn'} I_{mn'}^{(i')} \int_S h_{mn'}^{(i')} \cdot \dfrac{\partial h_{mn}^{(1)*}}{\partial z} \mathrm{d} S + \tan\phi \sum\limits_{i'=1}^{2} \sum\limits_{mn'} I_{mn'}^{(i')} \oint_C h_{mn'}^{(i')} \cdot h_{mn}^{(1)*} \mathrm{d} l \end{cases} \tag{3.25}$$

利用变截面积分公式(3.22)，式(3.25)可以进一步改写成

$$\begin{cases} \dfrac{\mathrm{d} V_{mn}^{(1)}}{\mathrm{d} z} = -\mathrm{j} Z_{mn}^{(1)} k_{z,mn}^{(1)} I_{mn}^{(1)} + \sum\limits_{i'=1}^{2} \sum\limits_{mn'} V_{mn'}^{(i')} \int_S e_{mn'}^{(i')} \cdot \dfrac{\partial e_{mn}^{(1)*}}{\partial z} \mathrm{d} S \\ \dfrac{\mathrm{d} I_{mn}^{(1)}}{\mathrm{d} z} = -\mathrm{j} \dfrac{k_{z,mn}^{(1)}}{Z_{mn}^{(1)}} V_{mn}^{(1)} - \sum\limits_{i'=1}^{2} \sum\limits_{mn'} I_{mn'}^{(i')} \int_S \dfrac{\partial e_{mn'}^{(i')}}{\partial z} \cdot e_{mn}^{(1)*} \mathrm{d} S \end{cases} \tag{3.26}$$

式中，$Z_{mn}^{(1)}$ 为 TE$_{mn}$ 模的波阻抗：

$$Z_{mn}^{(1)} = \frac{\omega \mu_0}{k_{z,mn}^{(1)}} \tag{3.27}$$

$k_{z,mn}^{(1)}$ 为 TE$_{mn}$ 模的纵向波数：

$$k_{z,mn}^{(1)} = \left(\frac{\omega^2}{c^2} - k_{c,mn}^{(1)2} \right)^{\frac{1}{2}}$$

综合式(3.23)和式(3.26)不难看出，对于 TE$_{mn}$ 模和 TM$_{mn}$ 模，下列方程均成立：

$$\begin{cases} \dfrac{\mathrm{d}V_{mn}^{(i)}}{\mathrm{d}z} = -\mathrm{j}Z_{mn}^{(i)} k_{z,mn}^{(i)} I_{mn}^{(i)} + \sum\limits_{i'=1}^{2} \sum\limits_{mn'} C_{(mn')(mn)}^{(i)(i')*} V_{mn'}^{(i')} \\ \dfrac{\mathrm{d}I_{mn}^{(i)}}{\mathrm{d}z} = -\mathrm{j} \dfrac{k_{z,mn}^{(i)}}{Z_{mn}^{(i)}} V_{mn}^{(i)} - \sum\limits_{i'=1}^{2} \sum\limits_{mn'} C_{(mn')(mn)}^{(i')(i)} I_{mn'}^{(i')} \end{cases} \tag{3.28}$$

式中，模式间的耦合系数：

$$C_{(mn')(mn)}^{(i')(i)} = \int_S \frac{\partial e_{mn'}^{(i')}}{\partial z} \cdot e_{mn}^{(i)*} \mathrm{d}S \tag{3.29}$$

$k_{z,mn}^{(i)}$ 为纵向波数：

$$k_{z,mn}^{(i)} = \left(\frac{\omega^2}{c^2} - k_{c,mn}^{(i)2} \right)^{\frac{1}{2}}$$

模式间耦合系数的表达式可以用格林公式求解。根据格林公式：

$$\begin{cases} \iint_S (u \nabla_T^2 v - v \nabla_T^2 u) \mathrm{d}S = \oint_C (u \nabla_T v - v \nabla_T u) \cdot e_n \mathrm{d}l \\ \int_S (\nabla_T u \cdot \nabla_T v + u \nabla_T^2 v) \mathrm{d}S = \oint_C u \nabla_T v \cdot e_n \mathrm{d}l \end{cases} \tag{3.30}$$

式中

$$u = \frac{\partial \varphi_i}{\partial z}, \quad v = \varphi_k$$

φ_i 和 φ_k 满足亥姆霍兹方程：

$$\nabla_T^2 \varphi_i + k_{ci}^2 \varphi_i = 0, \quad \nabla_T^2 \varphi_k + k_{ck}^2 \varphi_k = 0 \tag{3.31}$$

将上述 u 和 v 的表达式及式(3.31)代入式(3.30)可得

$$\begin{cases} (k_{ci}^2 - k_{ck}^2) \int_S \dfrac{\partial \varphi_i}{\partial z} \varphi_k \mathrm{d}S = \oint_C \dfrac{\partial \varphi_i}{\partial z} \dfrac{\partial \varphi_k}{\partial n} \mathrm{d}l - \oint_C \varphi_k \dfrac{\partial^2 \varphi_i}{\partial z \partial n} \mathrm{d}l \\ \int_S \left(\nabla_T \varphi_k \cdot \dfrac{\partial \nabla_T \varphi_i}{\partial z} - k_{ck}^2 \dfrac{\partial \varphi_i}{\partial z} \varphi_k \right) \mathrm{d}S = \oint_C \dfrac{\partial \varphi_i}{\partial z} \dfrac{\partial \varphi_k}{\partial n} \mathrm{d}l \end{cases} \tag{3.32}$$

根据式(3.32)可得

$$\int_S \nabla_T \varphi_k \cdot \frac{\partial \nabla_T \varphi_i}{\partial z} \mathrm{d}S = \frac{k_{ci}^2}{k_{ci}^2 - k_{ck}^2} \oint_C \frac{\partial \varphi_i}{\partial z} \frac{\partial \varphi_k}{\partial n} \mathrm{d}l - \frac{k_{ck}^2}{k_{ci}^2 - k_{ck}^2} \oint_C \varphi_k \frac{\partial^2 \varphi_i}{\partial z \partial n} \mathrm{d}l \tag{3.33}$$

根据斯托克斯定理：

$$\int_S \nabla_T \times \frac{\partial \varphi_i}{\partial z} \nabla_T \varphi_k \cdot e_z \mathrm{d}S = \oint_C \frac{\partial \varphi_i}{\partial z} \nabla_T \varphi_k \cdot e_l \mathrm{d}l \tag{3.34}$$

式中

$$e_z = e_n \times e_l$$
$$\nabla_T \times \frac{\partial \varphi_i}{\partial z} \nabla_T \varphi_k = \frac{\partial \nabla_T \varphi_i}{\partial z} \times \nabla_T \varphi_k \tag{3.35}$$

根据式(3.33)和式(3.35)可得

$$\int_\Omega \frac{\partial \nabla_T \varphi_i}{\partial z} \cdot (\nabla_T \varphi_k \times e_z) \mathrm{d}\Omega = \oint_C \frac{\partial \varphi_i}{\partial z} \frac{\partial \varphi_k}{\partial l} \mathrm{d}l \tag{3.36}$$

在如图 3.3 所示的渐变圆柱波导的边界面上，根据式(3.4)和式(3.7)，对 TE_{mn} 模和 TM_{mn} 模，存在如下边界条件：

$$\begin{cases} \Psi_{mn} = 0, \quad \dfrac{\partial \Phi_{mn}}{\partial n} = 0 \\[4pt] \dfrac{\partial \Psi_{mn}}{\partial z} = \dfrac{\partial \Psi_{mn}}{\partial n} \dfrac{\partial n}{\partial z} = -\tan\phi \dfrac{\partial \Psi_{mn}}{\partial n} \\[4pt] \dfrac{\partial^2 \Phi_{mn}}{\partial z \partial n} = \dfrac{\partial^2 \Phi_{mn}}{\partial n^2} \dfrac{\partial n}{\partial z} = -\tan\phi \dfrac{\partial^2 \Phi_{mn}}{\partial n^2} \end{cases} \tag{3.37}$$

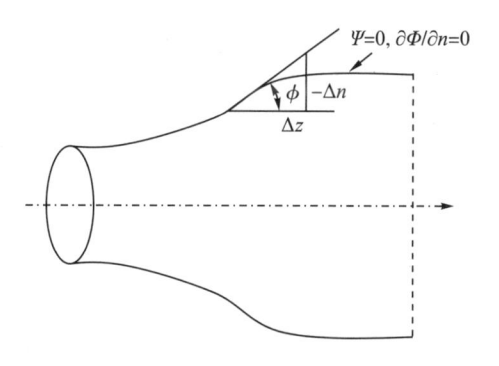

图 3.3 边界条件的变换

根据式(3.3)和式(3.33)，由模式耦合系数的表达式(3.29)可得 TE_{mn} 模与 $TE_{mn'}$ 模之间的耦合系数为

$$C^{(1)(1)}_{(mn')(mn)} = \begin{cases} \dfrac{k_{c,mn}^2}{k_{c,mn'}^2 - k_{c,mn}^2} \tan\phi \oint_C \Phi_{mn}^* \dfrac{\partial^2 \Phi_{mn'}}{\partial n^2} \mathrm{d}l, & n \neq n' \\[6pt] -\dfrac{1}{2}\tan\phi \oint_C \dfrac{\partial \Phi_{mn}}{\partial l} \dfrac{\partial \Phi_{mn}^*}{\partial l} \mathrm{d}l, & n = n' \end{cases} \tag{3.38}$$

根据式(3.3)、式(3.6)、式(3.29)和式(3.36)，可得 TE_{mn} 模与 $TM_{mn'}$ 模之间的耦合系数为

$$C^{(2)(1)}_{(mn')(mn)} = -\tan\phi \oint_C \frac{\partial \Phi_{mn}^*}{\partial l} \frac{\partial \Psi_{mn'}}{\partial n} \mathrm{d}l \tag{3.39}$$

根据式(3.3)、式(3.6)、式(3.29)和式(3.36)，可得 TM_{mn} 模与 $TE_{mn'}$ 模之间的耦合系数为

$$C^{(1)(2)}_{(mn')(mn)} = -\tan\phi \oint_C \frac{\partial \Phi_{mn'}}{\partial n} \frac{\partial \Psi_{mn}^*}{\partial l} \mathrm{d}l = 0 \tag{3.40}$$

根据式(3.6)、式(3.29)和式(3.33)，可得 TE$_{mn}$ 模与 TM$_{mn'}$ 模之间的耦合系数为

$$C^{(2)(2)}_{(mn')(mn)} = \begin{cases} \dfrac{k^2_{c,mn'}}{k^2_{c,mn} - k^2_{c,mn'}} \tan\phi \oint_C \dfrac{\partial \Psi_{mn'}}{\partial n} \dfrac{\partial \Psi^*_{mn}}{\partial n} dl & (n \neq n') \\ -\dfrac{1}{2} \tan\phi \oint_C \dfrac{\partial \Psi_{mn}}{\partial n} \dfrac{\partial \Psi^*_{mn}}{\partial n} dl & (n = n') \end{cases} \quad (3.41)$$

对式(3.28)进一步处理，消掉磁场幅值 $I^{(i)}_{mn}$，可以进一步得电场幅值 $V^{(i)}_{mn}$ 满足的方程：

$$\begin{aligned}
\frac{d^2 V^{(i)}_{mn}}{dz^2} &= -k^{(i)2}_{z,mn} V^{(i)}_{mn} + \frac{d\ln\left(Z^{(i)}_{mn} k^{(i)}_{z,mn}\right)}{dz}\left(\frac{dV^{(i)}_{mn}}{dz} - \sum_{i'=1}^{2}\sum_{mn'} C^{(i)(i')*}_{(mn)(mn')} V^{(i')}_{mn'}\right) \\
&\quad - \sum_{i'=1}^{2}\sum_{mn'} \left(\frac{Z^{(i)}_{mn} k^{(i)}_{z,mn}}{Z^{(i')}_{mn'} k^{(i')}_{z,mn'}} C^{(i')(i)}_{(mn')(mn)} - C^{(i)(i')*}_{(mn)(mn')}\right) \frac{dV^{(i')}_{mn'}}{dz} \\
&\quad + \sum_{i'=1}^{2}\sum_{mn'} \frac{Z^{(i)}_{mn} k^{(i)}_{z,mn}}{Z^{(i')}_{mn'} k^{(i')}_{z,mn'}} C^{(i')(i)}_{(mn')(mn)} \sum_{i''=1}^{2}\sum_{mn''} C^{(i')(i'')*}_{(mn')(mn'')} V^{(i'')}_{mn''}
\end{aligned} \quad (3.42)$$

对于 TE$_{mn}$ 模，根据波阻抗的表达式(3.27)可得

$$\frac{d\ln\left(Z^{(1)}_{mn} k^{(1)}_{z,mn}\right)}{dz} = \frac{d\ln(\omega\mu_0)}{dz} = 0 \quad (3.43)$$

对于 TM$_{mn}$ 模，根据波阻抗的表达式(3.20)可得

$$\frac{d\ln\left(Z^{(2)}_{mn} k^{(2)}_{z,mn}\right)}{dz} = -\frac{2k^{(2)}_{c,mn}}{k^{(2)2}_{z,mn}} \frac{dk^{(2)}_{c,mn}}{dz} \quad (3.44)$$

对于如图 3.1 所示的开放回旋谐振腔，腔体两端均可能向外辐射电磁波，可以将电磁辐射理论中的索末菲(Sommerfeld)辐射条件近似作为开放回旋谐振腔两端变截面波导的边界条件，即

$$\left.\frac{dV^{(i)}_{mn}}{dz} - jk^{(i)}_{z,mn} V^{(i)}_{mn}\right|_{z=z_1} = 0 \quad (3.45)$$

及

$$\left.\frac{dV^{(i)}_{mn}}{dz} + jk^{(i)}_{z,mn} V^{(i)}_{mn}\right|_{z=z_2} = 0 \quad (3.46)$$

由辐射条件可以得到辐射场的一个重要特性。设电场幅值为

$$V^{(i)}_{mn}(z) = P^{(i)}_{mn}(z) + jQ^{(i)}_{mn}(z) \quad (3.47)$$

则式(3.46)可以进一步表示成

$$\left. P^{(i)'}_{mn}(z) + jQ^{(i)'}_{mn}(z) + jk^{(i)}_{z,mn} P^{(i)}_{mn}(z) - k^{(i)}_{z,mn} Q^{(i)}_{mn}(z) \right|_{z=z_2} = 0 \quad (3.48)$$

根据式(3.48)可得

$$\begin{cases} P^{(i)'}_{mn}(z_2) = k^{(i)}_{z,mn}(z_2) Q^{(i)}_{mn}(z_2) \\ Q^{(i)'}_{mn}(z_2) = -k^{(i)}_{z,mn}(z_2) P^{(i)}_{mn}(z_2) \end{cases} \quad (3.49)$$

又因为电场幅值的模值为

$$\left|V_{mn}^{(i)}\right| = \left(P_{mn}^{(i)2} + Q_{mn}^{(i)2}\right)^{\frac{1}{2}} \tag{3.50}$$

根据式(3.49)和式(3.50)可得

$$\left.\frac{\mathrm{d}\left|V_{mn}^{(i)}\right|}{\mathrm{d}z}\right|_{z=z_2} = 0 \tag{3.51}$$

式(3.51)表明，电场幅值绝对值曲线在辐射端 $z = z_2$ 的斜率为零，即场的幅值在该端口为一个常量，而幅值为常数的波是纯行波。因此，辐射条件的物理意义为：在开放回旋谐振腔的辐射面 $z = z_2$ 上，高频场将以纯行波输出。在开放回旋谐振腔中，输入端通常为截止段，防止腔内高频场向电子枪方向辐射，也就是说，在输入端高频场通常是充分截止的，因此 $V_{mn}^{(i)}(z_1)$ 可近似为零。

对于金属谐振腔，当考虑金属的有限电导率时，谐振腔中第 m 个模式的欧姆品质因数为[3]

$$Q_{\mathrm{ohm}} = \omega \frac{W_{\mathrm{em}}}{P_{\mathrm{ohm}}} \tag{3.52}$$

式中，ω 为第 m 个模式的谐振频率；W_{em} 为第 m 个模式在谐振腔内的储能；P_{ohm} 为第 m 个模式在谐振腔内的欧姆功率损耗。用微扰法，可以得到谐振腔壁法向有功功率流密度为

$$p_{\mathrm{ohm}} = \frac{1}{2\sigma\delta}H_t^2 \tag{3.53}$$

式中，σ 为金属的有限电导率；H_t 为谐振腔壁的切向磁场分量；δ 为趋肤深度：

$$\delta \approx \sqrt{\frac{2}{\omega\mu_0\sigma}} \tag{3.54}$$

谐振腔内储能密度为

$$w_{\mathrm{em}} = \frac{1}{2}\mu_0|H|^2 = \frac{1}{2}\varepsilon_0|E|^2 \tag{3.55}$$

由腔壁欧姆损耗导致的欧姆品质因数 Q_{ohm} 为

$$Q_{\mathrm{ohm}} = \omega\frac{W_{\mathrm{em}}}{P_{\mathrm{ohm}}} = \frac{2}{\delta}\frac{\int_V H^2 \mathrm{d}V}{\int_S H_t^2 \mathrm{d}S} \tag{3.56}$$

利用开放回旋谐振腔中的各磁场分量表达式，以及谐振腔材料的电导率，即可得到谐振腔的欧姆品质因数。

3.1.1 三段式圆柱开放回旋谐振腔

三段式圆柱开放回旋谐振腔如图 3.1 所示。在圆柱坐标系中，根据式(3.4)，TE$_{mn}$ 模的标量位函数 Φ_{mn} 可以表示为

$$\Phi_{mn} = \frac{1}{\sqrt{\pi(\mu_{mn}^2 - m^2)}J_m(\mu_{mn})}J_m\left(\frac{\mu_{mn}}{a}r\right)\mathrm{e}^{-\mathrm{j}m\theta} \tag{3.57}$$

式中，$J_m(x)$ 为 m 阶第一类贝塞尔函数；μ_{mn} 为 $J'_m(x) = 0$ 的 n 个根；a 为圆柱波导半径。

根据式(3.7)，TM$_{mn}$模的标量位函数Ψ_{mn}可以表示为

$$\Psi_{mn} = \frac{1}{\sqrt{\pi}\upsilon_{mn}J'_m(\upsilon_{mn})}J_m\left(\frac{\upsilon_{mn}}{a}r\right)e^{-jm\theta} \tag{3.58}$$

式中，υ_{mn}为$J_m(x)=0$的第n个根。

根据圆柱波导中TE$_{mn}$模的标量位函数Φ_{mn}的表达式(3.57)和TM$_{mn}$模的标量位函数Ψ_{mn}的表达式(3.58)，可得三段式圆柱开放谐振腔中，TE$_{mn}$模与TE$_{mn'}$模之间的耦合系数为

$$C^{(1)(1)}_{(mn')(mn)} = \begin{cases} \dfrac{2ak^2_{c,mn}k^2_{c,mn'}}{k^2_{c,mn'}-k^2_{c,mn}}\tan\phi \dfrac{J''_m(\mu_{mn'})}{\sqrt{(\mu^2_{mn}-m^2)(\mu^2_{mn'}-m^2)}J_m(\mu_{mn'})}, & n \neq n' \\ -\dfrac{\tan\phi}{a}\dfrac{m^2}{(\mu^2_{mn}-m^2)}, & n = n' \end{cases} \tag{3.59}$$

利用贝塞尔函数的递推公式：

$$\begin{cases} J_{m-1}(x) + J_{m+1}(x) = \dfrac{2m}{x}J_m(x) \\ J_{m-1}(x) - J_{m+1}(x) = 2J'_m(x) \end{cases}$$

可得

$$J_{m-1}(x) = \frac{m}{x}J_m(x) + J'_m(x) \tag{3.60}$$

$$J_{m+1}(x) = \frac{m}{x}J_m(x) - J'_m(x) \tag{3.61}$$

将式(3.60)的m用$m+1$替代，可得

$$J_m(x) = \frac{m+1}{x}J_{m+1}(x) + J'_{m+1}(x) \tag{3.62}$$

对式(3.61)求导可得

$$J'_{m+1}(x) = -\frac{m}{x^2}J_m(x) + \frac{m}{x}J'_m(x) - J''_m(x) \tag{3.63}$$

将式(3.61)和式(3.63)代入式(3.62)可得

$$x^2J''_m(x) + xJ'_m(x) + (x^2-m^2)J_m(x) = 0 \tag{3.64}$$

即贝塞尔函数$J_m(x)$满足m阶贝塞尔方程。从而可得

$$\mu^2_{mn}J''_m(\mu_{mn}) + \mu_{mn}J'_m(\mu_{mn}) + (\mu^2_{mn}-m^2)J_m(\mu_{mn}) = 0$$

对于TE$_{mn}$模，$J'_m(\mu_{mn})=0$，从而可得

$$J''_m(\mu_{mn}) = \left(\frac{m^2}{\mu^2_{mn}}-1\right)J_m(\mu_{mn}) \tag{3.65}$$

将式(3.65)代入式(3.59)，可得TE$_{mn}$模与TE$_{mn'}$模之间的耦合系数为

$$C^{(1)(1)}_{(mn')(mn)} = -\frac{\tan\phi}{a}\begin{cases} \dfrac{2\mu^2_{mn}}{\mu^2_{mn'}-\mu^2_{mn}}\dfrac{(\mu^2_{mn'}-m^2)}{\sqrt{(\mu^2_{mn}-m^2)(\mu^2_{mn'}-m^2)}} & n \neq n' \\ \dfrac{m^2}{(\mu^2_{mn}-m^2)}, & n = n' \end{cases} \tag{3.66}$$

将式(3.57)和式(3.58)代入式(3.39)，可得 TE_{mn} 模与 $\text{TM}_{mn'}$ 模之间的耦合系数为

$$C^{(2)(1)}_{(mn')(mn)} = -\text{j}\frac{2m}{\sqrt{\mu_{mn}^2 - m^2}}\frac{\tan\phi}{a} \tag{3.67}$$

根据式(3.40)，可得 TM_{mn} 模与 $\text{TE}_{mn'}$ 模之间的耦合系数为

$$C^{(1)(2)}_{(mn')(mn)} = 0 \tag{3.68}$$

利用式(3.41)，可得 TM_{mn} 模与 $\text{TM}_{mn'}$ 模之间的耦合系数为

$$C^{(2)(2)}_{(mn')(mn)} = \frac{\tan\phi}{a}\begin{cases} \dfrac{2\upsilon_{mn'}^2}{\upsilon_{mn}^2 - \upsilon_{mn'}^2}, & n \neq n' \\ -1, & n = n' \end{cases} \tag{3.69}$$

从式(3.66)～式(3.69)不难看出，对于三段式圆柱开放回旋谐振腔，模式间的耦合系数正比于腔体渐变段倾角 ϕ 的正切值，即 $\tan\phi$，当倾角 ϕ 很小时，$\tan\phi$ 的值接近于零，也就是模式间的耦合系数接近零，这时可以忽略由于腔体半径渐变引起的模式间耦合。当忽略三段式圆柱开放回旋谐振腔中模式耦合时，电场幅值所满足的式(3.42)可以简化为

$$\frac{\text{d}^2 V_{mn}^{(i)}}{\text{d}z^2} = -k_{z,mn}^{(i)2}V_{mn}^{(i)} + \frac{\text{d}\ln\left(Z_{mn}^{(i)}k_{z,mn}^{(i)}\right)}{\text{d}z}\frac{\text{d}V_{mn}^{(i)}}{\text{d}z} \tag{3.70}$$

回旋管通常工作在 TE_{mn} 模，对于 TE_{mn} 模，利用式(3.43)，式(3.70)可以进一步写成

$$\frac{\text{d}^2 V_{mn}}{\text{d}z^2} + k_{z,mn}^2 V_{mn} = 0 \tag{3.71}$$

一般情况下，当考虑开放谐振腔的辐射损耗时，腔体的谐振频率 ω 为复数，即

$$\omega = \omega_1 + \text{j}\omega_2 \tag{3.72}$$

式中，实部 ω_1 是腔体的谐振频率；虚部 ω_2 是腔体的辐射损耗。由 ω_1 和 ω_2 可以确定开放回旋谐振腔的另外一个重要参数，即衍射品质因数 Q_d：

$$Q_\text{d} = \frac{\omega_1}{2\omega_2} \tag{3.73}$$

对式(3.71)进行数值求解，即可得到回旋谐振腔体中 TE_{mn} 模的场分布函数 V_{mn}、谐振频率 ω，以及衍射品质因数 Q_d。但不同的频率 ω 会得到不同的 V_{mn}，因此还必须利用边界条件式(3.45)和式(3.46)来判断哪一个 ω 值才是开放回旋谐振腔真正的谐振频率和辐射损耗。

对于图3.1所示的开放式回旋谐振腔，其辐射端坐标为 z_2，数值计算得到的 $V_{mn}(z)$ 若满足辐射条件：

$$\frac{\text{d}V_{mn}(z_2)}{\text{d}z} + \text{j}k_{z,mn}(\omega,z_2)V_{mn}(z_2) = 0 \tag{3.74}$$

则说明该 ω 值是开放回旋谐振腔真正的谐振频率和辐射损耗。但实际上，上述条件是很难严格满足的，因此在实际的数值计算中，通常令

$$\begin{cases} M = \dfrac{\text{d}V_{mn}(z_2)}{\text{d}z} + \text{j}k_{z,mn}(\omega,z_2)V_{mn}(z_2) = M_1 + \text{j}M_2 \\ |M| = \left(M_1^2 + M_2^2\right)^{\frac{1}{2}} \end{cases} \tag{3.75}$$

在给定频率 ω 下，用数值计算方法求解式(3.71)，得到谐振腔辐射端 z_2 处 $|M|$ 值，改变频率 ω 可以得到一系列不同的 $|M|$ 值，其中使 $|M|$ 取极小值时对应的 ω 值即为所求的开放回旋谐振腔的谐振频率和辐射损耗。

进行数值计算时，还需要先给出场分布 V_{mn} 在初始点 z_1 的值。由于 ω 为复数，显然 V_{mn} 和 $k_{z,mn}$ 均为复数，在腔体的输入端 z_1 处，由于过截止波导的存在，高频场得到充分截止，所以可以选取 V_{mn} 的初始值为

$$\begin{cases} V_{mn1}(z_1) = 1 \\ V_{mn2}(z_1) = 0 \end{cases} \tag{3.76}$$

其中，$V_{mn1}(z_1)$ 和 $V_{mn2}(z_1)$ 分别代表 $V_{mn}(z_1)$ 的实部和虚部。

ω 的初始值若能给出预先估计，则可以有效减少数值计算的时间。对于谐振频率 ω_1，回旋管工作在 TE$_{mn}$ 模的截止频率 ω_c 附近，因此 ω_c 可以作为 ω_1 的初始值。ω_2 则可以根据回旋谐振腔的长度 L 来初步确定：

$$\omega_2 = \frac{c}{4L} \tag{3.77}$$

在圆柱开放回旋谐振腔中，利用 TE$_{mn}$ 模的标量位函数 Φ_{mn} 的表达式(3.57)，以及模式各场分量与标量位函数之间的关系式(3.2)和式(3.3)，并结合欧姆品质因数的定义式(3.56)，可得圆柱开放谐振腔的欧姆品质因数的表达式为

$$Q_{\text{ohm}} = \omega \frac{W_{\text{em}}}{P_{\text{ohm}}} = \frac{1}{\delta} \frac{k^2 (\mu_{mn}^2 - m^2) a}{k_{z,mn}^2 m^2 + k_{c,mn}^4 a^2} \tag{3.78}$$

开放回旋谐振腔总的品质因数 Q_T 与腔体的衍射品质因数 Q_d 和欧姆品质因数 Q_{ohm} 之间满足：

$$\frac{1}{Q_T} = \frac{1}{Q_d} + \frac{1}{Q_{\text{ohm}}} \tag{3.79}$$

3.1.2 改进型多段式圆柱开放回旋谐振腔

回旋管中，工作模式工作在截止频率附近，工作模式的纵向波数远小于横向波数。因此，可以通过改变回旋电子注能量或工作磁场的方式，让回旋管工作在横向指数相同而纵向指数不同的模式，从而实现工作频率的连续调谐。在回旋管中，为了顺利地激励起横向指数相同而纵向指数不同的模式，工作电流必须大于这些模式的起振电流。

回旋管工作模式的起振电流 I_{st} 与该模式在回旋谐振腔中的有效长度 L_{eff} 和总品质因数 Q_T 之间满足 $I_{st} \propto L_{\text{eff}}^{-2} Q_T^{-1}$，$Q_T$ 与衍射品质因数 Q_d 和欧姆品质因数 Q_{ohm} 满足 $Q_T = Q_d / (1 + Q_d Q_{\text{ohm}}^{-1})$。衍射品质因数 Q_d 与腔体有效长度 L_{eff} 及模式的纵向指数 q 之间满足 $Q_d \propto L_{\text{eff}}^3 / q^2$，$q = 1, 2, \cdots$。因此，对于传统开放回旋谐振腔，工作模式的起振电流会随着该模式的纵向指数升高而急剧增大，电流的增大可能会导致严重的模式竞争，影响回旋管的正常稳定工作。改进型多段式圆柱开放回旋谐振腔如图 3.4 所示，通过在传统开放回旋谐振腔的注波互作用段前后分别加上一个小倾角的渐变段 L_2 和 L_4，并在注波互作用段引

入一个小的倾角 θ_3，从而改变不同纵向指数模式的衍射品质因数，使得各个不同纵向指数模式的起振电流保持在同一量级，改善回旋管的模式竞争，保证回旋管在频率调谐时稳定工作[4]。

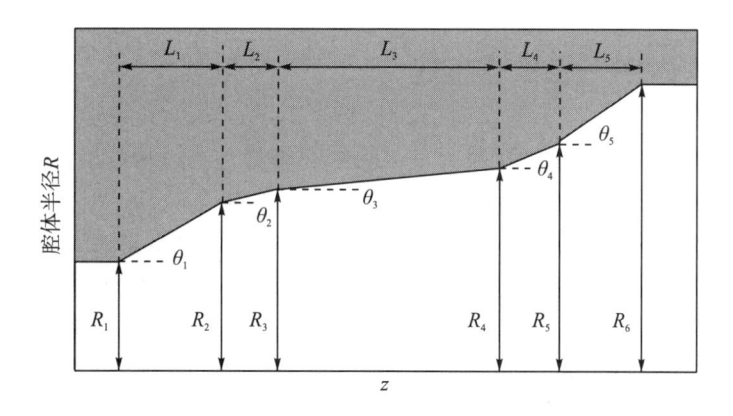

图 3.4　改进型多段式圆柱开放回旋谐振腔

在改进型多段式圆柱开放回旋谐振腔中，渐变段 L_2 的倾角 θ_2 及长度 L_2 对工作模式的谐振频率影响很小，但对衍射品质因数的影响很大。在倾角 θ_2 一定的情况下，谐振频率随着长度 L_2 的增大而降低；在长度 L_2 一定的前提下，谐振频率随着倾角 θ_2 的减小而降低，且纵向指数越大的模式，受到的影响越大。在倾角 θ_2 一定的情况下，衍射品质因数随着长度 L_2 的增大而显著增大；在长度 L_2 一定的前提下，衍射品质因数随着倾角 θ_2 的减小而显著增大，且纵向指数越大的模式，受到的影响越大。

在改进型多段式圆柱开放回旋谐振腔的注波互作用段，即 L_3 段，谐振频率和衍射品质因数均随着倾角 θ_3 的增大而减小，模式的纵向指数越小，影响越明显。

渐变段 L_4 对腔体的谐振频率和衍射品质因数的影响较为复杂。当倾角 θ_4 很小时，改进型多段式圆柱开放回旋谐振腔的谐振频率低于相同参数的传统三段式回旋谐振腔的谐振频率。在倾角 θ_4 一定的情况下，谐振频率随着长度 L_4 的增大而减小；在长度 L_4 一定的条件下，谐振频率随着倾角 θ_4 的增大而减小，且该影响对于高纵向指数模式更明显。改进型多段式圆柱开放回旋谐振腔的衍射品质因数高于相同参数的传统三段式开放回旋谐振腔的衍射品质因数，在倾角 θ_4 一定的情况下，衍射品质因数随着长度 L_4 的减小而减小；在长度 L_4 一定的情况下，衍射品质因数随着倾角 θ_4 的增大而减小。随着倾角 θ_4 的增大，渐变段 L_4 的倾角 θ_4 及长度 L_4 对腔体的谐振频率影响不大，但对衍射品质因数的影响非常显著。总的趋势是衍射品质因数小于相同参数的传统三段式回旋谐振腔的衍射品质因数，当长度 L_4 一定时，衍射品质因数随着倾角 θ_4 的减小而减小。

对于改进型多段式圆柱开放回旋谐振腔，渐变段 L_2 的主要作用是增加腔体的有效长度，且对于高纵向指数的模式，有效长度增加得更明显。注波互作用段 L_3 的倾角 θ_3 的主要作用是减小模式的衍射品质因数，且纵向指数越低的模式，衍射品质因数的减小越明显。渐变段 L_4 的作用较为复杂，当倾角 θ_4 很小时，该段的主要作用是增加腔体的有效长度，

随着倾角 θ_4 的增加，该段的主要作用为减小反射。因此，可以通过优化改进型多段式圆柱开放回旋谐振腔体的几何参数，使纵向指数模式的衍射品质因数保持在一个量级，从而保证在实现频率连续调节时，回旋管的工作电流保持在一个量级，改善模式竞争，保证回旋管在频率调谐时稳定工作。

3.1.3 三段式同轴开放回旋谐振腔

更高工作频率和更大输出功率是目前太赫兹回旋管发展的两个重要方向。为了提高器件工作频率、增加功率容量，太赫兹回旋管通常工作在高阶模式；为了降低工作磁场，太赫兹回旋管往往工作在高次回旋谐波。近年来，高阶模式和高次谐波太赫兹回旋管取得了重大进展，但高次谐波和高阶模式工作方式也给回旋管带来了严重的模式竞争问题。为了减少模式竞争，保证回旋管稳定工作，在传统圆柱开放回旋谐振腔的基础上，提出了同轴开放回旋谐振腔。在同轴开放回旋谐振腔中，内导体的存在有效降低了谐振腔中的模式谱密度。在内外导体上纵向开槽可以进一步改变同轴谐振腔中模式的特征根分布，因此纵向开槽同轴开放回旋谐振腔具有更好的模式分隔度和模式选择能力。国内外学者对纵向开槽同轴开放回旋谐振腔进行了大量的研究，研究方法主要包括全波匹配法和表面阻抗匹配法。全波匹配法在数学处理上是严格的，但通过该方法得到的模式特征方程是用级数形式来表示的，形式比较复杂。表面阻抗匹配法得到的方程形式则相对比较简单。下面将采用表面阻抗匹配法来得到同轴内外开槽开放回旋谐振腔的特征方程[5-7]。

同轴内外开槽开放回旋谐振腔横截面及展开图如图 3.5 所示。同轴内外开槽开放回旋谐振腔的内半径为 R_{in}，外半径为 R_{out}；内导体槽深度为 d，外导体槽深度为 D；内导体开槽数量为 N_{in}，外导体开槽数量为 N_{out}；外导体开槽周期为 θ_{out}，内导体开槽周期为 θ_{in}，内导体槽空隙周期为 θ_L，外导体槽空隙周期为 θ_D。为了应用表面阻抗匹配法，将同轴内外开槽开放回旋谐振腔的腔体空间划分为三个区域，区域 I 代表内导体开槽区域，区域 II 代表谐振腔内外导体之间的区域，区域 III 代表外导体开槽区域。当谐振腔的内外导体开槽的数量足够多时，即内外槽周期满足：

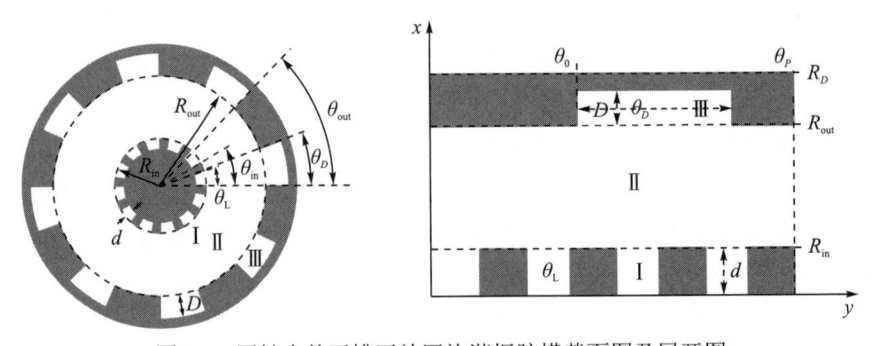

图 3.5 同轴内外开槽开放回旋谐振腔横截面图及展开图

$$\theta_j < \frac{\pi R_j}{m} \tag{3.80}$$

式中，j 代表 in、out，分别表示内导体和外导体；m 为模式的角向指数；$\theta_j = 2\pi R_j/N_j$，同轴内外开槽开放回旋谐振腔可以等价为导体平面具有角向均匀表面阻抗的系统。

在区域 II 中，TE$_{mn}$ 模各个高频场分量可以用同轴谐振腔中的高频场分量来表示，即

$$\begin{cases} E_r^{II} = \dfrac{jm}{r} V_{mn} Z_m(k_c r) e^{-jm\theta} \\ E_\theta^{II} = k_c V_{mn} Z_m'(k_c r) e^{-jm\theta} \\ H_z^{II} = -j\dfrac{k_c^2}{k Z_0} V_{mn} Z_m(k_c r) e^{-jm\theta} \end{cases} \quad (3.81)$$

式中，$k_c = \mu_{mn}/R_{out}$，为 TE$_{mn}$ 模的横向截止波数；μ_{mn} 为 TE$_{mn}$ 模的特征值；$Z_0 = (\mu_0/\varepsilon_0)^{1/2}$，为自由空间波阻抗；柱函数 $Z_m(k_c r)$ 的表达式如下：

$$Z_m(k_c r) = A_{mn} J_m(k_c r) + B_{mn} N_m(k_c r)$$

在满足式(3.80)的条件下，区域 I 可以近似为终端短路的矩形波导，设 $0 \leqslant x \leqslant d$，由于该波导内的场分量与 y 无关，可以近似认为该场为 TE$_{10}$ 模的场，则 I 区域内的场可以近似表示为

$$\begin{cases} E_y^{I} = -k_c C_{10} V_{10}(z) \sin(k_c x) \\ H_z^{I} = -j\dfrac{k_c^2}{k Z_0} C_{10} V_{10}(z) \cos(k_c x) \end{cases} \quad (3.82)$$

同理，III 区域内的场同样可以表示为

$$\begin{cases} E_y^{III} = -k_c D_{10} V_{10}'(z) \sin(k_c x) \\ H_z^{III} = -j\dfrac{k_c^2}{k Z_0} D_{10} V_{10}'(z) \cos(k_c x) \end{cases} \quad (3.83)$$

在边界 $r = R_{in} - d$，即内导体开槽的底部，有 $E_y^{I} = 0$。在 $r = R_{in}$，即 $x = d$ 的表面上，阻抗为

$$Z_y^{I} = \dfrac{E_y}{H_z}\bigg|_{x=d} = \begin{cases} -jZ_0 \dfrac{k}{k_c} \tan(k_c d), & 0 \leqslant y < \theta_L \\ 0, & \theta_L \leqslant y \leqslant \theta_{in} \end{cases} \quad (3.84)$$

在 I 区的边界 $r = R_{in}$ 上，平均阻抗为

$$\bar{Z}_y^{I} = \dfrac{1}{\theta_{in}} \int_0^{\theta_{in}} Z_y^{I} dy = \dfrac{1}{\theta_{in}} \int_0^{\theta_L} Z_y^{I} dy = -jZ_0 \dfrac{k}{k_c} w_{in} \quad (3.85)$$

其中

$$w_{in} = \dfrac{\theta_L}{\theta_{in}} \tan(k_c d) \quad (3.86)$$

同理，在 III 区域的边界 $r = R_{out} + D$ 上，$E_y^{III} = 0$。则在 $r = R_{out}$，即 $x = D$ 的表面上，阻抗为

$$Z_y^{III} = \dfrac{E_y}{H_z}\bigg|_{x=D} = \begin{cases} -jZ_0 \dfrac{k}{k_c} \tan(k_c D), & 0 \leqslant y < \theta_D \\ 0, & \theta_D \leqslant y \leqslant \theta_{out} \end{cases} \quad (3.87)$$

在Ⅲ区域的边界 $r = R_{out}$ 上，平均阻抗为

$$\bar{Z}_y^{\mathrm{III}} = \frac{1}{\theta_{out}} \int_0^{\theta_{out}} Z_y^{\mathrm{III}} \mathrm{d}y = \frac{1}{\theta_{out}} \int_0^{\theta_D} Z_y^{\mathrm{III}} \mathrm{d}y = -\mathrm{j}Z_0 \frac{k}{k_c} w_{out} \tag{3.88}$$

其中

$$w_{out} = \frac{\theta_D}{\theta_{out}} \tan(k_c D) \tag{3.89}$$

在区域Ⅱ的内边界 $r = R_{in}$ 上，阻抗可以表示为

$$Z_{\mathrm{in},\theta}^{\mathrm{II}} = \frac{E_\theta}{H_z}\bigg|_{r=R_{in}} = \mathrm{j}Z_0 \frac{k}{k_c} \frac{Z_m'(k_c R_{in})}{Z_m(k_c R_{in})} \tag{3.90}$$

同理，在区域Ⅱ的外边界 $r = R_{out}$ 上，阻抗可以表示为

$$Z_{\mathrm{out},\theta}^{\mathrm{II}} = \frac{E_\theta}{H_z}\bigg|_{r=R_{out}} = \mathrm{j}Z_0 \frac{k}{k_c} \frac{Z_m'(k_c R_{out})}{Z_m(k_c R_{out})} \tag{3.91}$$

利用表面阻抗匹配理论，在边界 $r = R_{in}$ 上，有 $\bar{Z}_y^{\mathrm{I}} = Z_{\mathrm{in},\theta}^{\mathrm{II}}$；在边界 $r = R_{out}$ 上，有 $\bar{Z}_y^{\mathrm{III}} = Z_{\mathrm{out},\theta}^{\mathrm{II}}$。于是可以得到同轴内外开槽开放回旋谐振腔的特征方程：

$$\frac{w_{out} J_m(\mu_{mn}) + J_m'(\mu_{mn})}{w_{in} J_m(\mu_{mn}/C) + J_m'(\mu_{mn}/C)} = \frac{w_{out} N_m(\mu_{mn}) + N_m'(\mu_{mn})}{w_{in} N_m(\mu_{mn}/C) + N_m'(\mu_{mn}/C)} \tag{3.92}$$

式中，$C = R_{out}/R_{in}$，为同轴内外开槽开放回旋谐振腔外内半径的比值。

当 $d = 0$ 且 $D = 0$ 时，$w_{in} = 0$，且 $w_{out} = 0$，式(3.92)退化为同轴光滑开放回旋谐振腔 TE_{mn} 的特征方程：

$$J_m'(\mu_{mn}) N_m'\left(\frac{\mu_{mn}}{C}\right) - N_m'(\mu_{mn}) J_m'\left(\frac{\mu_{mn}}{C}\right) = 0 \tag{3.93}$$

当 $d = 0$ 时，$w_{in} = 0$，式(3.92)退化为同轴外开槽开放回旋谐振腔的特征方程：

$$\frac{J_m'(\mu_{mn}/C)}{N_m'(\mu_{mn}/C)} = \frac{w_{out} J_m(\mu_{mn}) + J_m'(\mu_{mn})}{w_{out} N_m(\mu_{mn}) + N_m'(\mu_{mn})} \tag{3.94}$$

当 $D = 0$ 时，$w_{out} = 0$，式(3.92)退化为同轴内开槽开放回旋谐振腔的特征方程：

$$\frac{J_m'(\mu_{mn})}{N_m'(\mu_{mn})} = \frac{w_{in} J_m(\mu_{mn}/C) + J_m'(\mu_{mn}/C)}{w_{in} N_m(\mu_{mn}/C) + N_m'(\mu_{mn}/C)} \tag{3.95}$$

当同轴内外开槽开放回旋谐振腔各段倾角较小时，跟圆柱开放回旋谐振腔一样，腔体半径渐变引起的模式间耦合可以忽略。利用电场幅值所满足的方程式(3.71)及边界条件[式(3.45)、式(3.46)]，即可以得到同轴内外开槽开放回旋谐振腔的谐振频率、品质因数和高频场分布。

3.1.4 复合开放回旋谐振腔

复合开放回旋谐振腔作为一种特殊的回旋高频注波互作用结构，通过两个单腔连接处模式间的相互耦合，锁定两个单腔的工作模式，从而在由两个单腔组成的复合腔中形成稳定的工作模式对（TE_{mn}-TE_{mp}，$n<p$），以达到抑制模式竞争的目的。渐变复合开放回旋谐振腔的结构如图3.6所示[8]。

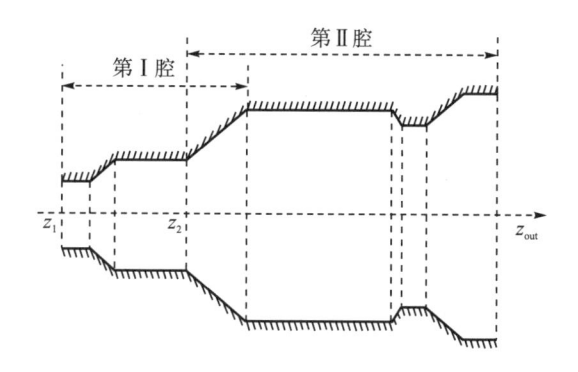

图 3.6 渐变复合开放回旋谐振腔

根据模式间耦合系数的表达式[式(3.66)～式(3.69)]可知,在渐变复合开放回旋谐振腔中,模式间的耦合是由腔体半径渐变引起的,模式耦合发生在腔体半径渐变段。正是这种模式耦合使得复合开放回旋谐振腔中具有稳定的模式对,并有效抑制模式竞争。对于复合腔中的工作模式对(TE_{mn}-TE_{mp}),其电压幅值所满足的方程为

$$\begin{aligned}\frac{d^2 V_{mn}^{(1)}}{dz^2} =& -k_{z,mn}^{(1)2} V_{mn}^{(1)} + \frac{d\ln\left(Z_{mn}^{(1)} k_{z,mn}^{(1)}\right)}{dz}\left(\frac{dV_{mn}^{(1)}}{dz} - \sum_{mn'} C_{(mn)(mn')}^{(1)(1)*} V_{mn'}^{(1)}\right) \\ & -\sum_{mn'}\left(\frac{Z_{mn}^{(1)} k_{z,mn}^{(1)}}{Z_{mn'}^{(1)} k_{z,mn'}^{(1)}} C_{(mn')(mn)}^{(1)(1)} - C_{(mn)(mn')}^{(1)(1)*}\right)\frac{dV_{mn'}^{(1)}}{dz} \\ & +\sum_{mn'}\frac{Z_{mn}^{(1)} k_{z,mn}^{(1)}}{Z_{mn'}^{(1)} k_{z,mn'}^{(1)}} C_{(mn')(mn)}^{(1)(1)} \sum_{mn''} C_{(mn')(mn'')}^{(1)(1)*} V_{mn''}^{(1)}\end{aligned} \quad (3.96)$$

复合开放回旋谐振腔中以模式对的方式工作,因此边界条件与一般的三段腔略有不同。在第 I 腔入口处,第 I 腔的工作模式 TE_{mn} 模满足倏逝波条件;在第 II 腔入口处,第 II 腔工作模式 TE_{mp} 模满足倏逝波条件;在复合腔输出端,工作模式对 TE_{mn}-TE_{mp} 同时满足行波条件,其具体表达式为

$$\begin{cases}\left.\frac{dV_{mn}^{(1)}}{dz} - jk_{z,mn}^{(1)} V_{mn}^{(1)}\right|_{z=z_1} = 0, & \left.\frac{dV_{mp}^{(1)}}{dz} - jk_{z,mp}^{(1)} V_{mp}^{(1)}\right|_{z=z_2} = 0 \\ \left.\frac{dV_{mn}^{(1)}}{dz} + jk_{z,mn}^{(1)} V_{mn}^{(1)}\right|_{z=z_{out}} = 0, & \left.\frac{dV_{mp}^{(1)}}{dz} + jk_{z,mp}^{(1)} V_{mp}^{(1)}\right|_{z=z_{out}} = 0\end{cases} \quad (3.97)$$

其中,z_1 和 z_2 分别为复合开放回旋谐振腔第 I 腔和第 II 腔入口处纵坐标值;z_{out} 为输出端纵向坐标值。结合复合开放回旋谐振腔中工作模式对电压幅值所满足的方程[式(3.96)]和边界条件[式(3.97)],即可对复合开放回旋谐振腔中工作模式对的电磁特性进行分析。

3.1.5 共焦波导开放回旋谐振腔

共焦波导是一种开放的波导结构,由上下两个完全相同的圆柱镜面组成,镜面曲率半径为 R_c,宽度为 $2a$,当镜面之间的距离 d 等于镜面曲率半径 R_c 时,上下两个镜面构成一

个共焦系统,称为共焦柱面波导,简称共焦波导。共焦波导的横截面如图 3.7 所示。共焦波导具有功率容量大、模式密度低等特点,用作回旋振荡器或者回旋放大器的高频互作用结构,可以有效降低模式竞争[9]。

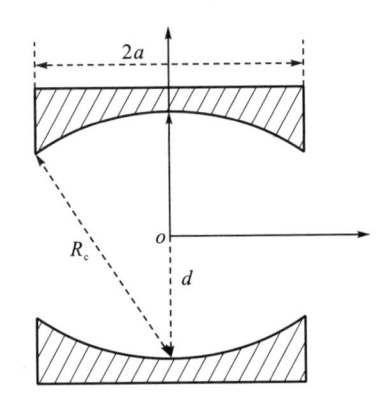

图 3.7 共焦波导横截面图

为了得到共焦波导的电磁特性,需要求解共焦波导中的场。与圆柱波导和矩形波导等封闭波导中采用麦克斯韦方程组联立边界条件求解场的方法不同,共焦波导具有复杂的开放边界条件,难以通过电磁学方法严格求解来得到高频场分布。共焦波导中高频场的求解可以借用光学中高斯波束的概念。高斯波束是指横向分布为高斯型函数的一种电磁波束,是一种重要的电磁空间分布形式。高斯波束并不是电磁场方程严格意义上的解,而是在一定条件下做了合理近似后的解。

无源电磁场的标量位函数满足如下亥姆霍兹方程:

$$\nabla^2 \Pi + k^2 \Pi = 0 \tag{3.98}$$

对于三维基模高斯波束,不失一般性,假设三维高斯波束沿 y 轴传播,在 x 和 z 方向呈高斯分布。在傍轴近似条件下式(3.98)的解可写成:

$$\Pi = u(r,\theta,y)\mathrm{e}^{-\mathrm{j}ky} \tag{3.99}$$

其中,$u(r,\theta,y)$ 为 y 的缓变函数,场分布的相位变化以 $\mathrm{e}^{-\mathrm{j}ky}$ 为主,并满足:

$$\left|\frac{\partial u}{\partial y}\right| \ll |ku|, \quad \left|\frac{\partial^2 u}{\partial y^2}\right| \ll \left|k\frac{\partial u}{\partial y}\right| \ll |k^2 u|$$

利用上述公式将亥姆霍兹方程[式(3.98)]展开,可得傍轴波动方程为

$$\nabla_T^2 u - 2\mathrm{j}k\frac{\partial u}{\partial y} = 0 \tag{3.100}$$

式中,$\nabla_T^2 = \nabla^2 - \partial^2/\partial y^2$,为横向二维拉普拉斯算符。

基模高斯波束一般称为高斯波束,是傍轴波动方程一种解的形式。由于没有边界条件限制,从式(3.100)无法得到特定的解。为了得到高斯波束横向分布,在圆柱坐标系 (r, θ, y) 中,轴对称条件下场 u 的解可假设为

第3章 太赫兹回旋振荡器

$$u = A\exp\left\{-\mathrm{j}\left[p(y) + \frac{kr^2}{2q(y)}\right]\right\} \tag{3.101}$$

其中，$p(y)$、$q(y)$ 均为复函数；A 为代表幅值的任意非零常数。这种假设的前提是：①场振幅横向呈高斯函数分布，即 $\exp[-r^2/w^2(y)]$ 型分布，$w(y)$ 为束半径；②波前与 r^2 和 y 有关；③有限宽波束的波矢不在同一个方向上，波在轴上的相位因子与 y 呈非线性关系。前两点导致复函数 $q(y)$ 的引入，第三点导致 $p(y)$ 的引入。

将式 (3.101) 代入式 (3.100) 可得

$$\frac{2\mathrm{j}k}{q} + \left(\frac{k}{q}\right)^2 r^2 + k^2 \frac{\mathrm{d}}{\mathrm{d}y}\left(\frac{1}{q}\right) r^2 + 2k\frac{\mathrm{d}p}{\mathrm{d}y} = 0 \tag{3.102}$$

式 (3.102) 对于所有 r 都成立的条件是 r 各次幂的系数必为零，从而可得

$$\frac{\mathrm{d}}{\mathrm{d}y}\left(\frac{1}{q}\right) + \left(\frac{1}{q}\right)^2 = 0 \tag{3.103}$$

$$\frac{\mathrm{d}p}{\mathrm{d}y} + \frac{\mathrm{j}}{q} = 0 \tag{3.104}$$

式 (3.103) 和式 (3.104) 的解为

$$q = y + q_0 \tag{3.105}$$

$$p = -\mathrm{j}\ln(y + q_0) \tag{3.106}$$

将 p、q 的表达式代入式 (3.101) 可得

$$u = A\exp\left[-\ln(y + q_0) - \mathrm{j}\frac{kr^2}{2(y + q_0)}\right] \tag{3.107}$$

为了得到振幅的横向高斯分布，积分常数 q_0 需要取复数，令其为

$$q_0 = -y_0 + \mathrm{j}s \tag{3.108}$$

式中，y_0 和 s 均为实数。将式 (3.108) 代入式 (3.107) 中可得

$$u = \frac{A}{(y - y_0) + \mathrm{j}s}\exp\left\{-\frac{ksr^2}{2\left[(y - y_0)^2 + s^2\right]} - \mathrm{j}\frac{k(y - y_0)r^2}{2\left[(y - y_0)^2 + s^2\right]}\right\} \tag{3.109}$$

由归一化条件：

$$\int uu^* \mathrm{d}S = 1$$

可得幅值 A 的值为

$$A = \mathrm{j}\sqrt{\frac{ks}{\pi}} \tag{3.110}$$

定义：

$$\frac{1}{w^2(y)} = \frac{ks}{2\left[(y - y_0)^2 + s^2\right]} \tag{3.111}$$

$$\frac{1}{R(y)} = \frac{y - y_0}{(y - y_0)^2 + s^2} \tag{3.112}$$

$$\tan\phi = \frac{y - y_0}{s} \tag{3.113}$$

可得

$$u = \sqrt{\frac{2}{\pi}} \frac{1}{w} \exp\left(-\frac{r^2}{w^2}\right) \exp\left[-j\left(\frac{kr^2}{2R} - \phi\right)\right] \tag{3.114}$$

将式(3.114)代入三维基模高斯波束标量位函数的表达式(3.99)可得

$$\Pi = \sqrt{\frac{2}{\pi}} \frac{1}{w} \exp\left(-\frac{r^2}{w^2}\right) \exp\left\{-j\left[k\left(y + \frac{r^2}{2R}\right) - \phi\right]\right\} \tag{3.115}$$

式(3.111)~式(3.115)中,$R(y)$近似为波前曲率半径;$w(y)$为高斯波束的束半径,即在 y 处振幅降为轴上值 1/e 时的半径,$y = y_0$ 处束半径最小,称该处为束腰,束腰半径可用 w_0 来表示,即

$$w_0 = w(y_0) = \sqrt{\frac{2s}{k}} \tag{3.116}$$

式中,束腰半径 w_0 为高斯波束的基本参数。由束腰半径 w_0、束腰位置 y_0 和波数 k 就可以确定空间复数振幅分布。为了方便,往往将束参数都用 w_0 表示,即

$$s = \frac{1}{2}kw_0^2 \tag{3.117}$$

$$w^2(y) = w_0^2\left\{1 + \left[\frac{2(y - y_0)}{kw_0^2}\right]^2\right\} \tag{3.118}$$

$$R(y) = (y - y_0)\left\{1 + \left[\frac{kw_0^2}{2(y - y_0)}\right]^2\right\} \tag{3.119}$$

$$\tan\phi = \frac{2(y - y_0)}{kw_0^2} \tag{3.120}$$

其中,y_0 表示高斯波束的中心对称点,如果以该中心对称点为原点,即 $y_0 = 0$,则有

$$w^2(y) = w_0^2\left[1 + \left(\frac{2y}{kw_0^2}\right)^2\right] \tag{3.121}$$

$$R(y) = y\left[1 + \left(\frac{kw_0^2}{2y}\right)^2\right] \tag{3.122}$$

$$\tan\phi = \frac{2y}{kw_0^2} \tag{3.123}$$

利用圆柱坐标系和直角坐标系之间的转换关系,根据式(3.115),可以得到傍轴近似条件下直角坐标系中标量位函数的表达式为

$$\Pi(x, y, z) = \sqrt{\frac{2}{\pi}} \frac{1}{w} \exp\left(-\frac{x^2 + z^2}{w^2}\right) \exp\left[-j\left(ky + \frac{kx^2 + kz^2}{2R} - \phi\right)\right] \tag{3.124}$$

考虑由两个半径均为 R_c 的镜面组成的谐振腔,镜面间的距离为 d,根据式(3.122)可得

$$R(y=d/2) = \frac{d}{2}\left[1+\left(\frac{kw_0^2}{d}\right)^2\right] = R_c \tag{3.125}$$

从而可得束腰半径 w_0 的表达式为

$$w_0^2 = \frac{d}{k}\sqrt{\frac{2R_c}{d}-1} \tag{3.126}$$

前面讨论的是高斯波束的基模分布，是高斯波束的最基本形式，但只利用基模高斯波束并不能表示空间中任意傍轴场分布，而必须有一正交函数集或称模集，也就是需要有高斯波束的高阶模式。

由于模式的正交性和完备性要求，高阶高斯波束是基模高斯函数与某种特殊函数的乘积，这一特殊函数与所选择的坐标系有关。在矩形坐标系中，令傍轴波动方程的解取如下形式：

$$u(x,y,z) = F(x,y,z)\exp\left\{-j\left[p+\frac{k}{2q}(x^2+z^2)\right]\right\} \tag{3.127}$$

式中，指数部分为基模高斯波束分布；p、q 为 y 的函数；函数 $F(x,y,z)$ 为待定特殊函数。将式(3.127)代入式(3.100)，并利用式(3.103)和式(3.104)，可得

$$\frac{\partial^2 F}{\partial x^2} + \frac{\partial^2 F}{\partial z^2} - \frac{2jkx}{q}\frac{\partial F}{\partial x} - \frac{2jkz}{q}\frac{\partial F}{\partial z} - 2jk\frac{\partial F}{\partial y} = 0 \tag{3.128}$$

因为 q 是 y 的函数，式(3.128)不能用分离变量法求解，必须先进行变量代换。考虑到 x、z 的等价性，作如下代换：

$$\begin{cases} \xi = a(y)x \\ \eta = a(y)z \\ \zeta = y \end{cases} \tag{3.129}$$

根据式(3.105)、式(3.108)、式(3.111)和式(3.112)，可以得到基模高斯波束的参量关系：

$$\frac{1}{q} = \frac{1}{R} - \frac{2j}{kw^2} \tag{3.130}$$

将式(3.129)代入式(3.128)，并利用基模高斯波束的参量关系式(3.130)，可得

$$a^2(y)\frac{\partial^2 F}{\partial \xi^2} + a^2(y)\frac{\partial^2 F}{\partial \eta^2} - \left\{\frac{4}{w^2} + 2jk\left[\frac{1}{R} + \frac{1}{a(y)}\frac{da(y)}{dy}\right]\right\}\xi\frac{\partial F}{\partial \xi} \\ - \left\{\frac{4}{w^2} + 2jk\left[\frac{1}{R} + \frac{1}{a(y)}\frac{da(y)}{dy}\right]\right\}\eta\frac{\partial F}{\partial \eta} - 2jk\frac{\partial F}{\partial \zeta} = 0 \tag{3.131}$$

式(3.131)能分离变量求解的条件为

$$a(y) = \frac{a_0}{w} \tag{3.132}$$

和

$$\frac{1}{a(y)}\frac{\mathrm{d}a(y)}{\mathrm{d}y}+\frac{1}{R}=0 \tag{3.133}$$

将 $R(y)$ 的表达式 (3.112) 代入式 (3.133) 可得

$$a(y)=\frac{m_0}{\sqrt{(y-y_0)^2+s^2}}=\frac{a_0}{w} \tag{3.134}$$

式中，a_0 和 m_0 均为常数。令 $a(y)=\sqrt{2}/w$，代入式 (3.131) 可得

$$\frac{\partial^2 F}{\partial \xi^2}+\frac{\partial^2 F}{\partial \eta^2}-2\xi\frac{\partial F}{\partial \xi}-2\eta\frac{\partial F}{\partial \eta}-\mathrm{j}kw^2\frac{\partial F}{\partial \zeta}=0 \tag{3.135}$$

令 $F=X(\xi)Y(\zeta)Z(\eta)$。式 (3.135) 分离变量可得

$$\frac{\mathrm{d}^2 X}{\mathrm{d}\xi^2}-2\xi\frac{\mathrm{d}X}{\mathrm{d}\xi}+2mX=0 \tag{3.136}$$

$$\frac{\mathrm{d}^2 Z}{\mathrm{d}\eta^2}-2\eta\frac{\mathrm{d}Z}{\mathrm{d}\eta}+2nZ=0 \tag{3.137}$$

$$\frac{\mathrm{d}Y}{\mathrm{d}\zeta}-\frac{2\mathrm{j}(m+n)}{kw^2}Y=0 \tag{3.138}$$

以上三个方程中，m 和 n 均取整数，式 (3.136) 和式 (3.137) 的解为厄米 (Hermite) 多项式，即方程的解为

$$X=H_m(\xi)=H_m\left(\frac{\sqrt{2}}{w}x\right) \tag{3.139}$$

$$Z=H_n(\eta)=H_n\left(\frac{\sqrt{2}}{w}z\right) \tag{3.140}$$

式中，H_m 和 H_n 代表厄米多项式，式 (3.138) 积分可得

$$Y=\exp\left[\mathrm{j}(m+n)\arctan\left(\frac{2y}{kw_0^2}\right)\right] \tag{3.141}$$

结合式 (3.139) ~ 式 (3.141)，以及式 (3.124)，可得厄米-高斯波束分布的位函数表达式为

$$\begin{aligned}\Pi(x,y,z)=&C_{mn}\frac{w_0}{w}H_m\left(\frac{\sqrt{2}}{w}x\right)H_n\left(\frac{\sqrt{2}}{w}z\right)\exp\left(-\frac{x^2+z^2}{w^2}\right)\\&\times\exp\left\{-\mathrm{j}\left[ky+\frac{kx^2+kz^2}{2R}-(m+n+1)\arctan\left(\frac{2y}{kw_0^2}\right)\right]\right\}\end{aligned} \tag{3.142}$$

式中，C_{mn} 为常数：

$$C_{mn}=\sqrt{\frac{2}{w_0^2\pi 2^{m+n}m!n!}} \tag{3.143}$$

式 (3.142) 表示的场的横向分布称为横模，用 TEM_{mn} 表示。TEM_{mn} 构成一个完备正交模集，当 $m=n=0$ 时，为基模高斯波束。任何傍轴电磁波分布都可以展开成系列 TEM_{mn} 的叠加。

以上讨论的是自由空间中传播的高斯波束，其在与传播方向垂直的平面内呈高斯分

布。在准光波导中,在与传播方向垂直的平面内只有一维方向是高斯分布。在从二维高斯分布向一维高斯分布转换的情况下,可以将高斯波束表达为乘积的形式,即

$$u(x,z,y) = u(x,y)u(z,y) \tag{3.144}$$

与此同时,只在一个方向上为厄米-高斯分布,且两个反射镜面的半径相同,将自由空间的传播常数 k 替换为 k_c,同时归一化系数也发生相应的变化,此时有

$$C_m = \sqrt{\frac{\sqrt{2}}{w_0\sqrt{\pi}2^m m!}} \tag{3.145}$$

相应地,傍轴波动方程[式(3.100)]变为

$$\frac{\partial^2 u}{\partial x^2} - 2\mathrm{j}k_c\frac{\partial u}{\partial y} = 0 \tag{3.146}$$

其对应标量位函数的解为

$$\begin{aligned}\Pi(x,y) = & \sqrt{\frac{\sqrt{2}}{\sqrt{\pi}2^m m!w}}H_m\left(\frac{\sqrt{2}}{w}x\right)\exp\left(-\frac{x^2}{w^2}\right)\\ & \times\exp\left\{-\mathrm{j}\left[k_c y+\frac{k_c x^2}{2R}-\left(m+\frac{1}{2}\right)\arctan\left(\frac{2y}{k_c w_0^2}\right)\right]\right\}\end{aligned} \tag{3.147}$$

对于高斯波束的基模,即零阶高斯波束,其标量位函数为

$$\Pi(x,y) = \sqrt{\frac{\sqrt{2}}{\sqrt{\pi}w}}\exp\left(-\frac{x^2}{w^2}\right)\exp\left\{-\mathrm{j}\left[k_c y+\frac{k_c x^2}{2R}-\frac{1}{2}\arctan\left(\frac{2y}{k_c w_0^2}\right)\right]\right\} \tag{3.148}$$

将同向和反向的两束一维高斯波束叠加,可得两个反射镜间场分布的驻波形式。由式(3.121)~式(3.123)可知:

$$\begin{cases}w(-y) = w(y)\\ R(-y) = -R(y)\\ \tan\phi(-y) = -\tan\phi(y)\end{cases} \tag{3.149}$$

从而可得

$$\begin{aligned}\Pi(x,y)+\Pi(x,-y) = & 2\sqrt{\frac{\sqrt{2}}{\sqrt{\pi}2^m m!w}}H_m\left(\frac{\sqrt{2}}{w}x\right)\exp\left(-\frac{x^2}{w^2}\right)\\ & \times\cos\left[k_c y+\frac{k_c x^2}{2R}-\left(m+\frac{1}{2}\right)\arctan\left(\frac{2y}{k_c w_0^2}\right)\right]\end{aligned} \tag{3.150}$$

$$\begin{aligned}\Pi(x,y)-\Pi(x,-y) = & -2\mathrm{j}\sqrt{\frac{\sqrt{2}}{\sqrt{\pi}2^m m!w}}H_m\left(\frac{\sqrt{2}}{w}x\right)\exp\left(-\frac{x^2}{w^2}\right)\\ & \times\sin\left[k_c y+\frac{k_c x^2}{2R}-\left(m+\frac{1}{2}\right)\arctan\left(\frac{2y}{k_c w_0^2}\right)\right]\end{aligned} \tag{3.151}$$

在准光波导中,对于 HE_{mn} 模,其标量位函数表达式为

$$\Pi_{mn}(x,y) = \sqrt{\frac{\sqrt{2}}{\sqrt{\pi}2^m m! w(y)}} H_m\left[\frac{\sqrt{2}}{w(y)}x\right] \exp\left[-\frac{x^2}{w^2(y)}\right] \times \begin{cases} \cos\Lambda, n = 2,4,6,\cdots \\ \sin\Lambda, n = 1,3,5,\cdots \end{cases} \quad (3.152)$$

其中

$$\Lambda = k_c y + \frac{k_c x^2}{2R} - \left(m + \frac{1}{2}\right)\arctan\frac{2y}{\sqrt{2dR_c - d^2}}$$

两个半径相同的反射镜面构成的准光波导的谐振条件为，从镜面间的中心位置到镜面往返的相移为 π 的整数倍，如用 p 来表示镜面间在 y 轴方向上变化的周期数，则 $n=2p$ 表示两镜面间最大幅值出现的次数，由此可以得到截止波数的表达式。在 $x=0$ 的轴线上有

$$k_c \frac{d}{2} - \left(m + \frac{1}{2}\right)\arctan\frac{2\frac{d}{2}}{\sqrt{2dR_c - d^2}} = p\pi \quad (3.153)$$

在不考虑损耗的情况下，得到准光波导中 HE_{mn} 模截止波数的表达式为

$$k_c = \frac{n\pi}{d} + \frac{2}{d}\left(m + \frac{1}{2}\right)\arctan\frac{d}{\sqrt{2dR_c - d^2}} \quad (3.154)$$

前面讨论的是由两个半径相同、距离为任意值的反射镜面构成的准光波导的情况，如果 $R_c=d$，此时的准光波导为共焦波导。在共焦波导中，对应的截止波数变为

$$k_c = \frac{\pi}{R_c}\left(n + \frac{m}{2} + \frac{1}{4}\right) \quad (3.155)$$

对于 HE_{mn} 模，假设传播因子为 $\exp(j\omega t - jk_z z)$，根据纵向场法，可得双共焦波导中各场分量的表达式为

$$\begin{cases} H_z = \Pi(x,y), \quad H_x = -j\frac{k_z}{k_c^2}\frac{\partial H_z}{\partial x}, \quad H_y = -j\frac{k_z}{k_c^2}\frac{\partial H_z}{\partial y} \\ E_z = 0, \quad E_x = -j\frac{\omega\mu_0}{k_c^2}\frac{\partial H_z}{\partial y}, \quad E_y = j\frac{\omega\mu_0}{k_c^2}\frac{\partial H_z}{\partial x} \end{cases} \quad (3.156)$$

利用式 (3.152)、式 (3.155) 和式 (3.156)，就可以对共焦波导中 HE_{mn} 模的截止频率及场分布进行分析。

准光波导的横向是开敞结构，必然引起模式的衍射损耗，且不同模式的衍射损耗不同。对于 HE_{mn} 模，当 $m>0$ 时，其场的横向分布越宽，边缘上场衍射越大；当 m 相同时，n 越大，场分布越集中在波导中心，边缘处衍射越小。

考虑衍射损耗时，准光波导中 HE_{mn} 模的复数截止波数表示为

$$k_c d = n\pi + \chi \quad (3.157)$$

式中，χ 的表达式为

$$\chi = (2m+1)\alpha + 2\pi q \quad (3.158)$$

式中，$(2m+1)\alpha$ 为镜面曲率对截止频率的影响。

$$\alpha = \arctan\frac{d}{\sqrt{2dR_c - d^2}} \quad (3.159)$$

复数 $q = q' + jq''$，$\Delta = 2\pi q'$ 是衍射频移量，$\Lambda = 4\pi q''$ 是衍射损耗量。考虑衍射损耗并

忽略衍射引起的频移量，完整的截止波数表达式为

$$k_c = \frac{\pi}{d}\left[n + \frac{2}{\pi}\left(m + \frac{1}{2}\right)\arctan\frac{d}{\sqrt{2dR_c - d^2}}\right] + j\frac{\Lambda}{2d} \tag{3.160}$$

对于共焦波导，$R_c = d$，根据式(3.160)可得

$$k_c = \frac{\pi}{R_c}\left(n + \frac{1}{2}m + \frac{1}{4}\right) + j\frac{\Lambda}{2R_c} \tag{3.161}$$

式中

$$\Lambda = 2\ln\left[\sqrt{\frac{\pi}{2C_F}}\frac{1}{R_{0,m}^{(1)}(C_F, 1)}\right] \tag{3.162}$$

$$R_{0,m}^{(1)}(C_F, t) = \frac{f(t)}{A} \tag{3.163}$$

式中，$C_F = k_c a^2/d$，是菲涅尔衍射系数。本征函数 $f(t)$ 满足：

$$(1 - t^2)\frac{d^2 f}{dt^2} - 2t\frac{df}{dt} + C_F^2(\theta - t^2)f = 0 \tag{3.164}$$

式(3.164)为长椭球径向波函数的微分方程，常数 θ 应选择使函数在 $t = \pm 1$ 时取值是有限的。对式(3.164)进行数值计算，就可以得到准光波导中 HE_{mn} 模在 $m = 0, 1, 2$ 时的衍射损耗。利用径向波函数来计算衍射损耗比较复杂，一般情况下，可以用数据拟合来得到低阶 HE_{mn} 模的衍射损耗，即

$$\lg \Lambda = \begin{cases} -0.0069C_F^2 - 0.7088C_F + 0.5443, & m = 0 \\ -0.0226C_F^2 - 0.4439C_F + 1.0820, & m = 1 \\ -0.0363C_F^2 - 0.1517C_F + 1.0075, & m = 2 \end{cases} \tag{3.165}$$

共焦波导的衍射损耗率为

$$\text{LossRate} = 20\lg\left[\exp\left(\frac{k_{zi}}{100}\right)\right] \tag{3.166}$$

式中，HE_{mn} 模的纵向波数为

$$k_{zi} = \text{Im}\left[\sqrt{\frac{\omega^2}{c^2} - k_c^2}\right]$$

对于横截面为共焦波导的三段式开放回旋谐振腔，当忽略模式之间的耦合时，利用电压幅值满足的方程[式(3.71)]和边界条件[式(3.45)、式(3.46)]，以及共焦波导横向衍射损耗率表达式(3.166)，就可以计算共焦波导开放回旋谐振腔的谐振频率和衍射品质因数。

3.1.6 光子晶体回旋谐振腔

光子晶体回旋谐振腔利用光子晶体结构的带隙特性，通过将工作模式的场限制在光子晶体的禁带中，竞争模式的场透射出去的方式来解决太赫兹回旋管中存在的模式竞争问题，实现器件的稳定工作。光子晶体回旋谐振腔的横截面结构如图3.8所示[10,11]。

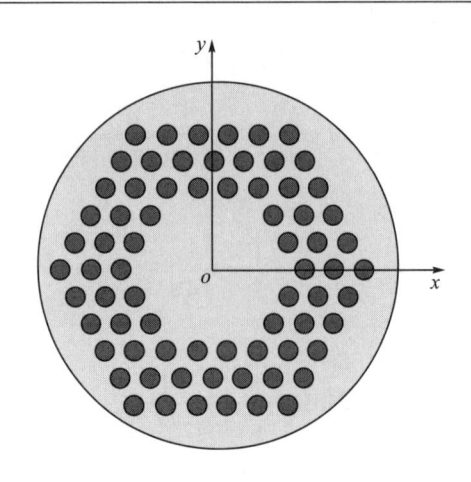

图 3.8　光子晶体回旋谐振腔横截面结构示意图

二维光子晶体的带隙结构计算方法有很多种，其中最常用的方法有平面波展开法、多重散射法、传输矩阵法和时域有限差分（finite-difference time-domain，FDTD）方法等。这些方法中，平面波展开法是最早提出的理论方法，也是应用最普遍的方法。平面波展开法是将周期介电常数 ε 和电磁场在倒格矢空间进行傅里叶级数展开，这样光子晶体的带隙结构计算问题就简化为代数本征值方法的求解。其显著优点是可以分辨出简并模，且运算速度快。

二维光子晶体的晶格基矢如图 3.9 所示。柱中心在 ζ 轴方向的间距为 a，η 轴方向间距为 b，ζ 轴和 η 轴间夹角为 θ。

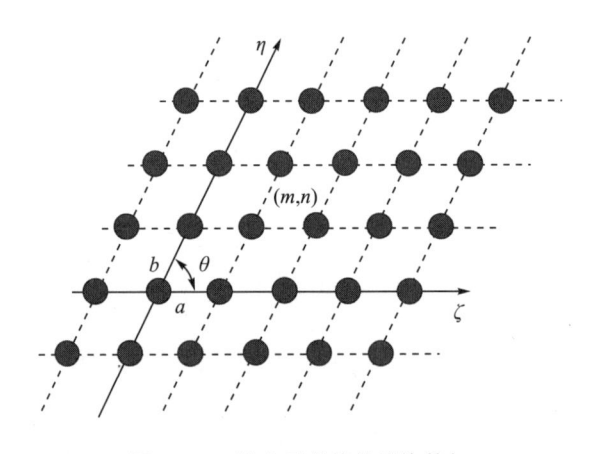

图 3.9　二维光子晶体的晶格基矢

在直角坐标系 (x, y) 中，二维光子晶体的晶格基矢表示为

$$\begin{cases} a_1 = a e_x \\ a_2 = (b\cos\theta) e_x + (b\sin\theta) e_y \end{cases} \tag{3.167}$$

对应的倒格基矢为

$$\begin{cases} b_1 = \dfrac{2\pi}{a}e_x - \dfrac{2\pi}{a}\cot\theta\, e_y \\ b_2 = \dfrac{2\pi}{b\sin\theta}e_y \end{cases} \tag{3.168}$$

根据式(3.168)可以得到二维光子晶体的倒格矢表达式为

$$G_\parallel = h_1 b_1 + h_2 b_2 = \frac{2\pi}{a}h_1 e_x + \left(\frac{2\pi}{b\sin\theta}h_2 - \frac{2\pi}{a}\cot\theta\, h_1\right)e_y \tag{3.169}$$

式中，h_1、h_2为整数。根据布里渊区的边界方程：

$$G_\parallel \cdot \left(k_\parallel + \frac{G_\parallel}{2}\right) = 0 \tag{3.170}$$

式中，$k_\parallel$为横向波矢，以及第一布里渊区的定义，满足式(3.170)的$k_\parallel$围成的最小封闭区域即为第一布里渊区。

当$a=b$，$\theta=60°$时，为正六边形二维光子晶体结构，第一布里渊区为正六边形，如图3.10所示。它有三个对称点：$\varGamma(0，0)$点、$K(4\pi/3a, 0)$点和$M(\pi/a, -\pi/\sqrt{3}a)$点。波矢沿$\varGamma$、M、K、$\varGamma$变化就可以得到正六边形二维光子晶体的全带隙结构图。

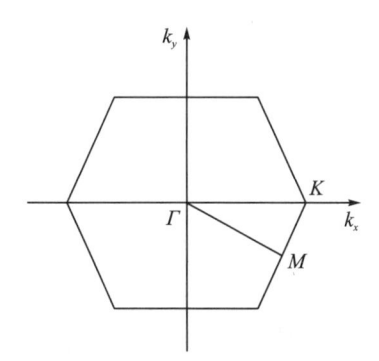

图3.10 正六边形二维光子晶体的第一布里渊区

对于二维金属圆柱光子晶体结构，其金属圆柱的介电常数可以写成

$$\varepsilon(\omega) = 1 - \frac{\omega_p^2}{\omega^2} \tag{3.171}$$

式中，ω_p为等离子体频率。对于二维空间分布的介电常数$\varepsilon(x_\parallel)$，在倒格矢空间可展开成：

$$\frac{1}{\varepsilon(x_\parallel)} = \sum_{G_\parallel} \hat{\varepsilon}(G_\parallel)\exp(\mathrm{j}G_\parallel \cdot x_\parallel) \tag{3.172}$$

其中，傅里叶系数$\hat{\varepsilon}(G_\parallel)$表示为

$$\hat{\varepsilon}(G_\parallel) = \frac{1}{A_c}\int_{A_c} \mathrm{d}^2 x_\parallel \frac{1}{\varepsilon(x_\parallel)}\exp(-\mathrm{j}G_\parallel \cdot x_\parallel) \tag{3.173}$$

$$A_c = |a_1 \times a_2|$$

根据式(3.171)和式(3.173)，可得傅里叶系数$\hat{\varepsilon}(G_\parallel)$的表达式为

$$\hat{\varepsilon}(G_{\parallel}) = \begin{cases} 1 + f\dfrac{\omega_{\mathrm{p}}^2}{\omega^2 - \omega_{\mathrm{p}}^2}, & G_{\parallel} = 0 \\ \dfrac{\omega_{\mathrm{p}}^2}{\omega^2 - \omega_{\mathrm{p}}^2} f \dfrac{2J_1(|G_{\parallel}|R)}{|G_{\parallel}|R}, & G_{\parallel} \neq 0 \end{cases} \tag{3.174}$$

其中，填充率 f 的表达式为

$$f = \frac{\pi r_{\mathrm{a}}^2}{A_{\mathrm{c}}} \tag{3.175}$$

式中，r_{a} 为金属圆柱体的半径。

对于 TE 波，电、磁场分量可表示为

$$\begin{cases} H(x_{\parallel},t) = [0,0,H_3(x_{\parallel},\omega)]\mathrm{e}^{-\mathrm{j}\omega t} \\ E(x_{\parallel},t) = [E_1(x_{\parallel},\omega), E_2(x_{\parallel},\omega),0]\mathrm{e}^{-\mathrm{j}\omega t} \end{cases} \tag{3.176}$$

根据布洛赫（Bloch）定理，有

$$H_3(x_{\parallel},\omega) = \sum_{G_{\parallel}} A(k_{\parallel},G_{\parallel}) \exp\left[\mathrm{j}(k_{\parallel}+G_{\parallel})\cdot x_{\parallel}\right] \tag{3.177}$$

根据麦克斯韦方程组可得

$$\frac{\partial}{\partial x_1}\left[\frac{1}{\varepsilon(x_{\parallel})}\frac{\partial H_3}{\partial x_1}\right] + \frac{\partial}{\partial x_2}\left[\frac{1}{\varepsilon(x_{\parallel})}\frac{\partial H_3}{\partial x_2}\right] + \frac{\omega^2}{c^2}H_3 = 0 \tag{3.178}$$

将式（3.172）、式（3.177）代入式（3.178），并利用式（3.174），可得

$$\begin{aligned}&\frac{\omega^2 - \omega_{\mathrm{p}}^2}{\omega_{\mathrm{p}}^2}\left(\frac{\omega^2}{c^2} - |k_{\parallel}+G_{\parallel}|^2\right)A(k_{\parallel},G_{\parallel}) \\ &= f\sum_{G_{\parallel}'}(k_{\parallel}+G_{\parallel})\cdot(k_{\parallel}+G_{\parallel}')\frac{2J_1(|G_{\parallel}-G_{\parallel}'|r)}{|G_{\parallel}-G_{\parallel}'|r}A(k_{\parallel},G_{\parallel}')\end{aligned} \tag{3.179}$$

利用式（3.179），可以对二维光子晶体的 TE 模式的带隙结构进行计算。

如图 3.8 所示，在二维正六边形金属光子晶体结构中抽取部分金属柱，引入缺陷，就可以形成具有模式选择性的光子晶体谐振腔。将其缺陷区域等效为圆柱谐振腔，缺陷区域内切圆半径 R_{e} 为

$$R_{\mathrm{e}} = \begin{cases} \sqrt{3}a - r_{\mathrm{a}} & (\text{缺陷为7根柱体}) \\ \dfrac{3}{2}\sqrt{3}a - r_{\mathrm{a}} & (\text{缺陷为19根柱体}) \end{cases} \tag{3.180}$$

其中，a 为晶格常数。如果将金属光子晶体谐振腔视为半径为 R_{e} 的具有模式选择特性的金属圆柱回旋谐振腔，则相应 TE_{mn} 模式的截止频率为

$$f_{\mathrm{c},mn} = \frac{c\mu_{mn}}{2\pi R_{\mathrm{e}}} \tag{3.181}$$

式中，μ_{mn} 为 $J_m'(x)=0$ 的第 n 个根。

3.2 回旋管的线性理论

回旋管中注波互作用的实质是做回旋运动的电子注在高频结构中激励起电磁波,将电子的横向能量转化为电磁波能量的过程。回旋电子与电磁波的耦合强度及能量交换决定了回旋管输出功率的大小及工作稳定性。回旋管注波互作用分析本质上就是联立求解有源麦克斯韦方程组和相对论条件下电子的运动方程,即洛伦兹方程,得到互作用高频场方程和电子运动方程。回旋管的注波互作用分析理论分为线性理论和非线性理论。线性理论建立在给定场基础之上,忽略了电子注对场分布的影响,并假定纵向工作磁场的不均匀性不会改变电子的纵向速度。通过线性理论可以直观地得到注波耦合系数和起振电流等参数,定性地确定回旋管工作参数,分析模式竞争,并为回旋管的非线性理论分析奠定基础[12,13]。

3.2.1 色散曲线

在线性理论中,回旋电子注被等效为在轴向磁场作用下,以轴向速度 v_z 沿光滑波导轴向运动,并具有一定横向速度的连续流体。根据电子回旋受激辐射机理,回旋电子注只有在满足同步条件下才能与高频场进行互作用换能,同步条件表示为

$$\omega - s\Omega_c - k_z v_z = 0 \tag{3.182}$$

其中,k_z 为纵向波数;s 为回旋谐波次数;Ω_c 为考虑相对论效应时电子的回旋角频率;$k_z v_z$ 为多普勒频移项。

在光滑波导中,波导模式的色散方程表示为

$$\frac{\omega^2}{c^2} - k_c^2 - k_z^2 = 0 \tag{3.183}$$

其中,$k_c = \omega_c/c$,为波导模式的横向截止波数,ω_c 为波导模式的截止角频率。不考虑电子注与电磁波互作用时,回旋电子注及波导模式的色散曲线如图 3.11 所示,两条曲线相切或者相交点附近就是回旋管的工作区。通过色散曲线,可以大致确认工作模式和竞争模式的工作区间。

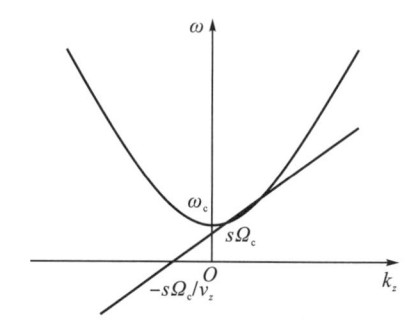

图 3.11 回旋管色散曲线

利用式(3.182)，波导模式的相速度也可以用电子注的参数来表示为

$$v_\mathrm{p} = \frac{\omega}{k_z} = \frac{v_z}{1 - s\Omega_\mathrm{c}/\omega} \tag{3.184}$$

由式(3.184)可知，通过调整电子注的回旋频率 Ω_c，相速度 v_p 可以大于光速 c，从而使得回旋电子注与工作频率大于截止频率的波导模式同步。电子注的相速度可正可负，分别与相速度为正值或负值的波导模式同步。

不考虑注波互作用时，波导模式的群速 $v_\mathrm{g}=c^2/v_\mathrm{p}$，群速与相速同向，既可以为正值，也可以为负值。对于回旋电子注，从式(3.182)可知，电子注的群速等于电子的纵向速度 v_z，是一个不随频率变化的正的常数。当式(3.184)中表示的相速为负值时，激励起的波导模式的相速和群速均为负值，通常把工作在这种状态的回旋管称为回旋返波振荡器(gyro-BWO)，简称回旋返波管；当相速为正时，激励起的波导模式的相速和群速均为正，通常把工作在这种状态的回旋管称为回旋振荡器(gyro-monotron)，简称回旋管。回旋返波管和回旋管的波导模式及电子注相速和群速方向示意图如图 3.12 所示。

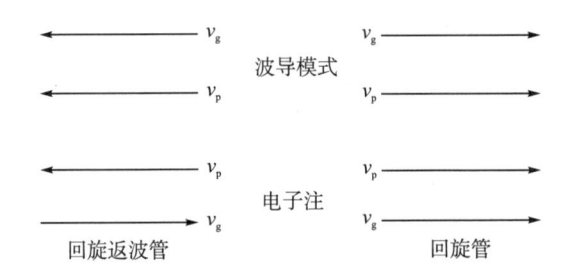

图 3.12 回旋返波管和回旋管相速及群速方向示意图

3.2.2 注波耦合系数

在回旋管中，注波耦合系数是表征回旋电子注与回旋互作用腔中高频场耦合强弱的一个重要参量。以圆柱开放回旋谐振腔为例，其注波耦合系数定义为

$$C_\mathrm{BF} = \frac{\mu_{mn}^2 J_{m\pm s}^2\left(\mu_{mn} R_\mathrm{g}/a\right)}{\pi^2\left(\mu_{mn}^2 - m^2\right) J_m^2\left(\mu_{mn}\right)} \tag{3.185}$$

其中，"+"表示与电子回旋方向同向的 TE_{mn} 模；"−"表示与电子回旋方向反向的 TE_{mn} 模；R_g 表示电子注的引导中心半径；a 表示圆柱谐振腔互作用区的半径。通过式(3.185)可知，选取合适的回旋电子注引导中心半径，可以使得电子注与工作模式的耦合增强，与非工作模式的耦合减弱，达到抑制竞争模式、保证回旋管稳定工作的目的。

3.2.3 起振电流

起振电流是回旋管中模式能够被激励起来所需的最小电子注电流。起振电流是回旋管设计的一个重要参量，通过选择适当的开放回旋谐振腔几何结构参数和电磁参数，使得工作模式的起振电流较低，非工作模式的起振电流较高，这样就可以通过控制工作电流的

大小来激励工作模式，抑制竞争模式。利用起振电流，不仅可以大致确定回旋管的工作参数，还可以进行模式竞争分析[14]。

考虑相对论效应时，回旋管中电子的运动方程可表示为

$$\frac{\mathrm{d}(\gamma v)}{\mathrm{d}t} + \eta_e v \times B_0 = -\eta_e (E + v \times B) \tag{3.186}$$

其中，$B_0 = B_0 e_z$，为回旋管纵向工作磁场；E 和 B 分别为回旋管高频场的电场和磁场分量。

定义电子的归一化动量：

$$u = \gamma v / c \tag{3.187}$$

相对论因子γ可以用归一化动量表示：

$$\gamma = \sqrt{1 + u^2} \tag{3.188}$$

如图 3.13 所示，电子在 x 和 y 两个方向的动量与横向动量之间满足：

$$u_x + \mathrm{j}u_y = \mathrm{j}u_t \exp\left[\mathrm{j}(\Omega\tau + \phi)\right] \tag{3.189}$$

其中，Ω 是考虑相对论效应时电子的回旋频率。

$$\Omega = \frac{\eta_e B_0}{\gamma_0} = \frac{\Omega_0}{\gamma_0} \tag{3.190}$$

$$\tau = t - t_0 \tag{3.191}$$

t_0 为电子进入注波互作用区的时间。Ω_0 为不考虑相对论效应时电子的回旋频率。定义：

$$a = -\frac{\eta_e}{c}(E + v \times B) \tag{3.192}$$

将式(3.186)和式(3.192)在直角坐标系中展开，根据归一化动量的定义式(3.187)，利用横向归一化动量 u_x 和 u_y 与 u_t 之间的关系[式(3.189)]可得

$$\begin{cases} \dot{u}_t = -a_x \sin(\Omega\tau + \phi) + a_y \cos(\Omega\tau + \phi) \\ u_t\left(\dot{\phi} + \Omega - \frac{\Omega_0}{\gamma}\right) = -a_x \cos(\Omega\tau + \phi) - a_y \sin(\Omega\tau + \phi) \\ \dot{u}_z = a_z \end{cases} \tag{3.193}$$

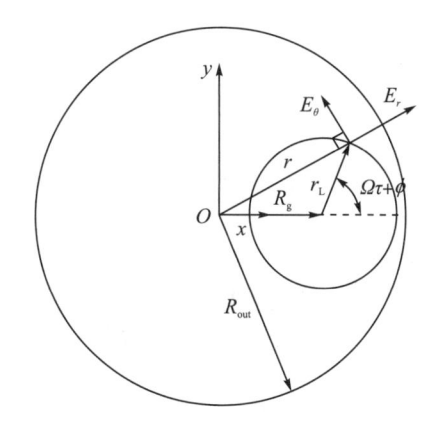

图 3.13　引导中心坐标系下回旋管互作用区横截面上电子运动轨迹示意图

对于回旋管中的工作模式 TE_{mn} 模,在回旋管的工作条件下,其高频场的磁场分量与电子注之间的相互作用很弱,可以忽略。对于圆柱回旋谐振腔,其 TE_{mn} 模的电场分量可以根据 TE_{mn} 模的单位电矢量与标量位函数的关系[式(3.3)],以及标量位函数的表达式(3.57)得到。

$$\begin{cases} E_r = \text{Re}\left[\dfrac{jm}{r}C_{mn}V_{mn}(z)J_m(k_c r)e^{j\omega t - jm\theta}\right] \\ E_\theta = \text{Re}\left[k_c C_{mn}V_{mn}(z)J'_m(k_c r)e^{j\omega t - jm\theta}\right] \end{cases} \tag{3.194}$$

其中,C_{mn} 为 TE_{mn} 模场分量的归一化系数。

$$C_{mn} = \dfrac{1}{\sqrt{\pi(\mu_{mn}^2 - m^2)}J_m(\mu_{mn})} \tag{3.195}$$

TE_{mn} 模的横向截止波数 k_c 可以表示为

$$k_c = \dfrac{\mu_{mn}}{a} \tag{3.196}$$

回旋谐振腔中纵向场分布函数可以表示为

$$V_{mn}(z) = |V_{mn}(z)|e^{-j\psi(z)} \tag{3.197}$$

根据式(3.192),在高频场作用下,当忽略高频场磁场分量的作用时,电子受到的归一化作用力可以表示为

$$\begin{cases} a_x = -\dfrac{\eta_e}{c}(E_r\cos\theta - E_\theta\sin\theta) \\ a_y = -\dfrac{\eta_e}{c}(E_r\sin\theta + E_\theta\cos\theta) \\ a_z = 0 \end{cases} \tag{3.198}$$

从式(3.198)可以看出,当不考虑 TE_{mn} 模中磁场分量与电子注之间的相互作用时,电子的纵向动量保持不变,即

$$u_z = \gamma_0 v_{z0}/c \tag{3.199}$$

式中,γ_0 和 v_{z0} 表示电子在 t_0 时刻的相对论因子和纵向速度。

将式(3.198)代入式(3.193),可得

$$\begin{cases} \dot{u}_t = \dfrac{\eta_e}{c}\left[E_r\sin(\Omega\tau + \phi - \theta) - E_\theta\cos(\Omega\tau + \phi - \theta)\right] \\ u_t\left(\dot{\phi} + \Omega - \dfrac{\Omega_0}{\gamma}\right) = \dfrac{\eta_e}{c}\left[E_r\cos(\Omega\tau + \phi - \theta) + E_\theta\sin(\Omega\tau + \phi - \theta)\right] \end{cases} \tag{3.200}$$

引入一个随时间慢变化的相位变量:

$$\Lambda = \dfrac{\omega t_0}{s} + \dfrac{\omega\tau}{s} - \Omega\tau - \phi \tag{3.201}$$

则有

$$\dot{\phi} = \dfrac{\omega}{s} - \Omega - \dot{\Lambda} \tag{3.202}$$

将式(3.202)代入式(3.200)可得

$$\begin{cases} \dot{u}_t = \dfrac{\eta_e}{c}\left[E_r \sin(\Omega\tau+\phi-\theta) - E_\theta \cos(\Omega\tau+\phi-\theta)\right] \\ \dot{\Lambda}u_t = -\dfrac{\eta_e}{c}\left[E_r \cos(\Omega\tau+\phi-\theta) + E_\theta \sin(\Omega\tau+\phi-\theta)\right] + u_t\left(\dfrac{\omega}{s} - \dfrac{\Omega_0}{\gamma}\right) \end{cases} \quad (3.203)$$

定义电子的横向归一化动量：

$$P_\perp = \mathrm{j}u_t \mathrm{e}^{-\mathrm{j}\Lambda} \tag{3.204}$$

可得

$$\frac{\mathrm{d}P_\perp}{\mathrm{d}t} = \left(\mathrm{j}\dot{u}_t + \dot{\Lambda}u_t\right)\mathrm{e}^{-\mathrm{j}\Lambda} \tag{3.205}$$

将式(3.203)代入式(3.205)并化简，可以进一步得

$$\frac{\mathrm{d}P_\perp}{\mathrm{d}t} + \mathrm{j}\left(\frac{\omega}{s} - \frac{\Omega_0}{\gamma}\right)P_\perp = -\frac{\eta_e}{c}(E_r + jE_\theta)\mathrm{e}^{-\mathrm{j}\Lambda - \mathrm{j}(\Omega\tau+\phi-\theta)} \tag{3.206}$$

将式(3.194)代入式(3.206)，利用贝塞尔函数之间的关系式[式(3.60)~式(3.61)]，并忽略贝塞尔函数的 $m+1$ 阶项，可得

$$\frac{\mathrm{d}P_\perp}{\mathrm{d}t} + \mathrm{j}\left(\frac{\omega}{s} - \frac{\Omega_0}{\gamma}\right)P_\perp = -\frac{\mathrm{j}\eta_e}{2c}C_{mn}k_c V_{mn} J_{m-1}(k_c r)\mathrm{e}^{\mathrm{j}[\omega t-(m-1)\theta-\Lambda-(\Omega\tau+\phi)]} \tag{3.207}$$

图 3.14 为格拉夫(Graf)加法定理中各参数的几何关系示意图。当 $|v\exp(\pm\alpha)|<|u|$, v 和 u 为正实数，$0<\alpha<\pi$，w 和 β 为非负实数时，根据 Graf 加法定理，对于贝塞尔函数，存在如下关系[15]：

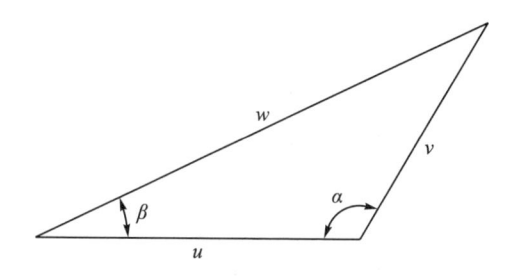

图 3.14 Graf 加法定理各参数间的几何关系

$$\zeta_m(w)\mathrm{e}^{\pm\mathrm{j}m\beta} = \sum_{q=-\infty}^{+\infty} \zeta_{m+q}(u) J_q(v) \mathrm{e}^{\pm\mathrm{j}q\alpha} \tag{3.208}$$

式中，$\zeta_m(w)$ 为任意类型的贝塞尔函数。根据图 3.14 所示的几何关系可得

$$J_m(k_c r)\mathrm{e}^{-\mathrm{j}m\theta} = \sum_{q=-\infty}^{+\infty} J_{m+q}(k_c R_g) J_q(k_c r_L) \mathrm{e}^{-\mathrm{j}q(\pi-\Omega\tau-\phi)} \tag{3.209}$$

式(3.209)可以进一步改写成：

$$J_m(k_c r)\mathrm{e}^{-\mathrm{j}m\theta} = \sum_{q=-\infty}^{+\infty} (-1)^q J_{m+q}(k_c R_g) J_q(k_c r_L) \mathrm{e}^{\mathrm{j}q(\Omega\tau+\phi)} \tag{3.210}$$

当 q 为整数时，利用贝塞尔函数关系式：

$$(-1)^q J_q(x) = J_{-q}(x) \tag{3.211}$$

式(3.210)可以进一步表示为

$$J_m(k_c r) \mathrm{e}^{-\mathrm{j}m\theta} = \sum_{q=-\infty}^{+\infty} J_{m+q}(k_c R_g) J_{-q}(k_c r_L) \mathrm{e}^{\mathrm{j}q(\Omega\tau+\phi)} \tag{3.212}$$

令 $q = -l$，式(3.212)最终写成

$$J_m(k_c r) \mathrm{e}^{-\mathrm{j}m\theta} = \sum_{l=-\infty}^{+\infty} J_{m-l}(k_c R_g) J_l(k_c r_L) \mathrm{e}^{-\mathrm{j}l(\Omega\tau+\phi)} \tag{3.213}$$

根据式(3.213)，式(3.207)可以进一步改写成：

$$\frac{\mathrm{d}P_\perp}{\mathrm{d}t} + \mathrm{j}\left(\frac{\omega}{s} - \frac{\Omega_0}{\gamma}\right)P_\perp = -\frac{\mathrm{j}\eta_e}{2c} C_{mn} k_c V_{mn} \sum_{l=-\infty}^{+\infty} J_{m-l}(k_c R_g) J_{l-1}(k_c r_L) \mathrm{e}^{\mathrm{j}[\omega t - \Lambda - l(\Omega\tau+\phi)]} \tag{3.214}$$

考虑高频场只与单次回旋谐波 $l=s$ 互作用，并利用相位变量之间的关系[式(3.201)]，电子运动方程[式(3.214)]可以表示为

$$\frac{\mathrm{d}P_\perp}{\mathrm{d}t} + \mathrm{j}\left(\frac{\omega}{s} - \frac{\Omega_0}{\gamma}\right)P_\perp = -\frac{\mathrm{j}\eta_e}{2c} C_{mn} k_c V_{mn} J_{m-s}(k_c R_g) J_{s-1}(k_c r_L) \mathrm{e}^{\mathrm{j}(s-1)\Lambda} \tag{3.215}$$

回旋电子的拉莫半径 r_L 与不考虑相对论效应时电子的回旋频率 Ω_0 之间满足：

$$r_L = \gamma v_t / \Omega_0 \tag{3.216}$$

对于贝塞尔函数，当 $\zeta < p$ 时，存在：

$$J_p(\zeta) \approx \frac{1}{p!} \left(\frac{\zeta}{2}\right)^p \tag{3.217}$$

对于工作在弱相对论效应状态下的回旋管，根据式(3.190)和式(3.216)可得

$$k_c r_L = \frac{\omega_c}{c} \frac{\gamma v_t}{\eta_e B_0} = \frac{\omega_c}{\Omega_0/\gamma} \frac{v_t}{c} < s \tag{3.218}$$

其中，ω_c 为 TE_{mn} 模的截止角频率。联合式(3.217)和式(3.218)可得

$$J_{s-1}(k_c r_L) \approx \frac{1}{2^{s-1}(s-1)!} (k_c r_L)^{s-1} \tag{3.219}$$

利用式(3.219)，式(3.215)可以进一步写成：

$$\frac{\mathrm{d}P_\perp}{\mathrm{d}t} + \mathrm{j}\left(\frac{\omega}{s} - \frac{\Omega_0}{\gamma}\right)P_\perp = -\frac{\mathrm{j}\eta_e}{2c} C_{mn} k_c V_{mn} J_{m-s}(k_c R_g) \frac{1}{2^{s-1}(s-1)!} (k_c r_L)^{s-1} \mathrm{e}^{\mathrm{j}(s-1)\Lambda} \tag{3.220}$$

利用式(3.204)和式(3.216)，式(3.220)用电子的横向归一化动量表示为

$$\frac{\mathrm{d}P_\perp}{\mathrm{d}t} + \mathrm{j}\left(\frac{\omega}{s} - \frac{\Omega_0}{\gamma}\right)P_\perp = -\frac{\mathrm{j}\eta_e}{2c} C_{mn} k_c V_{mn} J_{m-s}(k_c R_g) \frac{1}{2^{s-1}(s-1)!} \left(\frac{\mathrm{j}c k_c P_\perp^*}{\Omega_0}\right)^{s-1} \tag{3.221}$$

在回旋管中，电子的纵向速度 v_z 可视为一个常数 v_{z0}，因此存在如下关系：

$$\frac{\mathrm{d}}{\mathrm{d}t} = \frac{\mathrm{d}}{\mathrm{d}z} \frac{\mathrm{d}z}{\mathrm{d}t} = v_{z0} \frac{\mathrm{d}}{\mathrm{d}z} \tag{3.222}$$

将式(3.222)代入式(3.221)可得

$$\frac{\mathrm{d}P_\perp}{\mathrm{d}z} + \mathrm{j}\left(\frac{\omega}{s} - \frac{\Omega_0}{\gamma}\right)\frac{P_\perp}{v_{z0}} = -\frac{\mathrm{j}\eta_e C_{mn} k_c}{2c v_{z0}} J_{m-s}(k_c R_g) \frac{1}{2^{s-1}(s-1)!} \left(\frac{\mathrm{j}c k_c P_\perp^*}{\Omega_0}\right)^{s-1} V_{mn} \tag{3.223}$$

令

$$F_{mn} = \frac{\gamma_0}{\gamma} \frac{\eta_e V_{\max}}{2c^2} \frac{ck_c}{\omega} \frac{1}{2^{s-1}(s-1)!} C_{mn} J_{m-s}(k_c R_g)$$

$$V_{mn}(z) = V_{\max} \bar{f}(z)$$

只考虑基波时，即 $s=1$，式(3.223)可进一步写成

$$\frac{\mathrm{d}P_\perp}{\mathrm{d}z} + \mathrm{j}\frac{\omega}{v_{z0}}\left(1 - \frac{\Omega_0}{\gamma\omega}\right)P_\perp = -\mathrm{j}\frac{\omega}{v_{z0}}\frac{\gamma}{\gamma_0}F_{mn}\bar{f}(z) \tag{3.224}$$

在线性理论中，电子归一化动量可以表示为

$$P_\perp = P_{\perp 0} + F P_{\perp 1} + \cdots \tag{3.225}$$

其中，$|F| \ll 1$，令

$$\Delta_1(z) = \frac{\omega}{v_{z0}}\left[1 - \frac{\Omega(z)}{\omega\gamma_0}\right] \tag{3.226}$$

当只考虑零阶近似时，根据式(3.224)可以近似得

$$\frac{\mathrm{d}P_{\perp 0}}{\mathrm{d}z} + \mathrm{j}\Delta_1(z)P_{\perp 0} \simeq 0 \tag{3.227}$$

式(3.227)的解可以写成

$$P_{\perp 0} = u_{t0} \exp\left[-\mathrm{j}\left(\Lambda_0 + \int_0^z \Delta_1(z')\mathrm{d}z'\right)\right] \tag{3.228}$$

当工作磁场沿 z 向有微小变化时，

$$\Delta_1(z) = \Delta_1 + \Delta_1'(z) \tag{3.229}$$

这时

$$\int_0^z \Delta_1(z')\mathrm{d}z' = \Delta_1 z + \int_0^z \Delta_1'(z')\mathrm{d}z' \tag{3.230}$$

下面考虑工作磁场不随 z 轴变化的情况，即 $\Delta_1'(z) \simeq 0$。根据式(3.224)可得

$$\frac{\mathrm{d}|P_\perp|^2}{\mathrm{d}z} = 2\frac{\gamma}{\gamma_0} F \operatorname{Im}\left[P_\perp^* \bar{f}(z)\right] \tag{3.231}$$

其中

$$F = \frac{\omega}{v_{z0}} F_{mn}$$

根据相对论因子与电子归一化动量之间的关系：

$$\gamma^2 = 1 + u_z^2 + |P_\perp|^2 \tag{3.232}$$

可得

$$\frac{\mathrm{d}\gamma}{\mathrm{d}z} \simeq \frac{1}{2\gamma}\frac{\mathrm{d}|P_\perp|^2}{\mathrm{d}z} \tag{3.233}$$

将式(3.231)代入式(3.233)可得

$$\frac{\mathrm{d}\gamma}{\mathrm{d}z} = \frac{F}{\gamma_0} \operatorname{Im}\left[P_\perp^* \bar{f}(z)\right] \tag{3.234}$$

归一化动量采用一阶近似：

$$P_\perp \approx P_{\perp 0} + FP_{\perp 1} \tag{3.235}$$

将式(3.235)代入式(3.234)，对电子的相对论因子求平均可得

$$\frac{\mathrm{d}\langle\gamma\rangle}{\mathrm{d}z} = \frac{F}{\gamma_0}\left\langle \mathrm{Im}\left(P_{\perp 0}^*\bar{f} + FP_{\perp 1}^*\bar{f}\right)\right\rangle \tag{3.236}$$

其中，不考虑工作磁场不随 z 轴变化时，

$$P_{\perp 0} = u_{t0}\,\mathrm{e}^{-\mathrm{j}(\varLambda_0+\Delta_1 z)} \tag{3.237}$$

此时 $\langle P_{\perp 0}^*\bar{f}\rangle = 0$，式(3.236)可以进一步写成：

$$\frac{\mathrm{d}\langle\gamma\rangle}{\mathrm{d}z} = \frac{F^2}{\gamma_0}\left\langle \mathrm{Im}\left(P_{\perp 1}^*\bar{f}\right)\right\rangle \tag{3.238}$$

$P_{\perp 1}$ 是如下方程的解：

$$\frac{\mathrm{d}P_{\perp 1}}{\mathrm{d}z} + \mathrm{j}\Delta_1(z)P_{\perp 1} + \mathrm{j}\frac{\omega}{v_{z0}}\mathrm{Re}\left(P_{\perp 0}^*P_{\perp 1}\right) = -\mathrm{j}\bar{f}(z) \tag{3.239}$$

其中，$P_{\perp 1}(0) = 0$。假设 $P_{\perp 1}(z)$ 可以表示成：

$$P_{\perp 1}(z) = g(z)\mathrm{e}^{-\mathrm{j}(\varLambda_0+\Delta_1 z)} \tag{3.240}$$

将 $P_{\perp 0}$ 的表达式(3.228)和 $P_{\perp 1}$ 的表达式(3.240)代入式(3.239)可得

$$\frac{\mathrm{d}g}{\mathrm{d}z} \simeq -\mathrm{j}\frac{\omega}{v_{z0}}\beta_{t0}^2\,\mathrm{Re}\,g - \mathrm{j}\tilde{f} \tag{3.241}$$

其中

$$\tilde{f} = \bar{f}\mathrm{e}^{\mathrm{j}(\varLambda_0+\Delta_1 z)} \tag{3.242}$$

利用式(3.240)和式(3.242)，式(3.238)可以进一步写成

$$\frac{\mathrm{d}\langle\gamma\rangle}{\mathrm{d}z} = \frac{F^2}{\gamma_0}\left\langle \mathrm{Im}\left(g^*\tilde{f}\right)\right\rangle \tag{3.243}$$

式(3.241)中，g 的实部和虚部的解可以分别表示成

$$\begin{cases} \mathrm{Re}\,g \simeq \int_0^z \mathrm{Im}\,\tilde{f}(z')\mathrm{d}z' \\ \mathrm{Im}\,g \simeq -\int_0^z \left\{\mathrm{Re}\,\tilde{f}(z') + \frac{\omega}{v_{z0}}\beta_{t0}^2\int_0^{z'}\mathrm{Im}\,\tilde{f}(z'')\mathrm{d}z''\right\}\mathrm{d}z' \end{cases} \tag{3.244}$$

根据式(3.243)和式(3.244)，电子效率表示为

$$-(\gamma_0 - 1)\eta = \int_0^L \frac{\mathrm{d}\langle\gamma\rangle}{\mathrm{d}z}\mathrm{d}z$$

$$= \frac{F^2}{\gamma_0}\int_0^L \left\langle \mathrm{Im}\,\tilde{f}(z)\int_0^z \mathrm{Im}\,\tilde{f}(z')\mathrm{d}z'\right\rangle\mathrm{d}z + \frac{F^2}{\gamma_0}\int_0^L \left\langle \mathrm{Re}\,\tilde{f}(z)\int_0^z \mathrm{Re}\,\tilde{f}(z')\mathrm{d}z'\right\rangle\mathrm{d}z \tag{3.245}$$

$$+ \frac{F^2}{\gamma_0}\frac{\omega\beta_{t0}^2}{v_{z0}}\int_0^L \left\langle \mathrm{Re}\,\tilde{f}(z)\int_0^z\left[\int_0^{z'}\mathrm{Im}\,\tilde{f}(z'')\mathrm{d}z''\right]\mathrm{d}z'\right\rangle\mathrm{d}z$$

式中，L 为腔体长度，右边的第一、二项可以利用下面的关系进一步化简得

$$\frac{1}{2}\left\langle \left|\int_0^L \tilde{f}(z)\mathrm{d}z\right|^2\right\rangle = \int_0^L \left\langle \mathrm{Re}\,\tilde{f}(z)\int_0^z \mathrm{Re}\,\tilde{f}(z')\mathrm{d}z' + \mathrm{Im}\,\tilde{f}(z)\int_0^z \mathrm{Im}\,\tilde{f}(z')\mathrm{d}z'\right\rangle\mathrm{d}z \tag{3.246}$$

根据式(3.242)可得

$$\left\langle \left| \int_0^L \tilde{f}(z)\mathrm{d}z \right|^2 \right\rangle = \left\langle \left| \int_0^L \overline{f}(z)\mathrm{e}^{\mathrm{j}\Delta_1 z}\mathrm{d}z \right|^2 \right\rangle \tag{3.247}$$

利用式(3.247)，式(3.245)中右边最后一项中的积分部分可以进一步写成

$$\begin{aligned}
&\int_0^L \left\langle \operatorname{Re}\tilde{f}(z) \int_0^z \left[\int_0^{z'} \operatorname{Im}\tilde{f}(z'')\mathrm{d}z'' \right]\mathrm{d}z' \right\rangle \mathrm{d}z \\
&= \frac{1}{2}\int_0^L \left\langle \operatorname{Re}\tilde{f}(z) \int_0^z \left[\int_0^{z'} \operatorname{Im}\tilde{f}(z'')\mathrm{d}z'' \right]\mathrm{d}z' - \operatorname{Im}\tilde{f}(z) \int_0^z \left[\int_0^{z'} \operatorname{Re}\tilde{f}(z'')\mathrm{d}z'' \right]\mathrm{d}z' \right\rangle \mathrm{d}z \\
&= \frac{1}{2}\frac{\partial}{2\partial\Delta_1}\left\langle \left| \int_0^L \tilde{f}(z)\mathrm{d}z \right| \right\rangle
\end{aligned} \tag{3.248}$$

根据式(3.246)和式(3.248)，电子效率可以进一步写成

$$-(\gamma_0-1)\eta = \frac{1}{2}\frac{F^2}{\gamma_0}\left(1+\frac{\omega\beta_{\perp 0}^2}{2v_{z0}}\frac{\partial}{\partial\Delta_1}\right)\left\langle \left| \int_0^L \tilde{f}(z)\mathrm{d}z \right|^2 \right\rangle \tag{3.249}$$

根据能量守恒方程：

$$\frac{\mathrm{d}W_{\mathrm{em}}}{\mathrm{d}t} = \eta(t)U(t)I(t) - \frac{\omega W_{\mathrm{em}}}{Q_{\mathrm{T}}} \tag{3.250}$$

式中，W_{em}为回旋谐振腔体的电磁储能；$\eta(t)$为电子效率；$U(t)$为工作电压；$I(t)$为工作电流；ω为腔体谐振频率；Q_{T}为回旋谐振腔体总品质因数。在分析回旋管的起振状态时，可以假设电压电流为常数，即$U(t)=U_0$，$I(t)=I_\mathrm{b}$。

当电子通过回旋谐振腔体的时间远小于腔体中高频场建立起来所需的时间时，电子通过回旋谐振腔体时感受到的高频场可以近似为一个恒定场。这时，品质因数的定义为

$$Q_{\mathrm{T}} = \omega\frac{W_{\mathrm{em}}}{P_{\mathrm{T}}} \tag{3.251}$$

式中，P_{T}为回旋谐振腔体内包括欧姆损耗功率P_{ohm}和输出功率P_{out}在内的总功率，稳态时$P_{\mathrm{T}} = \eta U_0 I_\mathrm{b}$。

根据品质因数的定义式(3.251)，以及TE_{mn}模中场分量表达式(3.194)及功率密度的定义式(3.55)，可得

$$Q_{\mathrm{T}}P_{\mathrm{T}} = \omega W_{\mathrm{em}} = \frac{2\omega\varepsilon_0 v_{z0}^2 c^2 F^2}{\eta_\mathrm{e}^2 C_{mn}^2 k_\mathrm{c}^2 J_{m-s}^2(k_\mathrm{c}R_\mathrm{g})}\int_0^L \left|\overline{f}(z)\right|^2\mathrm{d}z \tag{3.252}$$

根据式(3.251)，能量守恒等式(3.250)可以改写为

$$\frac{Q_{\mathrm{T}}}{\omega}\frac{\mathrm{d}P_{\mathrm{T}}}{\mathrm{d}t} = \eta(P)U_0 I_\mathrm{b} - P_{\mathrm{T}} \tag{3.253}$$

回旋管稳定工作的条件为

$$\frac{\mathrm{d}I_\mathrm{b}}{\mathrm{d}P_{\mathrm{T}}} > 0 \tag{3.254}$$

对于回旋管，只有当其工作电流大于一定的阈值电流时，器件才能够正常工作，该阈值电流也叫作起振电流，通常用I_{start}表示。回旋管的起振电流取决于电子注的参数、工作磁场和开放回旋谐振腔体的特性。回旋管稳定工作需要同时满足$I_\mathrm{b} > I_{\mathrm{start}}$且$\mathrm{d}P_{\mathrm{T}}/\mathrm{d}I_\mathrm{b} > 0$。因此回旋管的起振电流可视为$P_{\mathrm{T}}$趋于0时，满足$\mathrm{d}P_{\mathrm{T}}/\mathrm{d}I_\mathrm{b} > 0$时的最小电流，即

$$I_{\text{start}} = \left(U_0 \frac{\mathrm{d}\eta}{\mathrm{d}P_{\text{T}}}\bigg|_{P_{\text{T}}=0} \right)^{-1} \tag{3.255}$$

根据式(3.252)可得

$$\frac{\mathrm{d}\eta}{\mathrm{d}P_{\text{T}}} = \frac{\mathrm{d}\eta}{\mathrm{d}F^2} \frac{Q_{\text{T}}}{2\omega\varepsilon_0} \frac{\eta_{\text{e}}^2}{c^4} \frac{C_{mn}^2 k_{\text{c}}^2 J_{m-s}^2(k_{\text{c}} R_{\text{g}})}{\beta_{z0}^2} \frac{1}{\int_0^L |\bar{f}(z)|^2 \mathrm{d}z} \tag{3.256}$$

根据式(3.249)可知:

$$\frac{\mathrm{d}\eta}{\mathrm{d}F^2} = -\frac{1}{2(\gamma_0-1)\gamma_0}\left[1+\frac{\omega\beta_{\perp 0}^2}{2v_{z0}}\frac{\partial}{\partial\Delta_1}\right]\left\langle\left|\int_0^L \tilde{f}(z)\mathrm{d}z\right|^2\right\rangle \tag{3.257}$$

将式(3.257)代入式(3.256)可得

$$\frac{\mathrm{d}\eta}{\mathrm{d}P_{\text{T}}} = -\frac{Z_0 Q_{\text{T}}}{8(\gamma_0-1)\gamma_0}\frac{\eta_{\text{e}}^2}{c^4}\frac{C_{mn}^2 k_{\text{c}}^2 J_{m-s}^2(k_{\text{c}} R_{\text{g}})}{\beta_{z0}^2}\left[\frac{\pi}{\lambda}\int_0^L|\bar{f}(z)|^2\mathrm{d}z\right]^{-1}$$
$$\times\left(1+\frac{\omega\beta_{\perp 0}^2}{2v_{z0}}\frac{\partial}{\partial\Delta_1}\right)\left|\int_0^L \bar{f}(z)\mathrm{e}^{\mathrm{j}\Delta_1 z}\mathrm{d}z\right|^2 \tag{3.258}$$

对于回旋电子注,根据能量守恒关系:

$$m_{\text{e}} c^2 (\gamma_0 - 1) = e_0 U_0 \tag{3.259}$$

将式(3.259)代入式(3.255),并利用式(3.258)可得回旋管工作在基波时的起振电流表达式为

$$-\frac{1}{I_{\text{start}}} = \left(\frac{Z_0 Q_{\text{T}} e_0}{8\gamma_0 m_{\text{e}} c^2}\right)\frac{C_{mn}^2 k_{\text{c}}^2 J_{m-s}^2(k_{\text{c}} R_{\text{g}})}{\beta_{z0}^2}$$
$$\times\left(\frac{\pi}{\lambda}\int_0^L|\bar{f}(z)|^2\mathrm{d}z\right)^{-1}\left(1+\frac{\omega\beta_{\perp 0}^2}{2v_{z0}}\frac{\partial}{\partial\Delta_1}\right)\left|\int_0^L \bar{f}(z)\mathrm{e}^{\mathrm{j}\Delta_1 z}\mathrm{d}z\right|^2 \tag{3.260}$$

根据式(3.260),可得任意次回旋谐波 s 时对应的起振电流为

$$-\frac{1}{I_{\text{start}}} = \left(\frac{Z_0 Q_{\text{T}} e_0}{8\gamma_0 m_{\text{e}} c^2}\right)\frac{C_{mn}^2 k_{\text{c}}^2 J_{m-s}^2(k_{\text{c}} R_{\text{g}})}{\beta_{z0}^2 [(s-1)!]^2}\left(\frac{c k_{\text{c}} \gamma_0 \beta_{\perp 0}}{2\Omega_0}\right)^{2(s-1)}$$
$$\times\left(\frac{\pi}{\lambda}\int_0^L|\bar{f}(z)|^2\mathrm{d}z\right)^{-1}\left(s+\frac{\omega\beta_{\perp 0}^2}{2v_{z0}}\frac{\partial}{\partial\Delta_s}\right)\left|\int_0^L \bar{f}(z)\mathrm{e}^{\mathrm{j}\Delta_s z}\mathrm{d}z\right|^2 \tag{3.261}$$

式中

$$\Delta_s(z) = \frac{\omega}{v_{z0}}\left[1-\frac{s\Omega(z)}{\omega\gamma_0}\right] \tag{3.262}$$

3.3 回旋管的稳态非线性理论

回旋管的非线性理论又称为大信号理论,是在大信号高频场的作用下,或者是粒子物理量的直流分量与交流分量相当的条件下得到的非线性方程。非线性理论分为稳态非线性

理论和时域非线性理论。稳态非线性理论可分为两类：非自洽非线性理论和自洽非线性理论。非自洽非线性理论是在高频电磁场近似给定的条件下，求解电子的群聚与运动过程，进而得到电子与电磁场的相互作用和能量交换过程。非自洽非线性理论又叫作轨道理论，其实质是计算电子的轨道。该理论最早由 Gapanov 和 Chu 提出，理论与实验表明，虽然轨道理论给出的互作用效率和输出功率等结果比较准确，同时能够计算出大致准确的粒子群聚图像并描述粒子群聚的本质，但不能给出注波互作用过程中场的非线性变化过程。自洽非线性理论既能描述高频场对电子的作用，又考虑了电子对高频场的激发，这个互作用过程是完备自洽的，所以自洽非线性理论是一种比较理想的理论模型，能更准确地反映出电子与波的互作用过程，通过对回旋管进行稳态自洽非线性理论分析，可以得到回旋管的输出功率和注波互作用效率等重要参数。时域非线性理论可以得到回旋管注波互作用过程中模式幅值随时间变化的情况，因此该方法既能计算回旋管的输出功率和注波互作用效率等重要参数，又可以对回旋管中的模式竞争问题进行深入研究。由于自洽非线性理论能够更准确地反映回旋管中的注波互作用过程，接下来我们将只讨论自洽非线性理论方法和时域非线性理论方法。

对于回旋管，当忽略空间电荷效应时，根据有源麦克斯韦方程组：

$$\begin{cases} \nabla \times H = \dfrac{\partial D}{\partial t} + J \\ \nabla \times E = -\dfrac{\partial B}{\partial t} \end{cases} \tag{3.263}$$

式中，J 为电流密度。对于圆柱波导中的场，根据式(3.263)可以得到横向电场和磁场分量满足：

$$\begin{cases} \dfrac{\partial H_T}{\partial z} = \nabla_T H_z + j\omega\varepsilon_0 E_T \times e_z + J_T \times e_z \\ \dfrac{\partial E_T}{\partial z} = \nabla_T E_z - j\omega\mu_0 H_T \times e_z \end{cases} \tag{3.264}$$

纵向场满足：

$$\begin{cases} H_z = \dfrac{1}{j\omega\mu_0} \nabla_T \cdot (e_z \times E_T) \\ E_z = \dfrac{1}{j\omega\varepsilon_0} \nabla_T \cdot (H_T \times e_z) - \dfrac{1}{j\omega\varepsilon_0} J_z \end{cases} \tag{3.265}$$

式中，J_z 和 J_T 分别为纵向和横向交流电流密度。交流电流密度由下式决定：

$$J_\omega(r,t) = J_\omega(r) e^{j\omega t} \tag{3.266}$$

式中，$J_\omega(r)$ 为

$$J_\omega(r) = \dfrac{1}{2\pi} \int_0^{2\pi} J(r,t) e^{-j\omega t} \, d(\omega t) \tag{3.267}$$

将式(3.265)代入式(3.264)，消去纵向场分量，并分别与单位电矢量和磁矢量的共轭点积，在截面上积分可得

$$\begin{cases} \int_S \dfrac{\partial H_T}{\partial z} \cdot h_{mn}^{(1)*} \mathrm{d}S = \dfrac{1}{\mathrm{j}\omega\mu_0} \int_S \left[\nabla_T \nabla_T \cdot \left(e_z \times E_T\right)\right] \cdot h_{mn}^{(1)*} \mathrm{d}S \\ \qquad\qquad\qquad\qquad - \mathrm{j}\omega\varepsilon_0 \int_S E_T \cdot e_{mn}^{(1)*} \mathrm{d}S - \int_S J_T \cdot e_{mn}^{(1)*} \mathrm{d}S \\ \int_S \dfrac{\partial E_T}{\partial z} \cdot e_{mn}^{(1)*} \mathrm{d}S = \dfrac{1}{\mathrm{j}\omega\varepsilon_0} \int_S \left[\nabla_T \nabla_T \cdot \left(H_T \times e_z\right)\right] \cdot e_{mn}^{(1)*} \mathrm{d}S \\ \qquad\qquad\qquad\qquad - \dfrac{1}{\mathrm{j}\omega\varepsilon_0} \int_S \nabla_T J_z \cdot e_{mn}^{(1)*} \mathrm{d}S - \mathrm{j}\omega\mu_0 \int_S H_T \cdot h_{mn}^{(1)*} \mathrm{d}S \end{cases} \quad (3.268)$$

利用式(3.2)、式(3.3)和式(3.6)，并利用模式间的正交性，式(3.268)可以进一步表示为

$$\begin{cases} \int_S \dfrac{\partial H_T}{\partial z} \cdot h_{mn}^{(1)*} \mathrm{d}S = \dfrac{1}{\mathrm{j}\omega\mu_0} \int_S \left[\nabla_T \nabla_T \cdot \left(e_z \times E_T\right)\right] \cdot h_{mn}^{(1)*} \mathrm{d}S \\ \qquad\qquad\qquad\qquad - \mathrm{j}\omega\varepsilon_0 V_{mn}^{(1)} - \int_S J_T \cdot e_{mn}^{(1)*} \mathrm{d}S \\ \int_S \dfrac{\partial E_T}{\partial z} \cdot e_{mn}^{(1)*} \mathrm{d}S = \dfrac{1}{\mathrm{j}\omega\varepsilon_0} \int_S \left[\nabla_T \nabla_T \cdot \left(H_T \times e_z\right)\right] \cdot e_{mn}^{(1)*} \mathrm{d}S \\ \qquad\qquad\qquad\qquad - \dfrac{1}{\mathrm{j}\omega\varepsilon_0} \int_S \nabla_T J_z \cdot e_{mn}^{(1)*} \mathrm{d}S - \mathrm{j}\omega\mu_0 I_{mn}^{(1)} \end{cases} \quad (3.269)$$

将式(3.24)代入式(3.269)，并利用式(3.18)和式(3.2)可得

$$\begin{cases} \dfrac{\mathrm{d}V_{mn}^{(1)}}{\mathrm{d}z} = -\mathrm{j}Z_{mn}^{(1)} k_{z,mn}^{(1)} I_{mn}^{(1)} + \sum_{i'=1}^{2}\sum_{mn'} V_{mn'}^{(i')} \int_S e_{mn'}^{(i')} \cdot \dfrac{\partial e_{mn}^{(1)*}}{\partial z} \mathrm{d}S \\ \qquad\qquad - \dfrac{1}{\mathrm{j}\omega\varepsilon_0} \int_S \nabla_T J_z \cdot e_{mn}^{(1)*} \mathrm{d}S \\ \dfrac{\mathrm{d}I_{mn}^{(1)}}{\mathrm{d}z} = -\mathrm{j}\dfrac{k_{z,mn}^{(1)}}{Z_{mn}^{(1)}} V_{mn}^{(1)} + \sum_{i'=1}^{2}\sum_{mn'} I_{mn'}^{(i')} \int_S h_{mn'}^{(i')} \cdot \dfrac{\partial h_{mn}^{(1)*}}{\partial z} \mathrm{d}S \\ \qquad + \tan\phi \sum_{i'=1}^{2}\sum_{mn'} I_{mn'}^{(i')} \oint_C h_{mn'}^{(i')} \cdot h_{mn}^{(1)*} \mathrm{d}l - \int_S J_T \cdot e_{mn}^{(1)*} \mathrm{d}S \end{cases} \quad (3.270)$$

利用变截面积分公式(3.22)，式(3.270)可进一步表示为

$$\begin{cases} \dfrac{\mathrm{d}V_{mn}^{(1)}}{\mathrm{d}z} = -\mathrm{j}Z_{mn}^{(1)} k_{z,mn}^{(1)} I_{mn}^{(1)} + \sum_{i'=1}^{2}\sum_{mn'} V_{mn'}^{(i')} \int_S e_{mn'}^{(i')} \cdot \dfrac{\partial e_{mn}^{(1)*}}{\partial z} \mathrm{d}S - \dfrac{1}{\mathrm{j}\omega\varepsilon_0} \int_S \nabla_T J_z \cdot e_{mn}^{(1)*} \mathrm{d}S \\ \dfrac{\mathrm{d}I_{mn}^{(1)}}{\mathrm{d}z} = -\mathrm{j}\dfrac{k_{z,mn}^{(1)}}{Z_{mn}^{(1)}} V_{mn} - \sum_{i'=1}^{2}\sum_{mn'} I_{mn'}^{(i')} \int_S e_{mn}^{(1)*} \cdot \dfrac{\partial e_{mn'}^{(i')}}{\partial z} \mathrm{d}S - \int_S J_T \cdot e_{mn}^{(1)*} \mathrm{d}S \end{cases} \quad (3.271)$$

式中，电子注与高频场的互作用方程中不仅包含了横向电流密度 J_T 而且还包含了纵向电流密度 J_z，这两项电流密度的存在建立了回旋管中高频场与电子注之间的换能通道，高频场通过这两项电流密度从高能电子中获得能量，获得能量后的高频场又对高能电子作用，从而形成一个自洽完备体系。

在不考虑空间电荷时，式(3.271)中与纵向电流相关的项可以忽略，根据耦合系数的定义式(3.29)，式(3.271)可以写成

$$\begin{cases} \dfrac{\mathrm{d}V_{mn}^{(1)}}{\mathrm{d}z} = -\mathrm{j}Z_{mn}^{(1)}k_{z,mn}^{(1)}I_{mn}^{(1)} + \sum\limits_{i'=1}^{2}\sum\limits_{mn'}C_{(mn)(mn')}^{(1)(i')*}V_{mn'}^{(i')} \\ \dfrac{\mathrm{d}I_{mn}^{(1)}}{\mathrm{d}z} = -\mathrm{j}\dfrac{k_{z,mn}^{(1)}}{Z_{mn}^{(1)}}V_{mn}^{(1)} - \sum\limits_{i'=1}^{2}\sum\limits_{mn'}C_{(mn')(mn)}^{(i')(1)}I_{mn'}^{(i')} - \int_{S}\boldsymbol{J}_{T}\cdot\boldsymbol{e}_{mn}^{(1)*}\mathrm{d}S \end{cases} \quad (3.272)$$

消去 $I_{mn}^{(1)}$ 项可得

$$\begin{aligned}\dfrac{\mathrm{d}^{2}V_{mn}^{(1)}}{\mathrm{d}z^{2}} &= -k_{z,mn}^{(1)2}V_{mn}^{(1)} + \dfrac{\mathrm{d}\ln\left(Z_{mn}^{(1)}k_{z,mn}^{(1)}\right)}{\mathrm{d}z}\left[\dfrac{\mathrm{d}V_{mn}^{(1)}}{\mathrm{d}z} - \sum\limits_{i'=1}^{2}\sum\limits_{mn'}C_{(mn)(mn')}^{(1)(i')*}V_{mn'}^{(i')}\right] \\ &\quad - \sum\limits_{i'=1}^{2}\sum\limits_{mn'}\left[\dfrac{Z_{mn}^{(1)}k_{z,mn}^{(1)}}{Z_{mn'}^{(i')}k_{z,mn'}^{(i')}}C_{(mn')(mn)}^{(i')(1)} - C_{(mn)(mn')}^{(1)(i')*}\right]\dfrac{\mathrm{d}V_{mn'}^{(i')}}{\mathrm{d}z} \\ &\quad + \sum\limits_{i'=1}^{2}\sum\limits_{mn'}\dfrac{Z_{mn}^{(1)}k_{z,mn}^{(1)}}{Z_{mn'}^{(i')}k_{z,mn'}^{(i')}}C_{(mn')(mn)}^{(i')(1)}\sum\limits_{i''=1}^{2}\sum\limits_{mn''}C_{(mn')(mn'')}^{(i')(i'')*}V_{mn''}^{(i'')} + \mathrm{j}\omega\mu_{0}\int_{S}\boldsymbol{J}_{T}\cdot\boldsymbol{e}_{mn}^{(1)*}\mathrm{d}S \end{aligned} \quad (3.273)$$

3.3.1 回旋中心坐标系下的自洽非线性理论

回旋中心坐标系如图 3.13 所示。回旋电子注的横向电流密度表示如下[16]：

$$\boldsymbol{J}_T(r,t) = \rho\boldsymbol{v}_T \quad (3.274)$$

式中，ρ 为电荷密度。对于理想回旋电子注，电荷密度可表示成

$$\rho = -\dfrac{I_0}{v_z} \quad (3.275)$$

其中，I_0 为电子注的直流电流。将式(3.274)和式(3.275)代入式(3.267)可得

$$\boldsymbol{J}_T(r) = -\dfrac{I_0}{v_z}\dfrac{1}{2\pi}\int_0^{2\pi}\boldsymbol{v}_t\,\mathrm{e}^{-\mathrm{j}\omega t}\,\mathrm{d}(\omega t) \quad (3.276)$$

利用式(3.276)，以及 Graf 加法定理，并只保留回旋谐波 $l=s$ 项，式(3.273)中的注波耦合项可以表示为

$$\int_S \boldsymbol{J}_T\cdot\boldsymbol{e}_{mn}^{(1)*}\mathrm{d}S = -(-\mathrm{j})^s\dfrac{I_0 C_{mn}k_{\mathrm{c},mn}}{2^s(s-1)!}\left(\dfrac{ck_{\mathrm{c},mn}}{\varOmega_0}\right)^{s-1}J_{m-s}\left(k_{\mathrm{c},mn}R_g\right)\left\langle\dfrac{P_\perp^s}{\gamma\beta_z}\right\rangle \quad (3.277)$$

将式(3.277)代入式(3.273)可得

$$\begin{aligned}\dfrac{\mathrm{d}^{2}V_{mn}^{(1)}}{\mathrm{d}z^{2}} &= -k_{z,mn}^{(1)2}V_{mn}^{(1)} + \dfrac{\mathrm{d}\ln\left(Z_{mn}^{(1)}k_{z,mn}^{(1)}\right)}{\mathrm{d}z}\left[\dfrac{\mathrm{d}V_{mn}^{(1)}}{\mathrm{d}z} - \sum\limits_{i'=1}^{2}\sum\limits_{mn'}C_{(mn)(mn')}^{(1)(i')*}V_{mn'}^{(i')}\right] \\ &\quad - \sum\limits_{i'=1}^{2}\sum\limits_{mn'}\left[\dfrac{Z_{mn}^{(1)}k_{z,mn}^{(1)}}{Z_{mn'}^{(i')}k_{z,mn'}^{(i')}}C_{(mn')(mn)}^{(i')(1)} - C_{(mn)(mn')}^{(1)(i')*}\right]\dfrac{\mathrm{d}V_{mn'}^{(i')}}{\mathrm{d}z} \\ &\quad + \sum\limits_{i'=1}^{2}\sum\limits_{mn'}\dfrac{Z_{mn}^{(1)}k_{z,mn}^{(1)}}{Z_{mn'}^{(i')}k_{z,mn'}^{(i')}}C_{(mn')(mn)}^{(i')(1)}\sum\limits_{i''=1}^{2}\sum\limits_{mn''}C_{(mn')(mn'')}^{(i')(i'')*}V_{mn''}^{(i'')} \\ &\quad - \omega\mu_0\dfrac{I_0 C_{mn}k_{\mathrm{c},mn}}{2^s(s-1)!}\left(-\dfrac{\mathrm{j}ck_{\mathrm{c},mn}}{\varOmega_0}\right)^{s-1}J_{m-s}\left(k_{\mathrm{c},mn}R_g\right)\left\langle\dfrac{P_\perp^s}{\gamma\beta_z}\right\rangle \end{aligned} \quad (3.278)$$

当开放回旋谐振腔体半径变化引起的模式间耦合可以忽略时，式(3.278)可以进一步化简成

$$\left(\frac{\mathrm{d}^2}{\mathrm{d}z^2} + \frac{\omega^2}{c^2} - k_{c,mn}^2\right)V_{mn} = -\omega\mu_0 \frac{I_0 C_{mn} k_{c,mn}}{2^s(s-1)!}\left(-\frac{\mathrm{j}ck_{c,mn}}{\Omega_0}\right)^{s-1} J_{m-s}(k_{c,mn}R_g)\left\langle\frac{P_\perp^s}{\gamma\beta_z}\right\rangle \quad (3.279)$$

考虑相对论效应时，回旋管中电子的运动方程[式(3.223)]可以表示为

$$\frac{\mathrm{d}P_\perp}{\mathrm{d}z} + \mathrm{j}\frac{P_\perp}{v_{z0}}\left(\frac{\omega}{s} - \frac{\Omega_0}{\gamma}\right) = -\frac{\mathrm{j}\eta_e C_{mn} k_{c,mn}}{cv_{z0} 2^s(s-1)!}\left(\frac{\mathrm{j}ck_{c,mn}}{\Omega_0}\right)^{s-1} J_{m-s}(k_{c,mn}R_g)(P_\perp^*)^{s-1} V_{mn} \quad (3.280)$$

求解式(3.280)时，还需要知道电子的初始条件。对于理想的回旋电子注，可以认为初始时电子拥有同样大小的横向归一化速度 $\beta_{\perp 0}$ 和纵向归一化速度 β_{z0}，电子的初始相位在 $0\sim 2\pi$ 上均匀分布。

$$\Lambda_{0j} = \frac{2\pi j}{N}, \quad j = 1,2,\cdots,N \quad (3.281)$$

联立式(3.279)和式(3.280)，并结合式(3.45)和式(3.46)，以及电子运动方程的初始条件，就可以得到回旋中心坐标系下回旋管的注波互作用方程，也就是回旋中心坐标系下回旋管的自洽非线性方程。

回旋管的电子效率可以通过

$$\eta_{\mathrm{eff}} = \frac{\langle\gamma_{\mathrm{in}}\rangle - \langle\gamma_{\mathrm{out}}\rangle}{\gamma_0 - 1} \quad (3.282)$$

得到，式中，$\langle\gamma_{\mathrm{in}}\rangle$ 为回旋谐振腔入口处电子注相对论因子的平均值；$\langle\gamma_{\mathrm{out}}\rangle$ 为回旋谐振腔出口处电子注相对论因子的平均值。

回旋管的输出效率与电子效率之间的关系为

$$\eta_{\mathrm{out}} = \frac{Q_{\mathrm{ohm}}}{Q_{\mathrm{ohm}} + Q_{\mathrm{d}}}\eta_{\mathrm{eff}} \quad (3.283)$$

3.3.2 波导中心坐标系下的自洽非线性理论

在回旋谐振腔中，电子受到外加均匀磁场 $B_0 e_z$ 的作用力，并与高频场的电场分量 E 和磁场分量 B 相互作用，电子所受洛伦兹力方程为[16]

$$\frac{\mathrm{d}p}{\mathrm{d}t} = -e_0(E + v\times B) \quad (3.284)$$

式中，p 为电子的相对论动量。

$$p = m_e\gamma v \quad (3.285)$$

v 为电子的速度矢量。相对论因子 γ 满足 $1/\gamma^2 = 1-\beta^2$，$\beta = v/c$，v 为电子速度 v 的绝对值。
式(3.285)两端同时对时间求导，可得

$$\frac{\mathrm{d}p}{\mathrm{d}t} = m_e\gamma\frac{\mathrm{d}v}{\mathrm{d}t} + m_e v\frac{\mathrm{d}\gamma}{\mathrm{d}t} \quad (3.286)$$

式(3.286)两端同时点乘 v 可得

$$\frac{\mathrm{d}p}{\mathrm{d}t} \cdot v = m_\mathrm{e}\gamma \frac{\mathrm{d}v}{\mathrm{d}t} \cdot v + m_\mathrm{e}\frac{\mathrm{d}\gamma}{\mathrm{d}t} v \cdot v = m_\mathrm{e}\gamma \frac{\mathrm{d}|v|}{\mathrm{d}t}\cdot|v| + m_\mathrm{e}|v|^2 \frac{\mathrm{d}\gamma}{\mathrm{d}t} \tag{3.287}$$

式(3.284)两端同时点乘 v 后写成

$$\frac{\mathrm{d}p}{\mathrm{d}t} \cdot v = -e_0\left(E + v \times B\right) \cdot v = -e_0 E \cdot v \tag{3.288}$$

联立式(3.287)和式(3.288)可以得到

$$m_\mathrm{e}\gamma \frac{\mathrm{d}|v|}{\mathrm{d}t}\cdot|v| + m_\mathrm{e}|v|^2 \frac{\mathrm{d}\gamma}{\mathrm{d}t} = -e_0 E \cdot v \tag{3.289}$$

根据相对论因子的定义：

$$\frac{\mathrm{d}\gamma}{\mathrm{d}t} = \gamma^3 \frac{\beta}{c}\frac{\mathrm{d}|v|}{\mathrm{d}t} \tag{3.290}$$

根据式(3.290)可得

$$\frac{\mathrm{d}|v|}{\mathrm{d}t} = \frac{c}{\gamma^3 \beta}\frac{\mathrm{d}\gamma}{\mathrm{d}t} = \frac{|v|}{\gamma^3 \beta^2}\frac{\mathrm{d}\gamma}{\mathrm{d}t} \tag{3.291}$$

利用式(3.291)，式(3.289)可以进一步写成

$$\frac{\mathrm{d}\gamma}{\mathrm{d}t} = -\frac{e_0 E \cdot v}{m_\mathrm{e} c^2} \tag{3.292}$$

将式(3.292)代入式(3.286)，可得

$$\frac{\mathrm{d}p}{\mathrm{d}t} = m_\mathrm{e}\gamma \frac{\mathrm{d}v}{\mathrm{d}t} - \frac{e_0 (E \cdot v)}{c^2} v \tag{3.293}$$

联立式(3.284)可得

$$\frac{\mathrm{d}v}{\mathrm{d}t} = -\frac{\eta_\mathrm{e}}{\gamma}\left[E + v \times B - \frac{(E \cdot v)}{c^2} v\right] \tag{3.294}$$

在直角坐标系中，将电子的速度、磁场和电场在 x、y、z 三个方向的分量代入式(3.294)，可得

$$\begin{cases} \dfrac{\mathrm{d}v_x}{\mathrm{d}t} = -\dfrac{\eta_\mathrm{e}}{\gamma}\left[E_x\left(1 - \dfrac{v_\perp^2}{c^2}\right) + \dfrac{v_y^2}{c^2}E_x + v_y B_z - v_z B_y - \dfrac{v_x v_y}{c^2}E_y\right] \\ \dfrac{\mathrm{d}v_y}{\mathrm{d}t} = -\dfrac{\eta_\mathrm{e}}{\gamma}\left[E_y\left(1 - \dfrac{v_\perp^2}{c^2}\right) + \dfrac{v_x^2}{c^2}E_y + v_z B_x - v_x B_z - \dfrac{v_x v_y}{c^2}E_x\right] \\ \dfrac{\mathrm{d}v_z}{\mathrm{d}t} = -\dfrac{\eta_\mathrm{e}}{\gamma}\left(v_x B_y - v_y B_x\right) + \dfrac{\eta_\mathrm{e} v_z}{\gamma c^2}\left(E_x v_x + E_y v_y\right) \end{cases} \tag{3.295}$$

式(3.295)为直角坐标系下的电子运动方程。在回旋谐振腔中，电场和磁场通常在圆柱坐标系中表示，因此需要将直角坐标系下的电子运动方程转换为圆柱坐标系下的电子运动方程。如图 3.15 所示，直角和圆柱坐标系中电子的速度之间满足：

$$\begin{cases} v_x = v_\perp \cos\varphi \\ v_y = v_\perp \sin\varphi \end{cases} \tag{3.296}$$

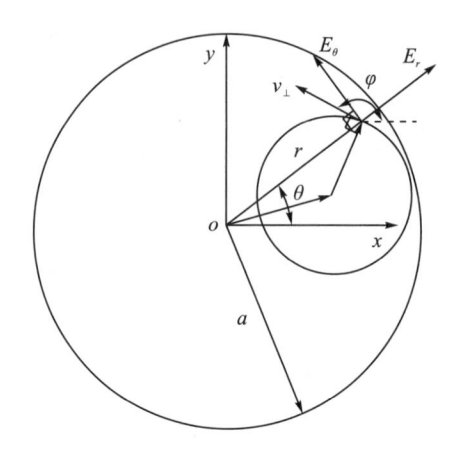

图 3.15　波导中心坐标系下回旋管互作用区横截面上电子运动轨迹示意图

根据式(3.296)可知：

$$\begin{cases} \dfrac{\mathrm{d}v_x}{\mathrm{d}t} = \cos\varphi \dfrac{\mathrm{d}v_\perp}{\mathrm{d}t} - v_\perp \sin\varphi \dfrac{\mathrm{d}\varphi}{\mathrm{d}t} \\ \dfrac{\mathrm{d}v_y}{\mathrm{d}t} = \sin\varphi \dfrac{\mathrm{d}v_\perp}{\mathrm{d}t} + v_\perp \cos\varphi \dfrac{\mathrm{d}\varphi}{\mathrm{d}t} \end{cases} \quad (3.297)$$

对式(3.297)进行变换可得

$$\begin{cases} \dfrac{\mathrm{d}v_\perp}{\mathrm{d}t} = \dfrac{\mathrm{d}v_x}{\mathrm{d}t}\cos\varphi + \dfrac{\mathrm{d}v_y}{\mathrm{d}t}\sin\varphi \\ \dfrac{\mathrm{d}\varphi}{\mathrm{d}t} = \dfrac{1}{v_\perp}\left(\dfrac{\mathrm{d}v_y}{\mathrm{d}t}\cos\varphi - \dfrac{\mathrm{d}v_x}{\mathrm{d}t}\sin\varphi\right) \end{cases} \quad (3.298)$$

将式(3.295)代入式(3.298)，并利用式(3.296)，可得

$$\begin{cases} \dfrac{\mathrm{d}\beta_\perp}{\mathrm{d}t} = -\dfrac{\eta_e}{c\gamma}(1-\beta_\perp^2)(E_x\cos\varphi + E_y\sin\varphi) - \dfrac{\eta_e \beta_z}{\gamma}(B_x\sin\varphi - B_y\cos\varphi) \\ \dfrac{\mathrm{d}\varphi}{\mathrm{d}t} = \dfrac{\eta_e}{c\gamma\beta_\perp}(E_x\sin\varphi - E_y\cos\varphi) - \dfrac{\eta_e \beta_z}{\gamma\beta_\perp}(B_x\cos\varphi + B_y\sin\varphi) + \dfrac{\eta_e}{\gamma}B_z \\ \dfrac{\mathrm{d}\beta_z}{\mathrm{d}t} = \dfrac{\eta_e \beta_z \beta_\perp}{\gamma c}(E_x\cos\varphi + E_y\sin\varphi) + \dfrac{\eta_e \beta_\perp}{\gamma}(B_x\sin\varphi - B_y\cos\varphi) \end{cases} \quad (3.299)$$

对于 TE_{mn} 模，直角和圆柱坐标系下各场分量之间满足：

$$\begin{cases} E_x = E_r\cos\theta - E_\theta\sin\theta, \; E_y = E_r\sin\theta + E_\theta\cos\theta \\ B_x = B_r\cos\theta - B_\theta\sin\theta, \; B_y = B_r\sin\theta + B_\theta\cos\theta \end{cases} \quad (3.300)$$

将式(3.300)代入式(3.299)可得

$$\begin{cases} \dfrac{\mathrm{d}\beta_\perp}{\mathrm{d}t} = -\dfrac{\eta_\mathrm{e}}{c\gamma}\left(1-\beta_\perp^2\right)\left[E_r\cos(\varphi-\theta)+E_\theta\sin(\varphi-\theta)\right] \\ \qquad\quad -\dfrac{\eta_\mathrm{e}\beta_z}{\gamma}\left[B_r\sin(\varphi-\theta)-B_\theta\cos(\varphi-\theta)\right] \\ \dfrac{\mathrm{d}\varphi}{\mathrm{d}t} = \dfrac{\eta_\mathrm{e}}{c\gamma\beta_\perp}\left[E_r\sin(\varphi-\theta)-E_\theta\cos(\varphi-\theta)\right] \\ \qquad\quad -\dfrac{\eta_\mathrm{e}\beta_z}{\gamma\beta_\perp}\left[B_r\cos(\varphi-\theta)+B_\theta\sin(\varphi-\theta)\right]+\dfrac{\eta_\mathrm{e}}{\gamma}B_z \\ \dfrac{\mathrm{d}\beta_z}{\mathrm{d}t} = \dfrac{\eta_\mathrm{e}\beta_z\beta_\perp}{c\gamma}\left[E_r\cos(\varphi-\theta)+E_\theta\sin(\varphi-\theta)\right] \\ \qquad\quad +\dfrac{\eta_\mathrm{e}\beta_\perp}{\gamma}\left[B_r\sin(\varphi-\theta)-B_\theta\cos(\varphi-\theta)\right] \end{cases} \quad (3.301)$$

电子在直角坐标系中的空间位置(x, y, z)和在圆柱坐标系中的空间位置(r, θ, z)之间满足$x=r\cos\theta$，$y=r\sin\theta$，对时间求导可得

$$\begin{cases} \dfrac{\mathrm{d}x}{\mathrm{d}t} = \dfrac{\mathrm{d}r}{\mathrm{d}t}\cos\theta - r\sin\theta\dfrac{\mathrm{d}\theta}{\mathrm{d}t} \\ \dfrac{\mathrm{d}y}{\mathrm{d}t} = \dfrac{\mathrm{d}r}{\mathrm{d}t}\sin\theta + r\cos\theta\dfrac{\mathrm{d}\theta}{\mathrm{d}t} \end{cases} \quad (3.302)$$

对式(3.302)进一步处理后可得

$$\begin{cases} \dfrac{\mathrm{d}r}{\mathrm{d}t} = \dfrac{\mathrm{d}x}{\mathrm{d}t}\cos\theta + \dfrac{\mathrm{d}y}{\mathrm{d}t}\sin\theta \\ \dfrac{\mathrm{d}\theta}{\mathrm{d}t} = \dfrac{1}{r}\left(\dfrac{\mathrm{d}y}{\mathrm{d}t}\cos\theta - \dfrac{\mathrm{d}x}{\mathrm{d}t}\sin\theta\right) \\ \dfrac{\mathrm{d}z}{\mathrm{d}t} = v_z = c\beta_z \end{cases} \quad (3.303)$$

利用式(3.296)，式(3.303)可以表示成横向速度$v_\perp$的形式：

$$\begin{cases} \dfrac{\mathrm{d}r}{\mathrm{d}t} = c\beta_\perp\cos(\varphi-\theta) \\ \dfrac{\mathrm{d}\theta}{\mathrm{d}t} = \dfrac{c\beta_\perp}{r}\sin(\varphi-\theta) \\ \dfrac{\mathrm{d}z}{\mathrm{d}t} = v_z = c\beta_z \end{cases} \quad (3.304)$$

式(3.301)和式(3.304)构成了波导中心坐标系下电子的运动方程组。该方程组由六个参量方程组成，包含三个方向的速度参量方程和三个方向的位置参量方程。通过这六个方程，就可以得到电子在不同时刻的速度及位置信息。

利用

$$\dfrac{\mathrm{d}}{\mathrm{d}t} = \dfrac{\mathrm{d}}{\mathrm{d}z}\dfrac{\mathrm{d}z}{\mathrm{d}t} = v_z\dfrac{\mathrm{d}}{\mathrm{d}z} = c\beta_z\dfrac{\mathrm{d}}{\mathrm{d}z} \quad (3.305)$$

式(3.301)和式(3.304)可以进一步表示成

$$\begin{cases} \dfrac{\mathrm{d}\beta_\perp}{\mathrm{d}z} = -\dfrac{\eta_e}{c^2\beta_z\gamma}\left(1-\beta_\perp^2\right)\left[E_r\cos(\varphi-\theta)+E_\theta\sin(\varphi-\theta)\right] \\ \qquad\quad -\dfrac{\eta_e}{c\gamma}\left[B_r\sin(\varphi-\theta)-B_\theta\cos(\varphi-\theta)\right] \\ \dfrac{\mathrm{d}\varphi}{\mathrm{d}z} = \dfrac{\eta_e}{c^2\beta_z\beta_\perp\gamma}\left[E_r\sin(\varphi-\theta)-E_\theta\cos(\varphi-\theta)\right] \\ \qquad\quad -\dfrac{\eta_e}{c\gamma\beta_\perp}\left[B_r\cos(\varphi-\theta)+B_\theta\sin(\varphi-\theta)\right] + \dfrac{\eta_e}{c\gamma\beta_z}B_z \\ \dfrac{\mathrm{d}\beta_z}{\mathrm{d}z} = \dfrac{\eta_e\beta_\perp}{c^2\gamma}\left[E_r\cos(\varphi-\theta)+E_\theta\sin(\varphi-\theta)\right] \\ \qquad\quad + \dfrac{\eta_e\beta_\perp}{c\beta_z\gamma}\left[B_r\sin(\varphi-\theta)-B_\theta\cos(\varphi-\theta)\right] \\ \dfrac{\mathrm{d}r}{\mathrm{d}z} = \dfrac{\beta_\perp}{\beta_z}\cos(\varphi-\theta),\ \dfrac{\mathrm{d}\theta}{\mathrm{d}z} = \dfrac{\beta_\perp}{\beta_z r}\sin(\varphi-\theta),\ \dfrac{\mathrm{d}t}{\mathrm{d}z} = \dfrac{1}{c\beta_z} \end{cases} \qquad (3.306)$$

回旋管的注波互作用过程是数量众多的高能电子进入回旋互作用腔中与高频场进行能量交换，但在实际计算中，几乎不可能对回旋电子注中的每个电子进行跟踪计算。为此，需要引入宏粒子模型，即用具有一定电荷的理想带电粒子去表征大量电子的运动，这样可以大幅简化自洽非线性理论的数值计算模型。由于宏粒子是理想带电粒子，不用考虑其体积大小。引入宏粒子后，回旋电子注的横向电流密度可表示为

$$J_T(r,t) = \rho v_\perp \mathrm{e}^{\mathrm{j}(\varphi-\theta)}(e_r - \mathrm{j}e_\theta) \qquad (3.307)$$

其中，ρ 为电荷体密度；$v_\perp$ 为电子的横向速度。将式(3.307)代入式(3.267)可得

$$J_T(r) = \dfrac{1}{2\pi}\int_0^{2\pi}\rho v_\perp \mathrm{e}^{\mathrm{j}(\varphi-\theta)}(e_r - \mathrm{j}e_\theta)\mathrm{e}^{-\mathrm{j}\omega t}\mathrm{d}(\omega t) \qquad (3.308)$$

引入宏粒子模型后，电子注可视为分批次的离散宏粒子，每批次宏粒子携带了相同的运动参量和位置参量，每批次宏粒子中会有 M 圈回旋轨道，每个回旋轨道上均匀分布着 N 个宏粒子，这样就可以用宏粒子的运动去表征大量电子的运动。为了使电子进入时与高频场的相位有差别，一个波周期 $T(T=2\pi/\omega)$ 内取 $L(L\geqslant 1)$ 批宏粒子。

电子注电流 I_0 表示为

$$I_0 = -\dfrac{MN\rho \mathrm{d}Sv_z\mathrm{d}t}{\mathrm{d}t} = -MN\rho \mathrm{d}Sv_z \qquad (3.309)$$

式中，$\mathrm{d}S$ 为每个宏粒子的截面积，是一个无穷小量，而点电荷体密度 ρ 则是一个无穷大量，"-"表示电流与电子运动方向相反。式(3.273)中的注波耦合项可以表示为

$$\int_S J_T \cdot e_{mn}^{(1)*}\mathrm{d}S = \dfrac{1}{2\pi}\int_S\int_0^{2\pi}\rho v_\perp \mathrm{e}^{\mathrm{j}(\varphi-\theta)}(e_r - \mathrm{j}e_\theta)\mathrm{e}^{-\mathrm{j}\omega t}\mathrm{d}(\omega t)\cdot e_{mn}^{(1)*}\mathrm{d}S \qquad (3.310)$$

变换积分顺序，式(3.310)可以改写为

$$\int_S J_T \cdot e_{mn}^{(1)*}\mathrm{d}S = \dfrac{1}{2\pi}\int_0^{2\pi} v_\perp \mathrm{e}^{\mathrm{j}(\varphi-\theta-\mathrm{j}\omega t)}(e_r - \mathrm{j}e_\theta)\cdot e_{mn}^{(1)*}\mathrm{d}(\omega t)\int_S\rho \mathrm{d}S \qquad (3.311)$$

利用电子注电流的表达式(3.309)，式(3.311)可以进一步表示为

$$\int_S J_T \cdot e_{mn}^{(1)*} \mathrm{d}S = -\sum_{MN} \frac{1}{2\pi} \int_0^{2\pi} v_\perp \mathrm{e}^{\mathrm{j}(\varphi-\theta-\mathrm{j}\omega t)} (e_r - \mathrm{j}e_\theta) \cdot e_{mn}^{(1)*} \mathrm{d}(\omega t) \frac{I_0}{MNv_z} \quad (3.312)$$

式中，求和表示的是对某一截面上的所有宏粒子的求和。由图 3.16 所示的回旋电子注宏粒子模型可知，在每个波周期内有 L 批次宏粒子注入到回旋谐振腔中，因此将上述积分按照 $\mathrm{d}t = T/L$ 即 $\mathrm{d}(\omega t) = T\omega/L = 2\pi/L$ 的时间间隔离散成如下的求和形式：

$$\int_S J_T \cdot e_{mn}^{(1)*} \mathrm{d}S = -\sum_{MNL} \frac{I_0}{MNL} \frac{v_\perp}{v_z} \mathrm{e}^{\mathrm{j}(\varphi-\theta-\omega t_k)} (e_r - \mathrm{j}e_\theta) \cdot e_{mn}^{(1)*} \quad (3.313)$$

式中，t_k 为第 k 批宏粒子到达 z 处的时间，对 L 的求和表示的是一个周期内通过 z 处截面的所有电子之和。

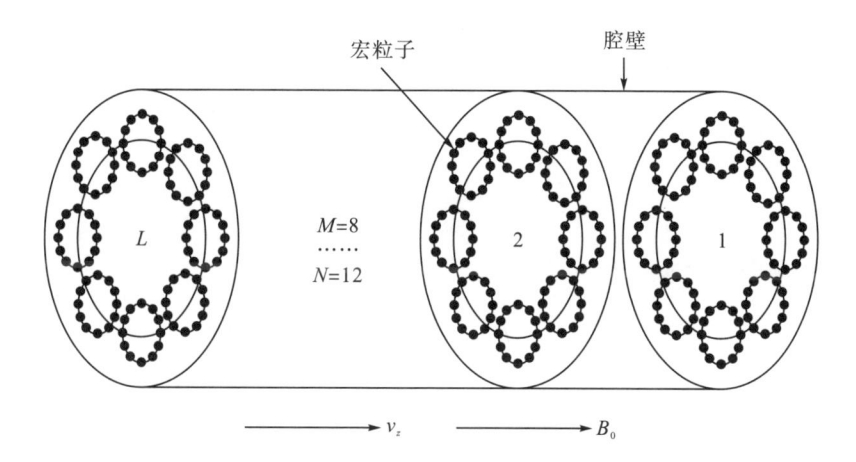

图 3.16　回旋电子注的宏粒子模型

利用式(3.3)、式(3.57)，可得 TE$_{mn}$ 模的单位电矢量表达式为

$$e_{mn}^{(1)} = C_{mn} k_{c,mn} \left[\frac{\mathrm{j}m}{k_{c,mn} r} J_m(k_{c,mn} r) e_r + J_m'(k_{c,mn} r) e_\theta \right] \mathrm{e}^{-\mathrm{j}m\theta} \quad (3.314)$$

将式(3.314)代入式(3.313)可得

$$\int_S J_T \cdot e_{mn}^{(1)*} \mathrm{d}S = \sum_{MNL} \frac{\mathrm{j} I_0 C_{mn} k_{c,mn}}{MNL} \frac{v_\perp}{v_z} \mathrm{e}^{\mathrm{j}[\varphi+(m-1)\theta-\omega t_k]} J_{m-1}(k_{c,mn} r) \quad (3.315)$$

利用式(3.315)，式(3.273)可以表示为

$$\begin{aligned}
\frac{\mathrm{d}^2 V_{mn}^{(1)}}{\mathrm{d}z^2} = & -k_{z,mn}^{(1)2} V_{mn}^{(1)} + \frac{\mathrm{d}\ln(Z_{mn}^{(1)} k_{z,mn}^{(1)})}{\mathrm{d}z} \left[\frac{\mathrm{d} V_{mn}^{(1)}}{\mathrm{d}z} - \sum_{i'=1}^{2} \sum_{mn'} C_{(mn)(mn')}^{(1)(i')*} V_{mn'}^{(i')} \right] \\
& - \sum_{i'=1}^{2} \sum_{mn'} \left[\frac{Z_{mn}^{(1)} k_{z,mn}^{(1)}}{Z_{mn'}^{(i')} k_{z,mn'}^{(i')}} C_{(mn')(mn)}^{(i')(1)} - C_{(mn)(mn')}^{(1)(i')*} \right] \frac{\mathrm{d} V_{mn'}^{(i')}}{\mathrm{d}z} \\
& + \sum_{i'=1}^{2} \sum_{mn'} \frac{Z_{mn}^{(1)} k_{z,mn}^{(1)}}{Z_{mn'}^{(i')} k_{z,mn'}^{(i')}} C_{(mn')(mn)}^{(i')(1)} \sum_{i''=1}^{2} \sum_{mn''} C_{(mn')(mn'')}^{(i')(i'')*} V_{mn''}^{(i'')} \\
& - \sum_{MNL} \frac{\omega \mu_0 I_0 C_{mn} k_{c,mn}}{MNL} \frac{v_\perp}{v_z} \mathrm{e}^{\mathrm{j}[\varphi+(m-1)\theta-\omega t_k]} J_{m-1}(k_{c,mn} r)
\end{aligned} \quad (3.316)$$

当腔体半径变化引起的模式间耦合可以忽略时，式(3.316)可以进一步化简为

$$\left(\frac{\mathrm{d}^2}{\mathrm{d}z^2} + \frac{\omega^2}{c^2} - k_{c,mn}^2 \right) V_{mn} = -\sum_{MNL} \frac{\omega \mu_0 I_0 C_{mn} k_{c,mn}}{MNL} \frac{v_\perp}{v_z} \mathrm{e}^{\mathrm{j}[\varphi+(m-1)\theta-\omega t_k]} J_{m-1}(k_{c,mn} r) \quad (3.317)$$

在求解电子的运动方程时，电子的初始相对论因子 γ_0、横向归一化速度 $\beta_{\perp 0}$ 和纵向归一化速度 β_{z0} 均可以看成由工作电压 U_0 决定的常数，其中，初始相对论因子为

$$\gamma_0 = 1 + \frac{e_0 U_0}{m_e c^2} \quad (3.318)$$

电子的初始归一化速度为

$$\beta_0 = \left(1 - \frac{1}{\gamma_0^2}\right)^{\frac{1}{2}} \quad (3.319)$$

电子的横纵速度比为

$$\alpha = \frac{\beta_{\perp 0}}{\beta_{z0}} \quad (3.320)$$

电子的初始横向归一化速度为

$$\beta_{\perp 0} = \frac{\alpha \beta_0}{\sqrt{1+\alpha^2}} \quad (3.321)$$

电子的初始纵向归一化速度为

$$\beta_{z0} = \frac{\beta_0}{\sqrt{1+\alpha^2}} \quad (3.322)$$

电子的初始拉莫半径为

$$r_{L0} = \frac{c \gamma_0 \beta_{\perp 0}}{\eta_e B_0} \quad (3.323)$$

根据图 3.15 可知：

$$r(i,j) = \sqrt{R_g^2 + r_{L0}^2 + 2 R_g r_{L0} \cos\left[\frac{2\pi}{M}(j-1)\right]} \quad (3.324)$$

$$\varphi(i,j) = \frac{2\pi}{N}(i-1) + \frac{2\pi}{M}(j-1) + \frac{\pi}{2} \quad (3.325)$$

$$\theta(i,j) = \arctan\left\{ \frac{r_L \sin\left[\frac{2\pi}{M}(j-1)\right]}{R_g + r_L \cos\left[\frac{2\pi}{M}(j-1)\right]} \right\} + \frac{2\pi}{N}(i-1) \quad (3.326)$$

式中，$i = 1, 2, \cdots, N; j = 1, 2, \cdots, M$。联立式(3.316)、式(3.306)，并结合式(3.45)和式(3.46)，以及式(3.318)～式(3.326)，可得到波导坐标系中回旋管的注波互作用方程，也就是波导坐标系下回旋管的自洽非线性方程。

3.4 回旋管的时域多模自洽非线性理论

为了提高功率容量、降低工作磁场，太赫兹回旋管往往工作在高阶模式和高次回旋谐波状态，高阶模式、高次谐波回旋管中可能会出现较为严重的模式竞争，因此模式竞争分析对于太赫兹回旋管能否稳定工作至关重要。基于线性理论的起振电流方法可以进行初步的模式竞争分析，但该方法为稳态分析方法，无法反映模式竞争随时间变化的动态过程，且线性理论建立的过程中引入了较多假设，因此基于起振电流的模式竞争分析与实际情况存在一定偏差。反映回旋管中电子注与高频场互作用的非线性理论，从单模稳态自洽非线性模型到时域多模自洽非线性模型已发展几十年。与稳态非线性理论相比，时域多模自洽非线性理论能同时分析工作模式和潜在竞争模式幅值随时间的变化关系，能更准确地反映回旋管中的模式竞争。在时域多模自洽非线性理论模型中，回旋谐振腔中的高频场被分为横向场分量和纵向场分量之和，且高频场用系列本征模式的叠加来表示；同时，假设电子通过整个腔体的过程中，高频场的幅值还没来得及变化，即腔体中各模式的场随时间的演变相对于电子的渡越时间来说十分缓慢。在回旋谐振腔体中，各模式的场幅值在时间上的演变尺度 t_{res} 定义为[17,18]

$$t_{\text{res}} = 2\pi \frac{Q}{\omega} = QT \tag{3.327}$$

式中，Q 为腔体的品质因数，对于开放回旋谐振腔，Q 为腔体的衍射品质因数；ω 为腔体中高频场的角频率；T 为高频场的周期。定义电子在回旋谐振腔中的渡越时间为

$$t_{\text{tr}} = \frac{L}{v_z} \tag{3.328}$$

式中，L 为回旋谐振腔的长度；v_z 为腔体内电子的纵向速度。根据不同频率和功率的需求，回旋谐振腔的衍射品质因数往往都在 $10^3 \sim 10^4$ 量级。因此有

$$t_{\text{tr}} \ll t_{\text{res}} \tag{3.329}$$

式(3.329)表明电子通过整个回旋谐振腔体时，高频场的幅值还没来得及变化，可以近似为常值。因此，在求解回旋管整个注波互作用过程中，电子在穿越整个回旋谐振腔时，参与互作用的高频场是不变量，这样可视为电子在稳定的高频场幅值作用下通过整个回旋谐振腔。

下面以三段式圆柱开放回旋谐振腔回旋管为例来推导回旋谐振腔中的传输线方程。对于半径渐变的三段式圆柱开放回旋谐振腔，谐振腔中的电场和磁场可以分解为横向和纵向场分量之和，如式(3.1)所示，横向电场可以如式(3.2)所示，用单位电矢量和单位磁矢量展开。

根据有源麦克斯韦方程组：

$$\begin{cases} \nabla \times \underline{H} = \dfrac{\partial \underline{D}}{\partial t} + \underline{J} \\ \nabla \times \underline{E} = -\dfrac{\partial \underline{B}}{\partial t} \\ \nabla \cdot \underline{D} = \underline{\rho} \\ \nabla \cdot \underline{B} = 0 \end{cases} \tag{3.330}$$

可得电场满足的波动方程为

$$\nabla^2 \underline{E} - \frac{1}{c^2}\frac{\partial^2 \underline{E}}{\partial t^2} = \mu_0 \frac{\partial \underline{J}}{\partial t} + \nabla\left(\frac{\underline{\rho}}{\varepsilon_0}\right) \tag{3.331}$$

回旋谐振腔内的电场可以分解成系列前向波和反向波分量的叠加，即

$$\underline{E} = \sum_k \left(\underline{f}_k^+(z,t)\mathrm{e}^{-\mathrm{j}k_{z,k}z}\underline{e}_k^+ + \underline{f}_k^-(z,t)\mathrm{e}^{+\mathrm{j}k_{z,k}z}\underline{e}_k^- \right)\mathrm{e}^{\mathrm{j}\omega_k t} \tag{3.332}$$

式中，$\underline{f}_k^+$ 为前向波幅值；$\underline{f}_k^-$ 为反向波幅值；$k_{z,k}$ 为纵向波数；ω_k 为第 k 个模式的谐振频率；$\underline{e}_k^+$ 为与 z 相关的前向波单位电矢量；$\underline{e}_k^-$ 为与 z 相关的反向波单位电矢量。$\underline{e}_k^+$ 与 $\underline{e}_k^-$ 表达式的区别在于与 z 相关项的符号不同，前向波和反向波幅值 $\underline{f}_k^\pm$ 可以用横向场幅值 $\underline{f}_k$ 和纵向场幅值 $\underline{f}_{z,k}$ 来表示，即

$$\begin{cases} \underline{f}_k = \dfrac{\underline{f}_k^+(z,t)\mathrm{e}^{-\mathrm{j}k_{z,k}z} + \underline{f}_k^-(z,t)\mathrm{e}^{\mathrm{j}k_{z,k}z}}{2} \\ \underline{f}_{z,k} = \dfrac{k_{c,k}^2}{k_{z,k}^2}\dfrac{\underline{f}_k^+(z,t)\mathrm{e}^{-\mathrm{j}k_{z,k}z} - \underline{f}_k^-(z,t)\mathrm{e}^{\mathrm{j}k_{z,k}z}}{2} \end{cases} \tag{3.333}$$

式中，$k_{c,k}$ 为横向截止波数。在回旋管中，回旋电子注将横向能量交换给高频场，从而实现高频场的激励或放大，即回旋电子注的横向能量参与注波互作用换能过程。因此，为了更好地使回旋谐振腔体内的高频场与回旋电子注进行互作用换能，回旋管中一般采用 TE$_{mn}$ 模作为工作模式。当只考虑 TE$_{mn}$ 模时，$E_z=0$，只需要考虑横向电场，这种情况下：

$$\underline{E} = \sum_k \underline{f}_k(z,t)\underline{e}_k \mathrm{e}^{\mathrm{j}\omega_k t} \tag{3.334}$$

单位电矢量 $\underline{e}_k = \left(\underline{e}_k^+ + \underline{e}_k^-\right)/2$ 具有如下特性：

$$\begin{cases} \iint_A \underline{e}_k \cdot \underline{e}_{k'}^* \mathrm{d}S = \delta_{kk'} \\ \nabla_T^2 \underline{e}_k + k_{c,k}^2 \underline{e}_k = 0 \end{cases} \tag{3.335}$$

电子注电流密度可以用电荷为 Δq_j 的宏粒子来表示。

$$\underline{J} = \sum_j \frac{\underline{u}_j c}{\gamma_j}\Delta q_j \delta(z-z_j)\delta(r-r_j)\frac{1}{r_j}\delta(\theta-\theta_j) \tag{3.336}$$

式中，$\underline{u}_j = \gamma_j \underline{v}_j/c$，为电子的归一化相对论动量，在数值计算过程中，积分区间为回旋谐振腔的横截面，这时，电子注的电流密度用二维 δ 函数表示，$\Delta q_j\, \delta(z-z_j)$ 用 $\Delta q_j/\Delta z_j$ 代替。Δq_j 在 Δz_j 范围内可视为常数，且

$$v_{z,j} = \frac{\Delta z_j}{\Delta t} \tag{3.337}$$

从而可得

$$\Delta q_j \delta(z - z_j) \cong \frac{\Delta q_j}{\Delta z_j} = \frac{\Delta q_j}{v_{z,j}\Delta t} = \frac{I_{B,j}}{v_{z,j}} \tag{3.338}$$

$I_{B,j}$ 可视为宏粒子 j 在 z 向的电流。各宏粒子在 z 向的电流之和为回旋电子注在 z 向的总电流，即

$$I_B = \sum_j I_{B,j} \tag{3.339}$$

因此，总的电流密度可表示为

$$\underline{J} = \sum_j \frac{u_j}{u_{z,j}} I_{B,j} \delta(r - r_j) \frac{1}{r_j} \delta(\theta - \theta_j) = \left\langle \frac{u_j}{u_{z,j}} I_B \delta(r - r_j) \frac{1}{r_j} \delta(\theta - \theta_j) \right\rangle \tag{3.340}$$

式中，纵向归一化动量 $u_{z,j} = \gamma_j v_{z,j}/c$。将式(3.334)、式(3.340)代入式(3.331)，点乘 $\underline{e}_k^*$ 后在横截面内积分可得

$$\begin{aligned}
&\int_S \nabla^2 \left[\sum_{k'} \underline{f}_{k'}(z,t) \underline{e}_{k'} e^{j\omega_{k'} t}\right] \cdot \underline{e}_k^* dS - \frac{1}{c^2} \int_S \frac{\partial^2}{\partial t^2}\left[\sum_{k'} \underline{f}_{k'}(z,t) \underline{e}_{k'} e^{j\omega_{k'} t}\right] \cdot \underline{e}_k^* dS \\
&= \int_S \mu_0 \frac{\partial}{\partial t}\left[\sum_j \frac{u_j}{u_{z,j}} I_{B,j} \delta(r-r_j) \frac{1}{r_j} \delta(\theta-\theta_j)\right] \cdot \underline{e}_k^* dS + \int_S \nabla\left(\frac{\rho}{\varepsilon_0}\right) \cdot \underline{e}_k^* dS
\end{aligned} \tag{3.341}$$

将拉普拉斯算子写成横向拉普拉斯算子和纵向微分项之和，即

$$\nabla = \nabla_T + e_z \frac{\partial}{\partial z} \tag{3.342}$$

根据式(3.342)可得

$$\nabla^2 = \nabla \cdot \nabla = \nabla_T^2 + \frac{\partial^2}{\partial z^2} \tag{3.343}$$

利用式(3.343)，式(3.341)可以进一步改写为

$$\begin{aligned}
&\int_S \nabla_T^2 \left[\sum_{k'} \underline{f}_{k'}(z,t) \underline{e}_{k'} e^{j\omega_{k'} t}\right] \cdot \underline{e}_k^* dS + \int_S \frac{\partial^2}{\partial z^2}\left[\sum_{k'} \underline{f}_{k'}(z,t) \underline{e}_{k'} e^{j\omega_{k'} t}\right] \cdot \underline{e}_k^* dS \\
&-\frac{1}{c^2} \int_S \frac{\partial^2}{\partial t^2}\left[\sum_{k'} \underline{f}_{k'}(z,t) \underline{e}_{k'} e^{j\omega_{k'} t}\right] \cdot \underline{e}_k^* dS \\
&= \mu_0 \frac{\partial}{\partial t}\left(\sum_j \frac{u_j \cdot \underline{e}_k^*}{u_{z,j}} I_{B,j}\right) + \int_S \nabla\left(\frac{\rho}{\varepsilon_0}\right) \cdot \underline{e}_k^* dS
\end{aligned} \tag{3.344}$$

对式(3.344)进一步处理可得

$$\begin{aligned}
&\sum_{k'} \underline{f}_{k'}(z,t) e^{j\omega_{k'} t} \int_S \nabla_T^2 \underline{e}_{k'} \cdot \underline{e}_k^* dS \\
&+ \int_S \sum_{k'} \left\{\frac{\partial^2}{\partial z^2}[\underline{f}_{k'}(z,t)] e_{k'} + 2\frac{\partial}{\partial z}[\underline{f}_{k'}(z,t)]\frac{\partial e_{k'}}{\partial z} + \underline{f}_{k'}(z,t)\frac{\partial^2 e_{k'}}{\partial z^2}\right\} e^{j\omega_{k'} t} \cdot \underline{e}_k^* dS \\
&-\frac{1}{c^2} \frac{\partial^2}{\partial t^2}[\underline{f}_k(z,t) e^{j\omega_k t}] = \mu_0 \frac{\partial}{\partial t}\left(\sum_j \frac{u_j \cdot \underline{e}_k^*}{u_{z,j}} I_{B,j}\right) + \int_S \nabla\left(\frac{\rho}{\varepsilon_0}\right) \cdot \underline{e}_k^* dS
\end{aligned} \tag{3.345}$$

利用式(3.335)，根据式(3.345)可得

$$-\frac{\omega_{c,k}^2}{c^2}\underline{f}_k(z,t)\mathrm{e}^{\mathrm{j}\omega_k t}+\frac{\partial^2 \underline{f}_k(z,t)}{\partial z^2}\mathrm{e}^{\mathrm{j}\omega_k t}$$

$$+\sum_{k'}\left\{2\frac{\partial \underline{f}_{k'}(z,t)}{\partial z}\int_S \frac{\partial \underline{e}_{k'}}{\partial z}\cdot \underline{e}_k^* \mathrm{d}S+\underline{f}_{k'}(z,t)\int_S \frac{\partial^2 \underline{e}_{k'}}{\partial z^2}\cdot \underline{e}_k^* \mathrm{d}S\right\}\mathrm{e}^{\mathrm{j}\omega_k t}$$

$$-\frac{1}{c^2}\left[\frac{\partial^2 \underline{f}_k(z,t)}{\partial t^2}+2\mathrm{j}\omega_k\frac{\partial \underline{f}_k(z,t)}{\partial t}-\omega_k^2 \underline{f}_k(z,t)\right]\mathrm{e}^{\mathrm{j}\omega_k t} \quad (3.346)$$

$$=\mu_0\frac{\partial}{\partial t}\left(\sum_j \frac{\underline{u}_j\cdot \underline{e}_k^*}{u_{z,j}}I_{B,j}\right)+\int_S \nabla\left(\frac{\rho}{\varepsilon_0}\right)\cdot \underline{e}_k^* \mathrm{d}S$$

式(3.346)左右两端同时乘以 $\exp(-\mathrm{j}\omega_k t)$，并进一步处理后得

$$\frac{\partial^2 \underline{f}_k(z,t)}{\partial z^2}+\frac{\omega_k^2-\omega_{c,k}^2}{c^2}\underline{f}_k(z,t)-\frac{1}{c^2}\frac{\partial^2 \underline{f}_k(z,t)}{\partial t^2}-\mathrm{j}\frac{2\omega_k}{c^2}\frac{\partial \underline{f}_k(z,t)}{\partial t}$$

$$+\sum_{k'}\left\{2\frac{\partial \underline{f}_{k'}(z,t)}{\partial z}\int_S \frac{\partial \underline{e}_{k'}}{\partial z}\cdot \underline{e}_k^* \mathrm{d}S+\underline{f}_{k'}(z,t)\int_S \frac{\partial^2 \underline{e}_{k'}}{\partial z^2}\cdot \underline{e}_k^* \mathrm{d}S\right\}\mathrm{e}^{\mathrm{j}(\omega_{k'}-\omega_k)t} \quad (3.347)$$

$$=\mu_0\frac{\partial}{\partial t}\left(\sum_j \frac{\underline{u}_j\cdot \underline{e}_k^*}{u_{z,j}}I_{B,j}\right)\mathrm{e}^{-\mathrm{j}\omega_k t}+\left[\int_S \nabla\left(\frac{\rho}{\varepsilon_0}\right)\cdot \underline{e}_k^* \mathrm{d}S\right]\mathrm{e}^{-\mathrm{j}\omega_k t}$$

式中，第二行代表回旋谐振腔结构变化引起的模式耦合项；第三行代表与电子注相关的激励项。在实际应用时，为了简化式(3.347)，对于常规的开放回旋谐振腔，可以作如下假设：

(1) 单位电矢量 $\underline{e}_k$ 与 z 无关，在这一条件下，式(3.347)中第二行即模式耦合项均可忽略。

(2) 式(3.347)中第三行的第二个激励项，也就是空间电荷的梯度项可以忽略。该项产生的电场为无旋场，因此不是电磁波，而是与电子运动相关的时变静电场，该场可以利用标量和矢量势单独计算。

(3) 时间的二阶导数项可以忽略，忽略该项意味着只考虑场幅值随时间慢变化的情况，这也意味着模式平均频率 ω_k 的初始值必须尽可能接近该模式的实际振荡频率。

对于式(3.347)中时间的二阶导数项可忽略的判断标准为

$$\left|\frac{\partial}{\partial t}\underline{f}_k(z,t)\right|\ll\left|2\omega_k \underline{f}_k(z,t)\right| \quad (3.348)$$

根据上述假设，式(3.347)可以简化为

$$\frac{\partial^2}{\partial z^2}\left[\underline{f}_k(z,t)\right]+\frac{\omega_k^2-\omega_{c,k}^2}{c^2}\underline{f}_k(z,t)-\mathrm{j}\frac{2\omega_k}{c^2}\frac{\partial \underline{f}_k(z,t)}{\partial t}$$

$$=\mu_0\frac{\partial}{\partial t}\left(\sum_j \frac{\underline{u}_j\cdot \underline{e}_k^*}{u_{z,j}}I_{B,j}\right)\mathrm{e}^{-\mathrm{j}\omega_k t}=\underline{R}_k \quad (3.349)$$

为了求解式(3.347)，还需要高频场幅值在开放回旋谐振腔两端满足的边界条件。稳态时，谐振腔两端的边界条件为

$$\begin{cases}\dfrac{\partial}{\partial z}\underline{f}_k(z_{\mathrm{in}})=+\mathrm{j}\underline{k}_{z,k}\underline{f}_k(z_{\mathrm{in}})\\ \dfrac{\partial}{\partial z}\underline{f}_k(z_{\mathrm{out}})=-\mathrm{j}\underline{k}_{z,k}\underline{f}_k(z_{\mathrm{out}})\end{cases} \quad (3.350)$$

上述边界条件是在谐振腔两端没有反射，完全为辐射波的条件下得到的。当把谐振腔两端的场 $\underline{f}_k$ 处理成前向波 $\underline{f}_k^+$ 和反向波 $\underline{f}_k^-$ 之和时，可以得到更一般情况下的边界条件。在谐振腔两端，当忽略场分布的时间相关性时，开放回旋谐振腔两端的反射系数可以表示成

$$\begin{cases} \underline{\Gamma}_{\text{in}} = \dfrac{\underline{f}_k^-(z_{\text{in}})}{\underline{f}_k^+(z_{\text{in}})} = \dfrac{\mathrm{j}\underline{k}_{z,k}\underline{f}_k(z_{\text{in}}) - \dfrac{\partial}{\partial z}\underline{f}_k(z_{\text{in}})}{\mathrm{j}\underline{k}_{z,k}\underline{f}_k(z_{\text{in}}) + \dfrac{\partial}{\partial z}\underline{f}_k(z_{\text{in}})} \\ \underline{\Gamma}_{\text{out}} = \dfrac{\underline{f}_k^+(z_{\text{out}})}{\underline{f}_k^-(z_{\text{out}})} = \dfrac{\mathrm{j}\underline{k}_{z,k}\underline{f}_k(z_{\text{out}}) + \dfrac{\partial}{\partial z}\underline{f}_k(z_{\text{out}})}{\mathrm{j}\underline{k}_{z,k}\underline{f}_k(z_{\text{out}}) - \dfrac{\partial}{\partial z}\underline{f}_k(z_{\text{out}})} \end{cases} \tag{3.351}$$

相应的边界条件为

$$\begin{cases} \dfrac{\partial}{\partial z}\underline{f}_k(z_{\text{in}}) = +\mathrm{j}\dfrac{1-\underline{\Gamma}_{\text{in}}}{1+\underline{\Gamma}_{\text{in}}}\underline{k}_{z,k}\underline{f}_k(z_{\text{in}}) \\ \dfrac{\partial}{\partial z}\underline{f}_k(z_{\text{out}}) = -\mathrm{j}\dfrac{1-\underline{\Gamma}_{\text{out}}}{1+\underline{\Gamma}_{\text{out}}}\underline{k}_{z,k}\underline{f}_k(z_{\text{out}}) \end{cases} \tag{3.352}$$

上述等式适用于反射点位于几何结构的两端或稳态时的情况。在回旋管中，通常需要处理输出窗或者更远处负载带来的反射，在这种情况下，输出端反射系数 $\underline{\Gamma}_{\text{out}}$ 的相位与频率强相关。在非稳态情况下，相对于频率变化的时间，反射波在谐振腔中的渡越时间不再小到可以忽略，尤其是由反射负载引起的自调制这种情形，此时，场分布不再与时间无关，式(3.351)的前提不再成立。利用傅里叶变换，根据式(3.351)反射系数的定义，可得边界处频域反射系数与前向波和反向波之间的关系为

$$\begin{cases} F\left[\underline{f}_k^-(z_{\text{in}},t)\mathrm{e}^{\mathrm{j}\omega_k t}\right] = \underline{\Gamma}_{\text{in}}(\omega)\cdot F\left[\underline{f}_k^+(z_{\text{in}},t)\mathrm{e}^{\mathrm{j}\omega_k t}\right] \\ F\left[\underline{f}_k^+(z_{\text{out}},t)\mathrm{e}^{\mathrm{j}\omega_k t}\right] = \underline{\Gamma}_{\text{out}}(\omega)\cdot F\left[\underline{f}_k^-(z_{\text{out}},t)\mathrm{e}^{\mathrm{j}\omega_k t}\right] \end{cases} \tag{3.353}$$

时域条件下，回旋谐振腔两端的反射系数与前向波和反向波之间满足：

$$\begin{cases} \underline{f}_k^-(z_{\text{in}},t) = \int_{-\infty}^{+\infty} F^{-1}\left[\underline{\Gamma}_{\text{in}}(\omega)\right]_\tau \cdot \underline{f}_k^+(z_{\text{in}},t-\tau)\mathrm{e}^{\mathrm{j}\omega_k \tau}\mathrm{d}\tau \\ \underline{f}_k^+(z_{\text{out}},t) = \int_{-\infty}^{+\infty} F^{-1}\left[\underline{\Gamma}_{\text{out}}(\omega)\right]_\tau \cdot \underline{f}_k^-(z_{\text{out}},t-\tau)\mathrm{e}^{\mathrm{j}\omega_k \tau}\mathrm{d}\tau \end{cases} \tag{3.354}$$

跟式(3.351)一样，利用场分布函数 $\underline{f}_k$ 代替前向波 $\underline{f}_k^+$ 和反向波 $\underline{f}_k^-$，式(3.354)可以写为

$$\begin{cases} \dfrac{\partial}{\partial z}\underline{f}_k(z_{\text{in}},t) + \int_{-\infty}^{+\infty} F^{-1}\left[\underline{\Gamma}_{\text{in}}(\omega)\right]_\tau \cdot \dfrac{\partial}{\partial z}\underline{f}_k(z_{\text{in}},t-\tau)\mathrm{e}^{\mathrm{j}\omega_k \tau}\mathrm{d}\tau \\ = \mathrm{j}\underline{k}_{z,k}\underline{f}_k(z_{\text{in}},t) - \int_{-\infty}^{+\infty} F^{-1}\left[\underline{\Gamma}_{\text{in}}(\omega)\right]_\tau \cdot \mathrm{j}\underline{k}_{z,k}\underline{f}_k(z_{\text{in}},t-\tau)\mathrm{e}^{\mathrm{j}\omega_k \tau}\mathrm{d}\tau \\ \dfrac{\partial}{\partial z}\underline{f}_k(z_{\text{out}},t) + \int_{-\infty}^{+\infty} F^{-1}\left[\underline{\Gamma}_{\text{out}}(\omega)\right]_\tau \cdot \dfrac{\partial}{\partial z}\underline{f}_k(z_{\text{out}},t-\tau)\mathrm{e}^{\mathrm{j}\omega_k \tau}\mathrm{d}\tau \\ = -\mathrm{j}\underline{k}_{z,k}\underline{f}_k(z_{\text{out}},t) + \int_{-\infty}^{+\infty} F^{-1}\left[\underline{\Gamma}_{\text{out}}(\omega)\right]_\tau \cdot \mathrm{j}\underline{k}_{z,k}\underline{f}_k(z_{\text{out}},t-\tau)\mathrm{e}^{\mathrm{j}\omega_k \tau}\mathrm{d}\tau \end{cases} \tag{3.355}$$

频域反射系数的傅里叶逆变换即为时域反射系数。时域反射系数为因果函数，当 $t<0$ 或者 t 很大时均为 0。为了求解式(3.355)，需要先确定反射系数的傅里叶逆变换。为了简

化模型，假设高频场在反射点到腔体端点之间以恒定的、与时间无关的速度传播，且在涉及的小频率范围内反射系数为一个常数。不考虑几何结构的色散和非均匀性，并用 v_φ 表示平均相速，可得

$$\begin{cases} \underline{\Gamma}_{\text{in}}(\omega) = \underline{\Gamma}_{0,\text{in}} \text{e}^{-\text{j}2l\frac{\omega}{v_\varphi}}, \quad F^{-1}\left[\underline{\Gamma}_{\text{in}}(\omega)\right] = \delta\left(t - \frac{2l}{v_\varphi}\right)\underline{\Gamma}_{0,\text{in}} \\ \underline{\Gamma}_{\text{out}}(\omega) = \underline{\Gamma}_{0,\text{out}} \text{e}^{-\text{j}2l\frac{\omega}{v_\varphi}}, \quad F^{-1}\left[\underline{\Gamma}_{\text{out}}(\omega)\right] = \delta\left(t - \frac{2l}{v_\varphi}\right)\underline{\Gamma}_{0,\text{out}} \end{cases} \quad (3.356)$$

式中，l 为反射点到腔体端点之间的距离。将式(3.356)代入式(3.355)可得

$$\begin{cases} \dfrac{\partial}{\partial z}\underline{f}_k(z_{\text{in}},t) = \text{j}\underline{k}_{z,k}\underline{f}_k(z_{\text{in}},t) \\ \qquad - \text{j}\underline{k}_{z,k}\underline{\Gamma}_{0,\text{in}}\underline{f}_k\left(z_{\text{in}},t-\dfrac{2l}{v_\varphi}\right)\text{e}^{\text{j}\omega_k\frac{2l}{v_\varphi}} - \underline{\Gamma}_{0,\text{in}}\dfrac{\partial}{\partial z}\underline{f}_k\left(z_{\text{in}},t-\dfrac{2l}{v_\varphi}\right)\text{e}^{\text{j}\omega_k\frac{2l}{v_\varphi}} \\ \dfrac{\partial}{\partial z}\underline{f}_k(z_{\text{out}},t) = -\text{j}\underline{k}_{z,k}\underline{f}_k(z_{\text{out}},t) \\ \qquad + \text{j}\underline{k}_{z,k}\underline{\Gamma}_{0,\text{out}}\underline{f}_k\left(z_{\text{out}},t-\dfrac{2l}{v_\varphi}\right)\text{e}^{\text{j}\omega_k\frac{2l}{v_\varphi}} - \underline{\Gamma}_{0,\text{out}}\dfrac{\partial}{\partial z}\underline{f}_k\left(z_{\text{out}},t-\dfrac{2l}{v_\varphi}\right)\text{e}^{\text{j}\omega_k\frac{2l}{v_\varphi}} \end{cases} \quad (3.357)$$

当 l 趋于 0 时，式(3.357)退化为式(3.352)。

根据电场的表达式(3.334)以及式(3.335)，TE$_{mn}$ 模的输出功率可以表示为

$$P_{\text{out}} = \frac{1}{2}\text{Re}\left[\frac{1}{\text{j}\omega\mu_0}\left(\underline{f}_k(z,t)\frac{\partial \underline{f}_k^*(z,t)}{\partial z}\right)\right] \quad (3.358)$$

利用式(3.352)，TE$_{mn}$ 模的输出功率式(3.358)可以进一步写为

$$P_{\text{out}} = \text{Re}\left(\frac{\underline{k}_{z,k}^*}{2\omega\mu_0}\frac{1-\underline{\Gamma}_{\text{out}}^*}{1+\underline{\Gamma}_{\text{out}}^*}\right)\left|\underline{f}_k(z_{\text{out}})\right|^2 \quad (3.359)$$

回旋谐振腔中 TE$_{mn}$ 模的储能为

$$W_k = \frac{1}{2}\int_V \varepsilon_0 \underline{E}_k \cdot \underline{E}_k^* \text{d}V = \frac{1}{2}\varepsilon_0 \int_{z_{\text{in}}}^{z_{\text{out}}}\left|\underline{f}_k(z,t)\right|^2 \text{d}z \quad (3.360)$$

定义电子的归一化速度为

$$u = \frac{\gamma v}{c} = u_\perp + u_z e_z \quad (3.361)$$

根据图 3.17 所示回旋电子的横向归一化速度之间的关系可得

$$\begin{cases} u_r = u_\perp \cos(\phi-\theta) \\ u_\theta = u_\perp \sin(\phi-\theta) \end{cases} \quad (3.362)$$

第 3 章 太赫兹回旋振荡器

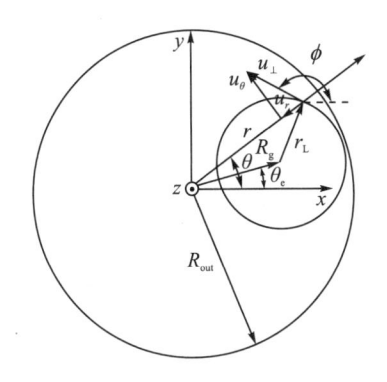

图 3.17 回旋电子横向归一化速度之间的关系

电子感受到的洛伦兹力方程为

$$\frac{\mathrm{d}u}{\mathrm{d}t} = -\eta_\mathrm{e}\left(\frac{E}{c} + \frac{u}{\gamma}\times B\right) \tag{3.363}$$

根据式(3.363)可以得到电子横向和纵向归一化速度所满足的微分方程为

$$\begin{cases}\dfrac{\mathrm{d}u_\perp}{\mathrm{d}t} = -\eta_\mathrm{e}\left[\dfrac{E_\perp}{c} + \dfrac{(u_\theta B_z - u_z B_\theta)e_r + (u_z B_r - u_r B_z)e_\theta}{\gamma}\right] \\ \dfrac{\mathrm{d}u_z}{\mathrm{d}t} = -\eta_\mathrm{e}\left(\dfrac{E_z}{c} + \dfrac{u_r B_\theta - u_\theta B_r}{\gamma}\right)\end{cases} \tag{3.364}$$

将式(3.362)代入式(3.364)可得

$$\begin{aligned}&\frac{\mathrm{d}\{u_\perp[\cos(\phi-\theta)e_r + \sin(\phi-\theta)e_\theta]\}}{\mathrm{d}t}\\ &= -\eta_\mathrm{e}\left\{\frac{E_\perp}{c} + \frac{[u_\perp B_z \sin(\phi-\theta) - u_z B_\theta]e_r + [u_z B_r - u_\perp B_z \cos(\phi-\theta)]e_\theta}{\gamma}\right\}\end{aligned} \tag{3.365}$$

相位 ϕ 包含三个部分：相位快速变化项 $\Omega_\mathrm{f} t$、相位慢变化项 $\Lambda(t)$ 及常数项 ϕ_0，且

$$\phi = -\Lambda(t) + \Omega_\mathrm{f} t + \phi_0 \tag{3.366}$$

其中，

$$\phi_0 = \frac{3}{2}\pi + \theta_\mathrm{e} \tag{3.367}$$

利用式(3.366)，对式(3.365)进一步处理可得

$$\begin{aligned}&[\cos(\phi-\theta)e_r + \sin(\phi-\theta)e_\theta]\frac{\mathrm{d}u_\perp}{\mathrm{d}t}\\ &+ u_\perp\left(-\frac{\mathrm{d}\Lambda}{\mathrm{d}t} + \Omega_\mathrm{f}\right)[-\sin(\phi-\theta)e_r + \cos(\phi-\theta)e_\theta]\\ &= -\eta_\mathrm{e}\left\{\frac{E_\perp}{c} + \frac{[u_\perp B_z \sin(\phi-\theta) - u_z B_\theta]e_r + [u_z B_r - u_\perp B_z \cos(\phi-\theta)]e_\theta}{\gamma}\right\}\end{aligned} \tag{3.368}$$

对式(3.368)分解后并进一步处理，可以得到两个分量所满足方程为

$$\begin{cases} \dfrac{\mathrm{d}u_\perp}{\mathrm{d}t} = -\eta_e \left[\dfrac{E_r}{c} + \dfrac{u_\perp B_z \sin(\phi-\theta) - u_z B_\theta}{\gamma} \right] \cos(\phi-\theta) \\ \qquad\qquad -\eta_e \left[\dfrac{E_\theta}{c} + \dfrac{u_z B_r - u_\perp B_z \cos(\phi-\theta)}{\gamma} \right] \sin(\phi-\theta) \\ u_\perp \dfrac{\mathrm{d}\Lambda}{\mathrm{d}t} = -\eta_e \left[\dfrac{E_r}{c} + \dfrac{u_\perp B_z \sin(\phi-\theta) - u_z B_\theta}{\gamma} \right] \sin(\phi-\theta) \\ \qquad\qquad +\eta_e \left[\dfrac{E_\theta}{c} + \dfrac{u_z B_r - u_\perp B_z \cos(\phi-\theta)}{\gamma} \right] \cos(\phi-\theta) + \Omega_f u_\perp \end{cases} \quad (3.369)$$

定义归一化电子横向动量：

$$\underline{P}_\perp = \mathrm{j} u_\perp \mathrm{e}^{-\mathrm{j}\Lambda} \quad (3.370)$$

利用式(3.362)和式(3.364)，以及式(3.369)和式(3.370)可得

$$\begin{cases} \dfrac{\mathrm{d}\underline{P}_\perp}{\mathrm{d}t} + \mathrm{j}\left(\Omega_f - \dfrac{\eta_e B_z}{\gamma}\right)\underline{P}_\perp = -\mathrm{j}\eta_e \left[\dfrac{E_r}{c} + \mathrm{j}\dfrac{E_\theta}{c} + \dfrac{\mathrm{j}B_r - B_\theta}{\gamma} u_z \right] \mathrm{e}^{-\mathrm{j}(\Omega_f t - \theta + \phi_0)} \\ \dfrac{\mathrm{d}u_z}{\mathrm{d}t} = -\eta_e \left[\dfrac{E_z}{c} + u_\perp \dfrac{B_\theta \cos(\phi-\theta) - B_r \sin(\phi-\theta)}{\gamma} \right] \end{cases} \quad (3.371)$$

式(3.371)为未作任何近似处理的电子运动方程。为了简化问题处理，可做如下近似：在回旋谐振腔中，电子只与谐振频率在截止频率附近的 TE_{mn} 模互作用，因此纵向电场分量 E_z 为零，横向高频磁场分量很小，相对于纵向工作磁场 B_0，纵向高频磁场分量也很小，因此所有高频场的磁场分量均可以忽略。基于上述近似，电子运动方程中只需要考虑高频场的横向电场分量和外加工作磁场的轴向和径向分量。

$$B_R = B_{R,r} e_r + B_{R,z} e_z \quad (3.372)$$

对于渐变磁场，根据麦克斯韦方程，磁场的轴向分量和径向分量分别表示为

$$\begin{cases} B_{R,z} = B_{R,z_n} + \dfrac{\mathrm{d}B_{R,z}}{\mathrm{d}z}(z - z_n) \\ B_{R,r} = -\dfrac{r}{2}\dfrac{\mathrm{d}B_{R,z}}{\mathrm{d}z} \end{cases} \quad (3.373)$$

根据图3.17中电子横向归一化速度之间的关系可得

$$\begin{cases} r\sin(\phi-\theta) = r_L + R_g \sin(\phi-\theta_e) \\ r\cos(\phi-\theta) = R_g \cos(\phi-\theta_e) \end{cases} \quad (3.374)$$

基于上述近似，根据式(3.373)，式(3.371)可以进一步表示为

$$\begin{cases} \dfrac{\mathrm{d}\underline{P}_\perp}{\mathrm{d}t} + \mathrm{j}\left(\Omega_f - \dfrac{\Omega_0}{\gamma}\right)\underline{P}_\perp - \dfrac{c u_z}{\gamma}\dfrac{1}{2B_{R,z}}\dfrac{\mathrm{d}B_{R,z}}{\mathrm{d}z}\underline{P}_\perp = -\dfrac{\mathrm{j}\eta_e}{c}(E_r + \mathrm{j}E_\theta)\mathrm{e}^{-\mathrm{j}(\Omega_f t + \phi_0 - \theta)} \\ \dfrac{\mathrm{d}u_z}{\mathrm{d}t} = -\dfrac{c u_\perp^2}{\gamma}\dfrac{1}{2B_{R,z}}\dfrac{\mathrm{d}B_{R,z}}{\mathrm{d}z} \end{cases} \quad (3.375)$$

电子的相对论频率和非相对论频率之间满足：

$$\Omega(z,\gamma) = \frac{\Omega_0(z)}{\gamma} = \eta_e \frac{B_{R,z}(z)}{\gamma} \tag{3.376}$$

利用微分关系：

$$\frac{\mathrm{d}}{\mathrm{d}t} = \frac{\mathrm{d}}{\mathrm{d}z}\frac{\mathrm{d}z}{\mathrm{d}t} = \frac{cu_z}{\gamma}\frac{\mathrm{d}}{\mathrm{d}z} \tag{3.377}$$

根据式(3.375)可得磁场渐变条件下的电子运动方程为

$$\begin{cases} \dfrac{cu_z}{\gamma}\dfrac{\mathrm{d}\underline{P}_\perp}{\mathrm{d}z} + \mathrm{j}\left(\Omega_f - \dfrac{\Omega_0}{\gamma}\right)\underline{P}_\perp - \dfrac{cu_z}{\gamma}\dfrac{1}{2B_{R,z}}\dfrac{\mathrm{d}B_{R,z}}{\mathrm{d}z}\underline{P}_\perp = -\dfrac{\mathrm{j}\eta_e}{c}(E_r + \mathrm{j}E_\theta)\mathrm{e}^{-\mathrm{j}(\Omega_f t + \phi_0 - \theta)} = \underline{a} \\ \dfrac{cu_z}{\gamma}\dfrac{\mathrm{d}u_z}{\mathrm{d}z} = -\dfrac{cu_\perp^2}{\gamma}\dfrac{1}{2B_{R,z}}\dfrac{\mathrm{d}B_{R,z}}{\mathrm{d}z} \end{cases} \tag{3.378}$$

当不考虑工作磁场渐变，即工作磁场为恒定值时，电子运动方程退化为

$$\begin{cases} \dfrac{cu_z}{\gamma}\dfrac{\mathrm{d}\underline{P}_\perp}{\mathrm{d}z} + \mathrm{j}\left(\Omega_f - \dfrac{\Omega_0}{\gamma}\right)\underline{P}_\perp = -\dfrac{\mathrm{j}\eta_e}{c}(E_r + \mathrm{j}E_\theta)\mathrm{e}^{-\mathrm{j}(\Omega_f t + \phi_0 - \theta)} = \underline{a} \\ u_z = u_{z_\mathrm{in}} = \mathrm{const} \end{cases} \tag{3.379}$$

根据式(3.362)，横向归一化动量的矢量形式可以表示为

$$u_\perp = u_\perp\left[\cos(\phi - \theta)e_r + \sin(\phi - \theta)e_\theta\right] \tag{3.380}$$

归一化动量的矢量形式 $u_\perp$ 和归一化动量的复数形式 $\underline{u}_\perp$ 之间满足 $u_\perp = \mathrm{Re}(\underline{u}_\perp)$，因此，$\underline{u}_\perp$ 可以近似表示为

$$\underline{u}_\perp = u_\perp(e_r - \mathrm{j}e_\theta)\mathrm{e}^{\mathrm{j}(\phi - \theta)} \tag{3.381}$$

将式(3.381)代入式(3.349)中 $\underline{R}_k$ 的表达式，可得

$$\underline{R}_k = \mu_0 \frac{\partial}{\partial t}\left\{\sum_j \frac{u_{\perp,j} I_{B,j}}{u_{z,j}}\left[(\underline{e}_{r,k} + \mathrm{j}\underline{e}_{\theta,k})\mathrm{e}^{-\mathrm{j}(\phi_j - \theta_j)}\right]^*\right\}\mathrm{e}^{-\mathrm{j}\omega_k t} \tag{3.382}$$

利用式(3.366)和式(3.370)，注波耦合项式(3.382)可以进一步表示为

$$\underline{R}_k = \mu_0 \sum_j I_{B,j}\left(\frac{\partial}{\partial t}\left\{\frac{\underline{P}_{\perp,j}}{u_{z,j}}\left[\mathrm{j}(\underline{e}_{r,k} + \mathrm{j}\underline{e}_{\theta,k})\mathrm{e}^{\mathrm{j}\left[(\omega_k - \Omega_f)t - \phi_0 + \theta_j\right]}\right]^*\right\}\right. \\ \left. + \mathrm{j}\omega_k\left\{\frac{\underline{P}_{\perp,j}}{u_{z,j}}\left[\mathrm{j}(\underline{e}_{r,k} + \mathrm{j}\underline{e}_{\theta,k})\mathrm{e}^{\mathrm{j}\left[(\omega_k - \Omega_f)t - \phi_0 + \theta_j\right]}\right]^*\right\}\right) \tag{3.383}$$

将式(3.334)代入式(3.379)中的加速项，可得

$$\underline{a}_j(r_j, \theta_j) = -\frac{\mathrm{j}\eta_e}{c}\left\{\mathrm{Re}\left[\sum_k \underline{f}_k(z,t)(\underline{e}_{r,k} + \mathrm{j}\underline{e}_{\theta,k})\mathrm{e}^{\mathrm{j}\omega_k t}\right]\mathrm{e}^{-\mathrm{j}(\Omega_f t + \phi_0 - \theta)}\right\}_{r_j, \theta_j} \tag{3.384}$$

可以用电场复数分量的一半近似替代式(3.384)中电场分量的实部，从而可得

$$\underline{a}(r_j, \theta_j) = -\frac{\mathrm{j}\eta_e}{2c}\sum_k \underline{f}_k(z,t)(\underline{e}_{r,k} + \mathrm{j}\underline{e}_{\theta,k})\mathrm{e}^{\mathrm{j}\left[(\omega_k - \Omega_f)t - \phi_0 + \theta_j\right]} \tag{3.385}$$

对于圆柱回旋谐振腔中的 TE$_{mn}$ 模，其单位电矢量函数可表示为

$$e_{mn} = (e_{r,k}e_r + e_{\theta,k}e_\theta) = C_{mn}\left[\frac{\mathrm{j}m}{r}J_m(k_{c,k}r)e_r + k_{c,k}J'_m(k_{c,k}r)e_\theta\right]\mathrm{e}^{-\mathrm{j}m\theta} \tag{3.386}$$

根据式(3.386)，可以得到式(3.383)和式(3.385)中跟电场分量相关项的表达式为

$$\left(\underline{e}_{r,k}+\mathrm{j}\underline{e}_{\theta,k}\right)\mathrm{e}^{\mathrm{j}\left[(\omega_k-\Omega_\mathrm{f})t-\phi_0+\theta_j\right]}=\mathrm{j}C_{mn}k_{\mathrm{c},k}J_{m-1}(k_{\mathrm{c},k}r)\mathrm{e}^{\mathrm{j}\left[(\omega_k-\Omega_\mathrm{f})t-\phi_0-(m-1)\theta_j\right]} \tag{3.387}$$

利用 Graf 加法定理[式(3.208)]，并只取 s 次谐波项，式(3.387)可以进一步写为

$$\left(\underline{e}_{r,k}+\mathrm{j}\underline{e}_{\theta,k}\right)\mathrm{e}^{\mathrm{j}\left[(\omega_k-\Omega_\mathrm{f})t-\phi_0+\theta_j\right]}=C_{mn}k_{\mathrm{c},k}J_{m-s}(k_{\mathrm{c},k}R_\mathrm{g})J_{s-1}(k_{\mathrm{c},k}r_L)\mathrm{e}^{\mathrm{j}\left[\frac{s\pi}{2}+(\omega_k-s\Omega_\mathrm{f})t+(s-1)\Lambda-s\phi_0+(s-m)\theta_\mathrm{e}\right]} \tag{3.388}$$

根据式(3.219)，式(3.388)可以写为

$$\left(\underline{e}_{r,k}+\mathrm{j}\underline{e}_{\theta,k}\right)\mathrm{e}^{\mathrm{j}\left[(\omega_k-\Omega_\mathrm{f})t-\phi_0+\theta_j\right]}$$
$$=C_{mn}k_{\mathrm{c},k}J_{m-s}(k_{\mathrm{c},k}R_\mathrm{g})\frac{1}{(s-1)!}\left(\frac{ck_\mathrm{c}}{2\Omega_0}\right)^{s-1}\left(\underline{P}_{\perp}^*\right)^{s-1}\mathrm{e}^{\mathrm{j}\left[(\omega_k-s\Omega_\mathrm{f})t-s\phi_0+(s-m)\theta_\mathrm{e}+s\pi-\frac{\pi}{2}\right]} \tag{3.389}$$

利用式(3.367)，式(3.389)可以进一步化简为

$$\left(\underline{e}_{r,k}+\mathrm{j}\underline{e}_{\theta,k}\right)\mathrm{e}^{\mathrm{j}\left[(\omega_k-\Omega_\mathrm{f})t-\phi_0+\theta_j\right]}$$
$$=-(-\mathrm{j})^{s-1}C_{mn}k_{\mathrm{c},k}J_{m-s}(k_{\mathrm{c},k}R_\mathrm{g})\frac{1}{(s-1)!}\left(\frac{ck_\mathrm{c}}{2\Omega_0}\right)^{s-1}\left(\underline{P}_{\perp}^*\right)^{s-1}\mathrm{e}^{\mathrm{j}(\omega_k-s\Omega_\mathrm{f})t-\mathrm{j}m\theta_\mathrm{e}} \tag{3.390}$$

将式(3.390)代入式(3.385)和式(3.383)可得

$$\underline{a}(r_j,\theta_j)=-\frac{\eta_\mathrm{e}}{2c}\sum_k\underline{f}_k(z,t)(-\mathrm{j})^s C_{mn}k_{\mathrm{c},k}J_{m-s}(k_{\mathrm{c},k}R_\mathrm{g})$$
$$\times\frac{1}{(s-1)!}\left(\frac{ck_\mathrm{c}}{2\Omega_0}\right)^{s-1}\left(\underline{P}_{\perp}^*\right)^{s-1}\mathrm{e}^{\mathrm{j}(\omega_k-s\Omega_\mathrm{f})t-\mathrm{j}m\theta_\mathrm{e}} \tag{3.391}$$

$$\underline{R}_k=\mu_0\sum_j\frac{I_{B,j}}{u_{z,j}}(-\mathrm{j})^s C_{mn}k_{\mathrm{c},k}J_{m-s}(k_{\mathrm{c},k}R_\mathrm{g})\frac{1}{(s-1)!}\left(\frac{ck_\mathrm{c}}{2\Omega_0}\right)^{s-1}$$
$$\times\underline{P}_{\perp j}^{s-1}\left(\mathrm{j}s\Omega_\mathrm{f}\underline{P}_{\perp j}+s\frac{\partial\underline{P}_{\perp j}}{\partial t}-\frac{\underline{P}_{\perp j}}{u_{z,j}}\frac{\partial u_{z,j}}{\partial t}\right)\mathrm{e}^{-\mathrm{j}(\omega_k-s\Omega_\mathrm{f})t+\mathrm{j}m\theta_\mathrm{e}} \tag{3.392}$$

将式(3.392)代入式(3.349)，可得到高频场方程为

$$\frac{\partial^2}{\partial z^2}\left[\underline{f}_k(z,t)\right]+\frac{\omega_k^2-\omega_{\mathrm{c},k}^2}{c^2}\underline{f}_k(z,t)-\mathrm{j}\frac{2\omega_k}{c^2}\frac{\partial\underline{f}_k(z,t)}{\partial t}$$
$$=\mu_0\sum_j\frac{I_{B,j}}{u_{z,j}}\frac{(-\mathrm{j})^s C_{mn}k_{\mathrm{c},k}J_{m-s}(k_{\mathrm{c},k}R_\mathrm{g})}{(s-1)!}\left(\frac{ck_\mathrm{c}}{2\Omega_0}\right)^{s-1}\mathrm{e}^{-\mathrm{j}(\omega_k-s\Omega_\mathrm{f})t+\mathrm{j}m\theta_\mathrm{e}}$$
$$\times\left[\mathrm{j}s\frac{\Omega_0}{\gamma_j}\underline{P}_{\perp j}^s+\left(s\frac{cu_{z,j}}{\gamma_j}+\frac{c|\underline{P}_{\perp j}|^2}{\gamma_j^3 u_{z,j}}\right)\frac{1}{2B_{R,z}}\frac{\mathrm{d}B_{R,z}}{\mathrm{d}z}\underline{P}_{\perp j}^s\right]$$
$$-\frac{s\eta_\mathrm{e}}{2c}\sum_{k'}\underline{f}_{k'}(z,t)\frac{(-\mathrm{j})^{s_{k'}}C_{k'}k_{\mathrm{c},k'}J_{m_{k'}-s_{k'}}(k_{\mathrm{c},k'}R_\mathrm{g})}{(s_{k'}-1)!}$$
$$\times\left(\frac{ck_{\mathrm{c},k'}}{2\Omega_0}\right)^{s_{k'}-1}\underline{P}_{\perp j}^{s-1}\left(\underline{P}_{\perp j}^*\right)^{s_{k'}-1}\mathrm{e}^{\mathrm{j}(\omega_{k'}-s_{k'}\Omega_\mathrm{f})t-\mathrm{j}m_{k'}\theta_\mathrm{e}} \tag{3.393}$$

利用式(3.377)以及式(3.378)中纵向速度所满足的关系,将式(3.391)代入式(3.378),进一步处理可以得到电子运动方程为

$$\frac{\mathrm{d}\underline{P}_{\perp j}}{\mathrm{d}z} + \mathrm{j}\left(\Omega_f - \frac{\Omega_0}{\gamma_j}\right)\frac{\gamma_j}{cu_{z,j}}\underline{P}_{\perp j} - \frac{1}{2B_{R,z}}\frac{\mathrm{d}B_{R,z}}{\mathrm{d}z}\underline{P}_{\perp j}$$
$$= -\frac{\eta_\mathrm{e}\gamma_j}{2c^2 u_{z,j}}\sum_k \underline{f}_k(z,t)\frac{(-\mathrm{j})^s C_{mn}k_{\mathrm{c},k}J_{m-s}(k_{\mathrm{c},k}R_\mathrm{g})}{(s-1)!}\left(\frac{ck_\mathrm{c}}{2\Omega_0}\right)^{s-1}\left(\underline{P}_{\perp j}^*\right)^{s-1}\mathrm{e}^{\mathrm{j}(\omega_k - s\Omega_f)t - \mathrm{j}m\theta_\mathrm{c}} \tag{3.394}$$

$$\frac{\mathrm{d}u_{z,j}}{\mathrm{d}z} = -\frac{\left|\underline{P}_{\perp j}\right|^2}{\gamma_j^2 u_{z,j}}\frac{1}{2B_{R,z}}\frac{\mathrm{d}B_{R,z}}{\mathrm{d}z} \tag{3.395}$$

式(3.393)、式(3.394)和式(3.357)一起构成了回旋管的时域多模自洽非线性方程。通过它们,就可以对回旋管的注波互作用过程和模式竞争等进行分析。

参 考 文 献

[1] 刘盛纲. 相对论电子学[M]. 北京: 科学出版社, 1987.

[2] 黄宏嘉. 微波原理(卷 I)[M]. 北京: 科学出版社, 1963.

[3] 张克潜, 李德杰. 微波与光电子学中的电磁理论[M]. 2 版. 北京: 电子工业出版社, 2001.

[4] Liu D W, Song T, Hu Q, et al. Detailed investigations on a multisection cavity for a continuously frequency-tunable gyrotron[J]. IEEE Transactions on Electron Devices, 2019, 66(6): 2746-2751.

[5] Piosczyk B, Dammertz G, Dumbrajs O, et al. A 2-MW 170 GHz coaxial cavity gyrotron[J]. IEEE Transactions on Plasma Science, 2004, 32(2): 413-417.

[6] Dumbrajs O, Nusinovich G S. Coaxial gyrotrons: Past, present, and future(review)[J]. IEEE Transactions on Plasma Science, 2004, 32(3): 934-946.

[7] Ioannidis Z C, Avramides K A, Latsas G P, et al. Azimuthal mode coupling in coaxial waveguides and cavities with longitudinally corrugated insert[J]. IEEE Transactions on Plasma Science, 2011, 39(5): 1213-1221.

[8] Huang Y, Li H F, Du P Z, et al. Third-harmonic complex cavity gyrotron self-consistent nonlinear analysis[J]. IEEE Transactions on Plasma Science, 1997, 25(6): 1406-1411.

[9] Sirigiri J R, Shapiro M A, Temkin R J. High-power 140-GHz quasioptical gyrotron traveling-wave amplifier[J]. Physical Review Letters, 2003, 90(25): 258302.

[10] 刘顿威, 刘盛纲. 二维单斜点阵光子晶体的第一布里渊区及带隙计算[J]. 物理学报, 2007, 56(5): 2747-2750.

[11] Sirigiri J R, Kreischer K E, Machuzak J, et al. Photonic-band-gap resonator gyrotron[J]. Physical Review Letters, 2001, 86(24): 5628-5631.

[12] Chu K R. Theory of electron cyclotron maser interaction in a cavity at the harmonic frequencies[J]. The physics of Fluids, 1978, 21(12): 2354-2364.

[13] Kartikeyan M V, Borie E, Thumm M K A. Gyrotrons: High power microwave and millimeter wave technology[M]. Berlin: Springer, 2004.

[14] Borie E, Jodicke B. Comments on the linear theory of the gyrotron[J]. IEEE Transactions on Plasma Science, 1988, 16(2): 116-121.

[15] Fliflet A W, Read M E, Chu K R, et al. A self-consistent field theory for gyrotron oscillators: Application to a low Q gyromonotron[J]. International Journal of Electronics, 1982, 53(6): 505-521.

[16] Song T, Shen H, Huang J, et al. Study on the effect of electron beam quality on a continuously frequency-tunable 250-GHz gyrotron[J]. IEEE Transactions on Electron Devices, 2018, 65(4): 1572-1577.

[17] Botton M, Antonsen T M, Levush B, et al. MAGY: A time-dependent code for simulation of slow and fast microwave sources[J]. IEEE Transactions on Plasma Science, 1998, 26(3): 882-892.

[18] Kern S. Numerische simulation der gyrotron-wechselwirkung in koaxialen Resonatoren[D]. Karlsruhe: Forschungszentrum Karlsruhe, 1996.

第4章 太赫兹回旋放大器

随着现代远距离高速通信和高精度雷达的发展，对于相位相干辐射源的需求不断增加，可调谐、高增益和大带宽的回旋放大器受到了越来越广泛的关注。在回旋管家族中，回旋速调管、回旋行波管以及回旋速调行波管等都属于回旋放大器。回旋速调管具有较好的稳定性和较大的功率容量，但由于采用谐振腔作为高频互作用结构，带宽难以提高，限制了它的发展。回旋行波管采用波导作用注波互作用结构，与其他回旋放大器相比，具有更大的带宽，因此回旋行波管得到了普遍的重视，被视为更理想的回旋放大器[1]。

由于尺度效应的影响，采用低阶模式工作的圆柱波导回旋行波管面临散热效率差和功率容量小等困难，难以向高频段扩展；又由于圆柱波导等封闭波导的模式密度随模式阶数的提高而增大，高阶模式圆柱波导回旋行波管面临复杂的寄生振荡问题，且高阶模式输入耦合器结构复杂。回旋放大器通常工作在低阶模式，当工作频率提高时，难以实现大功率稳定输出，因此，回旋行波管目前主要工作在 Ka、Q 和 W 等毫米波频段，而回旋速调管的工作频段则更低。

为了解决上述问题，MIT 提出了两种新型的回旋行波管注波互作用结构，即准光波导结构和光子晶体结构。2003 年，MIT 成功研制出准光波导回旋行波管。当电子注电压为 65kV、电流为 7A 时，回旋行波管在 140GHz 时实现了 30kW 的峰值功率输出、2.3GHz 带宽、12%的输出效率及 29dB 增益，工作模式为准光波导的 HE_{06} 模[2]。二维光子晶体结构利用光子晶体的带隙特性，通过将需要的电磁波工作模式限制在禁带内，竞争模式透射到结构外的方式来抑制竞争模式的激励。通过选择恰当的工作模式和合适的光子晶体结构参数，光子晶体回旋行波管可以实现单模工作，解决模式竞争问题。2001 年，MIT 报道了工作于类圆柱波导 TE_{041} 模，工作频率为 140GHz 的光子晶体回旋振荡管。该光子晶体回旋管在工作电压为 68kV、工作电流为 5A 时获得了 25kW 峰值功率输出。2013 年，MIT 报道了工作于类圆柱波导 TE_{03} 模的 250GHz 光子晶体回旋行波管，在 247.7GHz 时，实现了 38dB 增益、45W 的功率输出，3dB 带宽为 0.4GHz[3]。

4.1 太赫兹回旋行波管注波互作用结构

当回旋行波管工作在太赫兹频段时，其高频结构既可以选择具有较好模式选择特性的准光波导和光子晶体等新型高频结构，也可以选择介质加载波导和波纹波导等传统高频结构。为了解决尺度效应问题，这些高频结构往往工作在高阶模式，高阶模式回旋行波管面临着复杂的寄生振荡问题。准光波导和光子晶体等新型高频结构可以利用自身的模式选择特性来抑制寄生模式，而介质加载波导和波纹波导等传统高频结构，则需要选择合适的介质材料和结构，以及波纹参数来抑制寄生振荡，实现高阶模式的稳定工作。

4.1.1 共焦波导

共焦波导是一种横向开敞波导结构，其模式密度不会随模式阶数的提高而增大，在同等几何尺寸下模式密度远低于圆波导等封闭波导。除此之外，由于横向开敞结构带来的衍射损耗，共焦波导中不同模式具有不同的衍射损耗，利用这一特性可以抑制回旋行波管系统中的绝对不稳定性振荡，提高器件的稳定性。上述优点使得基于共焦波导结构的回旋行波管可以实现稳定的高阶模工作状态，从而实现回旋行波管的工作频率向太赫兹频段扩展。

在单共焦波导中，HE_{mn}模的标量位函数可以表示成：

$$\Pi_{mn}(x,y) = \sqrt{\frac{\sqrt{2}}{\sqrt{\pi}2^m m! w(y)}} H_m\left[\frac{\sqrt{2}}{w(y)}x\right] \exp\left[-\frac{x^2}{w^2(y)}\right] \times \begin{cases} \cos \Lambda, n=2,4,6,\cdots \\ \sin \Lambda, n=1,3,5,\cdots \end{cases} \quad (4.1)$$

考虑衍射损耗时，单共焦波导中HE_{mn}模式的复数截止波数表示成：

$$k_c = \frac{\pi}{R_c}\left(n + \frac{1}{2}m + \frac{1}{4}\right) + j\frac{\Lambda}{2R_c} \quad (4.2)$$

假设波在共焦波导中沿z方向传播，则场在z方向的分布形式为$\exp(-jk_z z)$，截止波数k_c为复数，因此k_z也为复数，用k_z的虚部k_{zi}来表示共焦波导中的传输损耗：

$$k_{zi} = \text{Im}\left(\sqrt{k^2 - k_c^2}\right) \quad (4.3)$$

对应的衍射损耗率为

$$\text{Lossrate} = -0.0869 k_{zi} \, (\text{dB/cm}) \quad (4.4)$$

单共焦波导由两个镜面组成，横向场在角向分布不均匀，导致单共焦波导模式与环形回旋电子注注波互作用效率较低。为了解决这一问题，可以采用双共焦波导作为回旋行波管的高频结构。双共焦波导的横截面示意图如图 4.1 所示。双共焦波导由四个沿角向均匀分布的完全相同的圆柱镜面组成，且相对位置的两组圆柱镜面共焦。在双共焦波导中，场在镜面间来回反射振荡形成两种稳定的本征模。依据电磁波在波导横截面上传播路线的不同，将这两类模式分别命名为"叠加模"和"环形模"[4]。

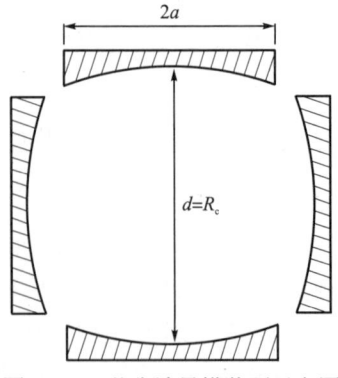

图 4.1 双共焦波导横截面示意图

对于双共焦波导中的叠加模,电磁波在竖直和水平方向上的两组共焦镜面间分别独立地振荡,每一组镜面间的场是由振荡的高斯波束形成的驻波场,即叠加模可以看作是由相互垂直的两组单共焦模叠加形成的。场分布示意图如图 4.2 所示。

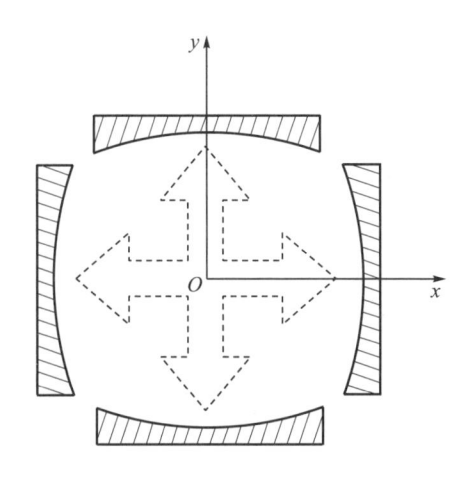

图 4.2　双共焦波导中叠加模横向场分布示意图

在图 4.2 所示的坐标系中,利用单共焦波导中 HE$_{mn}$ 模的标量位函数表达式(4.1),双共焦波导中叠加模的标量位函数可以写成:

$$\Pi_{mn}^{\text{in}}(x,y) = \Pi_{mn}(x,y) + \Pi_{mn}(-y,x) \tag{4.5}$$

$$\Pi_{mn}^{\text{anti}}(x,y) = \Pi_{mn}(x,y) - \Pi_{mn}(-y,x) \tag{4.6}$$

式中,$\Pi_{mn}^{\text{in}}(x,y)$ 和 $\Pi_{mn}^{\text{anti}}(x,y)$ 为叠加模中的两种简并模式,分别对应着垂直和水平方向上单共焦波导中 HE$_{mn}$ 模的标量位函数 $\Pi_{mn}(x,y)$ 相加和相减两种情况。

双共焦波导中的叠加模是由两个相互独立的单共焦模式线性叠加形成的,因此双共焦波导中叠加模 HE$_{mn}$ 的截止波数与单共焦波导 HE$_{mn}$ 的截止波数相同。

$$k_{\text{c}}^{(\text{in/anti})} = \frac{\pi}{R_{\text{c}}}\left(n + \frac{1}{2}m + \frac{1}{4}\right) \tag{4.7}$$

双共焦波导中 HE$_{06}$ 和 HE$_{15}$ 叠加模的两种叠加模式的横向电场分布图如图 4.3 所示。

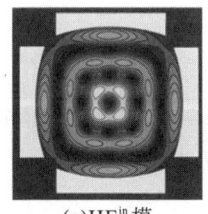

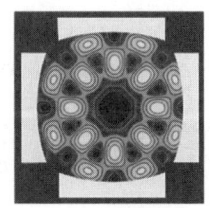

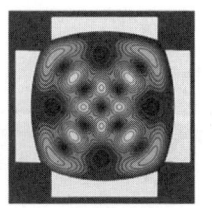

(a) HE$_{06}^{\text{in}}$ 模　　(b) HE$_{06}^{\text{anti}}$ 模　　(c) HE$_{15}^{\text{in}}$ 模　　(d) HE$_{15}^{\text{anti}}$ 模

图 4.3　双共焦波导中叠加模的横向电场分布图

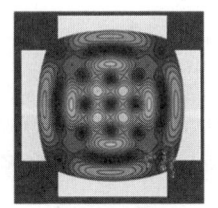

对于双共焦波导中的环形模,可以看作是电磁波在四面反射镜间沿顺时针方向传播的行波与沿逆时针方向传播的行波叠加后形成的角向驻波场。双共焦波导中环形模的场沿角向传播路线示意图如图 4.4 所示。

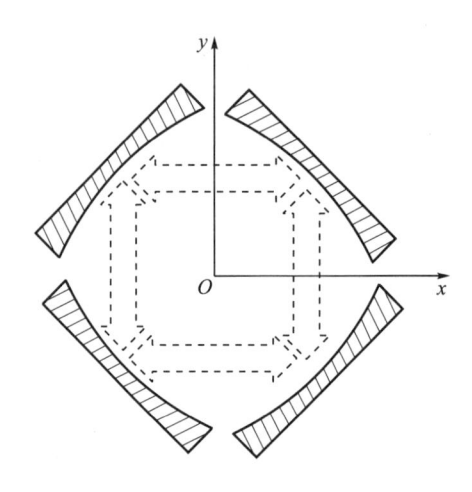

图 4.4 双共焦波导中环形模的横向场分布示意图

根据波束的传播路线,假设电磁波沿逆时针方向传播,如图 4.5 所示。镜面 M$_1$ 上的场分布为 $U_1(y_1)$,由基尔霍夫衍射公式可以计算得到镜面 M$_2$ 上的场分布 $U_2(y_2)$:

$$U_2(y_2) = \int_{M_1} K_{12} U_1(y_1) \mathrm{d}S_1 \tag{4.8}$$

再由镜面 M$_2$ 上的场分布 $U_2(y_2)$ 可以计算得到镜面 M$_3$ 上的场分布 $U_3(y_3)$:

$$U_3(y_3) = \int_{M_2} K_{23} U_2(y_2) \mathrm{d}S_2 \tag{4.9}$$

以此类推,可得镜面 M$_4$ 上的场分布 $U_4(y_4)$ 与镜面 M$_3$ 上的场分布 $U_3(y_3)$ 之间的关系为

$$U_4(y_4) = \int_{M_3} K_{34} U_3(y_3) \mathrm{d}S_3 \tag{4.10}$$

以及镜面 M$_1$ 上的场分布 $U_1'(y_1')$ 与镜面 M$_4$ 上的场分布 $U_4(y_4)$ 之间的关系为

$$U_1'(y_1') = \int_{M_4} K_{41} U_4(y_4) \mathrm{d}S_4 \tag{4.11}$$

显然,经过镜面间的多次反射后,镜面上的场分布趋于稳定。通过镜面 M$_4$ 上的场计算得到的镜面 M$_1$ 上的场 $U_1'(y_1')$,和之前的场 $U_1(y_1)$ 之间只差一个复常数,即

$$U_1(y_1) = b_m U_1'(y_1') \tag{4.12}$$

将镜面 M$_2$ 上的场分布 $U_2(y_2)$ 表达式(4.8)代入镜面 M$_3$ 上的场分布 $U_3(y_3)$ 的表达式(4.9)中,再将式(4.9)代入式(4.10),式(4.10)代入式(4.11),并利用式(4.12)可得

$$U_1(y_1) = b_m \int_{M_4} \mathrm{d}S_4 \int_{M_3} \mathrm{d}S_3 \int_{M_2} \mathrm{d}S_2 \int_{M_1} \mathrm{d}S_1 K_{12} K_{23} K_{34} K_{41} U_1(y_1) \tag{4.13}$$

式中,K_{pq} 的表达式为

$$K_{pq} = \sqrt{\frac{\mathrm{j}k\cos\theta}{2\pi}} \frac{\mathrm{e}^{-\mathrm{j}k\rho_{pq}}}{\rho_{pq}} \tag{4.14}$$

式中，ρ_{pq} 表示相邻的两个镜面 p 和 q 上任意两点之间的距离。根据图 4.5 所示的几何关系可得 ρ_{pq} 的表达式为

$$\rho_{pq} = l + y_p y_q \cos^2 \theta / l + (y_p - y_q)\sin\theta \\ - (y_p^2 + y_q^2)\cos^2 \theta \left[(l - R_c \cos\theta) / 2lR_c \cos\theta \right] \tag{4.15}$$

式中，l 为双共焦波导相邻两镜面中心点间的距离。通过求解式(4.13)，可得双共焦波导中环形模的本征值 b_m 和本征函数 U_m。$m>0$ 的高阶环形模的场在谐振腔内部非常微弱，因此这里只分析 $m=0$ 的情形。

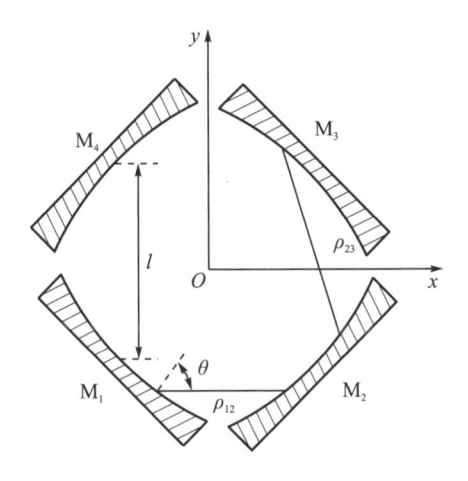

图 4.5 双共焦波导中环形模的场在各镜面间反射示意图

根据本征值 b_m 可得 $m=0$ 的环形模的附加相移 Δ_m 等于 $3/(2\pi)$，由此可以计算得到双共焦波导中环形模的截止波数为

$$k_c^{(\mathrm{ring})} = \frac{\pi}{2l}\left(n + \frac{3}{2\pi}\right) \tag{4.16}$$

式中，n 为镜面 M_1 和 M_3 之间场幅值的峰值点个数。双共焦波导中环形模 HE_{08} 和 HE_{09} 的横向电场分布图如图 4.6 所示。

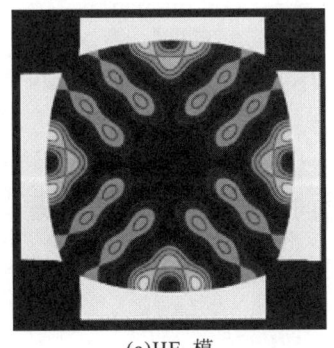

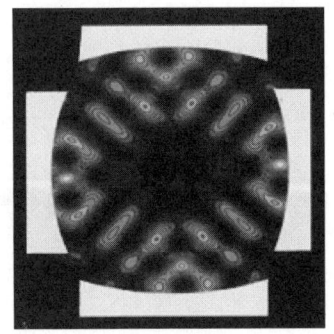

(a) HE_{08} 模　　　　　　　　(b) HE_{09} 模

图 4.6 双共焦波导中环形模的电场分布图

环形模在镜面上的场分布仍然呈高斯分布，因此相邻镜面间的场是两束相向传播的高斯波束叠加形成的驻波场，也就是 $m=0$ 时的单共焦波导场。整个环形模在双共焦波导横截面上的场分布可以表示成四个单共焦波导模的叠加，在图4.5所示的坐标系下，双共焦波导中的环形模的位函数可以表示成

$$\Pi_{0n}^{\text{ring}}(x,y) = \Pi_{0n}\left(x-\frac{R_c}{2\sqrt{2}},y\right) + \Pi_{0n}\left(x+\frac{R_c}{2\sqrt{2}},y\right) \\ + \Pi_{0n}\left(-y+\frac{R_c}{2\sqrt{2}},x\right) + \Pi_{0n}\left(-y-\frac{R_c}{2\sqrt{2}},x\right) \quad (4.17)$$

在分析双共焦波导中的两类本征模式时，依据基尔霍夫衍射公式只能计算电磁场在两个镜面间的传播，这一传播过程并没有考虑邻近镜面边界对场的影响。在单共焦波导中，只存在两个镜面，因此通过谐振腔衍射理论可以精确求解其衍射损耗特性。双共焦波导由四面反射镜面构成，在计算两个反射镜面间场的传播时还应考虑其他镜面对这一传播过程造成的影响，特别是在镜面尺寸和波长大小相当的情况下，如低阶的本征模，这一影响尤为明显。因此双共焦波导中本征模衍射损耗特性的理论分析较为复杂，可以利用电磁仿真软件来进行分析。

在圆柱波导中，模式密度随着模式阶数的升高而增大，这就是模式浓缩现象。而在单共焦波导和双共焦波导等准光波导中，一种稳定振荡的"光路"对应着一种类型的本征模。相较于单共焦波导，双共焦波导存在更多的镜面，因此就存在更多稳定振荡的"光路"，所以双共焦波导中的模式密度高于单共焦波导，但依然小于圆柱波导中的模式密度。

4.1.2 介质加载波导

回旋行波管中的自激振荡会破坏其工作的稳定性，可以采用具有损耗的高频结构来提高工作模式的起振电流，抑制绝对不稳定性造成的自激振荡，同时，在高频结构中引入损耗后还可以有效地抑制寄生模式的返波振荡。通常情况下，依靠波导自身的损耗是不够的，往往需要采用介质加载的方式。介质加载带来的损耗不仅可以有效地抑制工作模式的绝对不稳定性，还能有效地抑制寄生模式的返波振荡，是提高回旋行波管稳定性的重要方法。按照损耗介质分布的不同，介质加载波导分为纵向均匀介质加载波导和纵向周期介质加载波导。

纵向均匀介质加载圆柱波导的结构示意图如图4.7所示。该结构由两个区域构成，区域Ⅰ为真空，区域Ⅱ为介质加载区。a 为圆柱波导半径，$b-a$ 为介质厚度。介质外部边界为理想导体[5]。

根据无源麦克斯韦方程组，假定高频场的时间因子为 $\exp(j\omega t)$，可得

$$\begin{cases} e_z \times \dfrac{\partial E_T}{\partial z} + \nabla_T E_z \times e_z = -j\omega\mu H_T \\ e_z \times \dfrac{\partial H_T}{\partial z} + \nabla_T H_z \times e_z = j\omega\varepsilon E_T \end{cases} \quad (4.18)$$

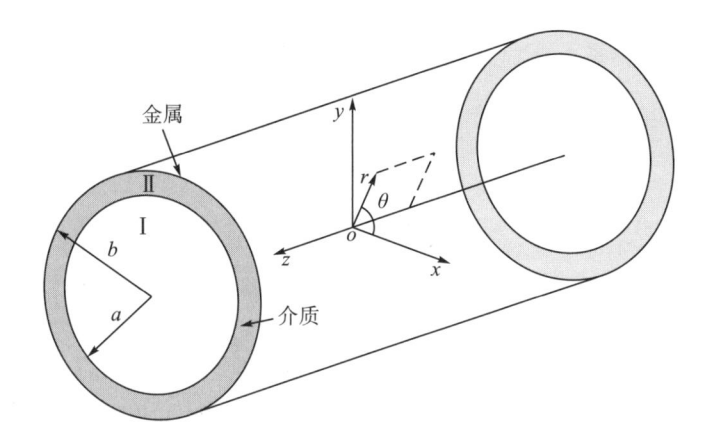

图 4.7 纵向均匀介质加载圆柱波导的结构示意图

$$\begin{cases} \nabla_T \times E_T = -j\omega\mu H_z e_z \\ \nabla_T \times H_T = j\omega\varepsilon E_z e_z \end{cases} \quad (4.19)$$

式(4.18)中的第一个等式作为 $e_z \times \partial/\partial z$ 运算，第二个等式乘以 $j\omega\mu_0$，两式相加消去 H_T 后得

$$\omega^2\mu\varepsilon E_T - e_z \times \left(e_z \times \frac{\partial^2 E_T}{\partial z^2}\right) = e_z \times \frac{\partial}{\partial z}(\nabla_T E_z \times e_z) - j\omega\mu\nabla_T H_z \times e_z \quad (4.20)$$

第二个等式作为 $e_z \times \partial/\partial z$ 运算，第一个等式乘以 $j\omega\varepsilon$，两式相加消去 E_T 后得

$$\omega^2\varepsilon\mu H_T - e_z \times \left(e_z \times \frac{\partial^2 H_T}{\partial z^2}\right) = e_z \times \frac{\partial}{\partial z}(\nabla_T H_z \times e_z) + j\omega\varepsilon\nabla_T E_z \times e_z \quad (4.21)$$

利用矢量恒等式：

$$A \times (B \times C) = (A \cdot C)B - (A \cdot B)C$$

对式(4.20)和式(4.21)进一步化简，可得

$$\left(k^2 + \frac{\partial^2}{\partial z^2}\right)E_T = \frac{\partial}{\partial z}\nabla_T E_z + j\omega\mu e_z \times \nabla_T H_z \quad (4.22)$$

$$\left(k^2 + \frac{\partial^2}{\partial z^2}\right)H_T = \frac{\partial}{\partial z}\nabla_T H_z - j\omega\varepsilon e_z \times \nabla_T E_z \quad (4.23)$$

式(4.22)和式(4.23)就是用场的纵向分量求解场的横向分量的表达式。只要通过标量亥姆霍兹方程得到纵向电场分量 E_z 和磁场分量 H_z，就可以利用式(4.22)和式(4.23)得到场的横向分量 E_T 和 H_T。

纵向电场分量 E_z 和纵向磁场分量 H_z 可用标量电位和标量磁位表示为

$$E_z = \left(k^2 + \frac{\partial^2}{\partial z^2}\right)\Psi_{mn} \quad (4.24)$$

$$H_z = \left(k^2 + \frac{\partial^2}{\partial z^2}\right)\Phi_{mn} \quad (4.25)$$

将纵向场分量的表达式[式(4.24)和式(4.25)]代入式(4.22)和式(4.23)，在圆柱坐标系中展开，即可得到圆柱坐标系下各场分量的表达式：

$$\begin{cases} E_r = -\dfrac{j\omega\mu}{r}\dfrac{\partial \Phi_{mn}}{\partial \theta} + \dfrac{\partial^2 \Psi_{mn}}{\partial z \partial r} \\ E_\theta = j\omega\mu\dfrac{\partial \Phi_{mn}}{\partial r} + \dfrac{1}{r}\dfrac{\partial^2 \Psi_{mn}}{\partial z \partial \theta} \\ H_r = \dfrac{\partial^2 \Phi_{mn}}{\partial z \partial r} + \dfrac{j\omega\varepsilon}{r}\dfrac{\partial \Psi_{mn}}{\partial \theta} \\ H_\theta = \dfrac{1}{r}\dfrac{\partial^2 \Phi_{mn}}{\partial z \partial \theta} - j\omega\varepsilon\dfrac{\partial \Psi_{mn}}{\partial r} \end{cases} \tag{4.26}$$

求解圆柱坐标系下的亥姆霍兹方程，可得Ⅰ区的标量电位和标量磁位分别表示为

$$\begin{cases} \Phi_{mn1} = A J_m(k_{c1}r) e^{-jm\theta - jk_z z} \\ \Psi_{mn1} = B J_m(k_{c1}r) e^{-jm\theta - jk_z z} \end{cases} \tag{4.27}$$

Ⅱ区的标量电位和标量磁位分别表示为

$$\begin{cases} \Phi_{mn2} = \left[C_1 J_m(k_{c2}r) + D_1 N_m(k_{c2}r) \right] e^{-jm\theta - jk_z z} \\ \Psi_{mn2} = \left[C_2 J_m(k_{c2}r) + D_2 N_m(k_{c2}r) \right] e^{-jm\theta - jk_z z} \end{cases} \tag{4.28}$$

其中，k_{c1} 和 k_{c2} 分别为真空和介质区域的截止波数；$J_m(x)$ 和 $N_m(x)$ 分别为第一类和第二类贝塞尔函数；A、B、C_1、C_2、D_1 和 D_2 为待定场幅值系数。

在Ⅰ区和Ⅱ区的边界面上，即 $r=a$ 处，切向电场和磁场连续，即

$$H_{z1}|_{r=a} = H_{z2}|_{r=a}; \quad H_{\theta 1}|_{r=a} = H_{\theta 2}|_{r=a} \tag{4.29}$$

$$E_{z1}|_{r=a} = E_{z2}|_{r=a}; \quad E_{\theta 1}|_{r=a} = E_{\theta 2}|_{r=a} \tag{4.30}$$

在金属边界面上，即 $r=b$ 处，切向电场为零，即

$$E_{z2}|_{r=b} = E_{\theta 2}|_{r=b} = 0 \tag{4.31}$$

根据场的各分量表达式［式(4.26)～式(4.28)］，以及边界条件［式(4.29)～式(4.31)］，可得

$$D_1 = -\dfrac{J'_m(k_{c2}b)}{N'_m(k_{c2}b)} C_1 \tag{4.32}$$

$$D_2 = -\dfrac{J_m(k_{c2}b)}{N_m(k_{c2}b)} C_2 \tag{4.33}$$

$$A = \dfrac{k_{c2}^2}{k_{c1}^2} \dfrac{P(k_{c2}a)}{J_m(k_{c1}a) N'_m(k_{c2}b)} C_1 \tag{4.34}$$

$$B = \dfrac{k_{c2}^2}{k_{c1}^2} \dfrac{Q(k_{c2}a)}{J_m(k_{c1}a) N_m(k_{c2}b)} C_2 \tag{4.35}$$

其中

$$Q(x) = J_m(x) N_m(k_{c2}b) - N_m(x) J_m(k_{c2}b) \tag{4.36}$$

$$P(x) = J_m(x) N'_m(k_{c2}b) - N_m(x) J'_m(k_{c2}b) \tag{4.37}$$

纵向均匀介质加载圆柱波导的特征方程：

$$\frac{1}{\varepsilon_1\mu_1}\left(\frac{mk_z}{\omega a}\right)^2\left(\frac{1}{k_{c1}^2}-\frac{1}{k_{c2}^2}\right)^2 \\ =\left[\frac{1}{k_{c2}}\frac{\varepsilon_2}{\varepsilon_1}\frac{Q'(k_{c2}a)}{Q(k_{c2}a)}-\frac{1}{k_{c1}}\frac{J'_m(k_{c1}a)}{J_m(k_{c1}a)}\right]\left[\frac{1}{k_{c2}}\frac{\mu_2}{\mu_1}\frac{P'(k_{c2}a)}{P(k_{c2}a)}-\frac{1}{k_{c1}}\frac{J'_m(k_{c1}a)}{J_m(k_{c1}a)}\right] \tag{4.38}$$

其中，ε_1 和 ε_2 分别为Ⅰ区和Ⅱ区的介电常数；μ_1 和 μ_2 分别为Ⅰ区和Ⅱ区的磁导率。为了求解上述特征方程，还需要利用区域Ⅰ和区域Ⅱ的色散关系，即

$$k_{c1}^2+k_z^2=\omega^2\varepsilon_1\mu_1 \tag{4.39}$$

$$k_{c2}^2+k_z^2=\omega^2\varepsilon_2\mu_2 \tag{4.40}$$

根据式(4.38)～式(4.40)，可得纵向均匀介质加载圆波导的色散关系，以及区域Ⅰ和区域Ⅱ中各场分量的表达式。

在区域Ⅰ中，即纵向均匀介质加载圆波导的真空区域中，高频场的各横向场分量可以表示为

$$\begin{cases} E_r=-\left[A(z)\dfrac{m\omega\mu_1}{r}J_m(k_{c1}r)+\mathrm{j}A'(z)k_{c1}\chi J'_m(k_{c1}r)\right]\mathrm{e}^{\mathrm{j}\omega t-\mathrm{j}m\theta} \\ E_\theta=\left[\mathrm{j}A(z)\omega\mu_1 k_{c1}J'_m(k_{c1}r)-A'(z)\dfrac{m}{r}\chi J_m(k_{c1}r)\right]\mathrm{e}^{\mathrm{j}\omega t-\mathrm{j}m\theta} \\ H_r=\left[A'(z)k_{c1}J'_m(k_{c1}r)-\mathrm{j}A(z)\dfrac{m\omega\varepsilon_1}{r}\chi J_m(k_{c1}r)\right]\mathrm{e}^{\mathrm{j}\omega t-\mathrm{j}m\theta} \\ H_\theta=-\left[\mathrm{j}A'(z)\dfrac{m}{r}J_m(k_{c1}r)+A(z)\omega\varepsilon_1 k_{c1}\chi J'_m(k_{c1}r)\right]\mathrm{e}^{\mathrm{j}\omega t-\mathrm{j}m\theta} \end{cases} \tag{4.41}$$

高频场的各纵向场分量可以表示成

$$\begin{cases} E_z=-\mathrm{j}A(z)k_{c1}^2\chi J_m(k_{c1}r)\mathrm{e}^{\mathrm{j}\omega t-\mathrm{j}m\theta} \\ H_z=A(z)k_{c1}^2 J_m(k_{c1}r)\mathrm{e}^{\mathrm{j}\omega t-\mathrm{j}m\theta} \end{cases} \tag{4.42}$$

其中

$$\chi=\frac{\omega a\mu_2}{mk_z(k_{c2}^2-k_{c1}^2)}\left[k_{c1}k_c^2\frac{\mu_1}{\mu_2}\frac{J'_m(k_{c1}a)}{J_m(k_{c1}a)}-k_{c1}^2 k_{c2}\frac{P'(k_{c2}a)}{P(k_{c2}a)}\right] \tag{4.43}$$

在区域Ⅱ中，即纵向均匀介质加载圆波导的介质中，高频场各横向场分量可以表示为

$$\begin{cases} E_r=-k_{c1}^2\left\{A(z)\dfrac{m\omega\mu_2}{k_{c2}^2 r}\left[\alpha J_m(k_{c2}r)+\beta N_m(k_{c2}r)\right]\right. \\ \qquad\left.+\mathrm{j}A'(z)\dfrac{1}{k_{c2}}\left[\tilde{\alpha}J'_m(k_{c2}r)+\tilde{\beta}N'_m(k_{c2}r)\right]\right\}\mathrm{e}^{\mathrm{j}\omega t-\mathrm{j}m\theta} \\ E_\theta=k_{c1}^2\left\{\mathrm{j}A(z)\dfrac{\omega\mu_2}{k_{c2}}\left[\alpha J'_m(k_{c2}r)+\beta N'_m(k_{c2}r)\right]\right. \\ \qquad\left.-A'(z)\dfrac{m}{k_{c2}^2 r}\left[\tilde{\alpha}J_m(k_{c2}r)+\tilde{\beta}N_m(k_{c2}r)\right]\right\}\mathrm{e}^{\mathrm{j}\omega t-\mathrm{j}m\theta} \end{cases} \tag{4.44}$$

$$\begin{cases} H_r = k_{c1}^2 \left\{ A'(z)\dfrac{1}{k_{c2}} \left[\alpha J'_m(k_{c2}r) + \beta N'_m(k_{c2}r) \right] \right. \\ \qquad\quad \left. - jA(z)\dfrac{m\omega\varepsilon_2}{k_{c2}^2 r} \left[\tilde{\alpha} J_m(k_{c2}r) + \tilde{\beta} N_m(k_{c2}r) \right] \right\} e^{j\omega t - jm\theta} \\ H_\theta = -k_{c1}^2 \left\{ jA'(z)\dfrac{m}{k_{c2}^2 r} \left[\alpha J_m(k_{c2}r) + \beta N_m(k_{c2}r) \right] \right. \\ \qquad\quad \left. + A(z)\dfrac{\omega\varepsilon_2}{k_{c2}} \left[\tilde{\alpha} J'_m(k_{c2}r) + \tilde{\beta} N'_m(k_{c2}r) \right] \right\} e^{j\omega t - jm\theta} \end{cases} \quad (4.45)$$

高频场的纵向场分量可以表示成

$$\begin{cases} E_z = -jA(z)k_{c1}^2 \left[\tilde{\alpha} J_m(k_{c2}r) + \tilde{\beta} N_m(k_{c2}r) \right] e^{j\omega t - jm\theta} \\ H_z = A(z)k_{c1}^2 \left[\alpha J_m(k_{c2}r) + \beta N_m(k_{c2}r) \right] e^{j\omega t - jm\theta} \end{cases} \quad (4.46)$$

其中

$$\begin{cases} \alpha = \dfrac{J_m(k_{c1}a)}{P(k_{c2}a)} N'_m(k_{c2}b) \\ \beta = -\dfrac{J_m(k_{c1}a)}{P(k_{c2}a)} J'_m(k_{c2}b) \end{cases} \quad (4.47)$$

$$\begin{cases} \tilde{\alpha} = \chi \dfrac{J_m(k_{c1}a)}{Q(k_{c2}a)} N_m(k_{c2}b) \\ \tilde{\beta} = -\chi \dfrac{J_m(k_{c1}a)}{Q(k_{c2}a)} J_m(k_{c2}b) \end{cases} \quad (4.48)$$

根据高频场的表达式[式(4.41)、式(4.42)]，以及式(4.45)和式(4.46)，当角向指数 $m=0$ 时，纵向均匀介质加载圆波导中的模式为 TE$_{0n}$ 模和 TM$_{0n}$ 模，模式有五个场分量。当角向指数 $m\neq 0$ 时，纵向均匀介质加载圆波导中的模式为混合模 HE$_{mn}$ 模和 EH$_{mn}$ 模，模式有六个场分量。

纵向均匀介质加载波导作为回旋行波管的高频结构可以有效地抑制自激振荡，但在实际的器件设计中，通常采用介质环与金属环间隔构成的纵向周期介质加载结构来实现介质的分布加载。纵向周期介质加载结构具有下列优势：金属环能帮助收集围绕在回旋电子注周围的弥散电子，这些弥散电子轰击到介质材料上会导致材料过热甚至损耗；金属环的引入将互作用高频结构在轴向分成若干部分，有利于机械加工和装配；引入金属环可以进一步抑制非轴对称寄生模式。

周期介质加载圆柱波导结构如图 4.8 所示，其中，周期长度为 L，介质的宽度为 b，真空区域的半径为 a，介质的外半径为 D。在 $r < a$ 的真空区域，利用弗洛凯定理，高频场的各纵向场分量可以表示成[6]

$$\begin{cases} E_{z1}(r,\theta,z) = \sum_{n=-\infty}^{+\infty} A_n^{\text{I}} F_m(h_n^{\text{I}} r) e^{j\omega t - jm\theta - jk_{zn}z}, & r < a \\ H_{z1}(r,\theta,z) = \sum_{n=-\infty}^{+\infty} B_n^{\text{I}} F_m(h_n^{\text{I}} r) e^{j\omega t - jm\theta - jk_{zn}z}, & r < a \end{cases} \quad (4.49)$$

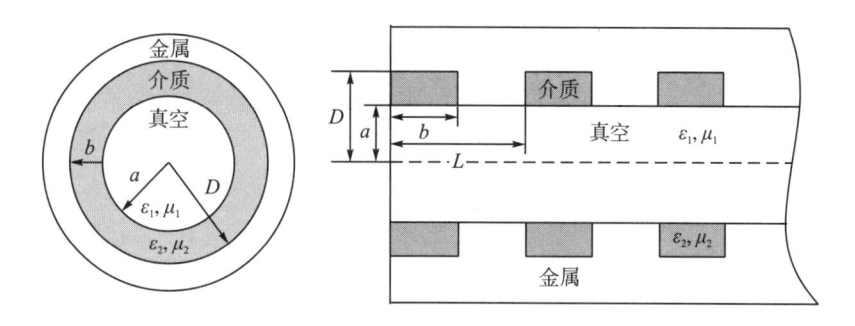

图 4.8 周期介质加载圆柱波导的结构示意图

在周期系统中,纵向传播常数 k_{zn} 可以表示成

$$k_{zn} = k_z + n\frac{2\pi}{L} \tag{4.50}$$

式(4.49)中,m 为贝塞尔函数的阶数;n 为布洛赫谐波次数;A_n^{I} 和 B_n^{I} 为待定的高频场幅值系数。函数 $F_m(h_n^{\mathrm{I}} r)$ 的具体表达式为

$$F_m(h_n^{\mathrm{I}} r) = \begin{cases} J_m(h_n^{\mathrm{I}} r), & \mathrm{Re}\left[(h_n^{\mathrm{I}})^2\right] > 0, \mathrm{Re}(h_n^{\mathrm{I}}) > 0, \mathrm{Im}(h_n^{\mathrm{I}}) > 0 \\ I_m(t_n^{\mathrm{I}} r), & \mathrm{Re}\left[(t_n^{\mathrm{I}})^2\right] > 0, \mathrm{Re}(t_n^{\mathrm{I}}) > 0, \mathrm{Im}(t_n^{\mathrm{I}}) < 0 \end{cases} \tag{4.51}$$

$J_m(x)$ 和 $I_m(x)$ 分别为第一类贝塞尔函数和第一类修正贝塞尔函数。h_n^{I} 和 t_n^{I} 分别满足:

$$\begin{cases} (h_n^{\mathrm{I}})^2 = \dfrac{\omega^2}{c^2} - k_{zn}^2 \\ (t_n^{\mathrm{I}})^2 = k_{zn}^2 - \dfrac{\omega^2}{c^2} \end{cases} \tag{4.52}$$

同理,在 $a < r < D$,$nL < z < nL + b$ 的介质区域,高频场的纵向场分量可以用傅里叶级数表示成:

$$\begin{cases} E_{z2}(r,\theta,z) = \sum_{q=0}^{+\infty} A_q^{\mathrm{II}} G_m(h_q^{\mathrm{II}} r) \cos\left(\dfrac{q\pi z}{b}\right) \mathrm{e}^{\mathrm{j}\omega t - \mathrm{j} m\theta}, & a < r < D, nL < z < nL + b \\ H_{z2}(r,\theta,z) = \sum_{q=1}^{+\infty} B_q^{\mathrm{II}} H_m(h_q^{\mathrm{II}} r) \sin\left(\dfrac{q\pi z}{b}\right) \mathrm{e}^{\mathrm{j}\omega t - \mathrm{j} m\theta}, & a < r < D, nL < z < nL + b \end{cases} \tag{4.53}$$

式中,函数 $G_m(h_q^{\mathrm{II}} r)$ 和 $H_m(h_q^{\mathrm{II}} r)$ 的表达式为

$$G_m(h_q^{\mathrm{II}} r) = \begin{cases} J_m(h_q^{\mathrm{II}} r) N_m(h_q^{\mathrm{II}} D) - N_m(h_q^{\mathrm{II}} r) J_m(h_q^{\mathrm{II}} D), & \mathrm{Re}\left[(h_q^{\mathrm{II}})^2\right] > 0 \\ I_m(t_q^{\mathrm{II}} r) K_m(t_q^{\mathrm{II}} D) - K_m(t_q^{\mathrm{II}} r) I_m(t_q^{\mathrm{II}} D), & \mathrm{Re}\left[(t_q^{\mathrm{II}})^2\right] > 0 \end{cases} \tag{4.54}$$

$$H_m(h_q^{\mathrm{II}} r) = \begin{cases} J_m(h_q^{\mathrm{II}} r) N_m'(h_q^{\mathrm{II}} D) - N_m(h_q^{\mathrm{II}} r) J_m'(h_q^{\mathrm{II}} D), & \mathrm{Re}\left[(h_q^{\mathrm{II}})^2\right] > 0 \\ I_m(t_q^{\mathrm{II}} r) K_m'(t_q^{\mathrm{II}} D) - K_m(t_q^{\mathrm{II}} r) I_m'(t_q^{\mathrm{II}} D), & \mathrm{Re}\left[(t_q^{\mathrm{II}})^2\right] > 0 \end{cases} \tag{4.55}$$

其中，$N_m(x)$ 和 $K_m(x)$ 分别为第二类贝塞尔函数和第二类修正贝塞尔函数，h_q^{II} 和 t_q^{II} 分别满足：

$$\begin{cases} \left(h_q^{\mathrm{II}}\right)^2 = \dfrac{\omega^2}{c^2}\varepsilon_r - \left(\dfrac{q\pi}{b}\right)^2 \\ \left(t_q^{\mathrm{II}}\right)^2 = \left(\dfrac{q\pi}{b}\right)^2 - \dfrac{\omega^2}{c^2}\varepsilon_r \end{cases} \tag{4.56}$$

ε_r 为介质材料的相对介电常数。根据式(4.22)和式(4.23)，可得真空区域高频场的各横向场分量的表达式为

$$\begin{cases} E_{r1} = -\sum\limits_{n=-\infty}^{+\infty} \dfrac{1}{\left(h_n^{\mathrm{I}}\right)^2}\left[\mathrm{j}k_{zn}A_n^{\mathrm{I}}h_n^{\mathrm{I}}F_m'\left(h_n^{\mathrm{I}}r\right) + \dfrac{m\omega\mu_0}{r}B_n^{\mathrm{I}}F_m\left(h_n^{\mathrm{I}}r\right)\right]\mathrm{e}^{\mathrm{j}\omega t - \mathrm{j}m\theta - \mathrm{j}k_{zn}z} \\ E_{\theta 1} = -\sum\limits_{n=-\infty}^{+\infty} \dfrac{1}{\left(h_n^{\mathrm{I}}\right)^2}\left[\dfrac{m}{r}A_n^{\mathrm{I}}k_{zn}F_m\left(h_n^{\mathrm{I}}r\right) - \mathrm{j}\omega\mu_0 B_n^{\mathrm{I}}h_n^{\mathrm{I}}F_m'\left(h_n^{\mathrm{I}}r\right)\right]\mathrm{e}^{\mathrm{j}\omega t - \mathrm{j}m\theta - \mathrm{j}k_{zn}z} \end{cases} \tag{4.57}$$

$$\begin{cases} H_{r1} = -\sum\limits_{n=-\infty}^{+\infty} \dfrac{1}{\left(h_n^{\mathrm{I}}\right)^2}\left[\mathrm{j}k_{zn}B_n^{\mathrm{I}}h_n^{\mathrm{I}}F_m'\left(h_n^{\mathrm{I}}r\right) - \dfrac{m\omega\varepsilon_0}{r}A_n^{\mathrm{I}}F_m\left(h_n^{\mathrm{I}}r\right)\right]\mathrm{e}^{\mathrm{j}\omega t - \mathrm{j}m\theta - \mathrm{j}k_{zn}z} \\ H_{\theta 1} = -\sum\limits_{n=-\infty}^{+\infty} \dfrac{1}{\left(h_n^{\mathrm{I}}\right)^2}\left[\dfrac{m}{r}B_n^{\mathrm{I}}k_{zn}F_m\left(h_n^{\mathrm{I}}r\right) + \mathrm{j}\omega\varepsilon_0 A_n^{\mathrm{I}}h_n^{\mathrm{I}}F_m'\left(h_n^{\mathrm{I}}r\right)\right]\mathrm{e}^{\mathrm{j}\omega t - \mathrm{j}m\theta - \mathrm{j}k_{zn}z} \end{cases} \tag{4.58}$$

同理，可得介质填充区域高频场的各横向场分量表达式为

$$\begin{cases} E_{r2} = -\sum\limits_{q=1}^{+\infty} \dfrac{1}{\left(h_q^{\mathrm{II}}\right)^2}\left[\dfrac{q\pi}{b}A_q^{\mathrm{II}}h_q^{\mathrm{II}}G_m'\left(h_q^{\mathrm{II}}r\right) + \dfrac{m\omega\mu_2}{r}B_q^{\mathrm{II}}H_m\left(h_q^{\mathrm{II}}r\right)\right]\sin\left(\dfrac{q\pi z}{b}\right)\mathrm{e}^{\mathrm{j}\omega t - \mathrm{j}m\theta} \\ E_{\theta 2} = \sum\limits_{q=1}^{+\infty} \dfrac{1}{\left(h_q^{\mathrm{II}}\right)^2}\left[\dfrac{\mathrm{j}m}{r}\dfrac{q\pi}{b}A_q^{\mathrm{II}}G_m\left(h_q^{\mathrm{II}}r\right) + \mathrm{j}\omega\mu_2 B_q^{\mathrm{II}}h_q^{\mathrm{II}}H_m'\left(h_q^{\mathrm{II}}r\right)\right]\sin\left(\dfrac{q\pi z}{b}\right)\mathrm{e}^{\mathrm{j}\omega t - \mathrm{j}m\theta} \end{cases} \tag{4.59}$$

$$\begin{cases} H_{r2} = \sum\limits_{q=1}^{+\infty} \dfrac{1}{\left(h_q^{\mathrm{II}}\right)^2}\left[\dfrac{m\omega\varepsilon_2}{r}A_q^{\mathrm{II}}G_m\left(h_q^{\mathrm{II}}r\right) + \dfrac{q\pi}{b}B_q^{\mathrm{II}}h_q^{\mathrm{II}}H_m'\left(h_q^{\mathrm{II}}r\right)\right]\cos\left(\dfrac{q\pi z}{b}\right)\mathrm{e}^{\mathrm{j}\omega t - \mathrm{j}m\theta} \\ H_{\theta 2} = -\sum\limits_{q=1}^{+\infty} \dfrac{1}{\left(h_q^{\mathrm{II}}\right)^2}\left[\mathrm{j}\omega\varepsilon_2 A_q^{\mathrm{II}}h_q^{\mathrm{II}}G_m'\left(h_q^{\mathrm{II}}r\right) + \dfrac{\mathrm{j}m}{r}\dfrac{q\pi}{b}B_q^{\mathrm{II}}H_m\left(h_q^{\mathrm{II}}r\right)\right]\cos\left(\dfrac{q\pi z}{b}\right)\mathrm{e}^{\mathrm{j}\omega t - \mathrm{j}m\theta} \end{cases} \tag{4.60}$$

对于图4.8所示的周期介质加载圆柱波导结构，在真空和介质边界面上，以及真空和金属边界面上，切向电场和磁场分量连续，即

$$E_{z1} = 0, E_{\theta 1} = 0, \quad b + nL < z < (n+1)L, r = a \tag{4.61}$$

$$E_{z1} = E_{z2}, E_{\theta 1} = E_{\theta 2}, \quad nL < z < b + nL, r = a \tag{4.62}$$

$$H_{r1} = 0, \quad b + nL < z < (n+1)L, r = a \tag{4.63}$$

$$H_{z1} = H_{z2}, H_{\theta 1} = H_{\theta 2}, \quad nL < z < b + nL, r = a \tag{4.64}$$

利用高频场电场分量的表达式[式(4.57)、式(4.59)]，边界条件式(4.61)和式(4.62)两边同时乘以 $\exp(\mathrm{j}k_{zl}z)$，并在 $nL \sim (n+1)L$ 区间积分后可得

$$A_l^{\mathrm{I}} F_m\left(h_l^{\mathrm{I}}a\right) L = \sum\limits_{q=0}^{+\infty} A_q^{\mathrm{II}} G_m\left(h_q^{\mathrm{II}}a\right) R_1(k_{zl}, q, b) \tag{4.65}$$

$$\left[\mathrm{j}\frac{\omega\mu_0}{h_l^{\mathrm{I}}} B_l^{\mathrm{I}} F_m'\left(h_l^{\mathrm{I}} a\right) - \frac{mk_{zl}}{a\left(h_l^{\mathrm{I}}\right)^2} A_l^{\mathrm{I}} F_m\left(h_l^{\mathrm{I}} a\right) \right] L$$

$$= \sum_{q=1}^{+\infty} \left[\frac{\mathrm{j}m}{a\left(h_q^{\mathrm{II}}\right)^2} \frac{q\pi}{b} A_q^{\mathrm{II}} G_m\left(h_q^{\mathrm{II}} a\right) + \frac{\mathrm{j}\omega\mu_2}{h_q^{\mathrm{II}}} B_q^{\mathrm{II}} H_m'\left(h_q^{\mathrm{II}} a\right) \right] R_2\left(k_{zl}, q, b\right) \tag{4.66}$$

其中

$$\begin{cases} R_1\left(k_{zl}, q, b\right) = \int_{nL}^{b+nL} \cos\left(\frac{q\pi z}{b}\right) \mathrm{e}^{\mathrm{j}k_{zl}z} \mathrm{d}z \\ R_2\left(k_{zl}, q, b\right) = \int_{nL}^{b+nL} \sin\left(\frac{q\pi z}{b}\right) \mathrm{e}^{\mathrm{j}k_{zl}z} \mathrm{d}z \end{cases} \tag{4.67}$$

利用高频场磁场分量的表达式[式(4.58)、式(4.60)]，边界条件[式(4.63)、式(4.64)]两边同时乘以 $\sin(l\pi z/b)$，并在 $nL \sim (n+1)L$ 区间积分后可得

$$\sum_{n=-\infty}^{+\infty} B_n^{\mathrm{I}} F_m\left(h_n^{\mathrm{I}} a\right) R_2\left(-k_{zn}, l, b\right) = \frac{b}{2} B_l^{\mathrm{II}} H_m\left(h_l^{\mathrm{II}} a\right) \tag{4.68}$$

$$\sum_{n=-\infty}^{+\infty} \left[\frac{\mathrm{j}\omega\varepsilon_0}{h_n^{\mathrm{I}}} A_n^{\mathrm{I}} F_m'\left(h_n^{\mathrm{I}} a\right) + \frac{mk_{zn}}{a\left(h_n^{\mathrm{I}}\right)^2} B_n^{\mathrm{I}} F_m\left(h_n^{\mathrm{I}} a\right) \right] R_1\left(-k_{zn}, l, b\right)$$

$$= \left[\frac{\mathrm{j}\omega\varepsilon_2}{h_l^{\mathrm{II}}} \frac{b}{2} A_l^{\mathrm{II}} G_m'\left(h_l^{\mathrm{II}} a\right) + \frac{\mathrm{j}m}{a\left(h_l^{\mathrm{II}}\right)^2} \frac{l\pi}{2} B_l^{\mathrm{II}} H_m\left(h_l^{\mathrm{II}} a\right) \right] \tag{4.69}$$

式(4.65)、式(4.68)、式(4.66)和式(4.69)可以进一步简写成：

$$A_l^{\mathrm{I}} = \sum_{q=0}^{+\infty} Y_{1,ql} A_q^{\mathrm{II}} \tag{4.70}$$

$$B_l^{\mathrm{II}} = \sum_{n=-\infty}^{+\infty} Y_{2,nl} B_n^{\mathrm{I}} \tag{4.71}$$

$$X_{1,l} A_l^{\mathrm{I}} + X_{2,l} B_l^{\mathrm{I}} = \sum_{q=1}^{+\infty} \left(Y_{3,ql} A_q^{\mathrm{II}} + Y_{4,ql} B_q^{\mathrm{II}} \right) \tag{4.72}$$

$$X_{3,l} A_l^{\mathrm{II}} + X_{4,l} B_l^{\mathrm{II}} = \sum_{n=-\infty}^{+\infty} \left(Y_{5,nl} A_n^{\mathrm{I}} + Y_{6,nl} B_n^{\mathrm{I}} \right) \tag{4.73}$$

其中

$$Y_{1,ql} = \frac{G_m\left(h_q^{\mathrm{II}} a\right) R_1\left(k_{zl}, q, b\right)}{F_m\left(h_l^{\mathrm{I}} a\right) L} \tag{4.74}$$

$$Y_{2,nl} = \frac{2 F_m\left(h_n^{\mathrm{I}} a\right) R_2\left(-k_{zn}, l, b\right)}{b H_m\left(h_l^{\mathrm{II}} a\right)} \tag{4.75}$$

$$Y_{3,ql} = \frac{\mathrm{j}m}{a\left(h_q^{\mathrm{II}}\right)^2} \frac{q\pi}{b} G_m\left(h_q^{\mathrm{II}} a\right) R_2\left(k_{zl}, q, b\right) \tag{4.76}$$

$$Y_{4,ql} = \frac{\mathrm{j}\omega\mu_2}{h_q^{\mathrm{II}}} H_m'\left(h_q^{\mathrm{II}} a\right) R_2\left(k_{zl}, q, b\right) \tag{4.77}$$

$$Y_{5,nl} = \frac{\mathrm{j}\omega\varepsilon_0}{h_n^{\mathrm{I}}} F_m'\left(h_n^{\mathrm{I}} a\right) R_1\left(-k_{zn}, l, b\right) \tag{4.78}$$

$$Y_{6,nl} = \frac{mk_{zn}}{a\left(h_n^{\mathrm{I}}\right)^2} F_m\left(h_n^{\mathrm{I}} a\right) R_1\left(-k_{zn}, l, b\right) \tag{4.79}$$

$$X_{1,l} = -\frac{mk_{zl}}{a\left(h_l^{\mathrm{I}}\right)^2} F_m\left(h_l^{\mathrm{I}} a\right) L \tag{4.80}$$

$$X_{2,l} = \frac{\mathrm{j}\omega\mu_0}{h_l^{\mathrm{I}}} F_m'\left(h_l^{\mathrm{I}} a\right) L \tag{4.81}$$

$$X_{3,l} = \frac{\mathrm{j}\omega\varepsilon_2}{h_l^{\mathrm{II}}} \frac{b}{2} G_m'\left(h_l^{\mathrm{II}} a\right) \tag{4.82}$$

$$X_{4,l} = \frac{\mathrm{j}m}{a\left(h_l^{\mathrm{II}}\right)^2} \frac{l\pi}{2} H_m\left(h_l^{\mathrm{II}} a\right) \tag{4.83}$$

消去式(4.70)～式(4.73)中的 A_q^{II} 和 B_l^{II}，可得

$$A_n^{\mathrm{I}} = \sum_{l=-\infty}^{+\infty}\left(W_{1,nl} A_l^{\mathrm{I}} + W_{2,nl} B_l^{\mathrm{I}}\right) \tag{4.84}$$

$$X_{1,n} A_n^{\mathrm{I}} + X_{2,n} B_n^{\mathrm{I}} = \sum_{l=-\infty}^{+\infty}\left(W_{3,nl} A_l^{\mathrm{I}} + W_{4,nl} B_l^{\mathrm{I}}\right) \tag{4.85}$$

其中

$$W_{1,nl} = \sum_{q=0}^{+\infty} \frac{Y_{5,lq} Y_{1,qn}}{X_{3,q}} \tag{4.86}$$

$$W_{2,nl} = \sum_{q=0}^{+\infty} \frac{Y_{6,lq} - Y_{2,lq} X_{4,q}}{X_{3,q}} Y_{1,qn} \tag{4.87}$$

$$W_{3,nl} = \sum_{q=1}^{+\infty} \frac{Y_{5,lq}}{X_{3,q}} Y_{3,qn} \tag{4.88}$$

$$W_{4,nl} = \sum_{q=1}^{+\infty} \frac{Y_{6,lq} - Y_{2,lq} X_{4,q}}{X_{3,q}} Y_{3,qn} + \sum_{q=1}^{+\infty} Y_{2,lq} Y_{4,qn} \tag{4.89}$$

通过式(4.84)和式(4.85)，即可以得周期介质加载圆波导的特征方程。

4.1.3 螺旋波纹波导

螺旋波纹波导具有特殊的色散性质，通过选择适当的参数，可以在很宽的频率范围内实现模式的群速为常数，纵向波数接近于零。采用螺旋波纹波导作为回旋行波管的高频互作用结构时，可以显著地增加回旋行波管的带宽，提高注波互作用效率，并增强抑制竞争模式的能力[7]。

螺旋波纹波导的内半径可以表示成

$$r(\theta,z) = a + r_1 \cos(m_B \theta + k_B z) \tag{4.90}$$

其中，a 为螺旋波纹波导的平均半径；r_1 为螺纹深度；m_B 为螺纹波导的角向变化次数；k_B 为纵向波数。螺旋波纹波导结构如图 4.9 所示，横截面结构如图 4.10 所示。

图 4.9　螺旋波纹波导结构示意图

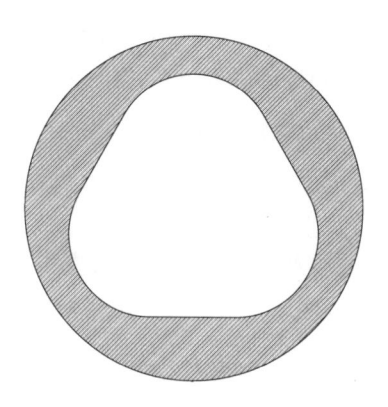

图 4.10　螺旋波纹波导横截面示意图

下面将只考虑螺旋波纹波导中的 TE 模，螺旋波纹波导中 TE 模的场可以表示成横向场和纵向场两部分，即

$$\begin{cases} E = E_T \\ H = H_T + H_z e_z \end{cases} \tag{4.91}$$

高频场的横向场分量可以表示成多个模式的叠加：

$$\begin{cases} E_T(r,\theta,z) = \sum_k V_k(z) e_k(r,\theta,z) \\ H_T(r,\theta,z) = \sum_k I_k(z) h_k(r,\theta,z) \end{cases} \tag{4.92}$$

式中，$V_k(z)$ 和 $I_k(z)$ 分别为电场和磁场幅值；$e_k(r,\theta,z)$ 和 $h_k(r,\theta,z)$ 分别为单位横向电矢量和单位横向磁矢量。

对于 TE 模，e_k 和 h_k 与标量位函数 Φ_k 间满足：

$$\begin{cases} h_k = -\nabla_T \Phi_k \\ e_k = h_k \times e_z \end{cases} \tag{4.93}$$

TE 模的标量位函数 Φ_k 满足如下亥姆霍兹方程：

$$\begin{cases} \nabla_T^2 \Phi_k + k_{c,k}^2 \Phi_k = 0 \\ n \cdot \nabla \Phi_k |_C = 0 \end{cases} \quad (4.94)$$

式中,$k_{c,k}$ 为截止波数。对于 TE 模,根据式(4.93)和式(4.94)可得

$$\nabla_T \nabla_T \cdot h_k = -k_{c,k}^2 h_k \quad (4.95)$$

在圆柱波导中,TE 模的标量位函数可以表示成:

$$\Phi_k = C_k J_{m_k}(k_{c,k} r) e^{-jm_k \theta} \quad (4.96)$$

其中,归一化系数 C_k 为

$$C_k = \frac{1}{\sqrt{\pi(\mu_k^2 - m_k^2)} J_{m_k}(\mu_k)} \quad (4.97)$$

有源麦克斯韦方程可以表示为

$$\begin{cases} \nabla \times E = -j\omega\mu_0 H - J^m \\ \nabla \times H = j\omega\varepsilon_0 E + J \end{cases} \quad (4.98)$$

式中,电流密度 J 和等效磁流密度 J^m 分别为

$$\begin{cases} J = \sigma E \\ J^m = \Delta E \times e_z \end{cases} \quad (4.99)$$

其中,σ 为电导率;ΔE 为螺旋波纹波导边界面微小形变引起的扰动场。

将式(4.91)代入麦克斯韦方程组[式(4.98)],可得横向场和纵向场分别满足:

$$\begin{cases} e_z \times \dfrac{\partial E_T}{\partial z} = -j\omega\mu_0 H_T - J_T^m \\ e_z \times \dfrac{\partial H_T}{\partial z} + \nabla_T H_z \times e_z = j\omega\varepsilon_0 E_T + J_T \end{cases} \quad (4.100)$$

$$\begin{cases} \nabla_T \times E_T = -j\omega\mu_0 H_z e_z - J_z^m e_z \\ \nabla_T \times H_T = J_z e_z \end{cases} \quad (4.101)$$

式(4.100)左右两端同时作 $e_z \times$ 运算,可得

$$\begin{cases} -\dfrac{\partial E_T}{\partial z} = -j\omega\mu_0 e_z \times H_T - e_z \times J_T^m \\ -\dfrac{\partial H_T}{\partial z} = j\omega\varepsilon_0 e_z \times E_T - \nabla_T H_z + e_z \times J_T \end{cases} \quad (4.102)$$

式(4.101)两端同时作 $\cdot e_z$ 运算后化简得

$$H_z = -\frac{1}{j\omega\mu_0} \nabla_T \cdot (E_T \times e_z) - \frac{1}{j\omega\mu_0} J_z^m \quad (4.103)$$

将式(4.103)代入式(4.102)后化简得

$$\begin{cases} -\dfrac{\partial E_T}{\partial z} = j\omega\mu_0 (H_T \times e_z) + J_T^m \times e_z \\ -\dfrac{\partial H_T}{\partial z} = j\omega\varepsilon_0 \left(\bar{I} + \dfrac{1}{k^2} \nabla_T \nabla_T \right) \cdot (e_z \times E_T) + \dfrac{1}{j\omega\mu_0} \nabla_T J_z^m + e_z \times J_T \end{cases} \quad (4.104)$$

式中，$\vec{I}$ 为并矢，且满足 $\vec{I} \cdot A = A \cdot \vec{I} = A$。为了得到螺旋波纹波导的耦合波方程组，将式(4.104)分别点乘 $h_k^* \times e_z$ 和 $e_z \times e_k^*$，并在横截面上积分，对于 TE 模，可得

$$\begin{cases} \dfrac{\mathrm{d}V_k}{\mathrm{d}z} = -\mathrm{j}Z_k k_{z,k} I_k + v_k \\ \dfrac{\mathrm{d}I_k}{\mathrm{d}z} = -\mathrm{j}\dfrac{k_{z,k}}{Z_k} V_k + i_k \end{cases} \tag{4.105}$$

其中，Z_k 为 TE 模的波阻抗。

$$Z_k = \frac{\omega \mu_0}{k_{z,k}} \tag{4.106}$$

v_k 和 i_k 的表达式为

$$\begin{cases} v_k = -\int_S J_T^m \cdot h_k^* \mathrm{d}S \\ i_k = -\dfrac{1}{\mathrm{j}\omega \mu_0} \int_S \nabla_T J_z^m \cdot h_k^* \mathrm{d}S - \int_S J_T \cdot e_k^* \mathrm{d}S \end{cases} \tag{4.107}$$

不规则波导的理论分析往往建立在规则波导的理论分析基础之上。几何参量缓慢变化的不规则波导，可以近似为规则波导中的某些物理量受到扰动，阻抗微扰就是一个典型的应用。阻抗微扰的概念在波导理论中具有重要的意义，借助它可以分析一般的波导边值问题，无论波导的表面结构多么复杂，均可以选择一个适当的参考面来代替，边界的不规则性可以等效为阻抗微扰。对于螺旋波纹波导，在传输方向上表现出非对称的不规则周期性，可以选择一个参考边界面，引入等效表面磁流来代替该面的切向磁场，即可以用阻抗微扰法来分析螺旋波纹波导。需要注意的是，只有当波长远大于螺旋波纹波导的波纹起伏度时，阻抗微扰法才是有效的。

在螺旋波纹波导中，选取没有形变的理想波导边界面作为参考界面，由于波导壁的微小几何形变，在参考边界面上将出现等效的表面磁流 J^m。对于圆柱波导，参考边界面上的切向微扰电场可以展开成：

$$\begin{cases} \Delta E_\theta = \sum_{k'} \Delta E_{\theta k'} \\ \Delta E_z = \sum_{k'} \Delta E_{z k'} \end{cases} \tag{4.108}$$

式中，每一个模式在参考边界面上的切向微扰电场可以表示成：

$$\begin{cases} \Delta E_{\theta k'} = \Delta Z_{\theta k'} H_{z k'}^0 \\ \Delta E_{z k'} = -\Delta Z_{z k'} H_{\theta k'}^0 \end{cases} \tag{4.109}$$

其中，$\Delta Z_{z k'}$ 和 $\Delta Z_{\theta k'}$ 是波导内壁微扰后在参考边界面上出现的等效阻抗微扰。波型 k' 的未微扰磁场分量在边界面上的值为 $H_{\theta k'}^0$ 和 $H_{z k'}^0$。对半径为 a 的圆截面边界，在 $r=a$ 处的等效场，在一次近似条件下可以表示为

$$\begin{cases} \Delta E_{\theta k'} = \mathrm{j}\omega \mu_0 l H_{z k'}^0 - \dfrac{1}{a}\dfrac{\partial}{\partial \theta}\left(E_{r k'}^0 l\right) \\ \Delta E_{z k'} = -\mathrm{j}\omega \mu_0 l H_{\theta k'}^0 - \dfrac{\partial}{\partial z}\left(E_{r k'}^0 l\right) \end{cases} \tag{4.110}$$

其中，l 为螺旋波纹波导边界相对于半径为 a 的圆截面边界的偏移量，它是 θ 和 z 的函数。对于 TE 模，利用阻抗微扰的定义式(4.109)，并利用式(4.110)，可得微扰阻抗的表达式为

$$\begin{cases} \Delta Z_{\theta k'} = \mathrm{j}\omega\mu_0 l - \dfrac{1}{H_{zk'}^0}\dfrac{1}{a}\dfrac{\partial}{\partial \theta}\left(E_{rk'}^0 l\right) \\ \Delta Z_{zk'} = \mathrm{j}\omega\mu_0 l + \dfrac{1}{H_{\theta k'}^0}\dfrac{\partial}{\partial z}\left(E_{rk'}^0 l\right) \end{cases} \tag{4.111}$$

将理想波导中 TE 模的电磁分量代入式(4.111)中可得 TE 模的微扰阻抗为

$$\begin{cases} \Delta Z_{\theta k'} = \mathrm{j}\omega\mu_0\left(1 - \dfrac{m_{k'}^2}{\mu_{k'}^2}\right)l + \dfrac{\mathrm{j}\omega\mu_0}{\mu_{k'}^2}\dfrac{1}{\varPhi_{k'}}\dfrac{\partial \varPhi_{k'}}{\partial \theta}\dfrac{\partial l}{\partial \theta} \\ \Delta Z_{zk'} = \dfrac{\omega\mu_0}{k_{z,k'}}\dfrac{\partial l}{\partial z} \end{cases} \tag{4.112}$$

利用

$$\int_S \nabla_T f \cdot A \mathrm{d}S = -\int_S f \nabla_T \cdot A \mathrm{d}S + \oint_C f(A \cdot e_n)\mathrm{d}l \tag{4.113}$$

假定 J_z 和 J_z^m 是连续的，且在边界上 $J_z = 0$，$J_z^m = 0$。该假设条件下，对于 TE 模，式(4.107)简化为

$$\begin{cases} v_k = -\int_S J^m \cdot h_k^* \mathrm{d}S \\ i_k = \int_S J^m \cdot h_{zk}^* \mathrm{d}S - \int_S J_T \cdot e_k^* \mathrm{d}S \end{cases} \tag{4.114}$$

对于波导壁微小几何形变在波导中激励电磁场问题，利用式(4.99)，对于 TE 模，当波导壁为理想导体时，式(4.114)可以进一步表示成：

$$\begin{cases} v_k = -\int_S (\Delta E \times e_n) \cdot h_k^* \mathrm{d}S \\ i_k = \int_S (\Delta E \times e_n) \cdot h_{zk}^* \mathrm{d}S \end{cases} \tag{4.115}$$

根据式(4.93)～式(4.97)，对于 TE 模，在参考边界面即 $r=a$ 的圆截面边界上，高频场的磁场分量可以表示成：

$$\begin{cases} H_{\theta k'}^0 = -I_{k'}\dfrac{1}{a}\dfrac{\partial \varPhi_{k'}}{\partial \theta} \\ H_{zk'}^0 = \dfrac{k_{c,k'}^2 V_{k'}}{\mathrm{j}\omega\mu_0}\varPhi_{k'} \end{cases} \tag{4.116}$$

将式(4.116)代入式(4.109)，可得 TE 模的切向微扰电场为

$$\begin{cases} \Delta E_{\theta k'} = \Delta Z_{\theta k'} V_{k'}\dfrac{k_{c,k'}^2}{\mathrm{j}\omega\mu_0}\varPhi_{k'} \\ \Delta E_{zk'} = \Delta Z_{zk'} I_{k'}\dfrac{1}{a}\dfrac{\partial \varPhi_{k'}}{\partial \theta} \end{cases} \tag{4.117}$$

将式(4.117)代入式(4.108)后，对于 TE 模，边界面出现的总微扰场为

$$\begin{cases} \Delta E_\theta = \sum_{k'} \Delta Z_{\theta k'} V_{k'} \dfrac{k_{c,k'}^2}{j\omega\mu_0} \Phi_{k'} \\ \Delta E_z = \sum_{k'} \Delta Z_{zk'} I_{k'} \dfrac{1}{a} \dfrac{\partial \Phi_{k'}}{\partial \theta} \end{cases} \quad (4.118)$$

将式(4.118)代入式(4.115)，对于 TE 模，波导壁微小形变引起的耦合为

$$\begin{cases} v_k = \dfrac{1}{a} \sum_{k'} I_{k'} \int_0^{2\pi} \Delta Z_{zk'} \dfrac{\partial \Phi_{k'}}{\partial \theta} \dfrac{\partial \Phi_k^*}{\partial \theta} \mathrm{d}\theta \\ i_k = -a \sum_{k'} \dfrac{k_{c,k}^2 k_{c,k'}^2}{\omega^2 \mu_0^2} V_{k'} \int_0^{2\pi} \Delta Z_{\theta k'} \Phi_{k'} \Phi_k^* \mathrm{d}\theta \end{cases} \quad (4.119)$$

为了将电压和电流变换成前向和反向行波的叠加，引入归一化参数：

$$\begin{cases} V = V^+ + V^- = \sqrt{Z}\left(A^+ + A^-\right) \\ I = I^+ + I^- = \dfrac{1}{\sqrt{Z}}\left(A^+ - A^-\right) \end{cases} \quad (4.120)$$

式中，A^+ 为前向行波幅值；A^- 为反向行波幅值。将式(4.119)和式(4.120)代入式(4.105)可得

$$\dfrac{\mathrm{d}A_k^\pm}{\mathrm{d}z} + \dfrac{1}{2Z_k} \dfrac{\mathrm{d}Z_k}{\mathrm{d}z} A_k^\mp \pm jk_{z,k} A_k^\pm = \sum_{k'} \left(\pm K_{kk'}^\pm A_{k'}^+ \pm K_{kk'}^\mp A_{k'}^- \right) \quad (4.121)$$

波导壁微小形变引起的模式间耦合系数为

$$K_{kk'}^\pm = -\dfrac{1}{2} \dfrac{ak_{c,k}^2 k_{c,k'}^2}{\omega\mu_0 \sqrt{k_{z,k} k_{z,k'}}} \int_0^{2\pi} \Delta Z_{\theta k'} \Phi_{k'} \Phi_k^* \mathrm{d}\theta \pm \dfrac{1}{2} \dfrac{\sqrt{k_{z,k} k_{z,k'}}}{a\omega\mu_0} \int_0^{2\pi} \Delta Z_{zk'} \dfrac{\partial \Phi_{k'}}{\partial \theta} \dfrac{\partial \Phi_k^*}{\partial \theta} \mathrm{d}\theta \quad (4.122)$$

根据式(4.90)所表示的螺旋波纹波导半径所满足的方程，以及 TE 模的微扰阻抗表达式(4.112)，结合式(4.119)，可得波导壁微小形变引起的耦合项的具体表达式。当 $m_k - m_{k'} + m_B = 0$ 时，螺旋波纹波导壁微小形变引起的耦合系数的具体表达式可以表示为

$$K_{kk'}^\pm = -\dfrac{jr_1 \mathrm{e}^{jk_B z}}{2a\sqrt{k_{z,k} k_{z,k'}}\left(\mu_{k'}^2 - m_{k'}^2\right)\left(\mu_k^2 - m_k^2\right)} \left[k_{c,k}^2 \left(\mu_{k'}^2 - m_k m_{k'}\right) \mp m_k m_{k'} k_B k_{z,k} \right] \quad (4.123)$$

当 $m_k - m_{k'} - m_B = 0$ 时，螺旋波纹波导壁微小形变引起的模式间耦合系数的具体表达式可以表示为

$$K_{kk'}^\pm = -\dfrac{jr_1 \mathrm{e}^{-jk_B z}}{2a\sqrt{k_{z,k} k_{z,k'}}\left(\mu_{k'}^2 - m_{k'}^2\right)\left(\mu_k^2 - m_k^2\right)} \left[k_{c,k}^2 \left(\mu_{k'}^2 - m_k m_{k'}\right) \mp m_k m_{k'} k_{z,k} k_B \right] \quad (4.124)$$

当 $m_k - m_{k'} \pm m_B \neq 0$ 时，螺旋波纹波导壁微小形变引起的模式间耦合项的具体表达式可以表示为

$$v_k = i_k = 0 \quad (4.125)$$

此时，模式之间不会发生耦合，式(4.105)变成规则圆波导的电压和电流方程组。

式(4.121)、式(4.123)和式(4.124)构成螺旋波纹波导电压电流幅值的耦合波方程。从耦合波方程可以发现，螺旋波纹波导为非对称结构，在波导中除了输入模式外，还可以耦合出与输入模式角向指数差值为螺旋波纹波导角向变化次数的模式。

4.2 回旋行波管的动力学理论

电子回旋脉塞的注波互作用线性理论,即小信号理论主要有两种形式,一种是最先由苏联科学家 Gaponov 提出,后经 Nusinovich 等发展和完善,适用于任意截面波导的单粒子理论,该理论本身为非线性理论,但可通过将该非线性理论方程线性化后,得到由三阶色散方程描述的线性理论;另一种是由中国台湾清华大学朱国瑞教授等基于圆柱波导结构提出的动力学理论,该理论以等离子体物理中的线性弗拉索夫方程为基础,是经典统计力学与经典电动力学相结合的一种线性理论。线性理论可以清晰地揭示注波互作用过程中的物理机理,适合于分析注波互作用过程中的不稳定性现象。但线性理论建立在小信号假设的基础上,没有考虑高频场作用下电子群聚导致的电子分布不均匀性,因此无法解释大信号条件下注波互作用的非线性演变过程。

在研究不考虑空间电荷效应的"薄"电子注与波导模相互作用的过程中,假定波导模的横向场分布与没有电子时的"冷腔"场分布相同。在均匀波导中,高频场的时间因子表示成 $\exp(j\omega t)$,根据麦克斯韦方程组,可得沿 z 向传播的 TE_{mn} 模各场分量表达式为[8-11]

$$e_z \times \frac{\partial E_T}{\partial z} = -j\omega\mu_0 H_T \tag{4.126}$$

$$e_z \times \frac{\partial H_T}{\partial z} + \nabla_T H_z \times e_z = j\omega\varepsilon_0 E_T \tag{4.127}$$

$$\nabla_T \times E_T = -j\omega\mu_0 H_z e_z \tag{4.128}$$

将式(4.126)作 $e_z \times \partial/\partial z$ 运算,再将式(4.127)乘以 $-j\omega\mu_0$,两式相加,消去 H_T 后可得

$$e_z \times \frac{\partial}{\partial z}\left(e_z \times \frac{\partial E_T}{\partial z}\right) - \omega^2\mu_0\varepsilon_0 E_T = j\omega\mu_0 \nabla_T H_z \times e_z \tag{4.129}$$

将式(4.127)作 $e_z \times \partial/\partial z$ 运算,再将式(4.126)乘以 $j\omega\varepsilon_0$,两式相加,消去 E_T 后可得

$$e_z \times \frac{\partial}{\partial z}\left(e_z \times \frac{\partial H_T}{\partial z}\right) - \omega^2\varepsilon_0\mu_0 H_T = -e_z \times \frac{\partial}{\partial z}(\nabla_T H_z \times e_z) \tag{4.130}$$

运用下列矢量运算公式:

$$e_z \times \frac{\partial}{\partial z}\left(e_z \times \frac{\partial A_T}{\partial z}\right) = e_z \times \left(e_z \times \frac{\partial^2 A_T}{\partial z^2}\right) = -\frac{\partial^2 A_T}{\partial z^2} \tag{4.131}$$

$$e_z \times \frac{\partial}{\partial z}(\nabla_T A_z \times e_z) = e_z \times \left(\frac{\partial}{\partial z}\nabla_T A_z \times e_z\right) = \frac{\partial}{\partial z}\nabla_T A_z \tag{4.132}$$

以及波数 k 的定义:

$$k^2 = \omega^2\varepsilon_0\mu_0 \tag{4.133}$$

式(4.129)和式(4.130)可以进一步写成

$$\left(k^2 + \frac{\partial^2}{\partial z^2}\right)E_T = -j\omega\mu_0 \nabla_T H_z \times e_z \tag{4.134}$$

$$\left(k^2 + \frac{\partial^2}{\partial z^2}\right)H_T = \frac{\partial}{\partial z}\nabla_T H_z \tag{4.135}$$

这就是用 TE$_{mn}$ 模的纵向分量求横向分量的表达式。

时变电磁场具有波动性,稳态简谐时变场沿 z 向为行波,即存在因子 $\exp(-jk_z z)$,因此有

$$\frac{\partial^2}{\partial z^2} = -k_z^2 \tag{4.136}$$

式中,k_z 为纵向传播常数。

$$k^2 + \frac{\partial^2}{\partial z^2} = k^2 - k_z^2 = k_c^2 \tag{4.137}$$

式中,k_c 为 TE$_{mn}$ 模的横向截止波数。根据式(4.136)和式(4.137),TE$_{mn}$ 模的横向电场分量 E_T 和横向磁场分量 H_T 所满足的方程分别为

$$E_T = -\frac{j\omega\mu_0}{k_c^2}(\nabla_T H_z \times e_z) \tag{4.138}$$

$$H_T = -\frac{jk_z}{k_c^2}\nabla_T H_z \tag{4.139}$$

对于波导中的 TE$_{mn}$ 模,纵向磁场分量可以用标量位函数 Φ_{mn} 表示成

$$H_z = -j\frac{k_c}{\mu_0 k}V_0 \Phi_{mn} e^{j\omega t - jk_z z} \tag{4.140}$$

式中,V_0 为复值常数。将式(4.140)代入式(4.138)和式(4.139),场的横向分量 E_T 和 H_T 可表示为

$$E_T = -\frac{c}{k_c}V_0 \nabla_T \Phi_{mn} \times \boldsymbol{e}_z e^{j\omega t - jk_z z} \tag{4.141}$$

$$H_T = -\frac{k_z}{\mu_0 k k_c}V_0 \nabla_T \Phi_{mn} e^{j\omega t - jk_z z} \tag{4.142}$$

根据有源麦克斯韦方程,可得 TE$_{mn}$ 模的电场分量满足:

$$\nabla^2 E - \frac{1}{c^2}\frac{\partial^2 E}{\partial t^2} = \mu_0 \frac{\partial J}{\partial t} \tag{4.143}$$

利用

$$\nabla = \nabla_T + e_z \frac{\partial}{\partial z} \tag{4.144}$$

以及

$$\nabla^2 = \nabla \cdot \nabla = \nabla_T^2 + \frac{\partial^2}{\partial z^2} \tag{4.145}$$

根据式(4.136)和式(4.143)可得

$$\left(\nabla_T^2 - k_z^2 + \frac{\omega^2}{c^2}\right)E = \mu_0 \frac{\partial J}{\partial t} \tag{4.146}$$

电流密度 J 可以表示成

$$J(r,t) = J(r)e^{j\omega t} \tag{4.147}$$

利用式(4.147)，式(4.146)可以进一步表示成

$$\left(\nabla_T^2 - k_z^2 + \frac{\omega^2}{c^2}\right)E = \mathrm{j}\omega\mu_0 J \tag{4.148}$$

忽略电子注对高频场的影响时，TE$_{mn}$模的电场分量满足：

$$\nabla_T^2 E + k_c^2 E = 0 \tag{4.149}$$

根据式(4.149)，式(4.148)可以近似表示为

$$\left(\frac{\omega^2}{c^2} - k_c^2 - k_z^2\right)E = \mathrm{j}\omega\mu_0 J \tag{4.150}$$

式(4.150)两端同时点乘电场分量的共轭E^*，并在波导横截面S内积分，可得

$$\left(\frac{\omega^2}{c^2} - k_c^2 - k_z^2\right)\int_S E \cdot E^* \mathrm{d}S = \mathrm{j}\omega\mu_0 \int_S J \cdot E^* \mathrm{d}S \tag{4.151}$$

根据TE$_{mn}$模的电场分量表达式(4.141)，式(4.151)可以表示为

$$\left(\frac{\omega^2}{c^2} - k_c^2 - k_z^2\right)V_0^* = \frac{\mathrm{j}\omega\mu_0 k_c^2}{c^2 V_0}\int_S J \cdot E^* \mathrm{d}S \tag{4.152}$$

式中，忽略了电子注的空间电荷效应以及回旋电子注对波导模式空间场分布的影响。

当考虑波导壁的欧姆损耗时，只需要将式(4.152)中的k_c^2替换成：

$$k_c^2 \rightarrow k_c^2\left[1-(1+i)\left(1+\frac{m^2}{\mu_{mn}^2-m^2}\frac{\omega^2}{\omega_c^2}\right)\frac{\delta}{R_{\mathrm{out}}}\right] \tag{4.153}$$

式中，ω_c为不考虑欧姆损耗时波导的截止频率；δ为趋肤深度。

对于回旋器件来说，存在着一个有着极其重要意义的物理问题：电磁波在等离子体中沿磁场方向传播时的不稳定性问题。当考虑一个无限大等离子体中存在一个均匀直流磁场，取磁场方向为z轴，则该均匀直流磁场可以表示为

$$B_0 = e_z B_0 \tag{4.154}$$

可以从线性弗拉索夫-麦克斯韦方程出发，研究电磁波在等离子体中的传播问题，线性弗拉索夫方程为

$$\frac{\partial f}{\partial t} + v \cdot \frac{\partial f}{\partial r} - e_0\left[E + v \times (B_0 e_z + B)\right] \cdot \frac{\partial f}{\partial p} = 0 \tag{4.155}$$

其中，e_0为电子电量绝对值；v为电子的速度；电场分量E和磁场分量B由式(4.140)~式(4.142)确定；$f(r,p,t)$为电子分布函数。令电子分布函数表示为

$$f(r,p,t) = f_0(r,p,t) + f_1(r,p,t) \tag{4.156}$$

式中，$f_0(r,p,t)$为电子的平衡态分布函数；$f_1(r,p,t)$为电子分布函数的扰动项。将式(4.156)代入式(4.155)可得

$$\frac{\partial f_0}{\partial t} + \frac{\partial f_1}{\partial t} + v \cdot \frac{\partial f_0}{\partial r} + v \cdot \frac{\partial f_1}{\partial r} - e_0\left[E + v \times (B_0 e_z + B)\right] \cdot \frac{\partial f_0}{\partial p} - e_0\left[E + v \times (B_0 e_z + B)\right] \cdot \frac{\partial f_1}{\partial p} = 0 \tag{4.157}$$

根据式(4.155)，可得电子平衡态分布函数f_0满足的零阶方程：

$$\frac{\mathrm{d}f_0}{\mathrm{d}t} = \frac{\partial f_0}{\partial t} + v \cdot \frac{\partial f_0}{\partial r} - e_0 v \times B_0 e_z \cdot \frac{\partial f_0}{\partial p} = 0 \tag{4.158}$$

做小信号假设：

$$f_1 \ll f_0 \tag{4.159}$$

$$E, B \ll B_0 \tag{4.160}$$

将式(4.158)代入式(4.157)可得

$$\frac{\mathrm{d}f_1}{\mathrm{d}t} = e_0 \left(E + v \times B \right) \cdot \frac{\partial f_0}{\partial p} \tag{4.161}$$

其中

$$\frac{\mathrm{d}}{\mathrm{d}t} = \frac{\partial}{\partial t} + v \cdot \frac{\partial}{\partial r} - e_0 \left(v \times B_0 e_z \right) \cdot \frac{\partial}{\partial p} \tag{4.162}$$

式(4.162)给出了以电子轨道为参考点时的变化率，该条件下，电子只感受到外加磁场 $B_0 e_z$ 的作用。根据式(4.158)，在均匀磁场 $B_0 e_z$ 作用下，由运动常量构成的函数均可以作为平衡态分布函数。这些运动常量包括回旋电子的横向动量 $p_\perp$ 和纵向动量 p_z，以及电子引导中心半径 R_g。因此，电子平衡态分布函数 f_0 可以表示成

$$f_0 = f_0 \left(R_g, p_\perp, p_z \right) \tag{4.163}$$

式(4.163)所示的回旋电子平衡态分布函数 f_0 的表达式中，可以方便地引入电子注的空间离散和速度离散。

如图 4.11 所示，引导中心半径 R_g 可以用坐标 $r(r, \theta, z)$ 和动量 $p\,(p_\perp, \varphi, p_z)$ 表示成：

$$R_g = \left[r^2 + r_L^2 - 2 r r_L \sin(\varphi - \theta) \right]^{\frac{1}{2}} \tag{4.164}$$

其中，电子的拉莫半径为

$$r_L = \frac{p_\perp}{m_e \varOmega_0} \tag{4.165}$$

电子的横向动量为

$$p_\perp = m_e \gamma v_\perp \tag{4.166}$$

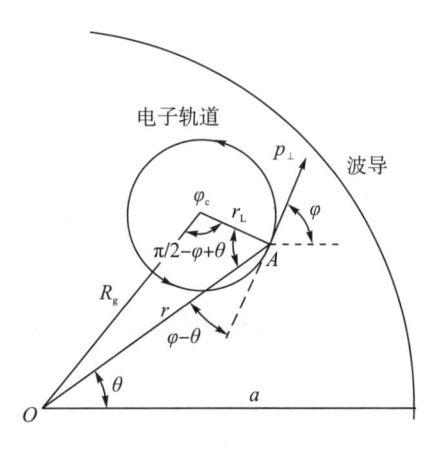

图 4.11 电子运动轨道在波导横截面上的投影

不考虑相对论效应时电子的回旋频率为

$$\Omega_0 = \frac{e_0 B_0}{m_e} \tag{4.167}$$

相对论因子为

$$\gamma = \left[1 + \left(p_\perp^2 + p_z^2\right)/m_e^2 c^2\right]^{\frac{1}{2}} \tag{4.168}$$

根据式(4.164)~式(4.167)，引导中心半径 R_g 可以进一步表示为

$$R_g = \left(r_L^2 - \frac{2p_\theta}{m_e \Omega_0}\right)^{\frac{1}{2}} \tag{4.169}$$

其中，p_θ 为正则角动量。

$$p_\theta = \gamma m_e r v_\theta - \frac{1}{2} e_0 B_0 r^2 \tag{4.170}$$

直流电流不会给高频场提供净能量注入，因此可以忽略直流电流。扰动电流 J 可以用电子的扰动分布函数 f_1 表示：

$$J = -e_0 \int f_1 \mathbf{v} \mathrm{d}^3 p \tag{4.171}$$

式(4.152)中右端的积分项可以进一步写成

$$\begin{aligned}\int_S J \cdot E^* \mathrm{d}S &= \int_0^a r \mathrm{d}r \int_0^{2\pi} J \cdot E^* \mathrm{d}\theta \\ &= -e_0 \int_0^a r \mathrm{d}r \int_0^{2\pi} \mathrm{d}\theta \int_0^{+\infty} p_\perp \mathrm{d}p_\perp \int_0^{2\pi} \mathrm{d}\varphi \int_0^{+\infty} \mathrm{d}p_z f_1 \mathbf{v} \cdot E^*\end{aligned} \tag{4.172}$$

式(4.161)中，v 和 $\partial f_0/\partial p$ 分别表示为

$$\mathbf{v} = \mathbf{p}/\gamma m_e = (p_\perp e_\perp + p_z e_z)/\gamma m_e \tag{4.173}$$

$$\frac{\partial f_0}{\partial p} = \frac{\partial f_0}{\partial p_\perp} e_\perp + \frac{1}{p_\perp}\frac{\partial f_0}{\partial \varphi} e_\varphi + \frac{\partial f_0}{\partial p_z} e_z \tag{4.174}$$

其中，$e_\perp = \cos(\varphi-\theta)e_r + \sin(\varphi-\theta)e_\theta$，为沿 $p_\perp$ 方向的单位矢量；$e_\varphi = -\sin(\varphi-\theta)e_r + \cos(\varphi-\theta)e_\theta$，为与 $e_\perp$ 和 e_z 垂直的单位矢量。将式(4.173)和式(4.174)代入式(4.161)，可得

$$\begin{aligned}\frac{\mathrm{d}f_1}{\mathrm{d}t} &= e_0\left\{E_r\cos(\varphi-\theta) + E_\theta\sin(\varphi-\theta) + \frac{p_z}{\gamma m_e}\left[B_r\sin(\varphi-\theta) - B_\theta\cos(\varphi-\theta)\right]\right\}\frac{\partial f_0}{\partial p_\perp} \\ &+ \frac{e_0 p_\perp}{\gamma m_e}\left[B_\theta\cos(\varphi-\theta) - B_r\sin(\varphi-\theta)\right]\frac{\partial f_0}{\partial p_z} \\ &+ e_0\left\{\begin{matrix}E_\theta\cos(\varphi-\theta) - E_r\sin(\varphi-\theta) + \\ \frac{p_z}{\gamma m_e}\left[B_r\cos(\varphi-\theta) + B_\theta\sin(\varphi-\theta)\right]\end{matrix}\right\}\frac{1}{p_\perp}\frac{\partial f_0}{\partial \varphi} - \frac{e_0 B_z}{\gamma m_e}\frac{\partial f_0}{\partial \varphi}\end{aligned} \tag{4.175}$$

利用高频场各分量的表达式[式(4.140)~式(4.142)]，以及 TE 模的标量位函数表达式(4.96)，可得

$$\begin{aligned}&E_r\cos(\varphi-\theta) + E_\theta\sin(\varphi-\theta) \\ &= \frac{\mathrm{j}c}{2}C_{mn}V_0\left[J_{m-1}(k_c r)\mathrm{e}^{\mathrm{j}(m-1)(\varphi-\theta)} + J_{m+1}(k_c r)\mathrm{e}^{\mathrm{j}(m+1)(\varphi-\theta)}\right]\mathrm{e}^{\mathrm{j}\omega t - \mathrm{j}m\varphi - \mathrm{j}k_z z}\end{aligned} \tag{4.176}$$

根据 Graf 加法定理，以及图 4.12 所示的 Graf 加法定理中各变量之间的关系可得

$$\mathrm{e}^{\pm \mathrm{j} m\theta_1} J_m(x_1) = \sum_{q=-\infty}^{+\infty} J_{m+q}(x_2) J_q(x_3) \mathrm{e}^{\pm \mathrm{j} q\theta_2} \tag{4.177}$$

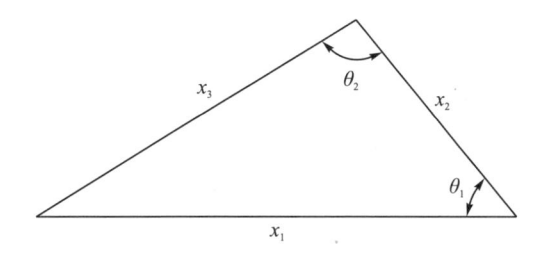

图 4.12　Graf 加法定理中各变量之间的关系

将式(4.177)代入式(4.176)，并利用贝塞尔函数的递推公式可得

$$\begin{aligned} & E_r \cos(\varphi-\theta) + E_\theta \sin(\varphi-\theta) \\ &= c C_{mn} V_0 \mathrm{e}^{\mathrm{j}\omega t - \mathrm{j}m\varphi - \mathrm{j}k_z z + \frac{\mathrm{j}m\pi}{2}} \sum_{q=-\infty}^{+\infty} J_q(k_c R_g) J'_{m+q}(k_c r_L) \mathrm{e}^{-\mathrm{j}q\varphi_c} \end{aligned} \tag{4.178}$$

其中，φ_c 为电子的回旋相位角。根据图 4.11 示的几何关系，可得

$$\varphi_c = \arctan \frac{r\cos(\varphi-\theta)}{r_L - r\sin(\varphi-\theta)} \tag{4.179}$$

$$\sin\varphi_c = \frac{r\cos(\varphi-\theta)}{R_g} \tag{4.180}$$

$$\cos\varphi_c = \frac{r_L - r\sin(\varphi-\theta)}{R_g} \tag{4.181}$$

同理可得

$$\begin{aligned} & E_\theta \cos(\varphi-\theta) - E_r \sin(\varphi-\theta) \\ &= -\mathrm{j} c C_{mn} V_0 \mathrm{e}^{\mathrm{j}\omega t - \mathrm{j}m\varphi - \mathrm{j}k_z z + \frac{\mathrm{j}m\pi}{2}} \sum_{q=-\infty}^{+\infty} \frac{m+q}{k_c r_L} J_q(k_c R_g) J_{m+q}(k_c r_L) \mathrm{e}^{-\mathrm{j}q\varphi_c} \end{aligned} \tag{4.182}$$

$$\begin{aligned} & B_r \sin(\varphi-\theta) - B_\theta \cos(\varphi-\theta) \\ &= -C_{mn} V_0 \frac{k_z}{k} \mathrm{e}^{\mathrm{j}\omega t - \mathrm{j}m\varphi - \mathrm{j}k_z z + \frac{\mathrm{j}m\pi}{2}} \sum_{q=-\infty}^{+\infty} J_q(k_c R_g) J'_{m+q}(k_c r_L) \mathrm{e}^{-\mathrm{j}q\varphi_c} \end{aligned} \tag{4.183}$$

$$\begin{aligned} & B_r \cos(\varphi-\theta) + B_\theta \sin(\varphi-\theta) \\ &= \frac{\mathrm{j}k_z}{k} C_{mn} V_0 \mathrm{e}^{\mathrm{j}\omega t - \mathrm{j}m\varphi - \mathrm{j}k_z z + \frac{\mathrm{j}m\pi}{2}} \sum_{q=-\infty}^{+\infty} J_q(k_c R_g) \frac{m+q}{k_c r_L} J_{m+q}(k_c r_L) \mathrm{e}^{-\mathrm{j}q\varphi_c} \end{aligned} \tag{4.184}$$

$$B_z = -\mathrm{j} \frac{k_c}{k} V_0 C_{mn} \mathrm{e}^{\mathrm{j}\omega t - \mathrm{j}m\varphi - \mathrm{j}k_z z + \frac{\mathrm{j}m\pi}{2}} \sum_{q=-\infty}^{+\infty} J_q(k_c R_g) J_{m+q}(k_c r_L) \mathrm{e}^{-\mathrm{j}q\varphi_c} \tag{4.185}$$

式(4.175)由坐标 $r(r, \theta, z)$ 和动量 $p(p_\perp, \varphi, p_z)$ 表示，如果将圆柱坐标系中的 r 和 θ 转化为回旋中心坐标系中的 R_g 和 φ_c 来表示，式(4.175)将大幅简化。式(4.178)、式(4.182)～

式(4.185)对与高频场相关的项进行了圆柱坐标系到回旋中心坐标系的转换，要完成式(4.175)到回旋中心坐标系的完全转换，还需要将由 $p_\perp$、φ 和 p_z 表示的电子平衡态分布函数 f_0 转化成 R_g、$p_\perp$ 和 p_z 的函数。

$$\frac{\partial}{\partial p_\perp} f_0(p_\perp,\varphi,p_z) = \frac{\partial}{\partial p_\perp} f_0(R_g,p_\perp,p_z) + \frac{\partial R_g}{\partial p_\perp}\frac{\partial}{\partial R_g} f_0(R_g,p_\perp,p_z) \tag{4.186}$$

根据式(4.164)和式(4.165)，可得

$$\frac{\partial R_g}{\partial p_\perp} = \frac{r_L - r\sin(\varphi-\theta)}{m_e \Omega_0 R_g} \tag{4.187}$$

利用式(4.181)，式(4.187)可以表示成

$$\frac{\partial R_g}{\partial p_\perp} = \frac{1}{2m_e\Omega_0}\left(e^{j\varphi_c} + e^{-j\varphi_c}\right) \tag{4.188}$$

将式(4.188)代入式(4.186)可得

$$\frac{\partial}{\partial p_\perp} f_0(p_\perp,\varphi,p_z) = \frac{\partial}{\partial p_\perp} f_0(R_g,p_\perp,p_z) \\ + \frac{1}{2m_e\Omega_0}\left(e^{j\varphi_c} + e^{-j\varphi_c}\right)\frac{\partial}{\partial R_g} f_0(R_g,p_\perp,p_z) \tag{4.189}$$

同理，式(4.175)中，

$$\frac{1}{p_\perp}\frac{\partial}{\partial \varphi} f_0(p_\perp,\varphi,p_z) = \frac{1}{p_\perp}\frac{\partial R_g}{\partial \varphi}\frac{\partial}{\partial R_g} f_0(p_\perp,\varphi,p_z) \tag{4.190}$$

根据式(4.164)，可得

$$\frac{\partial R_g}{\partial \varphi} = -\frac{rr_L\cos(\varphi-\theta)}{R_g} \tag{4.191}$$

利用式(4.180)，式(4.191)可以表示成

$$\frac{\partial R_g}{\partial \varphi} = \frac{jr_L}{2}\left(e^{j\varphi_c} - e^{-j\varphi_c}\right) \tag{4.192}$$

将式(4.192)代入式(4.190)，并利用式(4.165)可得

$$\frac{1}{p_\perp}\frac{\partial}{\partial \varphi} f_0(p_\perp,\varphi,p_z) = \frac{j}{2m_e\Omega_0}\left(e^{j\varphi_c} - e^{-j\varphi_c}\right)\frac{\partial}{\partial R_g} f_0(p_\perp,\varphi,p_z) \tag{4.193}$$

根据式(4.189)和式(4.193)，式(4.175)可以进一步表示成

$$\frac{df_1}{dt} = e_0\left\{E_r\cos(\varphi-\theta) + E_\theta\sin(\varphi-\theta) + \frac{p_z}{\gamma m_e}\left[B_r\sin(\varphi-\theta) - B_\theta\cos(\varphi-\theta)\right]\right\}\frac{\partial f_0}{\partial p_\perp} \\ + \frac{e_0 p_\perp}{\gamma m_e}\left[B_\theta\cos(\varphi-\theta) - B_r\sin(\varphi-\theta)\right]\frac{\partial f_0}{\partial p_z}$$

$$+\left\{\begin{array}{l}\dfrac{e_0}{2m_e\Omega_0}\left\{\begin{array}{l}E_r\cos(\varphi-\theta)+E_\theta\sin(\varphi-\theta)+\\ \dfrac{p_z}{\gamma m_e}\Big[B_r\sin(\varphi-\theta)-B_\theta\cos(\varphi-\theta)\Big]\end{array}\right\}\left(\mathrm{e}^{\mathrm{j}\varphi_c}+\mathrm{e}^{-\mathrm{j}\varphi_c}\right)\\ +\dfrac{\mathrm{j}e_0}{2m_e\Omega_0}\left\{\begin{array}{l}E_\theta\cos(\varphi-\theta)-E_r\sin(\varphi-\theta)+\\ \dfrac{p_z}{\gamma m_e}\Big[B_r\cos(\varphi-\theta)+B_\theta\sin(\varphi-\theta)\Big]\end{array}\right\}\left(\mathrm{e}^{\mathrm{j}\varphi_c}-\mathrm{e}^{-\mathrm{j}\varphi_c}\right)\\ -\dfrac{\mathrm{j}p_\perp B_z}{\gamma m_e}\dfrac{e_0}{2m_e\Omega_0}\left(\mathrm{e}^{\mathrm{j}\varphi_c}-\mathrm{e}^{-\mathrm{j}\varphi_c}\right)\end{array}\right\}\dfrac{\partial f_0}{\partial R_\mathrm{g}} \quad (4.194)$$

利用式 (4.178) 和式 (4.183)，令 $s=m+q$，式 (4.194) 右边 $\partial f_0/\partial p_\perp$ 相关的项可以写成

$$e_0\left\{E_r\cos(\varphi-\theta)+E_\theta\sin(\varphi-\theta)+\dfrac{p_z}{\gamma m_e}\Big[B_r\sin(\varphi-\theta)-B_\theta\cos(\varphi-\theta)\Big]\right\}\dfrac{\partial f_0}{\partial p_\perp} \quad (4.195)$$
$$=\dfrac{e_0 C_{mn}V_0}{k}(\omega-k_z v_z)\sum_{s=-\infty}^{+\infty}J_{s-m}(k_c R_\mathrm{g})J_s'(k_c r_\mathrm{L})\mathrm{e}^{\mathrm{j}\phi+\mathrm{j}(m-s)\varphi_c}\dfrac{\partial f_0}{\partial p_\perp}$$

其中

$$\phi=\omega t-m\varphi-k_z z+\dfrac{m\pi}{2} \quad (4.196)$$

利用式 (4.183)，令 $s=m+q$，式 (4.194) 右边 $\partial f_0/\partial p_z$ 相关的项可以写成

$$\dfrac{e_0 p_\perp}{\gamma m_e}\Big[B_\theta\cos(\varphi-\theta)-B_r\sin(\varphi-\theta)\Big]\dfrac{\partial f_0}{\partial p_z}=\dfrac{e_0 k_z p_\perp}{\gamma m_e k}C_{mn}V_0\sum_{s=-\infty}^{+\infty}J_{s-m}(k_c R_\mathrm{g})J_s'(k_c r_\mathrm{L})\mathrm{e}^{\mathrm{j}\phi+\mathrm{j}(m-s)\varphi_c}\dfrac{\partial f_0}{\partial p_z}$$
$$(4.197)$$

利用式 (4.178)、式 (4.182)～式 (4.185)，令 $s=m+q$，式 (4.194) 右边 $\partial f_0/\partial R_\mathrm{g}$ 相关的项可以表示成

$$\left\{\begin{array}{l}\dfrac{e_0}{2m_e\Omega_0}\left\{\begin{array}{l}E_r\cos(\varphi-\theta)+E_\theta\sin(\varphi-\theta)+\\ \dfrac{p_z}{\gamma m_e}\Big[B_r\sin(\varphi-\theta)-B_\theta\cos(\varphi-\theta)\Big]\end{array}\right\}\left(\mathrm{e}^{\mathrm{j}\varphi_c}+\mathrm{e}^{-\mathrm{j}\varphi_c}\right)\\ +\dfrac{\mathrm{j}e_0}{2m_e\Omega_0}\left\{\begin{array}{l}E_\theta\cos(\varphi-\theta)-E_r\sin(\varphi-\theta)+\\ \dfrac{p_z}{\gamma m_e}\Big[B_r\cos(\varphi-\theta)+B_\theta\sin(\varphi-\theta)\Big]\end{array}\right\}\left(\mathrm{e}^{\mathrm{j}\varphi_c}-\mathrm{e}^{-\mathrm{j}\varphi_c}\right)\\ -\dfrac{\mathrm{j}p_\perp B_z}{\gamma m_e}\dfrac{e_0}{2m_e\Omega_0}\left(\mathrm{e}^{\mathrm{j}\varphi_c}-\mathrm{e}^{-\mathrm{j}\varphi_c}\right)\end{array}\right\} \quad (4.198)$$

$$=\dfrac{e_0 C_{mn}V_0}{2m_e\Omega_0}\dfrac{1}{k}\dfrac{\partial f_0}{\partial R_\mathrm{g}}\left\{\begin{array}{l}\sum_{s=-\infty}^{+\infty}(\omega-k_z v_z)J_{s-m}(k_c R_\mathrm{g})J_s'(k_c r_\mathrm{L})\mathrm{e}^{\mathrm{j}\phi+\mathrm{j}(m-s)\varphi_c}\left(\mathrm{e}^{\mathrm{j}\varphi_c}+\mathrm{e}^{-\mathrm{j}\varphi_c}\right)\\ +\sum_{s=-\infty}^{+\infty}(\omega-k_z v_z)\dfrac{s}{k_c r_\mathrm{L}}J_{s-m}(k_c R_\mathrm{g})J_s(k_c r_\mathrm{L})\mathrm{e}^{\mathrm{j}\phi+\mathrm{j}(m-s)\varphi_c}\left(\mathrm{e}^{\mathrm{j}\varphi_c}-\mathrm{e}^{-\mathrm{j}\varphi_c}\right)\\ -\dfrac{k_c p_\perp}{\gamma m_e}\sum_{s=-\infty}^{+\infty}J_{s-m}(k_c R_\mathrm{g})J_s(k_c r_\mathrm{L})\mathrm{e}^{\mathrm{j}\phi+\mathrm{j}(m-s)\varphi_c}\left(\mathrm{e}^{\mathrm{j}\varphi_c}-\mathrm{e}^{-\mathrm{j}\varphi_c}\right)\end{array}\right\}$$

对式(4.198)进一步处理，可得

$$\left\{\begin{array}{l}\dfrac{e_0}{2m_e\Omega_0}\left\{\begin{array}{l}E_r\cos(\varphi-\theta)+E_\theta\sin(\varphi-\theta)+\\ \dfrac{p_z}{\gamma m_e}\left[B_r\sin(\varphi-\theta)-B_\theta\cos(\varphi-\theta)\right]\end{array}\right\}\left(\mathrm{e}^{\mathrm{j}\varphi_c}+\mathrm{e}^{-\mathrm{j}\varphi_c}\right)\\ +\dfrac{\mathrm{j}e_0}{2m_e\Omega_0}\left\{\begin{array}{l}E_\theta\cos(\varphi-\theta)-E_r\sin(\varphi-\theta)+\\ \dfrac{p_z}{\gamma m_e}\left[B_r\cos(\varphi-\theta)+B_\theta\sin(\varphi-\theta)\right]\end{array}\right\}\left(\mathrm{e}^{\mathrm{j}\varphi_c}-\mathrm{e}^{-\mathrm{j}\varphi_c}\right)\\ -\dfrac{\mathrm{j}p_\perp B_z}{\gamma m_e}\dfrac{e_0}{2m_e\Omega_0}\left(\mathrm{e}^{\mathrm{j}\varphi_c}-\mathrm{e}^{-\mathrm{j}\varphi_c}\right)\end{array}\right\}\dfrac{\partial f_0}{\partial R_g}=\dfrac{e_0 C_{mn}V_0}{2m_e\Omega_0}$$

$$\times\dfrac{1}{k}\dfrac{\partial f_0}{\partial R_g}\sum_{s=-\infty}^{+\infty}\mathrm{e}^{\mathrm{j}\phi+\mathrm{j}(m-s)\varphi_c}\left\{\begin{array}{l}(\omega-k_z v_z)J_{s-1-m}(k_c R_g)\left[J'_{s-1}(k_c r_L)-\dfrac{s-1}{k_c r_L}J_{s-1}(k_c r_L)\right]\\ +(\omega-k_z v_z)J_{s+1-m}(k_c R_g)\left[J'_{s+1}(k_c r_L)+\dfrac{s+1}{k_c r_L}J_{s+1}(k_c r_L)\right]\\ +\dfrac{k_c p_\perp}{\gamma m_e}\left[J_{s-1-m}(k_c R_g)J_{s-1}(k_c r_L)-J_{s+1-m}(k_c R_g)J_{s+1}(k_c r_L)\right]\end{array}\right\} \quad (4.199)$$

利用贝塞尔函数的递推公式：

$$xJ'_n(x)+nJ_n(x)=xJ_{n-1}(x) \quad (4.200)$$

$$xJ'_n(x)-nJ_n(x)=-xJ_{n+1}(x) \quad (4.201)$$

可得

$$J'_{s+1}(k_c r_L)+\dfrac{s+1}{k_c r_L}J_{s+1}(k_c r_L)=J_s(k_c r_L) \quad (4.202)$$

$$J'_{s-1}(k_c r_L)-\dfrac{s-1}{k_c r_L}J_{s-1}(k_c r_L)=-J_s(k_c r_L) \quad (4.203)$$

将式(4.202)和式(4.203)代入式(4.199)后，并利用贝塞尔函数的递推公式：

$$J_{s-m-1}(k_c R_g)-J_{s-m+1}(k_c R_g)=2J'_{s-m}(k_c R_g) \quad (4.204)$$

式(4.199)可以进一步化简为

$$\left\{\begin{array}{l}\dfrac{e_0}{2m_e\Omega_0}\left\{\begin{array}{l}E_r\cos(\varphi-\theta)+E_\theta\sin(\varphi-\theta)\\ +\dfrac{p_z}{\gamma m_e}\left[B_r\sin(\varphi-\theta)-B_\theta\cos(\varphi-\theta)\right]\end{array}\right\}\left(\mathrm{e}^{\mathrm{j}\varphi_c}+\mathrm{e}^{-\mathrm{j}\varphi_c}\right)\\ +\dfrac{\mathrm{j}e_0}{2m_e\Omega_0}\left\{\begin{array}{l}E_\theta\cos(\varphi-\theta)-E_r\sin(\varphi-\theta)\\ +\dfrac{p_z}{\gamma m_e}\left[B_r\cos(\varphi-\theta)+B_\theta\sin(\varphi-\theta)\right]\end{array}\right\}\left(\mathrm{e}^{\mathrm{j}\varphi_c}-\mathrm{e}^{-\mathrm{j}\varphi_c}\right)\\ -\dfrac{p_\perp B_z}{\gamma m_e}\dfrac{e_0}{2m_e\Omega_0}\left(\mathrm{e}^{\mathrm{j}\varphi_c}-\mathrm{e}^{-\mathrm{j}\varphi_c}\right)\end{array}\right\}\dfrac{\partial f_0}{\partial R_g} \quad (4.205)$$

$$=-\dfrac{e_0 C_{mn}V_0}{m_e\Omega_0}\dfrac{1}{k}\dfrac{\partial f_0}{\partial R_g}\sum_{s=-\infty}^{+\infty}\mathrm{e}^{\mathrm{j}\phi+\mathrm{j}(m-s)\varphi_c}\left\{\begin{array}{l}(\omega-k_z v_z)J'_{s-m}(k_c R_g)J_s(k_c r_L)\\ +\dfrac{k_c p_\perp}{2\gamma m_e}\left[\begin{array}{l}J_{s+1-m}(k_c R_g)J_{s+1}(k_c r_L)\\ -J_{s-1-m}(k_c R_g)J_{s-1}(k_c r_L)\end{array}\right]\end{array}\right\}$$

第 4 章 太赫兹回旋放大器

根据式(4.195)、式(4.197)和式(4.205)，式(4.194)可以进一步表示成：

$$\frac{\mathrm{d}f_1}{\mathrm{d}t} = \frac{e_0 C_{mn} V_0}{k} \sum_{s=-\infty}^{+\infty} F_s\left(R_\mathrm{g}, p_\perp, p_z\right) \mathrm{e}^{\mathrm{j}\omega t - \mathrm{j}m\varphi - \mathrm{j}k_z z + \mathrm{j}(m-s)\varphi_\mathrm{c} + \frac{\mathrm{j}m\pi}{2}} \tag{4.206}$$

其中

$$F_s\left(R_\mathrm{g}, p_\perp, p_z\right) = J_{s-m}\left(k_c R_\mathrm{g}\right) J_s'\left(k_c r_\mathrm{L}\right) \left[\left(\omega - k_z v_z\right) \frac{\partial f_0}{\partial p_\perp} + \frac{k_z p_\perp}{\gamma m_\mathrm{e}} \frac{\partial f_0}{\partial p_z}\right]$$
$$- \frac{1}{m_\mathrm{e} \Omega_0} \left\{ \begin{array}{l} \left(\omega - k_z v_z\right) J_{s-m}'\left(k_c R_\mathrm{g}\right) J_s\left(k_c r_\mathrm{L}\right) \\ - \frac{k_c p_\perp}{2\gamma m_\mathrm{e}} \left[J_{s-m-1}\left(k_c R_\mathrm{g}\right) J_{s-1}\left(k_c r_\mathrm{L}\right) - J_{s-m+1}\left(k_c R_\mathrm{g}\right) J_{s+1}\left(k_c r_\mathrm{L}\right)\right] \end{array} \right\} \frac{\partial f_0}{\partial R_\mathrm{g}} \tag{4.207}$$

f_0 是 R_g、$p_\perp$ 和 p_z 的显式函数，只有指数项与时间相关，因此，f_1 可以进一步表示成：

$$f_1 = \frac{e_0 C_{mn} V_0}{k} \sum_{s=-\infty}^{+\infty} F_s\left(R_\mathrm{g}, p_\perp, p_z\right) \mathrm{e}^{\frac{\mathrm{j}m\pi}{2}} \int_{-\infty}^{t} \mathrm{e}^{\mathrm{j}\omega t' - \mathrm{j}m\varphi(t') - \mathrm{j}k_z z(t') + \mathrm{j}(m-s)\varphi_\mathrm{c}(t')} \mathrm{d}t' \tag{4.208}$$

式(4.208)中的积分为沿未扰轨道积分，因此：

$$z(t') = z + v_z(t' - t) \tag{4.209}$$

$$\varphi(t') = \varphi + \frac{\Omega_0}{\gamma}(t' - t) \tag{4.210}$$

$$\varphi_\mathrm{c}(t') = \varphi_\mathrm{c} + \frac{\Omega_0}{\gamma}(t' - t) \tag{4.211}$$

利用式(4.209)～式(4.211)，式(4.208)可以进一步写成

$$f_1 = -\mathrm{j}\frac{e_0 C_{mn} V_0}{k} \sum_{s=-\infty}^{+\infty} \frac{F_s\left(R_\mathrm{g}, p_\perp, p_z\right)}{\omega - k_z v_z - s\Omega_0/\gamma} \mathrm{e}^{\mathrm{j}\omega t - \mathrm{j}m\varphi(t) + \mathrm{j}(m-s)\varphi_\mathrm{c}(t) - \mathrm{j}k_z z(t) + \frac{\mathrm{j}m\pi}{2}} \tag{4.212}$$

利用式(4.173)和式(4.178)，式(4.172)中，

$$\boldsymbol{v} \cdot \boldsymbol{E}^* = c C_{mn} V_0^* \frac{p_\perp}{\gamma m_\mathrm{e}} \sum_{s=-\infty}^{+\infty} J_{s-m}\left(k_c R_\mathrm{g}\right) J_s'\left(k_c r_\mathrm{L}\right) \mathrm{e}^{-\mathrm{j}\omega t + \mathrm{j}m\varphi - \mathrm{j}(m-s)\varphi_\mathrm{c} + \mathrm{j}k_z z - \frac{\mathrm{j}m\pi}{2}} \tag{4.213}$$

根据式(4.164)、式(4.180)和式(4.181)，可得

$$\int_0^a r \mathrm{d}r \int_0^{2\pi} \mathrm{d}\theta = \int_0^{R_\mathrm{g}^{\max}} R_\mathrm{g} \mathrm{d}R_\mathrm{g} \int_0^{2\pi} \mathrm{d}\varphi_\mathrm{c} \tag{4.214}$$

其中，$R_\mathrm{g}^{\max}$ 为电子不碰撞到波导壁时的最大引导中心半径，即对于所有的电子，$R_\mathrm{g} + r_\mathrm{L} < a$。
将式(4.212)～式(4.214)代入式(4.172)，可得

$$\int_S \boldsymbol{J} \cdot \boldsymbol{E}^* \mathrm{d}S = \mathrm{j}\frac{4\pi^2 c^2 e_0^2 C_{mn}^2 V_0 V_0^*}{m_\mathrm{e}\omega}$$
$$\times \int_0^{R_\mathrm{g}^{\max}} R_\mathrm{g} \mathrm{d}R_\mathrm{g} \int_0^{+\infty} p_\perp \mathrm{d}p_\perp \int_{-\infty}^{+\infty} \mathrm{d}p_z \sum_{s=-\infty}^{+\infty} F_s\left(R_\mathrm{g}, p_\perp, p_z\right) \frac{J_{s-m}\left(k_c R_\mathrm{g}\right) J_s'\left(k_c r_\mathrm{L}\right) p_\perp}{\gamma\left(\omega - k_z v_z - s\Omega_0/\gamma\right)} \tag{4.215}$$

将式(4.207)代入式(4.215)，进行分步积分后可得

$$\int_S J \cdot E^* dS = -j\frac{4\pi^2 e_0^2 c^2 C_{mn}^2 |V_0|^2}{\omega m_e} \int_0^{R_g^{max}} R_g dR_g \int_0^{+\infty} p_\perp dp_\perp \int_0^{+\infty} dp_z \frac{f_0}{\gamma}$$

$$\times \sum_{s=-\infty}^{+\infty} \left[\frac{-\beta_\perp^2(\omega^2 - k_z^2 c^2) H_{sm}(k_c R_g, k_c r_L)}{(\omega - k_z v_z - s\Omega_0/\gamma)^2} + \frac{(\omega - k_z v_z) T_{sm}(k_c R_g, k_c r_L) - k_c v_\perp U_{sm}(k_c R_g, k_c r_L)}{\omega - k_z v_z - s\Omega_0/\gamma} \right] \quad (4.216)$$

其中

$$H_{sm}(x,y) = J_{s-m}^2(x) J_s'^2(y) \quad (4.217)$$

$$T_{sm}(x,y) = 2H_{sm}(x,y) + yJ_s'(y)$$
$$\times \left\{ 2J_{s-m}^2(x) J_s''(y) - J_s(y) \left[\frac{1}{x} J_{s-m}(x) J_{s-m}'(x) + J_{s-m}'^2(x) + J_{s-m}(x) J_{s-m}''(x) \right] \right\} \quad (4.218)$$

$$U_{sm}(x,y) = -\frac{1}{2} y J_s'(y)$$
$$\times \left\{ J_{s-1}(y) \left[J_{s-m-1}^2(x) - J_{s-m}^2(x) \right] + J_{s+1}(y) \left[J_{s-m+1}^2(x) - J_{s-m}^2(x) \right] \right\} \quad (4.219)$$

将式(4.216)代入式(4.152)，并用式(4.153)中 k_c^2 的表达式代替式(4.152)左端的 k_c^2，可得考虑波导壁的欧姆损耗时的色散方程为

$$D(\omega, k_z) = \frac{\omega^2}{c^2} - k_z^2 - k_c^2 \left[1 - (1+i)\left(1 + \frac{m^2}{\mu_{mn}^2 - m^2} \frac{\omega^2}{\omega_c^2} \right) \frac{\delta}{a} \right]$$

$$- \frac{4\pi^2 \mu_0 k_c^2 e_0^2 C_{mn}^2}{m_e} \int_0^{R_g^{max}} R_g dR_g \int_0^{+\infty} p_\perp dp_\perp \int_0^{+\infty} dp_z \frac{f_0}{\gamma} \quad (4.220)$$

$$\times \sum_{s=-\infty}^{+\infty} \left[\frac{-\beta_\perp^2(\omega^2 - k_z^2 c^2) H_{sm}(k_c R_g, k_c r_L)}{(\omega - k_z v_z - s\Omega_0/\gamma)^2} + \frac{(\omega - k_z v_z) T_{sm}(k_c R_g, k_c r_L) - k_c v_\perp U_{sm}(k_c R_g, k_c r_L)}{\omega - k_z v_z - s\Omega_0/\gamma} \right] = 0$$

对于引导半径离散为零的回旋电子注，平衡态分布函数 f_0 可以表示成

$$f_0 = \frac{N_b}{2\pi R_{g0}} \delta(R_g - R_{g0}) g(p_\perp, p_z) \quad (4.221)$$

其中，N_b 为单位轴向长度内的电子数；$g(p_\perp, p_z)$ 满足：

$$\int_0^{+\infty} 2\pi p_\perp dp_\perp \int_{-\infty}^{+\infty} dp_z g(p_\perp, p_z) = 1 \quad (4.222)$$

对于理想电子注，$g(p_\perp, p_z)$ 可以表示成

$$g(p_\perp, p_z) = \frac{1}{2\pi p_{\perp 0}} \delta(p_\perp - p_{\perp 0}) \delta(p_z - p_{z0}) \quad (4.223)$$

对于纵向速度离散服从高斯分布的单一能量电子注，$g(p_\perp, p_z)$ 可以表示成

$$g(p_\perp, p_z) = A\delta(\gamma - \gamma_0) \exp\left[\frac{-(p_z - p_{z0})^2}{2(\Delta p_z)^2} \right] \quad (4.224)$$

式中，A 为归一化常数，当 $\Delta p_z \ll p_{z0}$ 时，Δp_z 近似为 p_z 偏离均值 p_{z0} 的标准差。

对于不考虑引导半径离散和速度离散的理想电子注，根据式(4.221)和式(4.223)，式(4.220)可以进一步表示成：

$$D(\omega,k_z) = \frac{\omega^2}{c^2} - k_z^2 - k_c^2 \left[1-(1+i)\left(1+\frac{m^2}{\mu_{mn}^2-m^2}\frac{\omega^2}{\omega_c^2}\right)\frac{\delta}{a}\right] - \frac{N_b\mu_0 k_c^2 e_0^2 C_{mn}^2}{m_e\gamma_0}$$
$$\times \sum_{s=-\infty}^{+\infty}\left[\frac{-\beta_{\perp 0}^2(\omega^2-k_z^2c^2)H_{sm}(k_c R_{g0},k_c r_{L0})}{(\omega-k_z v_{z0}-s\Omega_0/\gamma_0)^2} + \frac{(\omega-k_z v_{z0})T_{sm}(k_c R_{g0},k_c r_{L0})-k_c v_{\perp 0}U_{sm}(k_c R_{g0},k_c r_{L0})}{\omega-k_z v_{z0}-s\Omega_0/\gamma_0}\right] = 0 \quad (4.225)$$

当忽略波导的欧姆损耗时，式(4.225)可以进一步简化为

$$D(\omega,k_z) = \frac{\omega^2}{c^2} - k_z^2 - k_c^2 - \frac{N_b\mu_0 k_c^2 e_0^2 C_{mn}^2}{m_e\gamma_0}$$
$$\times \sum_{s=-\infty}^{+\infty}\left[\frac{-\beta_{\perp 0}^2(\omega^2-k_z^2c^2)H_{sm}(k_c R_{g0},k_c r_{L0})}{(\omega-k_z v_{z0}-s\Omega_0/\gamma_0)^2} + \frac{(\omega-k_z v_{z0})T_{sm}(k_c R_{g0},k_c r_{L0})-k_c v_{\perp 0}U_{sm}(k_c R_{g0},k_c r_{L0})}{\omega-k_z v_{z0}-s\Omega_0/\gamma_0}\right] = 0 \quad (4.226)$$

其中

$$\beta_{\perp 0} = \frac{v_{\perp 0}}{c} = \frac{p_{\perp 0}}{m_e\gamma_0 c} \quad (4.227)$$

$$v_{z0} = \frac{p_{z0}}{m_e\gamma_0} \quad (4.228)$$

$$r_{L0} = \frac{p_{\perp 0}}{m_e\Omega_0} \quad (4.229)$$

在回旋行波管中，不考虑电子注的作用时，真空波导模式的色散方程为

$$\frac{\omega^2}{c^2} - k_c^2 - k_z^2 = 0 \quad (4.230)$$

回旋电子注的色散方程为

$$\omega - k_z v_z - \frac{s\Omega_0}{\gamma} = 0 \quad (4.231)$$

为了避免与返波模式耦合，回旋行波管通常工作在波导模式色散曲线和回旋电子注色散曲线的切点附近，如图 4.13 所示。切点处相应的磁场 B_g 满足：

$$\frac{e_0 B_g}{m_e} = \frac{\gamma_0\omega_c}{\gamma_{z0}s} \quad (4.232)$$

切点处的角频率 ω_g 和纵向波数 k_{zg} 分别为

$$\omega_g = \gamma_{z0}\omega_c \quad (4.233)$$

$$k_{zg} = \gamma_{z0}\beta_{z0}k_c \quad (4.234)$$

其中

$$\omega_c = k_c c \tag{4.235}$$

$$\beta_{z0} = \frac{v_{z0}}{c} \tag{4.236}$$

$$\gamma_{z0} = \frac{1}{\sqrt{1-\beta_{z0}^2}} \tag{4.237}$$

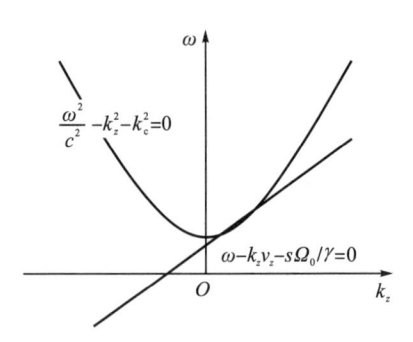

图 4.13 回旋行波管色散曲线

回旋行波管基于对流不稳定性原理，除此之外，在回旋行波管注波互作用系统中还存在着绝对不稳定性和反射不稳定性。工作于对流不稳定性状态的回旋行波管，高频场在沿轴向行进过程中被放大，但从轴向任一位置来看，该点的场幅值并不随时间变化。绝对不稳定性振荡产生于高频线路中的某一点，其振荡幅值随时间增加逐步增大并向两端扩展。绝对不稳定性振荡分为工作模式近截止区域的自激振荡和寄生模式的返波振荡。工作模式的自激振荡发生在工作模式的截止频率附近，是由于工作电流逐渐增大的过程中电子注色散曲线与波导色散曲线的交点从传播常数大于零($k_z>0$)的区域偏移到了传播常数等于零($k_z=0$)的区域乃至传播常数小于零($k_z<0$)的区域。寄生模式的返波振荡是由于回旋电子注基波或者谐波的色散曲线与非工作模式的波导色散曲线相交于传播常数小于零($k_z<0$)的区域。反射振荡主要是高频线路、输出段以及输出窗等结构阻抗不匹配以及装配误差所导致的，会造成波导结构内的全局或局域发生反射。

在不稳定区域，电磁波频率和纵向波数之间满足：

$$\begin{cases} \omega^2 - k_c^2 c^2 - k_z^2 c^2 \cong 0 \\ \omega - k_z v_{z0} - s\Omega_0/\gamma_0 \cong 0 \end{cases} \tag{4.238}$$

一般情况下，式(4.226)中 T_{sm} 和 U_{sm} 的值较小，可以忽略其对式(4.226)的影响。利用式(4.238)中的近似关系，并只考虑谐波 s 项的影响，式(4.226)可以进一步简化为

$$\begin{aligned}&\left(\frac{\omega^2}{c^2} - k_c^2 - k_z^2\right)\left(\omega - k_z v_{z0} - s\Omega_0/\gamma_0\right)^2 \\ &= -\frac{N_b \mu_0 k_c^2 e_0^2 C_{mn}^2}{m_e \gamma_0}\beta_{\perp 0}^2 \left(\omega^2 - k_z^2 c^2\right) H_{sm}\left(k_c R_{g0}, k_c r_{L0}\right)\end{aligned} \tag{4.239}$$

对式(4.239)中的各参数进行归一化处理后可得
$$\left(\bar{\omega}^2 - \bar{k}_z^2 - 1\right)\left(\bar{\omega} - \bar{k}_z\beta_{z0} - b\right)^2 = -\tau \tag{4.240}$$
其中
$$\begin{cases} \omega_c = k_c c; \quad \bar{\omega} = \dfrac{\omega}{\omega_c}; \quad \bar{k}_z = \dfrac{k_z}{k_c} \\ b = \dfrac{s\Omega_0}{\gamma_0\omega_c}; \quad \tau = \dfrac{N_b\mu_0 e_0^2 C_{mn}^2}{m_e\gamma_0}\beta_{\perp0}^2 H_{sm}\left(k_c R_{g0}, k_c r_{L0}\right) \end{cases} \tag{4.241}$$

式中，归一化系数 b 与磁感应强度 B_0 成正比；τ 是一个小量。当 τ 为零时，式(4.240)分离成两个方程：波导模式的色散方程和回旋电子注的色散方程。波导模式的色散方程为
$$\bar{\omega}^2 - \bar{k}_z^2 - 1 = 0 \tag{4.242}$$
回旋电子注的色散方程为
$$\bar{\omega} - \bar{k}_z\beta_{z0} - b = 0 \tag{4.243}$$

当回旋电子注的色散曲线与波导模式的色散曲线相切时，两个模式的耦合最强。该条件下，根据式(4.232)可得
$$b = b_0 = \frac{1}{\gamma_{z0}} \tag{4.244}$$

下面讨论 β_z 不变，b 在 b_0 附近变化时，式(4.240)表示的色散曲线随 τ 变化的特性。当工作磁场大于切点处的磁场 B_g 时，对于任意 τ 和 b 的取值，只要满足 $\tau > 0$，$b \geqslant b_0$，当 $\bar{k}_z$ 取某些实数时，如 $\bar{k}_z = \beta_{z0}/b$ 时，式(4.240)中的 ω 总会有两个复数根。当 $\bar{k}_z = \beta_{z0}/b$ 时，式(4.240)可以进一步写成
$$\left(y^2 - 1\right)(y - a)^2 = -\tau_1 \tag{4.245}$$
其中
$$y = \frac{b\bar{\omega}}{\sqrt{b^2 + \beta_{z0}^2}} \tag{4.246}$$
$$a = \sqrt{b^2 + \beta_{z0}^2} \tag{4.247}$$
$$\tau_1 = \frac{b^4\tau}{\left(b^2 + \beta_{z0}^2\right)^2} \tag{4.248}$$

当 $b \geqslant b_0$ 时，根据式(4.237)和式(4.244)可得
$$b^2 + \beta_{z0}^2 = 1 + \left(b^2 - b_0^2\right) \geqslant 1 \tag{4.249}$$
因此，当 $b \geqslant b_0$ 时，
$$a \geqslant 1 \tag{4.250}$$

令 $f(y) = (y^2-1)(y-a)^2$，$f(y)$ 随 y 变化关系如图 4.14 所示。从图中可以看出，当 $\tau_1 > 0$ 时，$f(y) = -\tau_1$ 至少有两个复数根。因此，当 $b \geqslant b_0$ 时，只要 $\tau > 0$，总会存在一种不稳定性，可能是对流不稳定性，也可能是绝对不稳定性。

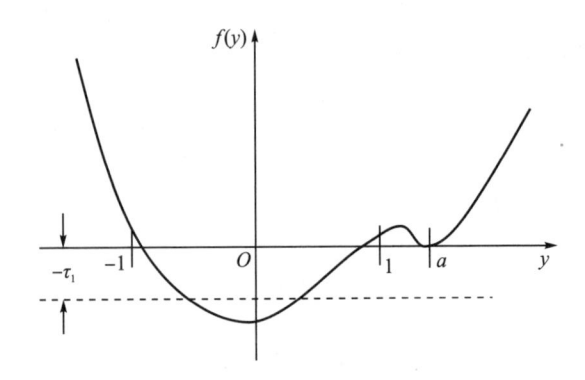

图 4.14 $f(y)$ 随 y 变化关系

当 $b=b_0$ 时，回旋电子注的色散曲线与波导模式的色散曲线相切。色散曲线[式(4.240)]可以进一步表示成：

$$D(\bar{\omega},\bar{k}_z) = (\bar{k}_z^2 - \bar{\omega}^2 + 1)\left(\bar{k}_z - \frac{\bar{\omega} - b_0}{\beta_{z0}}\right)^2 = \frac{\tau}{\beta_{z0}^2} \tag{4.251}$$

当 $0<\tau<\tau_{cg}$ 时，存在对流不稳定性；当 $\tau>\tau_{cg}$ 时，存在绝对不稳定性。τ_{cg} 满足：

$$\tau_{cg} = \beta_{z0}^2 D(\bar{\omega}_{sg}, \bar{k}_{zsg}) \tag{4.252}$$

其中，$\bar{\omega}_{sg}$ 和 $\bar{k}_{zsg}$ 为如下方程的实数根：

$$\begin{cases} \left.\dfrac{\partial D}{\partial \bar{k}_z}\right|_{\bar{\omega}_z,\bar{k}_z} = 0 \\ \left.\dfrac{\partial^2 D}{\partial \bar{k}_z^2}\right|_{\bar{\omega}_z,\bar{k}_z} = 0 \end{cases} \tag{4.253}$$

根据式(4.253)可得 $\bar{\omega}_{sg}$ 和 $\bar{k}_{zsg}$ 的具体表达式为

$$\bar{\omega}_{sg} = \frac{b_0 + 6\sqrt{2}\beta_{z0}^2}{1 + 8\beta_{z0}^2} \tag{4.254}$$

$$\bar{k}_{zsg} = \frac{\bar{\omega}_{sg} - b_0}{4\beta_{z0}} \tag{4.255}$$

将式(4.254)和式(4.255)代入式(4.252)后，可得

$$\tau_{cg}^{1/4} = 27^{1/4}\sqrt{\beta_{z0}\bar{k}_{zsg}} \tag{4.256}$$

当 $b \cong b_0$，$\tau = \tau_c$ 时出现绝对不稳定性，τ_c 表示为

$$\tau_c^{1/4} = 27^{1/4}\sqrt{\beta_{z0}\bar{k}_{zs}} \tag{4.257}$$

其中

$$\bar{k}_{zs} = \frac{\bar{\omega}_s - b}{4\beta_{z0}} \tag{4.258}$$

$$\bar{\omega}_s = \frac{b + \left[8(1-b^2)\beta_{z0}^2 + 64\beta_{z0}^4\right]^{1/2}}{1 + 8\beta_{z0}^2} \tag{4.259}$$

根据式(4.258)~式(4.259)，当 $b=b_0$ 时，式(4.258)~式(4.259)中 $\bar{k}_{zs}$ 和 $\bar{\omega}_s$ 与回旋电子注的色散曲线和波导模式的色散曲线相切时，即与式(4.254)~式(4.255)中 $\bar{k}_{zsg}$ 和 $\bar{\omega}_{sg}$ 的表达式完全相同。

根据式(4.241)、式(4.248)和式(4.257)~式(4.259)，可得无耗波导中近截止区绝对不稳定性的起振电流为

$$I_0 = \frac{27 m_e \gamma_0 c \beta_{z0}^3}{\mu_0 e_0 C_{mn}^2 \beta_{\perp 0}^2 H_{sm}(k_c R_{g0}, k_c r_L)} \left(\frac{k_{zs}}{k_c}\right)^4 \tag{4.260}$$

其中

$$k_{zs} = k_c \left(\frac{\omega_s}{\omega_c} - \frac{s\Omega_0}{\gamma_0 \omega_c}\right) / 4\beta_{z0} \tag{4.261}$$

$$\omega_s = \omega_c \left\{\frac{s\Omega_0}{\gamma_0 \omega_c} + \left\{8\left[1 - \left(\frac{s\Omega_0}{\gamma_0 \omega_c}\right)^2\right]\beta_{z0}^2 + 64\beta_{z0}^4\right\}^{1/2}\right\} \bigg/ (1 + 8\beta_{z0}^2) \tag{4.262}$$

对于 TE$_{mn}$ 模，纵向磁场分量可以用标量位函数 Φ_{mn} 表示成：

$$H_z = -j\frac{k_c}{\mu_0 k} F(z) \Phi_{mn} e^{j\omega t} \tag{4.263}$$

其中，标量位函数的表达式如式(4.96)~式(4.97)所示。利用横向场分量与纵向场分量之间的关系[式(4.138)~式(4.139)]，可得 TE$_{mn}$ 模的横向场分量的近似表达式为

$$E_T = -\frac{c}{k_c} F(z) \nabla_T \Phi_{mn} \times e_z e^{j\omega t} \tag{4.264}$$

$$B_T = \frac{-j}{kk_c} \frac{\partial F(z)}{\partial z} \nabla_T \Phi_{mn} e^{j\omega t} \tag{4.265}$$

对于 TE$_{mn}$ 模，横向电场满足：

$$\nabla^2 E_T - \frac{1}{c^2}\frac{\partial^2 E_T}{\partial t^2} = \mu_0 \frac{\partial J_T}{\partial t} \tag{4.266}$$

当不考虑电子注的影响时，且 TE$_{mn}$ 模的电场分量满足亥姆霍兹方程(4.149)，利用式(4.145)，可得

$$\left(k_z^2 + \frac{\partial^2}{\partial z^2}\right) E_T = j\omega\mu_0 J_T \tag{4.267}$$

式(4.267)两端同时点乘横向单位电矢量的共轭 e_T^*，并在波导的截面内积分，可得

$$\left(\frac{\partial^2}{\partial z^2} + k_z^2\right) F(z) = \frac{j\omega\mu_0 k_c}{c} \int_S J_T \cdot e_k^* e^{-j\omega t} dS \tag{4.268}$$

根据图 4.11 所示的坐标关系，并利用 Graf 加法定理，式(4.268)可以进一步表示成：

$$\left(\frac{\partial^2}{\partial z^2} + k_z^2\right) F(z) = S(z) \tag{4.269}$$

源项：

$$S(z) = \mathrm{j}\mu_0 k k_c^2 C_{mn} \sum_{s=-\infty}^{+\infty} \int_0^{2\pi} \mathrm{d}\theta \int_0^a J_\perp(r,t) r \mathrm{d}r \left[J_{m-s}(k_c R_g) J_s'(k_c r_L) \mathrm{e}^{-\mathrm{j}\Lambda} \right] \quad (4.270)$$

其中，$J_\perp(r,t)$ 为横向电流密度分量；相位变量 Λ 表示为

$$\Lambda = \omega t - m\varphi + (m-s)(\pi + \varphi_c) + \frac{m\pi}{2} \quad (4.271)$$

根据式 (4.156) 中电子的分布函数表达式，将高频场电场和磁场分量的表达式 (4.263) ~ 式 (4.265) 代入分布函数的扰动量 f_1 的表达式 (4.175) 中，并利用式 (4.189) 和式 (4.193)，可得

$$f_1 = \frac{e_0 C_{mn}}{k} \sum_{s=-\infty}^{+\infty} \mathrm{e}^{\mathrm{j}\Lambda} \int_{-\infty}^z F_s(R_g, p_\perp, p_z, z') T_s(z-z') \mathrm{d}z' \quad (4.272)$$

其中

$$\begin{aligned}F_s(R_g, p_\perp, p_z) = & J_{m-s}(k_c R_g) J_s'(k_c r_L) \left[\left(\omega F - \frac{\mathrm{j} p_z}{\gamma m_e} \frac{\partial F}{\partial z} \right) \frac{\partial f_0}{\partial p_\perp} + \frac{\mathrm{j} p_\perp}{\gamma m_e} \frac{\partial F}{\partial z} \frac{\partial f_0}{\partial p_z} \right] \\ & - \frac{1}{m_e \Omega_0} \left[\begin{array}{l} \left(\omega F - \frac{\mathrm{j} p_z}{\gamma m_e} \frac{\partial F}{\partial z} \right) J_{m-s}'(k_c R_g) J_s(k_c r_L) \\ - \frac{k_c p_\perp}{2\gamma m_e} F \left[J_{m-s-1}(k_c R_g) J_{s+1}(k_c r_L) - J_{m-s+1}(k_c R_g) J_{s-1}(k_c r_L) \right] \end{array} \right] \frac{\partial f_0}{\partial R_g}\end{aligned}$$
$$(4.273)$$

传递函数 T_s 定义为

$$T_s(z-z') = \frac{1}{v_z} \mathrm{e}^{-\mathrm{j}(\omega - s\Omega_0/\gamma)(z-z')/v_z} \quad (4.274)$$

式 (4.270) 中，横向电流密度分量 $J_\perp(r,t)$ 由式 (4.272) 中电流分布函数的扰动量 $f_1(r,p,t)$ 确定。根据式 (4.171)，横向电流密度分量 $J_\perp(r,t)$ 可以表示成

$$J_\perp(r,t) = -e_0 \int_0^{R_g^{\max}} R_g \mathrm{d}R_g \int_0^{+\infty} p_\perp \mathrm{d}p_\perp \int \mathrm{d}p_z f_1 \frac{p_\perp}{m_e \gamma} \quad (4.275)$$

将由电流分布函数扰动量确定的 $J_\perp(r,t)$ 代入式 (4.269)，通过求解积分微分方程可得高频场的幅值表达式 $F(z)$。

微分方程可以利用拉普拉斯变换进行求解。拉普拉斯变换定义为

$$F(p) = \int_0^{+\infty} f(t) \mathrm{e}^{-pt} \mathrm{d}t \quad (4.276)$$

令 $p = -\mathrm{j}k_z$，k_z 为复波数，则高频场分布函数 $F(z)$ 的拉普拉斯变换可以表示成：

$$L[F(z)] = \tilde{F}(k_z) \triangleq \int_0^{+\infty} F(z) \mathrm{e}^{\mathrm{j}k_z z} \mathrm{d}z \quad (4.277)$$

根据拉普拉斯变换的性质：

$$L[f''(t)] = p^2 L[f(t)] - p f(0) - f'(0) \quad (4.278)$$

式 (4.269) 可以简化为 k_z 空间关于 $\tilde{F}(k_z)$ 的一个简单代数方程：

$$\left(\frac{\omega^2}{c^2} - k_c^2 - k_z^2 \right) \tilde{F}(k_z) = \tilde{S}(k_z) - \mathrm{j} k_z F(0) + F'(0) \quad (4.279)$$

其中，初始条件为

$$F(0) = F(z)\big|_{z=0} \tag{4.280}$$

$$F'(0) = \frac{\mathrm{d}F(z)}{\mathrm{d}z}\bigg|_{z=0} \tag{4.281}$$

利用拉普拉斯变换的性质：

$$L[F'(z)] = -\mathrm{j}k_z \tilde{F}(k_z) - F(0) \tag{4.282}$$

将式(4.282)代入式(4.273)可得

$$\begin{aligned}
& \tilde{F}_s(R_\mathrm{g}, p_\perp, p_z, k_z) \\
&= J_{m-s}(k_\mathrm{c}R_\mathrm{g})J'_s(k_\mathrm{c}r_\mathrm{L}) \left[(\omega - k_z v_z)\frac{\partial f_0}{\partial p_\perp} + \frac{k_z p_\perp}{\gamma m_\mathrm{e}}\frac{\partial f_0}{\partial p_z} \right] \tilde{F}(k_z) - \frac{1}{m_\mathrm{e}\Omega_0} \\
& \times \left\{ (\omega - k_z v_z)J'_{m-s}(k_\mathrm{c}R_\mathrm{g})J_s(k_\mathrm{c}r_\mathrm{L}) - \frac{k_\mathrm{c}p_\perp}{2\gamma m_\mathrm{e}}\left[J_{m-s-1}(k_\mathrm{c}R_\mathrm{g})J_{s+1}(k_\mathrm{c}r_\mathrm{L}) - J_{m-s+1}(k_\mathrm{c}R_\mathrm{g})J_{s-1}(k_\mathrm{c}r_\mathrm{L}) \right] \right\} \\
& \tilde{F}(k_z)\frac{\partial f_0}{\partial R_\mathrm{g}} + \frac{\mathrm{j}}{\gamma m_\mathrm{e}} \left[J_{m-s}(k_\mathrm{c}R_\mathrm{g})J'_s(k_\mathrm{c}r_\mathrm{L}) \left(p_z\frac{\partial f_0}{\partial p_\perp} - p_\perp\frac{\partial f_0}{\partial p_z} \right) - \frac{p_z}{m_\mathrm{e}\Omega_0}J'_{m-s}(k_\mathrm{c}R_\mathrm{g})J_s(k_\mathrm{c}r_\mathrm{L})\frac{\partial f_0}{\partial R_\mathrm{g}} \right] \\
& \times F(0)
\end{aligned} \tag{4.283}$$

对传递函数 $T_s(z)$ 进行拉普拉斯变换后可得

$$\tilde{T}_s(k_z) = \frac{1}{\mathrm{j}(\omega - k_z v_z - s\Omega_0/\gamma)} \tag{4.284}$$

利用卷积定理，以及式(4.283)和式(4.284)，对式(4.272)进行拉普拉斯变换后可得

$$\tilde{f}_1(k_z) = \frac{e_0 C_{mn}}{k} \sum_{s=-\infty}^{+\infty} \mathrm{e}^{\mathrm{j}\Lambda} \tilde{F}_s(R_\mathrm{g}, p_\perp, p_z, k_z) \tilde{T}_s(k_z) \tag{4.285}$$

根据电流分布函数扰动量拉普拉斯变换后的表达式(4.285)，可得横向电流密度 $J_\perp(r,t)$ 拉普拉斯变换后只取 s 次谐波项的表达式：

$$\tilde{J}_\perp(k_z) = \frac{\mathrm{j}e_0^2 C_{mn}}{m_\mathrm{e}k} \int_0^{R_\mathrm{g}^{\max}} R_\mathrm{g}\mathrm{d}R_\mathrm{g} \int_0^{+\infty} p_\perp \mathrm{d}p_\perp \int \mathrm{d}p_z\, \mathrm{e}^{\mathrm{j}\Lambda} \frac{p_\perp \tilde{F}_s(R_\mathrm{g}, p_\perp, p_z, k_z)}{\gamma(\omega - k_z v_z - s\Omega_0/\gamma)} \tag{4.286}$$

利用式(4.286)，可得式(4.270)所表示的源项 $S(z)$ 拉普拉斯变换后的表达式为

$$\begin{aligned}
\tilde{S}(k_z) =& -\frac{4\pi^2 \mu_0 k_\mathrm{c}^2 e_0^2 C_{mn}^2}{m_\mathrm{e}} \int_0^{R_\mathrm{g}^{\max}} R_\mathrm{g}\mathrm{d}R_\mathrm{g} \int_0^{+\infty} p_\perp \mathrm{d}p_\perp \int \mathrm{d}p_z \\
& \times \frac{p_\perp \tilde{F}_s(R_\mathrm{g}, p_\perp, p_z, k_z)}{\gamma(\omega - k_z v_z - s\Omega_0/\gamma)} J_{m-s}(k_\mathrm{c}R_\mathrm{g})J'_s(k_\mathrm{c}r_\mathrm{L})
\end{aligned} \tag{4.287}$$

将式(4.283)代入式(4.287)，源项 $S(z)$ 拉普拉斯变换后可以进一步表示为

$$\tilde{S}(k_z) = S_1(k_z)\tilde{F}(k_z) + S_0(k_z)F(0) \tag{4.288}$$

其中

$$S_1(k_z) = \frac{4\pi^2 e_0^2 \mu_0 k k_c C_{mn}^2}{m_e c} \sum_{s=-\infty}^{+\infty} \int_0^{R_g^{\max}} R_g dR_g \int_0^{+\infty} p_\perp dp_\perp \int_{-\infty}^{+\infty} dp_z$$
$$\times \frac{f_0}{\gamma} \left[\frac{-(\omega^2 - k_z^2 c^2)\beta_\perp^2 H_{sm}(k_c R_g, k_c r_L)}{(\omega - k_z v_z - s\Omega_0/\gamma)^2} + \frac{(\omega - k_z v_z)T_{sm}(k_c R_g, k_c r_L) - k_c v_\perp U_{sm}(k_c R_g, k_c r_L)}{\omega - k_z v_z - s\Omega_0/\gamma} \right]$$
(4.289)

$$S_0(k_z) = j\frac{4\pi^2 \mu_0 k k_c e_0^2 C_{mn}^2}{m_e} \sum_{s=-\infty}^{+\infty} \int_0^{R_g^{\max}} R_g dR_g \int_0^{+\infty} p_\perp dp_\perp \int_{-\infty}^{+\infty} dp_z$$
$$\times \frac{f_0}{\gamma} \left[\frac{-\beta_\perp^2 \beta_{ph}^{-1} \omega H_{sm}(k_c R_g, k_c r_L)}{(\omega - k_z v_z - s\Omega_0/\gamma)^2} + \frac{\beta_z T_{sm}(k_c R_g, k_c r_L)}{\omega - k_z v_z - s\Omega_0/\gamma} \right]$$
(4.290)

$H_{sm}(k_c R_g, k_c r_L)$、$T_{sm}(k_c R_g, k_c r_L)$ 和 $U_{sm}(k_c R_g, k_c r_L)$ 的表达式如式(4.217)~式(4.219)所示。

对于单一能量电子注，电子的分布函数 $f_0(R_g, p_\perp, p_z)$ 可以表示成：

$$f_0 = N_b \delta(\gamma - \gamma_0) \frac{1}{2\pi p_{\perp 0}} \delta(p_\perp - p_{\perp 0}) \frac{1}{2\pi R_{g0}} \delta(R_g - R_{g0}) \quad (4.291)$$

将式(4.291)代入式(4.289)和式(4.290)，可得 $S_1(k_z)$ 和 $S_0(k_z)$ 的最终表达式分别为

$$S_1(k_z) = \frac{N_b e_0^2 \mu_0 k k_c C_{mn}^2}{m_e \gamma_0 c} \left[\begin{array}{l} \dfrac{-(\omega^2 - k_z^2 c^2)\beta_{\perp 0}^2 H_{sm}(k_c R_{g0}, k_c r_{L0})}{(\omega - k_z v_{z0} - s\Omega_0/\gamma_0)^2} \\ + \dfrac{(\omega - k_z v_{z0})T_{sm}(k_c R_{g0}, k_c r_{L0}) - k_c v_\perp U_{sm}(k_c R_{g0}, k_c r_{L0})}{\omega - k_z v_{z0} - s\Omega_0/\gamma_0} \end{array} \right] \quad (4.292)$$

$$S_0(k_z) = j\frac{N_b e_0^2 \mu_0 k k_c C_{mn}^2}{m_e \gamma_0} \left[\frac{-\beta_{\perp 0}^2 \beta_{ph}^{-1} \omega H_{sm}(k_c R_{g0}, k_c r_{L0})}{(\omega - k_z v_{z0} - s\Omega_0/\gamma_0)^2} + \frac{\beta_{z0} T_{sm}(k_c R_{g0}, k_c r_{L0})}{\omega - k_z v_{z0} - s\Omega_0/\gamma_0} \right] \quad (4.293)$$

式中，N_b 为单位纵向长度内的电子数。

对于式(4.277)定义的场分布函数 $F(z)$ 的拉普拉斯变换，其对应的拉普拉斯变换的逆变换为

$$F(z) = L^{-1}[\tilde{F}(k_z)] \triangleq \frac{1}{2\pi} \int_{j\delta-\infty}^{j\delta+\infty} \tilde{F}(k_z) e^{-jk_z z} dk_z \quad (4.294)$$

根据留数定理，场分布函数可以用初始值 $F(0)$ 和 $F'(0)$ 来表示：

$$F(z) = F(0) \sum_i e^{-jk_{zi}z} \frac{N(k_{zi})}{jD'(k_{zi})} + F'(0) \sum_i e^{-jk_{zi}z} \frac{1}{jD'(k_{zi})} \quad (4.295)$$

其中

$$D'(k_z) = \frac{d}{dk_z} D(k_z) \quad (4.296)$$

$$N(k_z) = S_0(k_z) - jk_z \quad (4.297)$$

$$D(k_z) = \frac{\omega^2}{c^2} - k_c^2 - k_z^2 - S_1(k_z) \quad (4.298)$$

k_{zi} 为下面方程的第 i 个零点。

$$D(k_{zi}) = 0 \tag{4.299}$$

式(4.299)为描述电子注与波导模式间耦合的复色散方程。将式(4.292)代入式(4.299)可得分布函数满足式(4.291)所示的理想电子注的色散方程为

$$D(\omega, k_z) = \frac{\omega^2}{c^2} - k_c^2 - k_z^2 - \frac{N_b e_0^2 \mu_0 k k_c}{m_e \gamma_0 c \pi (\mu_{mn}^2 - m^2) J_m^2(\mu_{mn})}$$

$$\times \left[\frac{-(\omega^2 - k_z^2 c^2) \beta_{\perp 0}^2 H_{sm}(k_c R_{g0}, k_c r_{L0})}{(\omega - k_z v_{z0} - s\Omega_0/\gamma_0)^2} + \frac{(\omega - k_z v_{z0}) T_{sm}(k_c R_{g0}, k_c r_{L0}) - k_c v_{\perp 0} U_{sm}(k_c R_{g0}, k_c r_{L0})}{\omega - k_z v_{z0} - s\Omega_0/\gamma_0} \right] = 0 \tag{4.300}$$

式(4.300)为关于 ω 和 k_z 的四阶多项式。因此，ω 和 k_z 有 4 个复数根。将这 4 个根代入式(4.295)，可得由 4 个独立场形成的叠加场。

当场的幅值函数 $F(z)$ 确定后，平均功率可以用如下公式进行计算：

$$P_w = \int \text{Re}\left[\frac{1}{2}(E \times H^*)\right] \cdot dS = \frac{c^2}{2\mu_0 \omega k_c^2} \text{Re}\left[F(z) j F'(z)^*\right] \tag{4.301}$$

对于前向增长波，$\text{Re}(k_z)>0$，其线性增益为

$$G(z) = \frac{P_w(z)}{P_w(0)} = \frac{\text{Im}\left[F(z)F'(z)^*\right]}{\text{Im}\left[F(0)F'(0)^*\right]} \tag{4.302}$$

对于反向增长波，$\text{Re}(k_z)<0$，其线性增益为

$$G(z) = \frac{P_w(0)}{P_w(z)} = \frac{\text{Im}\left[F(0)F'(0)^*\right]}{\text{Im}\left[F(z)F'(z)^*\right]} \tag{4.303}$$

式(4.295)、式(4.300)、式(4.302)和式(4.303)在如下边界条件下求解。

对于前向波，起始于 $z = 0$ 处：

$$|F(0)| = \sqrt{\frac{2\mu_0 \omega k_c^2}{c^2 k_z} P_w(0)} \tag{4.304}$$

且

$$\left.\frac{dF(z)}{dz}\right|_{z=0} = -j k_z F(0) \tag{4.305}$$

对于反向波，起始于 $z = L$ 处：

$$\left.\frac{dF(z)}{dz}\right|_{z=0} = j k_z F(0) \tag{4.306}$$

并且，在 $z = L$ 处有

$$\text{Re}[F(z)] + j\text{Im}[F(z)] = 0 \tag{4.307}$$

4.3 回旋行波管的非线性理论

回旋行波管注波互作用非线性理论主要有两大类。一类是由美国马里兰国立大学 Nusinovich 等提出来的由电子能量、电子回旋角及高频场幅值沿纵向演化 3 个方程组成的微分方程组。另一类是由中国台湾清华大学朱国瑞教授提出的由归一化电子纵向速度、归一化电子横向速度、电子引导中心半径、电子引导中心角、电子回旋角、时空关系、高频场幅值沿纵向演化 7 个方程组成的微分方程组。本书将采用由 7 个方程组成的微分方程组来分析回旋行波管中电子注与波相互作用的非线性过程[12-14]。

回旋行波管的注波互作用过程包括电子注在高频场的作用下发生调制以及调制后的电子注受激辐射激发高频场，两者构成一个自洽的非线性过程。

根据洛伦兹力方程，在高频场以及恒定工作磁场共同作用下，电子的动量随时间的变化关系为

$$\frac{\mathrm{d}p}{\mathrm{d}t} = -e_0\left(E + v \times B\right) \tag{4.308}$$

式中，$p = \gamma m_e v$，为电子的相对论动量。相对论因子 γ 满足 $1/\gamma^2 = 1 - \beta^2$，$\beta = v/c$ 为电子的归一化速度。式(4.308)可以进一步写成：

$$\frac{\mathrm{d}p}{\mathrm{d}t} = m_e \gamma \frac{\mathrm{d}v}{\mathrm{d}t} + m_e v \frac{\mathrm{d}\gamma}{\mathrm{d}t} = -e_0\left(E + v \times B\right) \tag{4.309}$$

式(4.309)左右两端同时点乘 v 后可得

$$m_e \gamma \frac{\mathrm{d}|v|}{\mathrm{d}t} \cdot |v| + m_e |v|^2 \frac{\mathrm{d}\gamma}{\mathrm{d}t} = -e_0 E \cdot v \tag{4.310}$$

根据相对论因子的定义可得

$$\frac{\mathrm{d}|v|}{\mathrm{d}t} = \frac{|v|}{\gamma^3 \beta^2} \frac{\mathrm{d}\gamma}{\mathrm{d}t} \tag{4.311}$$

将式(4.311)代入式(4.310)可得

$$\frac{\mathrm{d}\gamma}{\mathrm{d}t} = -\frac{e_0}{m_0 c^2} E \cdot v \tag{4.312}$$

利用式(4.312)，式(4.309)可以进一步改写成：

$$\frac{\mathrm{d}v}{\mathrm{d}t} = -\frac{\eta_e}{\gamma}\left[E + v \times B - \frac{(E \cdot v)}{c^2} v\right] \tag{4.313}$$

在直角坐标系中，将电子的速度、磁场和电场在 x、y、z 三个方向的分量，代入式(4.313)可得

$$\begin{cases} \dfrac{\mathrm{d}v_x}{\mathrm{d}t} = -\dfrac{\eta_e}{\gamma}\left[E_x\left(1 - \dfrac{v_\perp^2}{c^2}\right) + \dfrac{v_y^2}{c^2} E_x + v_y B_z - v_z B_y - \dfrac{v_x v_y}{c^2} E_y\right] \\ \dfrac{\mathrm{d}v_y}{\mathrm{d}t} = -\dfrac{\eta_e}{\gamma}\left[E_y\left(1 - \dfrac{v_\perp^2}{c^2}\right) + \dfrac{v_x^2}{c^2} E_y + v_z B_x - v_x B_z - \dfrac{v_x v_y}{c^2} E_x\right] \\ \dfrac{\mathrm{d}v_z}{\mathrm{d}t} = -\dfrac{\eta_e}{\gamma}\left(v_x B_y - v_y B_x\right) + \dfrac{\eta_e v_z}{\gamma c^2}\left(E_x v_x + E_y v_y\right) \end{cases} \tag{4.314}$$

式(4.314)为直角坐标系下的电子运动方程。在回旋行波管中，如果将电场和磁场分量用圆柱坐标来表示，则需要将直角坐标系下的电子运动方程转化为圆柱坐标系下的电子运动方程。如图4.11所示，直角和圆柱坐标系中电子的速度之间满足：

$$\begin{cases} v_x = v_\perp \cos\varphi \\ v_y = v_\perp \sin\varphi \end{cases} \tag{4.315}$$

利用式(4.315)可得

$$\begin{cases} \dfrac{\mathrm{d}v_\perp}{\mathrm{d}t} = \dfrac{\mathrm{d}v_x}{\mathrm{d}t}\cos\varphi + \dfrac{\mathrm{d}v_y}{\mathrm{d}t}\sin\varphi \\ \dfrac{\mathrm{d}\varphi}{\mathrm{d}t} = \dfrac{1}{v_\perp}\left(\dfrac{\mathrm{d}v_y}{\mathrm{d}t}\cos\varphi - \dfrac{\mathrm{d}v_x}{\mathrm{d}t}\sin\varphi\right) \end{cases} \tag{4.316}$$

根据式(4.314)，式(4.316)可以进一步写成：

$$\begin{cases} \dfrac{\mathrm{d}\beta_\perp}{\mathrm{d}t} = -\dfrac{\eta_\mathrm{e}}{c\gamma}\left(1-\beta_\perp^2\right)\left(E_x\cos\varphi + E_y\sin\varphi\right) - \dfrac{\eta_\mathrm{e}\beta_z}{\gamma}\left(B_x\sin\varphi - B_y\cos\varphi\right) \\ \dfrac{\mathrm{d}\varphi}{\mathrm{d}t} = -\dfrac{\eta_\mathrm{e}}{c\gamma\beta_\perp}\left(E_y\cos\varphi - E_x\sin\varphi\right) - \dfrac{\eta_\mathrm{e}\beta_z}{\gamma\beta_\perp}\left(B_x\cos\varphi + B_y\sin\varphi\right) + \dfrac{\eta_\mathrm{e}}{\gamma}B_z \\ \dfrac{\mathrm{d}\beta_z}{\mathrm{d}t} = \dfrac{\eta_\mathrm{e}\beta_z\beta_\perp}{\gamma c}\left(E_x\cos\varphi + E_y\sin\varphi\right) - \dfrac{\eta_\mathrm{e}\beta_\perp}{\gamma}\left(B_y\cos\varphi - B_x\sin\varphi\right) \end{cases} \tag{4.317}$$

对于 TE_{mn} 模，直角和圆柱坐标系下各场分量之间满足：

$$\begin{cases} E_x = E_r\cos\theta - E_\theta\sin\theta,\ E_y = E_r\sin\theta + E_\theta\cos\theta \\ B_x = B_r\cos\theta - B_\theta\sin\theta,\ B_y = B_r\sin\theta + B_\theta\cos\theta \end{cases} \tag{4.318}$$

将式(4.318)代入式(4.317)可得

$$\begin{cases} \dfrac{\mathrm{d}\beta_\perp}{\mathrm{d}t} = -\dfrac{\eta_\mathrm{e}}{c\gamma}\left(1-\beta_\perp^2\right)\left[E_r\cos(\varphi-\theta) + E_\theta\sin(\varphi-\theta)\right] \\ \qquad\quad -\dfrac{\eta_\mathrm{e}\beta_z}{\gamma}\left[B_r\sin(\varphi-\theta) - B_\theta\cos(\varphi-\theta)\right] \\ \dfrac{\mathrm{d}\varphi}{\mathrm{d}t} = -\dfrac{\eta_\mathrm{e}}{c\gamma\beta_\perp}\left[-E_r\sin(\varphi-\theta) + E_\theta\cos(\varphi-\theta)\right] \\ \qquad\quad -\dfrac{\eta_\mathrm{e}\beta_z}{\gamma\beta_\perp}\left[B_r\cos(\varphi-\theta) + B_\theta\sin(\varphi-\theta)\right] + \dfrac{\eta_\mathrm{e}B_z}{\gamma} \\ \dfrac{\mathrm{d}\beta_z}{\mathrm{d}t} = \dfrac{\eta_\mathrm{e}\beta_z\beta_\perp}{c\gamma}\left[E_r\cos(\varphi-\theta) + E_\theta\sin(\varphi-\theta)\right] \\ \qquad\quad -\dfrac{\eta_\mathrm{e}\beta_\perp}{\gamma}\left[-B_r\sin(\varphi-\theta) + B_\theta\cos(\varphi-\theta)\right] \end{cases} \tag{4.319}$$

对于电子的空间位置(x, y, z)，$x = r\cos\theta$，$y = r\sin\theta$，对时间求导可得

$$\begin{cases} \dfrac{\mathrm{d}x}{\mathrm{d}t} = \dfrac{\mathrm{d}r}{\mathrm{d}t}\cos\theta - r\sin\theta\dfrac{\mathrm{d}\theta}{\mathrm{d}t} \\ \dfrac{\mathrm{d}y}{\mathrm{d}t} = \dfrac{\mathrm{d}r}{\mathrm{d}t}\sin\theta + r\cos\theta\dfrac{\mathrm{d}\theta}{\mathrm{d}t} \end{cases} \quad (4.320)$$

对式(4.320)进一步处理,并利用式(4.315),可得

$$\begin{cases} \dfrac{\mathrm{d}r}{\mathrm{d}t} = c\beta_\perp \cos(\varphi-\theta) \\ \dfrac{\mathrm{d}\theta}{\mathrm{d}t} = \dfrac{c\beta_\perp}{r}\sin(\varphi-\theta) \\ \dfrac{\mathrm{d}z}{\mathrm{d}t} = v_z = c\beta_z \end{cases} \quad (4.321)$$

式(4.319)和式(4.321)构成了波导中心坐标系下的电子运动方程。该方程由 6 个参量方程组成,包含三个方向的速度参量方程和三个方向的位置参量方程。通过这 6 个方程,就可得电子在不同时刻的速度及位置信息。

利用如下的导数关系:

$$\frac{\mathrm{d}}{\mathrm{d}t} = \frac{\mathrm{d}}{\mathrm{d}z}\frac{\mathrm{d}z}{\mathrm{d}t} = v_z\frac{\mathrm{d}}{\mathrm{d}z} = c\beta_z\frac{\mathrm{d}}{\mathrm{d}z} \quad (4.322)$$

式(4.319)和式(4.321)可以进一步表示成

$$\begin{cases} \dfrac{\mathrm{d}\beta_\perp}{\mathrm{d}z} = -\dfrac{\eta_\mathrm{e}}{c^2\beta_z\gamma}(1-\beta_\perp^2)\big[E_r\cos(\varphi-\theta) + E_\theta\sin(\varphi-\theta)\big] \\ \qquad\quad -\dfrac{\eta_\mathrm{e}}{c\gamma}\big[B_r\sin(\varphi-\theta) - B_\theta\cos(\varphi-\theta)\big] \\ \dfrac{\mathrm{d}\varphi}{\mathrm{d}z} = -\dfrac{\eta_\mathrm{e}}{c^2\beta_z\beta_\perp\gamma}\big[-E_r\sin(\varphi-\theta) + E_\theta\cos(\varphi-\theta)\big] \\ \qquad\quad -\dfrac{\eta_\mathrm{e}}{c\gamma\beta_\perp}\big[B_r\cos(\varphi-\theta) + B_\theta\sin(\varphi-\theta)\big] + \dfrac{\eta_\mathrm{e}}{c\beta_z\gamma}B_z \\ \dfrac{\mathrm{d}\beta_z}{\mathrm{d}z} = \dfrac{\eta_\mathrm{e}\beta_\perp}{c^2\gamma}\big[E_r\cos(\varphi-\theta) + E_\theta\sin(\varphi-\theta)\big] \\ \qquad\quad -\dfrac{\eta_\mathrm{e}\beta_\perp}{c\beta_z\gamma}\big[-B_r\sin(\varphi-\theta) + B_\theta\cos(\varphi-\theta)\big] \\ \dfrac{\mathrm{d}r}{\mathrm{d}z} = \dfrac{\beta_\perp}{\beta_z}\cos(\varphi-\theta),\ \dfrac{\mathrm{d}\theta}{\mathrm{d}z} = \dfrac{\beta_\perp}{\beta_z r}\sin(\varphi-\theta),\ \dfrac{\mathrm{d}t}{\mathrm{d}z} = \dfrac{1}{c\beta_z} \end{cases} \quad (4.323)$$

对于横截面均匀的直波导,电磁波在波导中传播时不会发生模式耦合,因此在高频场方程的推导过程中可以只考虑单个模式。在波导任意纵向位置 z 处,TE_{mn} 模的横向电场和磁场分量表示为

$$E_T = V_{mn}(z)e_{mn}\mathrm{e}^{\mathrm{j}\omega t} \quad (4.324)$$

$$H_T = I_{mn}(z)h_{mn}\mathrm{e}^{\mathrm{j}\omega t} \quad (4.325)$$

其中，e_{mn} 和 h_{mn} 分别为单位电矢量和单位横向磁矢量，且

$$\begin{cases} h_{mn} = -\nabla_T \Phi_{mn} \\ e_{mn} = h_{mn} \times e_z \end{cases} \tag{4.326}$$

$V_{mn}(z)$ 和 $I_{mn}(z)$ 分别为等效电压和电流幅值。

根据有源麦克斯韦方程，并忽略模式间的耦合，可得

$$\begin{cases} \dfrac{\partial E_T}{\partial z} = -\mathrm{j}\omega\mu_0 H_T \times e_z \\ \dfrac{\partial H_T}{\partial z} = \dfrac{1}{\mathrm{j}\omega\mu_0}\nabla_T\nabla_T \cdot (e_z \times E_T) + \mathrm{j}\omega\varepsilon_0 E_T \times e_z + J_T \times e_z \end{cases} \tag{4.327}$$

式(4.327)分别点乘单位电矢量和单位磁矢量的共轭，并在波导横截面上积分，根据式(4.324)和式(4.325)，并利用

$$\int_S \left[\nabla_T\nabla_T \cdot (e_z \times E_T)\right] \cdot h_{mn}^* \mathrm{d}S = -k_c^2 V_{mn} \tag{4.328}$$

以及模式间的正交性，可得

$$\begin{cases} \dfrac{\mathrm{d}V_{mn}}{\mathrm{d}z} = -\mathrm{j}\omega\mu_0 I_{mn} \\ \dfrac{\mathrm{d}I_{mn}}{\mathrm{d}z} = \dfrac{k_z^2}{\mathrm{j}\omega\mu_0} V_{mn} - \int_S J_T \cdot e_{mn}^* \mathrm{d}S \end{cases} \tag{4.329}$$

由式(4.329)可以进一步得到

$$\left(\dfrac{\mathrm{d}^2}{\mathrm{d}z^2} + k^2 - k_c^2\right) V_{mn} = \mathrm{j}\omega\mu_0 \int_S J_T \cdot e_{mn}^* \mathrm{d}S \tag{4.330}$$

横向电流密度 $J_T(r)$ 由下式决定：

$$J_T(r) = \dfrac{1}{2\pi} \int_0^{2\pi} J_T(r,t) \mathrm{e}^{-\mathrm{j}\omega t} \mathrm{d}(\omega t) \tag{4.331}$$

引入图3.16所示的宏粒子模型后，回旋电子注的横向电流密度可表示为

$$J_T(r,t) = \rho v_\perp \mathrm{e}^{\mathrm{j}(\varphi-\theta)}(e_r - \mathrm{j}e_\theta) \tag{4.332}$$

式中，ρ 为电荷体密度；$v_\perp$ 为电子横向速度；φ 和 θ 的定义如图4.11所示。

引入宏粒子模型后，电子注可视为分批次的离散宏粒子，每批次宏粒子携带相同的运动参量和位置参量，每批次宏粒子中会有 M 圈回旋轨道，每个回旋轨道上均匀分布着 N 个宏粒子，这样就可以用宏粒子的运动去表征大量电子的运动。为了使电子进入时与场的相位有差别，一个波周期内取 $L(L \geqslant 1)$ 批宏粒子。

根据电流定义，可得电子注电流 I_0 的表达式为

$$I_0 = -\dfrac{MN\rho \mathrm{d}S v_z \mathrm{d}t}{\mathrm{d}t} = -MN\rho \mathrm{d}S v_z \tag{4.333}$$

式中，$\mathrm{d}S$ 为每个宏粒子的截面积，是一个无穷小量，而点电荷体密度 ρ 则是一个无穷大量，"−"表示电流与电子运动方向相反。式(4.330)中注波耦合项可以进一步表示成：

$$\int_S J_T \cdot e_{mn}^* dS = \frac{1}{2\pi} \int_0^{2\pi} v_\perp e^{j(\varphi-\theta-\omega t)}(e_r - je_\theta) \cdot e_{mn}^* d(\omega t) \int_S \rho dS \tag{4.334}$$

由图 3.16 所示的电子注宏粒子模型可知，在每个波周期 $T(T = 2\pi/\omega)$ 内有 L 批次宏粒子注入到互作用区中，因此将上述积分按照 dt=T/L 即 d(ωt)=$T\omega/L$=$2\pi/L$ 的时间间隔离散成：

$$\int_S J_T \cdot e_{mn}^* dS = -\sum_{MNL} \frac{I_0}{MNL} \frac{v_\perp}{v_z} e^{j(\varphi-\theta-\omega t_k)}(e_r - je_\theta) \cdot e_{mn}^* \tag{4.335}$$

式中，t_k 为第 k 批宏粒子到达 z 处的时间，对 L 的求和表示的是一个周期内通过 z 处截面的所有电子之和。

根据式(4.326)和式(4.96)，可得 TE$_{mn}$ 模式的单位电矢量表达式为

$$e_{mn} = C_{mn}k_c\left[\frac{jm}{k_c r}J_m(k_c r)e_r + J_m'(k_c r)e_\theta\right]e^{-jm\theta} \tag{4.336}$$

将单位电矢量 e_{mn} 的表达式(4.336)代入式(4.335)后可得

$$\int_S J_T \cdot e_{mn}^* dS = \sum_{MNL} \frac{jC_{mn}k_c I_0}{MNL} \frac{v_\perp}{v_z} e^{j[\varphi+(m-1)\theta-\omega t_k]} J_{m-1}(k_c r) \tag{4.337}$$

将式(4.337)代入式(4.330)后得

$$\left(\frac{d^2}{dz^2} + k^2 - k_c^2\right)V_{mn} = -\omega\mu_0 \sum_{MNL} \frac{C_{mn}k_c I_0}{MNL} \frac{v_\perp}{v_z} e^{j[\varphi+(m-1)\theta-\omega t_k]} J_{m-1}(k_c r) \tag{4.338}$$

根据图 4.11 所示的电子位置参量之间的关系可知：

$$r(i,j) = \sqrt{R_g^2 + r_{L0}^2 + 2R_g r_{L0}\cos\left[\frac{2\pi}{M}(j-1)\right]} \tag{4.339}$$

$$\varphi(i,j) = \frac{2\pi}{N}(i-1) - \frac{2\pi}{M}(j-1) + \frac{\pi}{2} \tag{4.340}$$

$$\theta(i,j) = \arctan\left\{\frac{r_L \sin\left[\frac{2\pi}{M}(j-1)\right]}{R_g + r_L \cos\left[\frac{2\pi}{M}(j-1)\right]}\right\} - \frac{2\pi}{N}(i-1) \tag{4.341}$$

式中，$i = 1, 2, \cdots, N$；$j=1, 2, \cdots, M$。在波导中 z 处横截面上的功率为

$$P_w = \frac{1}{2}\text{Re}\left[V_{mn}(z)I_{mn}^*(z)\right] = \frac{k_z}{2\omega\mu_0}\text{Re}\left[V_{mn}(z)V_{mn}^*(z)\right] \tag{4.342}$$

对于回旋行波管的输入端，如果输入功率为 P_{in}，则电场幅值及其导数的初始值为

$$V(0) = \sqrt{\frac{2\omega\mu_0 P_{in}}{k_z}} \tag{4.343}$$

$$\left.\frac{dV(z)}{dz}\right|_{z=0} = -jk_z V(0) \tag{4.344}$$

在截止区入口处，

$$V(z) = \frac{\mathrm{d}V(z)}{\mathrm{d}z} = 0 \tag{4.345}$$

在截止区内，由于只存在恒定磁场而没有高频电磁场，所以电子沿磁力线做匀速螺旋运动。这意味着电子的动量、引导中心位置在截止区内不会发生变化，但电子的回旋将会随着时间和纵向位置变化。

参 考 文 献

[1] Chu K R, Chen H Y, Hung C L, et al. Theory and experiment of ultrahigh-gain gyrotron traveling wave amplifier[J]. IEEE Transactions on Plasma Science, 1999, 27(2): 391-404.

[2] Sirigiri J R, Shapiro M A, Temkin R J. High-power 140-GHz quasioptical gyrotron traveling-wave amplifier[J]. Physical Review Letters, 2003, 90(25): 258302.

[3] Nanni E A, Lewis S M, Shapiro M A, et al. Photonic-band-gap traveling-wave gyrotron amplifier[J]. Physical Review Letters, 2013, 111(23): 235101.

[4] Zhang C, Wang W, Song T, et al. Detailed investigations on double confocal waveguide for a gyro-TWT[J]. Journal of Infrared and Millimeter Waves, 2020, 39(5): 547-552.

[5] Wang W J, Jiang W, Yao Y L, et al. Theory, simulation and millimeter-wave measurement of the operating and parasitic modes in a high loss dielectric loaded gyrotron traveling wave amplifier[J]. Progress in Electromagnetics Research, 2021, 111: 35-46.

[6] Du C H, Liu P K. A lossy dielectric-ring loaded waveguide with suppressed periodicity for gyro-TWTs applications[J]. IEEE Transactions on Electron Devices, 2009, 56(10): 2335-2342.

[7] Denisov G G, Bratman V L, Phelps A D R, et al. Gyro-TWT with a helical operating waveguide: New possibilities to enhance efficiency and frequency bandwidth[J]. IEEE Transactions on Plasma Science, 1998, 26(3): 508-518.

[8] Chu K R, Lin A T. Gain and bandwidth of the gyro-TWT and CARM amplifiers[J]. IEEE Transactions on Plasma Science, 1988, 16(2): 90-104.

[9] Lau Y Y, Chu K R, Barnett L R, et al. Gyrotron travelling wave amplifier: I. Analysis of oscillations[J]. International Journal of Infrared and Millimeter Waves, 1981, 2(3): 373-393.

[10] Kou C S, Wang Q S, McDermott D B, et al. High-power harmonic gyro-TWT's part I: Linear theory and oscillation study[J]. IEEE Transactions on Plasma Science, 1992, 20(3): 155-162.

[11] Wang Q S, Kou C S, McDermott D B, et al. High-power harmonic gyro-TWT's part II: Nonlinear theory and design[J]. IEEE Transactions on Plasma Science, 1992, 20(3): 163-169.

[12] Sinitsyn O V, Nusinovich G S, Nguyen K T, et al. Nonlinear theory of the gyro-TWT: Comparison of analytical method and numerical code data for the NRL gyro-TWT[J]. IEEE Transactions on Plasma Science, 2002, 30(3): 915-921.

[13] Nusinovich G S, Li H F. Large-signal theory of gyro traveling wave tubes at cyclotron harmonics[J]. IEEE Transactions on Plasma Science, 1992, 20(3): 170-175.

[14] Chu K R. The electron cyclotron maser[J]. Reviews of Modern Physics, 2004, 76(2): 489-540.

第 5 章 输入输出结构

输入和输出结构是太赫兹回旋器件的重要组成部分。回旋行波管输入结构用于将输入信号传输到回旋行波管的高频结构中进行放大。输入结构主要包括输入窗、低损耗传输线和输入耦合器。回旋振荡器和回旋放大器均有输出结构,输出结构包括回旋器件互作用结构到输出窗之间的传输结构,以及用作电磁波输出通道的输出窗。

5.1 低损耗传输线

低损耗传输线用于将基模输入信号(通常为矩形波导 TE_{10} 模)低损耗、高模式纯度地传输到回旋行波管输入窗处。在太赫兹频段,如采用矩形波导基模 TE_{10} 模或圆柱波导基模 TE_{11} 模进行传输,欧姆损耗会非常大,因此需要采用过模波导或准光传输线来实现电磁波从输入信号源到回旋行波管输入窗之间的传输。常用的过模波导包括过模圆柱波导、过模矩形波导和过模圆柱波纹波导等。过模圆柱波纹波导中传输的模式为 HE_{11} 模,HE_{11} 模是一种混合模,它包含 84%的 TE_{11} 模和 16%的 TM_{11} 模。HE_{11} 模的横向场分布近似为高斯分布,场主要集中在波导中心,因此选择 HE_{11} 模作为传输模式,具有欧姆损耗小且交叉极化低的优点。太赫兹回旋行波管的低损耗传输线如图 5.1 所示。

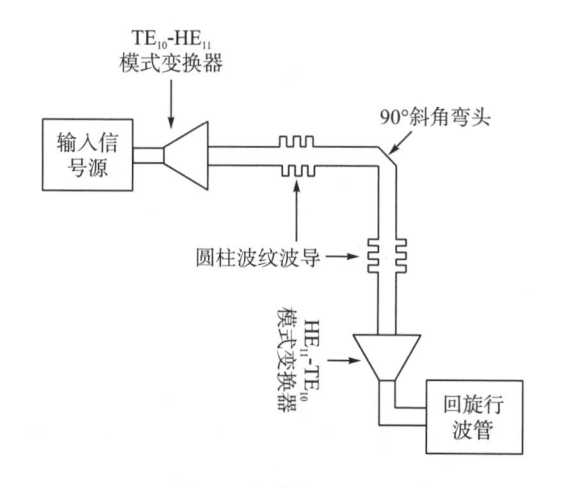

图 5.1 低损耗传输线

传输线中,包含 TE_{10}-HE_{11} 模式变换器、用于电磁波 90°转向的斜角弯头和 HE_{11}-TE_{10} 模式变换器,对于这类截面不连续的器件,可以采用广义散射矩阵理论进行分析[1,2]。

单级圆柱波导突变结构示意图如图 5.2 所示，在波导突变结构的两侧存在一系列入射波和反射波，F_1 和 F_2 分别为区域Ⅰ和区域Ⅱ中入射波幅值，B_1 和 B_2 分别为区域Ⅰ和区域Ⅱ中反射波幅值。区域Ⅰ中横向电场和横向磁场可以用单位电场矢量 e_i 和单位磁场矢量 h_i 来表示：

$$\begin{cases} E_1 = \sum_{i=1}^{M}(F_{i1} + B_{i1})e_{i1} \\ H_1 = \sum_{i=1}^{M}\left(\dfrac{F_{i1} - B_{i1}}{Z_{i1}}\right)h_{i1} \end{cases} \tag{5.1}$$

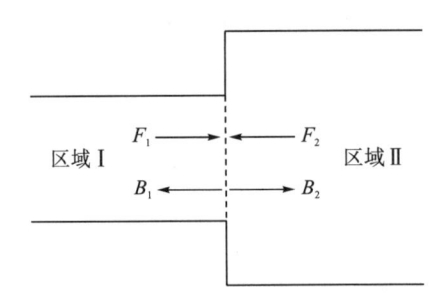

图 5.2 单级圆柱波导突变结构示意图

同理，区域Ⅱ中的横向电场和横向磁场也可以展开为

$$\begin{cases} E_2 = \sum_{j=1}^{N}(F_{j2} + B_{j2})e_{j2} \\ H_2 = \sum_{j=1}^{N}\left(\dfrac{F_{j2} - B_{j2}}{Z_{j2}}\right)h_{j2} \end{cases} \tag{5.2}$$

式(5.1)和式(5.2)中，M 和 N 分别表示区域Ⅰ和区域Ⅱ选取的模式数；下标 1 和 2 分别表示区域Ⅰ和区域Ⅱ；Z_{mn} 表示对应模式的特征阻抗，

$$Z_{mn} = \begin{cases} \dfrac{\omega\mu_0}{k_{z,mn}}, & \text{TE}_{mn}\text{模} \\ \dfrac{k_{z,mn}}{\omega\varepsilon_0}, & \text{TM}_{mn}\text{模} \end{cases} \tag{5.3}$$

$k_{z,mn}$ 表示模式的传播常数：

$$k_{z,mn} = \left(\dfrac{\omega^2}{c^2} - k_{c,mn}^2\right)^{\frac{1}{2}} \tag{5.4}$$

式中，ω 为工作频率；c 为自由空间光速；$k_{c,mn}$ 为模式的截止波数。利用区域Ⅰ和区域Ⅱ连接处的电磁边界条件，即两区域共同的连接孔径处切向磁场和电场分量连续，在区域Ⅱ的金属壁处切向电场为零，可得两个区域的入射波和反射波幅值间的关系为

$$P[\underline{F_1} + \underline{B_1}] = I[\underline{F_2} + \underline{B_2}] \tag{5.5}$$

$$Z_1 P^\mathrm{T} Y_2 [\underline{F_2} - \underline{B_2}] = I[\underline{F_1} - \underline{B_1}] \tag{5.6}$$

以上式子中，I 为单位矩阵；$\underline{F}_1$ 和 $\underline{B}_1$ 分别为区域 I 各入射波和反射波幅值构成的向量；$\underline{F}_2$ 和 $\underline{B}_2$ 分别为区域 II 各入射波和反射波幅值构成的向量；Z_1 为区域 I 中各模式的阻抗构成的 $M \times M$ 阶对角矩阵；Y_2 为区域 II 中各模式的导纳构成的 $N \times N$ 阶对角矩阵；P 为模式的耦合系数矩阵。矩阵元为

$$P_{ji} = \int_{CA} e_{j2} \cdot e_{i1}^* \mathrm{d}A \tag{5.7}$$

其中，积分区域 CA 为突变处小口径波导的横截面面积。

在圆柱波导中，TE$_{mn}$ 模的横向单位电矢量和横向单位磁矢量可以表示成：

$$\begin{cases} h_{mn} = -\nabla_T \Phi_{mn} \\ e_{mn} = h_{mn} \times e_z \end{cases} \tag{5.8}$$

标量位函数 Φ_{mn} 可表示成

$$\Phi_{mn} = C_{mn} J_m(k_c r) \mathrm{e}^{-\mathrm{j}m\theta} \tag{5.9}$$

C_{mn} 为归一化系数：

$$C_{mn} = \frac{1}{\sqrt{\pi (\mu_{mn}^2 - m^2)} J_m(\mu_{mn})} \tag{5.10}$$

其中，$J_m(x)$ 为 m 阶第一类贝塞尔函数；μ_{mn} 为 $J'_m(x) = 0$ 的第 n 个根。TM$_{mn}$ 模的横向单位电矢量和磁矢量可以表示成

$$\begin{cases} e_{mn} = -\nabla_T \Psi_{mn} \\ h_{mn} = e_z \times e_{mn} \end{cases} \tag{5.11}$$

标量位函数 Ψ_{mn} 可表示成

$$\Psi_{mn} = C_{mn} J_m(k_c r) \mathrm{e}^{-\mathrm{j}m\theta} \tag{5.12}$$

其中，C_{mn} 为归一化系数，

$$C_{mn} = \frac{1}{\sqrt{\pi} \upsilon_{mn} J'_m(\upsilon_{mn})} \tag{5.13}$$

式中，υ_{mn} 是 $J_m(x) = 0$ 的第 n 个根。利用式(5.8)～式(5.13)，根据耦合系数的表达式(5.7)，可得各模式间耦合系数的具体表达式。

TE$_{mn1}$-TE$_{mn2}$ 模式：

$$P_{n_1 n_2} = \frac{2 \left(\dfrac{a_1}{a_2}\right) \mu_{mn_2} J'_m \left(\dfrac{a_1}{a_2} \mu_{mn_2}\right)}{\sqrt{(\mu_{mn_1}^2 - m^2)(\mu_{mn_2}^2 - m^2)} J_m(\mu_{mn_2}) \left[1 - \left(\dfrac{\mu_{mn_2}}{\mu_{mn_1}}\right)^2 \left(\dfrac{a_1}{a_2}\right)^2\right]} \tag{5.14}$$

TE$_{mn1}$-TM$_{mn2}$ 模式：

$$P_{n_1 n_2} = -\frac{2m J_m \left(\dfrac{a_1}{a_2} \upsilon_{mn_2}\right)}{\upsilon_{mn_2} \sqrt{(\mu_{mn_1}^2 - m^2)} J_{m+1}(\upsilon_{mn_2})} \tag{5.15}$$

TM$_{mn1}$-TE$_{mn2}$ 模式：

$$P_{n_1 n_2} = 0 \tag{5.16}$$

TM$_{mn1}$-TM$_{mn2}$ 模式：

$$P_{n_1 n_2} = -\frac{2J_m\left(\dfrac{a_1}{a_2}\upsilon_{mn_2}\right)}{\upsilon_{mn_2} J_{m+1}\left(\upsilon_{mn_2}\right)\left[1-\left(\dfrac{\upsilon_{mn_1}}{\upsilon_{mn_2}}\right)^2\left(\dfrac{a_2}{a_1}\right)^2\right]} \tag{5.17}$$

式(5.14)~式(5.17)中，a_1 和 a_2 分别为突变结构处小口径和大口径波导的半径。

式(5.5)和式(5.6)可以整理成如下散射参数矩阵形式：

$$\begin{pmatrix}\underline{B}_1\\\underline{B}_2\end{pmatrix}=\begin{pmatrix}S_{11} & S_{12}\\S_{21} & S_{22}\end{pmatrix}\begin{pmatrix}\underline{F}_1\\\underline{F}_2\end{pmatrix} \tag{5.18}$$

其中

$$\begin{cases}S_{11}=\left[I+Z_1P^{\mathrm{T}}Y_2P\right]^{-1}\left[I-Z_1P^{\mathrm{T}}Y_2P\right]\\S_{12}=2\left[I+Z_1P^{\mathrm{T}}Y_2P\right]^{-1}Z_1P^{\mathrm{T}}Y_2\\S_{21}=2\left[I+PZ_1P^{\mathrm{T}}Y_2\right]^{-1}P\\S_{22}=-\left[I+PZ_1P^{\mathrm{T}}Y_2\right]^{-1}\left[I-PZ_1P^{\mathrm{T}}Y_2\right]\end{cases} \tag{5.19}$$

图 5.3 为两级突变结构示意图，两个单级突变结构之间由长度为 L 的均匀截面波导连接。

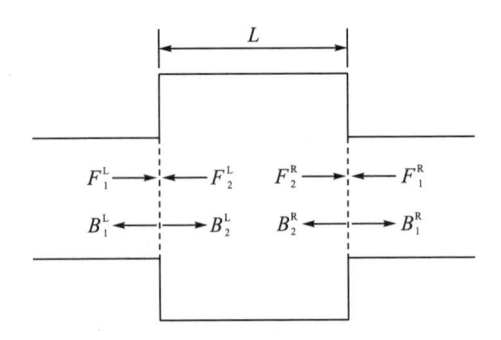

图 5.3　两级突变结构示意图

对于左侧突变结构，满足：

$$\begin{pmatrix}\underline{B}_1^{\mathrm{L}}\\\underline{B}_2^{\mathrm{L}}\end{pmatrix}=\begin{pmatrix}S_{11}^{\mathrm{L}} & S_{12}^{\mathrm{L}}\\S_{21}^{\mathrm{L}} & S_{22}^{\mathrm{L}}\end{pmatrix}\begin{pmatrix}\underline{F}_1^{\mathrm{L}}\\\underline{F}_2^{\mathrm{L}}\end{pmatrix} \tag{5.20}$$

对于右侧突变结构，满足：

$$\begin{pmatrix}\underline{B}_1^{\mathrm{R}}\\\underline{B}_2^{\mathrm{R}}\end{pmatrix}=\begin{pmatrix}S_{11}^{\mathrm{R}} & S_{12}^{\mathrm{R}}\\S_{21}^{\mathrm{R}} & S_{22}^{\mathrm{R}}\end{pmatrix}\begin{pmatrix}\underline{F}_1^{\mathrm{R}}\\\underline{F}_2^{\mathrm{R}}\end{pmatrix} \tag{5.21}$$

对于两突变矩阵中间的传输矩阵有

第 5 章 输入输出结构

$$\begin{pmatrix} \underline{F}_2^{\mathrm{L}} \\ \underline{F}_2^{\mathrm{R}} \end{pmatrix} = \begin{pmatrix} 0 & T \\ T & 0 \end{pmatrix} \begin{pmatrix} \underline{B}_2^{\mathrm{L}} \\ \underline{B}_2^{\mathrm{R}} \end{pmatrix} \tag{5.22}$$

其中

$$T = \begin{pmatrix} \mathrm{e}^{-\mathrm{j}k_{z_1}L} & 0 & \cdots & 0 & 0 \\ 0 & \mathrm{e}^{-\mathrm{j}k_{z_2}L} & \cdots & 0 & 0 \\ \vdots & \vdots & & \vdots & \vdots \\ 0 & 0 & \cdots & \mathrm{e}^{-\mathrm{j}k_{z_{n-1}}L} & 0 \\ 0 & 0 & \cdots & 0 & \mathrm{e}^{-\mathrm{j}k_{z_n}L} \end{pmatrix} \tag{5.23}$$

结合式(5.20)～式(5.23),可得两级突变结构的散射参数矩阵为

$$\begin{pmatrix} B_1^{\mathrm{L}} \\ B_1^{\mathrm{R}} \end{pmatrix} = \begin{pmatrix} S_{11}^{\mathrm{L}} + S_{12}^{\mathrm{L}} T U_1 S_{22}^{\mathrm{R}} T S_{21}^{\mathrm{L}} & S_{12}^{\mathrm{L}} T U_1 S_{21}^{\mathrm{R}} \\ S_{12}^{\mathrm{R}} T U_2 S_{21}^{\mathrm{L}} & S_{11}^{\mathrm{R}} + S_{12}^{\mathrm{R}} T U_2 S_{22}^{\mathrm{L}} T S_{21}^{\mathrm{R}} \end{pmatrix} \begin{pmatrix} F_1^{\mathrm{L}} \\ F_1^{\mathrm{R}} \end{pmatrix} \tag{5.24}$$

式中

$$U_1 = \left(I - S_{22}^{\mathrm{R}} T S_{22}^{\mathrm{L}} T\right)^{-1}, U_2 = \left(I - S_{22}^{\mathrm{L}} T S_{22}^{\mathrm{R}} T\right)^{-1} \tag{5.25}$$

对于两级以上的突变结构,只需要反复利用式(5.24)就可得级联后整体的 S 参数矩阵。

5.1.1 TE$_{10}$-HE$_{11}$ 模式变换器

TE$_{10}$-HE$_{11}$ 模式变换器用于将标准矩形波导的 TE$_{10}$ 模变换成圆柱波纹波导的 HE$_{11}$ 模,该模式变换器由两部分构成。第一部分为矩-圆变换器,用于将标准矩形波导中的 TE$_{10}$ 模转换为圆柱波导的 TE$_{11}$ 模,对于如图 5.4 所示的 TE$_{10}$-TE$_{11}$ 矩-圆模式变换器,只要转换长度足够长,就可以在很宽的频带范围内实现很高的转换效率。第二部分为波纹喇叭,如图 5.5 所示,实现圆柱波导 TE$_{11}$ 模到圆柱波纹波导 HE$_{11}$ 模的转换。

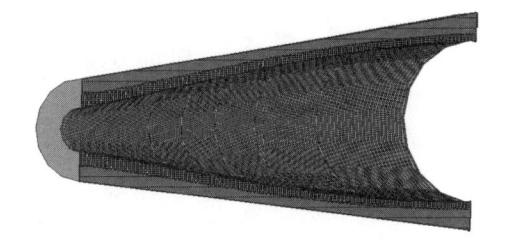

图 5.4 TE$_{10}$-TE$_{11}$ 矩-圆模式变换器　　　　图 5.5 波纹喇叭的结构示意图

波纹喇叭内壁轮廓可以用下面的正弦型曲线来描述:

$$a(z) = a_{\mathrm{i}} + (a_{\mathrm{o}} - a_{\mathrm{i}}) \left[(1-A)\frac{z}{L} + A\sin^{\rho}\left(\frac{\pi z}{2L}\right) \right] \tag{5.26}$$

其中,a_{i} 为波纹喇叭输入端半径;a_{o} 为波纹喇叭输出端半径;L 为波纹喇叭的长度;A 和 ρ 均为可调整参数。波纹喇叭内壁上的槽深从二分之一波长逐渐变为四分之一波长。根据

散射矩阵理论，可以对波纹喇叭进行理论分析和结构优化，也可以采用电磁仿真软件进行电磁仿真与优化。

5.1.2 过模圆柱波纹波导

HE$_{11}$ 模的横向场分布近似为高斯分布，高频场主要集中在波导中心，具有欧姆损耗小且交叉极化低的优点。HE$_{11}$ 模不能独立存在于光滑圆柱波导中，圆柱波纹波导的特殊边界条件满足了 HE$_{11}$ 模的传输条件，因此圆柱波纹波导可以用于传输 HE$_{11}$ 模。圆柱波纹波导的结构示意图如图 5.6 所示，波纹周期为 p，波纹深度为 d，波纹槽宽度为 w。一般情况下，传输 HE$_{11}$ 模的圆柱波纹波导的波纹周期 p 小于波长，同时远小于波导长度，在进行理论分析时可以不考虑空间谐波[3]。

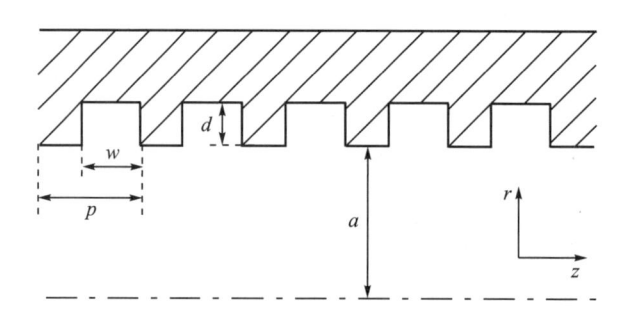

图 5.6 圆柱波纹波导的结构示意图

根据无源麦克斯韦方程组：

$$\begin{cases} \nabla \times E = -\dfrac{\partial B}{\partial t} \\ \nabla \times H = \dfrac{\partial D}{\partial t} \end{cases} \tag{5.27}$$

并根据 $D = \varepsilon_0 E$、$B = \mu_0 H$，ε_0 和 μ_0 分别为真空中的介电常数和磁导率，可得高频场的横向场分量与纵向场分量之间的关系为

$$\begin{cases} E_T = \dfrac{\mathrm{j}}{k_\mathrm{c}^2}\left(\omega\mu_0 e_z \times \nabla_T H_z - k_z \nabla_T E_z\right) \\ H_T = -\dfrac{\mathrm{j}}{k_\mathrm{c}^2}\left(\omega\varepsilon_0 e_z \times \nabla_T E_z + k_z \nabla_T H_z\right) \end{cases} \tag{5.28}$$

高频场的纵向场分量可以表示成

$$\begin{cases} E_z = A_{mn} J_m(k_\mathrm{c} r) \mathrm{e}^{\mathrm{j}(\omega t - m\theta - k_z z)} \\ H_z = B_{mn} J_m(k_\mathrm{c} r) \mathrm{e}^{\mathrm{j}(\omega t - m\theta - k_z z)} \end{cases} \tag{5.29}$$

式中，k_c 为截止波数；k_z 为传播常数。将式(5.29)代入式(5.28)，可得各横向场分量的表达式为

$$\begin{cases} E_r = -\left[\dfrac{m\omega\mu_0}{k_c^2 r}B_{mn}J_m(k_c r) + \dfrac{\mathrm{j}k_z}{k_c}A_{mn}J'_m(k_c r)\right]\mathrm{e}^{\mathrm{j}(\omega t - m\theta - k_z z)} \\ E_\theta = \left[\dfrac{\mathrm{j}\omega\mu_0}{k_c}B_{mn}J'_m(k_c r) - \dfrac{mk_z}{k_c^2 r}A_{mn}J_m(k_c r)\right]\mathrm{e}^{\mathrm{j}(\omega t - m\theta - k_z z)} \\ H_r = \left[\dfrac{m\omega\varepsilon_0}{k_c^2 r}A_{mn}J_m(k_c r) - \dfrac{\mathrm{j}k_z}{k_c}B_{mn}J'_m(k_c r)\right]\mathrm{e}^{\mathrm{j}(\omega t - m\theta - k_z z)} \\ H_\theta = -\left[\dfrac{\mathrm{j}\omega\varepsilon_0}{k_c}A_{mn}J'_m(k_c r) + \dfrac{mk_z}{k_c^2 r}B_{mn}J_m(k_c r)\right]\mathrm{e}^{\mathrm{j}(\omega t - m\theta - k_z z)} \end{cases} \quad (5.30)$$

为求解特征方程，引入边界函数来分析圆柱波纹波导。边界函数是根据波导壁阻抗的定义引申出的一对函数。在光滑金属表面，t_1 方向的壁阻抗定义为

$$Z_{t_1} = \dfrac{E_{t_1}}{J_{t_1}} \tag{5.31}$$

根据电磁场在理想金属表面的边界条件：

$$e_n \times H_{t_2} = J_{t_1} \tag{5.32}$$

式中，e_n 为垂直金属面向外的法向；t_1、t_2 为两相互垂直的金属面上的切向方向。从而可得

$$Z_{t_1} = \dfrac{E_{t_1}}{H_{t_2}} \tag{5.33}$$

在圆柱波导中，式(5.32)可以进一步表示为

$$-e_r \times (H_z e_z + H_\theta e_\theta) = J_z e_z + J_\theta e_\theta \tag{5.34}$$

因此可得

$$\begin{cases} H_z = J_\theta \\ -H_\theta = J_z \end{cases} \tag{5.35}$$

根据式(5.33)，在圆柱波导中，轴向和角向的壁阻抗分别为

$$\begin{cases} Z_z = \dfrac{E_z}{-H_\theta} \\ Z_\theta = \dfrac{E_\theta}{H_z} \end{cases} \tag{5.36}$$

角向与轴向边界函数 X、Y 定义为

$$\begin{cases} X = -\mathrm{j}\dfrac{Z_\theta}{Z_0} \\ Y = -\mathrm{j}\dfrac{Z_0}{Z_z} \end{cases} \tag{5.37}$$

其中，Z_0 为自由空间波阻抗。

$$Z_0 = \sqrt{\dfrac{\mu_0}{\varepsilon_0}} \tag{5.38}$$

将式(5.29)和式(5.30)所示的高频场分量表达式代入壁阻抗表达式(5.36)和角向与轴向边界函数表达式(5.37)后得

$$\left(\frac{XY\nu_{mn}^4}{(kma)^2}-\frac{k_z^2}{k^2}\right)F_{mn}^2-\frac{X+Y}{kma}\nu_{mn}^2 F_{mn}+1=0 \tag{5.39}$$

其中

$$\nu_{mn}=k_c a \tag{5.40}$$

$$F_{mn}=\frac{mJ_m(\nu_{mn})}{\nu_{mn}J_m'(\nu_{mn})} \tag{5.41}$$

式(5.39)就是具有特殊壁阻抗结构的圆柱波导的特征方程。对于圆柱波纹波导,当波纹周期 $p<\lambda/2$,占空比 $w/p\geqslant 0.5$,满足过模传输要求 $ka\gg 1$ 时,角向边界函数 X 和轴向边界函数 Y 可以分别表示为

$$\begin{cases} X=0 \\ Y\approx -\dfrac{p}{w}\dfrac{1}{\tan kd} \end{cases} \tag{5.42}$$

式中,角向边界函数为常数0,轴向边界函数是波纹参数的函数。当 w 和 p 满足上述限定条件,波纹深度 d 作为唯一变量时,有以下情况:

$$\begin{cases} |Y|\approx 0, & d=(2n+1)\lambda/4 \\ |Y|\to\infty, & d=n\lambda/2 \end{cases} \tag{5.43}$$

通过式(5.43)可以看出,当 $d=0$ 时,圆柱波纹波导退化为普通圆柱波导,轴向边界函数趋于无穷,该情况与偶数倍四分之一波长波纹深度的条件相同。因此偶数倍四分之一波长波纹深度的圆柱波纹波导可以类比为普通圆柱波导,此时波导内稳定存在 TE 和 TM 模。而当波纹深度为奇数倍四分之一波长时,轴向边界函数 Y 的绝对值趋于 0,此时波导内稳定存在 HE 和 EH 类混合模。当波纹深度 d 取其他值时,轴向边界函数不满足上述任意一个条件,此时波导内应同时存在 TE、TM 模以及 HE、EH 类混合模。

将式(5.42)代入式(5.39)后可得圆柱波纹波导特征方程的另一种表达形式:

$$\frac{\nu_{mn}J_m'(\nu_{mn})}{J_m(\nu_{mn})}=\frac{Y\nu_{mn}^2\pm\sqrt{Y^2\nu_{mn}^4+4(k^2a^2-\nu_{mn}^2)m^2}}{2ka} \tag{5.44}$$

对于式(5.44),可以通过数值求解或级数求解的方式得到特征值。通过前面的分析已经知道轴向边界函数与模式之间的关系,利用式(5.44)可以更详细地分析不同情况所对应的模式。

(1)轴向边界函数 Y 趋于无穷大的时候,当右边取正号时,$J_m(\nu_{mn})\to 0$,特征值为贝塞尔函数的根,对应 TM 模;取负号时,$J_m'(\nu_{mn})\to 0$,特征值为贝塞尔函数导数的根,对应 TE 模。

(2)轴向边界函数 Y 趋于无穷小的时候,类比于(1)中的情况,当右边取正号,对应 EH 模,负号对应 HE 模。

第 5 章 输入输出结构

圆柱波纹波导可以传播多种模式，其中最常用的传输模式是与自由空间高斯波束耦合度最高的线极化 HE_{11} 模。对于 HE_{mn} 模，对式(5.44)进行级数展开，可得其特征值的近似表达式为

$$\nu_{\mathrm{HE}_{mn}} \approx \upsilon_{m-1,n}\left(1-\frac{Y}{2ka}\right) \tag{5.45}$$

其中，$\upsilon_{m-1,n}$ 为 $m-1$ 阶第一类贝塞尔函数的第 n 个根。由波导内部关系 $ka \gg |Y|$，可得圆柱波纹波导基模，即 HE_{11} 模的特征值：

$$X_{\mathrm{HE}_{11}} = \upsilon_{0,1} = 2.4048 \tag{5.46}$$

对于过模圆柱波纹波导，其低阶模式满足 $ka \gg 1$，$ka \gg \nu_{mn}$ 和 $ka \gg |Y|$。对于低阶模式，则有

$$\begin{cases} \dfrac{k_z}{k} \approx 1 \\ \dfrac{k_c}{k} = \dfrac{\mu_{m-1,n}}{ka} \end{cases} \tag{5.47}$$

将式(5.47)代入式(5.30)后可得各横向场分量的表达式为

$$\begin{cases} E_r = -\dfrac{kaB_{mn}}{\mu_{m-1,n}}\left[\dfrac{mZ_0}{k_c r}J_m(k_c r)+\mathrm{j}\dfrac{A_{mn}}{B_{mn}}J'_m(k_c r)\right]\mathrm{e}^{\mathrm{j}(\omega t-m\theta-k_z z)} \\ E_\theta = \dfrac{kaB_{mn}}{\mu_{m-1,n}}\left[\mathrm{j}Z_0 J'_m(k_c r)-\dfrac{m}{k_c r}\dfrac{A_{mn}}{B_{mn}}J_m(k_c r)\right]\mathrm{e}^{\mathrm{j}(\omega t-m\theta-k_z z)} \\ H_r = \dfrac{kaB_{mn}}{\mu_{m-1,n}}\left[\dfrac{mk}{Z_0 k_c r}\dfrac{A_{mn}}{B_{mn}}J_m(k_c r)-\mathrm{j}J'_m(k_c r)\right]\mathrm{e}^{\mathrm{j}(\omega t-m\theta-k_z z)} \\ H_\theta = -\dfrac{kaB_{mn}}{\mu_{m-1,n}}\left[\dfrac{\mathrm{j}}{Z_0}\dfrac{A_{mn}}{B_{mn}}J'_m(k_c r)+\dfrac{m}{k_c r}J_m(k_c r)\right]\mathrm{e}^{\mathrm{j}(\omega t-m\theta-k_z z)} \end{cases} \tag{5.48}$$

定义

$$\gamma = \frac{A_{mn}}{B_{mn}} \tag{5.49}$$

根据边界函数的定义式(5.37)，可得 γ 的表达式为

$$\gamma = \frac{\mathrm{j}Z_0 F_{mn}}{1-\dfrac{\nu_{mn}\mu_{m-1,n}}{kma}F_{mn}Y} \tag{5.50}$$

对于 HE 和 EH 类低阶模式，当选择特征值相对稳定的波纹深度时，满足 $ka \gg |Y|$，则式(5.50)可以近似表示为

$$\gamma = \mathrm{j}Z_0 F_{mn} \tag{5.51}$$

将式(5.51)代入式(5.48)，可以进一步得到各横向场分量的表达式为

$$\begin{cases} E_r = -\dfrac{kaB_{mn}Z_0}{\mu_{m-1,n}} \left[\dfrac{m}{k_c r} J_m(k_c r) - F_{mn} J'_m(k_c r) \right] e^{j(\omega t - m\theta - k_z z)} \\ E_\theta = \dfrac{j k a B_{mn}Z_0}{\mu_{m-1,n}} \left[J'_m(k_c r) - \dfrac{m}{k_c r} F_{mn} J_m(k_c r) \right] e^{j(\omega t - m\theta - k_z z)} \\ H_r = \dfrac{j k a B_{mn}}{\mu_{m-1,n}} \left[\dfrac{mk}{k_c r} F_{mn} J_m(k_c r) - J'_m(k_c r) \right] e^{j(\omega t - m\theta - k_z z)} \\ H_\theta = \dfrac{kaB_{mn}}{\mu_{m-1,n}} \left[F_{mn} J'_m(k_c r) - \dfrac{m}{k_c r} J_m(k_c r) \right] e^{j(\omega t - m\theta - k_z z)} \end{cases} \quad (5.52)$$

其中，B_{mn} 为任意常数，可以根据归一化条件求出其具体的取值。

在圆柱波纹波导中，当考虑金属的有限电导率时，某一模式的衰减常数 α 表示为

$$\alpha = \dfrac{(R_s/2) \oint (|H_\theta|^2 + |H_z|^2) \mathrm{d}l}{2P_z} \quad (5.53)$$

式中，R_s 为表面阻抗，

$$R_s = \sqrt{\dfrac{\omega \mu_0}{2\sigma}} \quad (5.54)$$

σ 为金属的电导率。波导中沿 z 向传输功率 P_z 为

$$P_z = \dfrac{1}{2} \int_S (E \times H^*) \cdot \mathrm{d}S \quad (5.55)$$

将圆柱波纹波导中纵向场分量的表达式(5.29)和横向场分量表达式(5.52)代入式(5.53)和式(5.55)，即可计算得到圆柱波纹波导中各模式的衰减常数。

5.1.3 斜角弯头

斜角弯头用于对过模圆柱波纹波导中传输的电磁波进行 90°转向。斜角弯头结构如图 5.7 所示，由两段垂直相交的圆柱波纹波导和连接两段波导的 45°反射镜面组成。斜角弯头的损耗主要源于转弯处波导不连续引起的衍射。

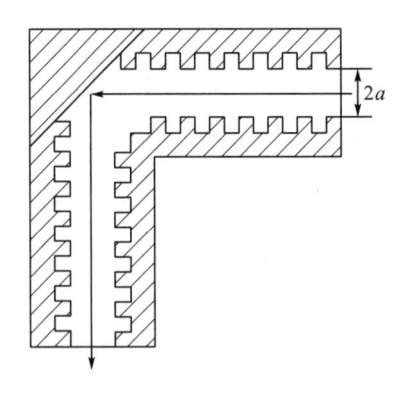

图 5.7 斜角弯头结构模型

斜角弯头的衍射损耗可以采用等效"间隙理论"进行分析[4]。图 5.8 为斜角弯头的等效间隙模型，在计算斜角弯头处的衍射损耗时，斜角弯头等效为间隙长度 $L=2a$ 的两段圆柱波纹波导，a 为圆柱波纹波导的内径。在实际情况下，圆柱波纹波导与反射镜面相连接，因此斜角弯头的衍射损耗为间隙长度为 $L=2a$ 的间隙损耗的一半。

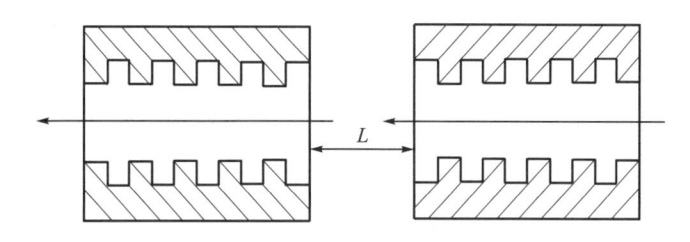

图 5.8　斜角弯头的等效间隙模型

可以采用散射矩阵理论对过模波纹波导间隙处的衍射损耗进行计算。将图 5.8 所示的等效间隙模型近似为图 5.9 所示的两级突变结构，为了避免突变结构引起的谐振，将计算过程分为两步。第一步计算由小口径波导入射至大口径波导的突变结构，如图 5.9(a) 所示。小口径波导半径为圆柱波纹波导的内径，大口径波导长度 L 对应波导等效间隙长度，大口径波导的半径 a_1 可由下面的公式计算得到

$$a_1 = a\sqrt{\left(\frac{L\lambda}{1.3a^2}\right)^2 + 1} \tag{5.56}$$

第二步计算由大口径波导到小口径波导的突变结构，如图 5.9(b) 所示，将第一级突变计算得到的各模式出射波的幅值和相位作为第二级突变计算中的入射波初始值，在第二级突变的计算中，只关注从左端口到右端口的传输功率，忽略左端口处的反射功率，这样可避免将波导间隙看作半径有限突变结构所带来的谐振。

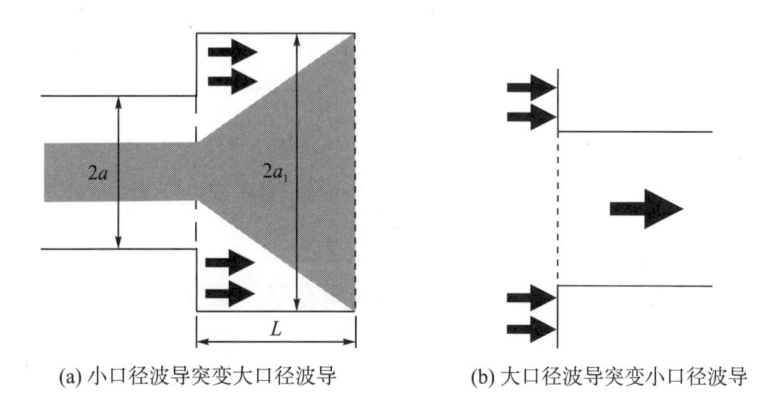

(a) 小口径波导突变大口径波导　　(b) 大口径波导突变小口径波导

图 5.9　过模波导间隙的计算方法

5.2　太赫兹回旋行波管输入窗

在回旋行波管中，输入窗是保持管内高真空和低损耗输入的重要元器件。输入窗的种类很多，有单盘、多盘和盒型窗等多种结构。盒型窗具有频带宽、易于钎焊、功率容量大等优点，目前回旋行波管的输入窗多采用盒型窗[5]。盒型窗主要由两端输入输出的矩形波导、圆柱波导以及圆柱波导中间的介质窗片组成，其结构模型如图 5.10 所示。

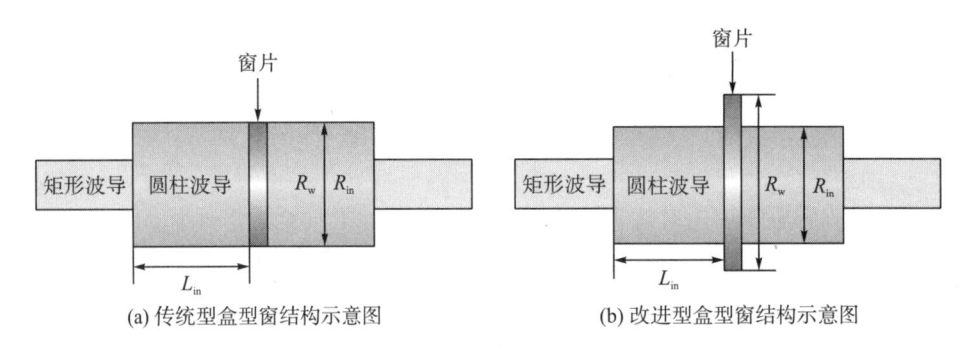

(a) 传统型盒型窗结构示意图　　(b) 改进型盒型窗结构示意图

图 5.10　盒型输入窗

图 5.10(a)是传统型盒型输入窗的标准形式，由输入输出端的标准矩形波导、直径等于标准矩形波导对角线的圆柱波导和焊接在圆柱波导中间的介质窗片组成，传统型盒型窗在低频段回旋行波管中得到了广泛应用。传统型盒型窗的焊接面为圆柱介质窗片的侧面，随着回旋行波管工作频率的提高，盒型输入窗的结构尺寸减小，介质窗片尺寸也会相应地减小，导致传统型盒型窗的焊接面减小，盒型窗的气密性下降。同时，盒型窗尺寸减小导致实验容差变小，工作频率越高，盒型窗加工难度越大。改进型盒型输入窗的结构如图 5.10(b) 所示。改进型盒型输入窗的焊接面为介质窗片上大于圆柱波导的环形端面，其焊接面不会随着工作频率的提升而变小。选择合适直径的介质窗片可以有效地提高改进型盒型窗的误差容量，降低高频段盒型输入窗的实现难度。盒型输入窗的设计及优化可以利用阻抗匹配法、矩量法和等效电路法等，也可以选择电磁仿真软件进行仿真优化。

5.3　太赫兹回旋行波管输入耦合器

输入耦合器是回旋行波管的关键部件，输入耦合器将来自输入窗的基模(如 TE_{10} 模或 HE_{11} 模)转换为回旋行波管的工作模式。高性能输入耦合器可以降低对前级驱动源的要求并可以有效地提升回旋行波管的互作用效率，增加输出功率。输入耦合器需要满足高效率、高纯度和大带宽的要求。

输入耦合器通常有三个端口，第一个端口是与输入波导相连的输入端口，一般输入的是矩形波导的基模 TE_{10} 模；第二个端口是靠近高频互作用结构的输出端口，该端口输出的高频场即为工作模式高频场；第三个端口是靠近电子枪的另一个输出端口，该端口为截止波导末端，防止输入耦合器的高频场反向传输至电子枪。通常情况下，输入耦合器采用侧壁耦合方式。回旋行波管的输入耦合器主要包含以下三类。

(1) 直接馈入式输入耦合器。这种输入耦合器结构相对简单，但缺点是传输效率低、模式纯度低，且容易耦合出其他竞争模式。这种结构适用于 TE_{11} 模输入耦合器。

(2) 同轴输入耦合器。这种输入耦合器基于同轴结构，由同轴结构、圆柱波导以及两者之间的多个耦合缝组成。一般通过矩形波导将输入信号注入到同轴谐振腔中，通过改变同轴腔体的各种结构参数获得不同的输出模式。同轴输入耦合器的模式转换效率和模式纯度均可以达到很高的水平，但带宽较窄。

(3) Y 型功分网络输入耦合器。这种结构的输入耦合器是目前应用最广泛的输入耦合器，其结构主要包括功分器、主波导和截止波导，功分器包含多级 Y 型功分网络，主波导含有多个耦合缝。这种类型的输入耦合器可以通过改变耦合缝隙的数目和耦合缝隙的大小来增大输入耦合器的转换效率和工作带宽，该类型输入耦合器具有耦合效率高和工作带宽大等特点。

侧壁耦合输入耦合器示意图如图 5.11 所示，矩形波导与互作用结构相连，形成耦合结构。通过互作用结构的侧壁耦合孔，将矩形波导中的 TE_{10} 模转换为互作用结构中的工作模式。每一个耦合孔均可以等效为电偶极矩和磁偶极矩，电偶极矩 P_e 正比于法向电场 E_n，磁偶极矩 P_m 正比于切向磁场 H_t[6]：

$$P_e = \alpha_e \varepsilon_0 E_n \delta(x - x_0) \tag{5.57}$$

$$P_m = -\alpha_m H_t \delta(x - x_0) \tag{5.58}$$

式中，x 和 x_0 分别为观察点和耦合缝的位置；α_e 和 α_m 为与耦合缝大小和形状相关的常数。当连接互作用结构的矩形波导中的模式为 TE_{10} 模时，法向电场分量为 0，但切向磁场分量不为 0，因此，只会产生平行于互作用结构轴向的磁偶极子。

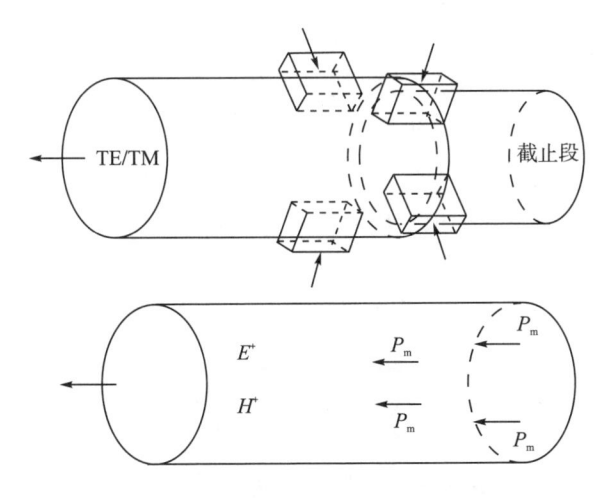

图 5.11 侧壁耦合输入耦合器示意图

假定高频场的时间因子可以表示为 $\exp(j\omega t)$，则相应的等效电极化电流密度 J 和磁极

化电流密度 M 分别为

$$J = \sum j\omega P_e = 0 \tag{5.59}$$

$$M = \sum j\omega\mu_0 P_m = -j\omega\mu_0 \alpha_m H_z \sum_i \delta(x - x_i) \tag{5.60}$$

式中，H_z 为切向磁场；x_i 为第 i 个耦合缝的位置。

设 E_1 和 H_1 是封闭曲面 S 所包围的体积 V 中由体电流密度 J_1 和体磁流密度 M_1 产生的场，E_2 和 H_2 是同一体积 V 中由体电流密度 J_2 和体磁流密度 M_2 产生的场。两组场都分别满足麦克斯韦方程：

$$\begin{cases} \nabla \times E_1 = -j\omega\mu_0 H_1 - M_1 \\ \nabla \times H_1 = j\omega\varepsilon_0 E_1 + J_1 \end{cases} \tag{5.61}$$

$$\begin{cases} \nabla \times E_2 = -j\omega\mu_0 H_2 - M_2 \\ \nabla \times H_2 = j\omega\varepsilon_0 E_2 + J_2 \end{cases} \tag{5.62}$$

利用矢量恒等式：

$$\nabla \cdot (A \times B) = B \cdot (\nabla \times A) - A \cdot (\nabla \times B) \tag{5.63}$$

将 $\nabla \cdot (E_1 \times H_2 - E_2 \times H_1)$ 展开为

$$\nabla \cdot (E_1 \times H_2 - E_2 \times H_1) = H_2 \cdot \nabla \times E_1 - E_1 \cdot \nabla \times H_2 - H_1 \cdot \nabla \times E_2 + E_2 \cdot \nabla \times H_1 \tag{5.64}$$

利用式(5.61)和式(5.62)，式(5.64)可以进一步表示成

$$\nabla \cdot (E_1 \times H_2 - E_2 \times H_1) = E_2 \cdot J_1 - E_1 \cdot J_2 - H_2 \cdot M_1 + H_1 \cdot M_2 \tag{5.65}$$

将式(5.65)在体积 V 内积分，并应用奥-高公式：

$$\int_V \nabla \cdot A \, dV = \oint_S A \cdot dS \tag{5.66}$$

可得

$$\oint_S (E_1 \times H_2 - E_2 \times H_1) \cdot dS = \int_V (E_2 \cdot J_1 - E_1 \cdot J_2 - H_2 \cdot M_1 + H_1 \cdot M_2) dV \tag{5.67}$$

式(5.65)和式(5.67)即为微分和积分形式的洛伦兹互易定理。

在侧壁耦合输入耦合器中，E_1 和 H_1 分别对应互作用结构中的电场和磁场分量，相应的电流密度和磁流密度 $J_1=M_1=0$；E_2 和 H_2 由磁流密度 M_2 产生，电流密度 $J_2=0$。在上述条件下，利用互易定理[式(5.67)]可得

$$\oint_S (E_1 \times H_2 - E_2 \times H_1) \cdot dS = \int_V (H_1 \cdot M_2) dV \tag{5.68}$$

在输入耦合器中，假定互作用结构的轴向为 z 向，当波被激励起来后，会在互作用结构中沿 $\pm z$ 两个方向传播，其中沿 $-z$ 方向传播的波经截止段全反射后变为前向波，因此在互作用结构中可以只考虑前向波。互作用结构中前向波电场和磁场分量可以分别表示为

$$E_2^+ = \sum_n A_n^+ (e_T + e_z e_{zn}) e^{-jk_{zn}z} \tag{5.69}$$

$$H_2^+ = \sum_n A_n^+ (h_T + e_z h_{zn}) e^{-jk_{zn}z} \tag{5.70}$$

式中，e_T、h_T、h_{zn} 和 e_{zn} 为第 n 个模式的归一化场分量；A_n^+ 为第 n 个模式的幅值。

当输入耦合器有四个耦合缝，且这四个耦合缝沿互作用结构角向均匀分布时，磁偶极矩可表示成：

第 5 章　输入输出结构

$$P_{\mathrm{m}} = -\alpha_{\mathrm{m}} H_z \delta(\rho-\rho_0)\delta(z-z_0)\left[\delta(\theta-0)+\delta\left(\theta-\frac{\pi}{2}\right)+\delta(\theta-\pi)+\delta\left(\theta-\frac{3\pi}{2}\right)\right] \quad (5.71)$$

将式(5.69)~式(5.71)代入式(5.60)和式(5.68)后可得

$$\begin{aligned}A_n^+ &= \frac{1}{P_n}\int_V (e_z h_{zn})\cdot \mathrm{j}\omega\mu_0 P_{\mathrm{m}}\,\mathrm{e}^{\mathrm{j}k_{zn}z}\,\mathrm{d}V \\ &= -\frac{1}{P_n}\mathrm{j}\omega\mu_0\alpha_{\mathrm{m}}H_{z0}\left[h_{zn}(0)+h_{zn}\left(\frac{\pi}{2}\right)+h_{zn}(\pi)+h_{zn}\left(\frac{3\pi}{2}\right)\right]\end{aligned} \quad (5.72)$$

其中,P_n 为与第 n 个模式功率流成正比的归一化常数。

$$P_n = 2\oint_{S_0}(e_T\times h_T)\cdot e_z\mathrm{d}S \quad (5.73)$$

利用上述方法,就可以对输入耦合器中耦合强度和模式纯度进行分析。

5.3.1　圆柱波导回旋行波管输入耦合器

1. 同轴腔结构圆柱波导输入耦合器

同轴腔结构圆柱波导输入耦合器如图 5.12 所示。该耦合器由输入波导、同轴谐振腔和圆柱波导组成,同轴谐振腔与圆柱波导之间为耦合狭缝。r_a 和 r_b 分别为同轴谐振腔的内径和外径;d_c 和 d_k 分别为耦合缝的长度和宽度;r 为圆柱波导半径;L 为同轴谐振腔的长度。耦合器的输入信号为矩形波导基模 TE$_{10}$ 模,输入信号在同轴谐振腔中激励起 TE$_{N11}$ 模;TE$_{N11}$ 模经 N 个耦合缝在圆柱波导中建立起 TE$_{0n}$ 模。

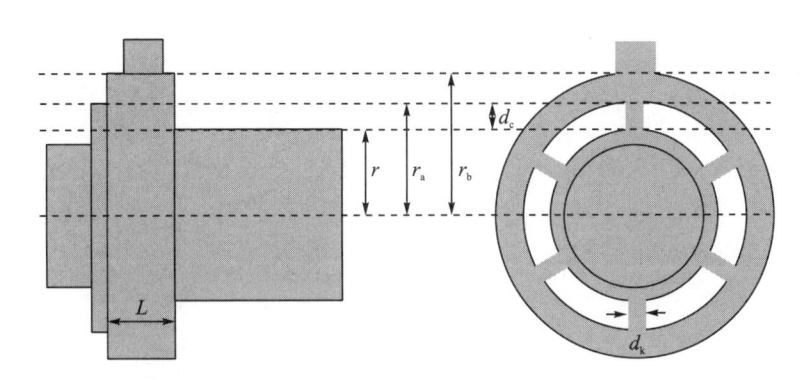

图 5.12　同轴腔结构圆柱波导输入耦合器示意图

同轴波导中,TE$_{mn}$ 模满足的本征方程为

$$J'_m(k_\mathrm{c}r_\mathrm{a})N'_m(k_\mathrm{c}r_\mathrm{b}) - N'_m(k_\mathrm{c}r_\mathrm{a})J'_m(k_\mathrm{c}r_\mathrm{b}) = 0 \quad (5.74)$$

式中,$J'_m(x)$ 和 $N'_m(x)$ 分别为第一类和第二类贝塞尔函数的导数;k_c 为 TE$_{mn}$ 模的截止波数。
传播常数:

$$k_z = \sqrt{\omega^2\varepsilon_0\mu_0 - k_\mathrm{c}^2} \quad (5.75)$$

同轴谐振腔的谐振条件为

$$k_z L = p\pi, \quad p = 1, 2, 3, \cdots \tag{5.76}$$

2. Y型功分网络圆柱波导输入耦合器

Y型功分网络圆柱波导输入耦合器不含谐振结构，耦合缝尺寸可以更大，因此具有更大的功率容量和更大的工作带宽。

TE$_{21}$模输入耦合器：TE$_{21}$模的场具有双重对称性，圆柱波导壁的纵向磁场分量可以表示为

$$h_{zn}(\theta) = (A\sin 2\theta + B\cos 2\theta)J_2(\mu_{21}) \tag{5.77}$$

其中，A、B为常数，μ_{21}为方程$J_2'(x)=0$的第一个根。输入耦合器采用双路馈源结构。等效磁偶极矩可以表示成

$$P_m = -\alpha_m H_z \delta(\rho - \rho_0)\delta(z - z_0)\left[\delta(\theta - 0) + \delta(\theta - \pi)\right] \tag{5.78}$$

将式(5.78)代入式(5.60)和式(5.68)，可得TE$_{21}$模及可能的竞争模式的幅值为

$$A^+_{\mathrm{TE}_{21,B}} = -\mathrm{j}\omega\mu_0 \frac{2B}{P_{21}}\alpha_m H_{z0} J_2(\mu_{21}) \tag{5.79}$$

$$A^+_{\mathrm{TE}_{21,A}} = 0, \quad A^+_{\mathrm{TE}_{11,A}} = A^+_{\mathrm{TE}_{11,B}} = 0, \quad A^+_{\mathrm{TM}_{01}} = 0 \tag{5.80}$$

根据式(5.79)～式(5.80)，不难发现，双路馈源结构只会激励起TE$_{21}$模式，竞争模式TE$_{11}$模和TM$_{01}$模不会被激励。

TE$_{01}$模输入耦合器：TE$_{01}$模的场是对称的，因此可以采用双路馈源结构或者四路馈源结构。馈入结构越多，实现的难度越大。TE$_{01}$模输入耦合器主要的竞争模式为TE$_{11}$模和TE$_{21}$模，四路馈源结构足以抑制这两个竞争模式。四路馈源结构对应的等效磁偶极矩为

$$P_m = -\alpha_m H_z \delta(\rho - \rho_0)\delta(z - z_0)\left[\delta(\theta - 0) + \delta\left(\theta - \frac{\pi}{2}\right) + \delta(\theta - \pi) + \delta\left(\theta - \frac{3\pi}{2}\right)\right] \tag{5.81}$$

将式(5.81)代入式(5.60)和式(5.68)后可得TE$_{01}$模式及可能的竞争模式的幅值表达式为

$$A^+_{\mathrm{TE}_{01}} = -\mathrm{j}\omega\mu_0 \frac{4B}{P_{01}}\alpha_m H_{z0} J_0(\mu_{01}) \tag{5.82}$$

$$A^+_{\mathrm{TE}_{21,A}} = A^+_{\mathrm{TE}_{21,B}} = 0, \quad A^+_{\mathrm{TE}_{11,A}} = A^+_{\mathrm{TE}_{11,B}} = 0, \quad A^+_{\mathrm{TM}_{01}} = 0, \quad A^+_{\mathrm{TM}_{11,A}} = A^+_{\mathrm{TM}_{11,B}} = 0 \tag{5.83}$$

因此，采用四路馈源结构可以有效地抑制可能的竞争模式TE$_{21}$模、TE$_{11}$模、TM$_{01}$模和TM$_{11}$模，激励起高纯度的TE$_{01}$模。

TE$_{41}$模输入耦合器：TE$_{41}$模仍可以采用四路馈源结构进行激励。圆波导壁的纵向磁场分量可以表示为

$$h_{zn}(\theta) = (A\sin 4\theta + B\cos 4\theta)J_4(\mu_{41}) \tag{5.84}$$

式中，A、B为常数；μ_{41}为方程$J_4'(x)=0$的第一个根，其四路馈源结构对应的等效磁偶极矩如式(5.81)所示。将式(5.81)代入式(5.60)和式(5.68)，并利用TE$_{41}$模的纵向磁场表达式(5.84)可得

第 5 章 输入输出结构

$$A^+_{\mathrm{TE}_{41,B}} = -\mathrm{j}\omega\mu_0 \frac{4B}{P_{41}} \alpha_\mathrm{m} H_{z0} J_4(\mu_{41}) \tag{5.85}$$

$$A^+_{\mathrm{TE}_{01}} = -\mathrm{j}\omega\mu_0 \frac{4B}{P_{01}} \alpha_\mathrm{m} H_{z0} J_0(\mu_{01}) \neq 0 \tag{5.86}$$

其他可能竞争模式的幅值均为零。采用四路馈源结构激励 TE_{41} 模时，其主要的竞争模式为 TE_{01} 模，因为 TE_{01} 模也可以用四路馈源结构进行激励。因此，采用四路馈源结构输入耦合器激励 TE_{41} 模，相较于前面的 TE_{21} 模和 TE_{01} 模激励器，由于寄生模式 TE_{01} 模的存在，激励起的 TE_{41} 模的模式纯度相对要低一些，但因 TE_{01} 模的功率占比很低，仍然能够满足回旋行波管的需求。

5.3.2 单共焦波导回旋行波管输入耦合器

单共焦波导是一种新型的回旋行波管注波互作用结构，目前主要有两种方法激励高阶准光波导模式。一种是最早由 MIT 提出的基于小孔耦合的波导模式变换器方法，该方法已成功应用于 140GHz 单共焦波导回旋放大器。另一种是准光技术方法，利用准光技术将高斯波束转换为共焦波导模式。准光输入耦合器结构相对复杂，因此一般采用基于小孔耦合的输入耦合器，将矩形波导中的 TE_{10} 模转换为单共焦波导的工作模式 HE_{0n} 模。

1. 单路馈源结构单共焦波导输入耦合器

单路馈源结构单共焦波导输入耦合器结构示意图如图 5.13 所示。该输入耦合器采用标准矩形波导作为输入端口，电磁波在耦合孔处通过磁耦合方式转换为准光波导模式。在电子枪一端，采用截止结构，准光波导的半径逐渐减小，以减弱高频场对电子光学系统的影响。在模式变换的过程中，一部分能量会从单共焦波导两侧的开放边界衍射出去，导致输入耦合器的损耗会大于传统封闭结构输入耦合器[7]。

图 5.13 单路馈源结构单共焦波导输入耦合器

2. 双路馈源结构单共焦波导输入耦合器

采用双路馈源结构单共焦波导输入耦合器可以进一步提高模式的转换效率、增加带宽并抑制非对称模式的激励。双路馈源结构单共焦波导输入耦合器如图 5.14 所示，耦合器主要由两部分组成：功分网络和模式转换单元。功分网络用于将输入信号分成两路功率相等、相位差一定的信号。在输入耦合器中，两路馈源对称放置，利用双路馈源结构的对称特性，可以有效抑制非对称寄生模式的激励，提高模式转换效率和模式纯度。为了进一步提高转换效率，馈源结构可以采用非标准矩形波导[8]。

图 5.14　双路馈源结构单共焦波导输入耦合器

5.3.3　双共焦波导回旋行波管输入耦合器

在双共焦波导回旋行波管中，通常选用叠加模式 HE_{0n}^{anti} 模作为工作模式，该模式由竖直和水平两个方向的单共焦波导 HE_{0n} 模叠加而成，其横向电场在角向均匀分布着四个峰值，因此可以采用四路馈源结构输入耦合器。四路馈源结构可以有效地抑制非对称寄生模式，并获得高的模式转换效率和模式纯度[9]。

1. 同轴腔结构双共焦波导输入耦合器

基于同轴谐振腔结构的双共焦波导输入耦合器如图 5.15 所示。耦合器的外部为同轴谐振腔，内部为封闭式双共焦波导，同轴谐振腔与双共焦波导之间通过四条耦合狭缝连接。这种输入结构具有结构紧凑、中心频率点处的模式转换效率高等优点，但由于采用了谐振腔体结构，其工作带宽较窄。

图 5.15　同轴腔结构双共焦波导输入耦合器

输入信号通过标准矩形波导与 Y 型功分器连接，通过 Y 型功分器将输入信号分成功率相等、相位相同的两路信号后注入到同轴谐振腔中，在同轴谐振腔中激励起 TE_{N11} 模。波导与同轴谐振腔连接处近似为一个 T 型波导。同轴谐振腔中的高频场通过四个耦合狭缝耦合进入双共焦波导，并在其中激励起工作模式同相叠加模 HE_{0n}^{anti} 模。

2. Y 型功分网络双共焦波导输入耦合器

Y 型功分网络双共焦波导输入耦合器的结构示意图如图 5.16 所示，为了实现高的模式转换效率，采用四路馈源结构。通过 Y 型功分器级联的方式将输入信号分成功率相等、相位相同的四路信号。直接将四路等幅同相的信号耦合进双共焦波导，将激励起同相叠加模 HE_{0n}^{in} 模而不是需要的反相叠加模 HE_{0n}^{anti} 模，因此不仅需要保证四路信号功率相等，还需要控制四路信号的相位，即级联功分器末端的矢量场方向应与反相叠加模 HE_{0n}^{anti} 模的场矢量方向匹配，才能耦合出所需要的工作模式。

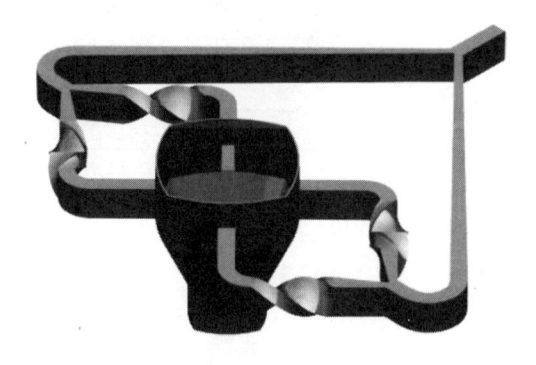

图 5.16　Y 型功分网络双共焦波导输入耦合器

一般情况下，通过调节 Y 型级联功分网络各分支波导的长度就可以对各分支信号的相位进行调节，但这种调节方式因为带宽太窄而受到限制。为了在较宽的频带范围内调节相位并保证各分支波导输出信号的幅值相同，两种类型的扭波导被加载到了四路分支波导上。这两种类型的扭波导具有相同的长度，一种是沿顺时针扭转 180°，另一种是先沿顺时针扭转 90°再沿逆时针方向扭转 90°回到初始状态。当这两种扭波导的输入电场矢量方向相同时，在它们的输出端口，电场矢量方向相反，相当于两路同相位信号通过相同长度的两种不同类型扭波导后，变成了相位差为 180°的两路信号。

因此，通过在 Y 型功分级联网络中加入这样两种不同类型的扭波导，就可以有效地控制功分网络输出四路信号的相位，在双共焦波导中激励起需要的工作模式 HE_{0n}^{anti} 模。

5.4　太赫兹回旋器件输出窗

输出窗具有隔绝回旋器件内部真空环境与外界大气的作用，同时也是电磁波的输出通道。理想的输出窗应具有低反射和宽频带等特性。在回旋行波管中，对于绝对不稳定性振荡以及返波振荡,通常采用加载衰减介质以及调节电子注参数的方法进行抑制。但由输出窗反射过大所引起的工作模式以及寄生模式的反射振荡,通常只能通过拓宽输出窗的带宽来解决。对于回旋振荡器,大带宽输出窗有助于抑制后腔振荡,提高输出信号的频谱纯度,改善整管的工作性能。除此以外,输出窗还需要具有良好的导热性以及机械强度,保证在高功率工作时不被高压击穿或过热损毁。为了拓宽输出窗的带宽,通常采用多层窗片结构的输出窗。

5.4.1 单层结构输出窗

对于一个由单层介质填充的波导结构,有两个介质分界面,填充区域对应的介电常数为 ε_2,磁导率为 μ_2,如图 5.17 所示。

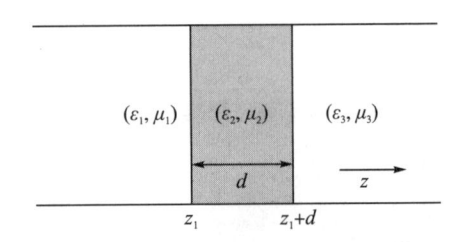

图 5.17 单层结构输出窗

如图 5.17 所示,在介质窗片、窗片左侧和右侧的三个区域中,标量位函数 ψ_p 满足一维亥姆霍兹方程:

$$\frac{\mathrm{d}^2}{\mathrm{d}z^2}\psi_p(z) + k_p^2\psi_p(z) = 0 \quad (p=1,2,3) \tag{5.87}$$

复纵向传播常数 k_p 满足:

$$\begin{cases} k_2 = \sqrt{\omega^2\varepsilon_2\mu_2 - k_c^2} = \frac{2\pi}{\lambda}\sqrt{\varepsilon_{r2}\mu_{r2} - \left(\frac{\lambda}{\lambda_c}\right)^2} \\ k_1 = k_3 = k_0 = \sqrt{\omega^2\varepsilon_0\mu_0 - k_c^2} = \frac{2\pi}{\lambda}\sqrt{1 - \left(\frac{\lambda}{\lambda_c}\right)^2} \end{cases} \tag{5.88}$$

式中,λ 为自由空间波长;λ_c 为截止波长;ε_{r2} 和 μ_{r2} 分别为介质窗片的相对介电常数和相对磁导率。标量位函数 ψ_p 的解可以表示成系列前向波和反向波叠加的形式,即

$$\psi_p(z) = a_p \mathrm{e}^{-\mathrm{j}k_p z} + b_p \mathrm{e}^{\mathrm{j}k_p z} \quad (p=1,2,3) \tag{5.89}$$

位函数 ψ_p 在 $z=z_1$ 处,满足:

$$\begin{cases} \mu_1\psi_1(z_1) = \mu_2\psi_2(z_1) \\ \dfrac{\mathrm{d}}{\mathrm{d}z}\psi_1(z_1) = \dfrac{\mathrm{d}}{\mathrm{d}z}\psi_2(z_1) \end{cases} \tag{5.90}$$

同理,位函数 ψ_p 在 $z=z_1+d$ 处,满足:

$$\begin{cases} \mu_2 \psi_2(z_1+d) = \mu_3 \psi_3(z_1+d) \\ \dfrac{\mathrm{d}}{\mathrm{d}z}\psi_2(z_1+d) = \dfrac{\mathrm{d}}{\mathrm{d}z}\psi_3(z_1+d) \end{cases} \tag{5.91}$$

根据式(5.89)和式(5.90)可得

$$\begin{pmatrix} a_2 \\ b_2 \end{pmatrix} = \begin{pmatrix} M_{11}^{(1)} & M_{12}^{(1)} \\ M_{21}^{(1)} & M_{22}^{(1)} \end{pmatrix} \begin{pmatrix} a_1 \\ b_1 \end{pmatrix} \tag{5.92}$$

其中

$$\begin{cases} M_{11}^{(1)} = \dfrac{1}{2}\left(\dfrac{\mu_1}{\mu_2}+\dfrac{k_1}{k_2}\right)\mathrm{e}^{-\mathrm{j}(k_1-k_2)z_1}; \quad M_{12}^{(1)} = \dfrac{1}{2}\left(\dfrac{\mu_1}{\mu_2}-\dfrac{k_1}{k_2}\right)\mathrm{e}^{\mathrm{j}(k_1+k_2)z_1} \\ M_{21}^{(1)} = \dfrac{1}{2}\left(\dfrac{\mu_1}{\mu_2}-\dfrac{k_1}{k_2}\right)\mathrm{e}^{-\mathrm{j}(k_1+k_2)z_1}; \quad M_{22}^{(1)} = \dfrac{1}{2}\left(\dfrac{\mu_1}{\mu_2}+\dfrac{k_1}{k_2}\right)\mathrm{e}^{\mathrm{j}(k_1-k_2)z_1} \end{cases} \tag{5.93}$$

同理，根据式(5.89)式(5.91)可得

$$\begin{pmatrix} a_3 \\ b_3 \end{pmatrix} = \begin{pmatrix} M_{11}^{(2)} & M_{12}^{(2)} \\ M_{21}^{(2)} & M_{22}^{(2)} \end{pmatrix} \begin{pmatrix} a_2 \\ b_2 \end{pmatrix} \tag{5.94}$$

其中

$$\begin{cases} M_{11}^{(2)} = \dfrac{1}{2}\left(\dfrac{\mu_2}{\mu_3}+\dfrac{k_2}{k_3}\right)\mathrm{e}^{-\mathrm{j}(k_2-k_3)(z_1+d)}; \quad M_{12}^{(2)} = \dfrac{1}{2}\left(\dfrac{\mu_2}{\mu_3}-\dfrac{k_2}{k_3}\right)\mathrm{e}^{\mathrm{j}(k_2+k_3)(z_1+d)} \\ M_{21}^{(2)} = \dfrac{1}{2}\left(\dfrac{\mu_2}{\mu_3}-\dfrac{k_2}{k_3}\right)\mathrm{e}^{-\mathrm{j}(k_2+k_3)(z_1+d)}; \quad M_{22}^{(2)} = \dfrac{1}{2}\left(\dfrac{\mu_2}{\mu_3}+\dfrac{k_2}{k_3}\right)\mathrm{e}^{\mathrm{j}(k_2-k_3)(z_1+d)} \end{cases} \tag{5.95}$$

根据式(5.92)和式(5.94)，可得

$$\begin{pmatrix} a_3 \\ b_3 \end{pmatrix} = \begin{pmatrix} M_{11} & M_{12} \\ M_{21} & M_{22} \end{pmatrix} \begin{pmatrix} a_1 \\ b_1 \end{pmatrix} \tag{5.96}$$

其中

$$\begin{cases} M_{11} = M_{11}^{(2)}M_{11}^{(1)} + M_{12}^{(2)}M_{21}^{(1)}; \quad M_{12} = M_{11}^{(2)}M_{12}^{(1)} + M_{12}^{(2)}M_{22}^{(1)} \\ M_{21} = M_{21}^{(2)}M_{11}^{(1)} + M_{22}^{(2)}M_{21}^{(1)}; \quad M_{22} = M_{21}^{(2)}M_{12}^{(1)} + M_{22}^{(2)}M_{22}^{(1)} \end{cases} \tag{5.97}$$

令式(5.96)中的 $a_1=1$、$b_1=r$、$a_3=t$ 和 $b_3=0$，可得幅值的反射系数和传输系数为

$$\begin{cases} t = \dfrac{M_{11}M_{22}-M_{21}M_{12}}{M_{22}} \\ r = -\dfrac{M_{21}}{M_{22}} \end{cases} \tag{5.98}$$

利用式(5.88)、式(5.93)、式(5.95)和式(5.97)，窗片两侧的介电常数均为 ε_0，磁导率均为 μ_0。可得对应的功率反射和传输系数为

$$\begin{cases} R = |r|^2 = \left|\dfrac{M_{21}}{M_{22}}\right|^2 \\ T = \dfrac{\mu_1 k_3}{\mu_3 k_1}|t|^2 = \dfrac{\mu_1 k_3}{\mu_3 k_1}\left|\dfrac{M_{11}M_{22}-M_{21}M_{12}}{M_{22}}\right|^2 \end{cases} \tag{5.99}$$

以及 r 的表达式为

$$r = \mathrm{j}\frac{(\mu_0 k_2 + \mu_2 k_0)(\mu_2 k_0 - \mu_0 k_2)\sin(k_2 d)}{2k_2\mu_2 k_0 \mu_0 M_{22}} \mathrm{e}^{-\mathrm{j}k_0(2z_1+d)} \qquad (5.100)$$

根据式(5.99)和式(5.100)，要使窗片的反射最小，则窗片的厚度 d 需要满足：

$$d = \frac{n\pi}{k_2} \quad (n \in N) \qquad (5.101)$$

即窗片厚度为波在窗片中传输半波长的整数倍时，窗片的反射最小。

5.4.2 多层结构输出窗

对于一个由 N 层介质填充的波导结构，有 $N+1$ 个介质分界面，填充区域 p 对应的介电常数为 ε_p，磁导率为 μ_p（$p=1, 2, \cdots, N+2$），如图 5.18 所示[10]。

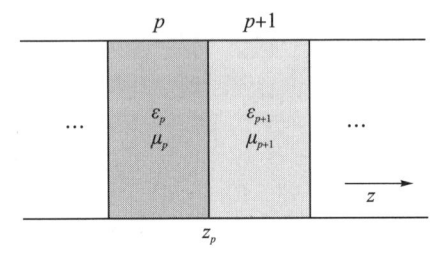

图 5.18 多层介质结构输出窗示意图

第 p 层的标量位函数 ψ_p 满足一维亥姆霍兹方程：

$$\frac{\mathrm{d}^2}{\mathrm{d}z^2}\psi_p(z) + k_p^2 \psi_p(z) = 0 \quad (z_{p-1} \leqslant z \leqslant z_p) \qquad (5.102)$$

复纵向传播常数为

$$k_p = \sqrt{\omega^2 \varepsilon_p \mu_p - k_c^2} = \frac{2\pi}{\lambda}\sqrt{\varepsilon_{rp}\mu_{rp} - \left(\frac{\lambda}{\lambda_c}\right)^2} \qquad (5.103)$$

式中，ε_{rp} 和 μ_{rp} 分别为第 p 层介质的相对介电常数和相对磁导率。式(5.102)标量位函数 ψ_p 的解可以写成系列前向波和反向波叠加的形式，即

$$\psi_p(z) = a_p \exp(-\mathrm{j}k_p z) + b_p \exp(\mathrm{j}k_p z) \quad (z_{p-1} \leqslant z \leqslant z_p) \qquad (5.104)$$

位函数 ψ_p 在 $z = z_p$ 处，即第 p 层和第 $p+1$ 层介质分界面处，满足：

$$\begin{cases} \mu_p \psi_p(z_p) = \mu_{p+1}\psi_{p+1}(z_p) \\ \dfrac{\mathrm{d}}{\mathrm{d}z}\psi_p(z_p) = \dfrac{\mathrm{d}}{\mathrm{d}z}\psi_{p+1}(z_p) \end{cases} \qquad (5.105)$$

通过每个分界面的匹配边界条件，可得

$$\begin{pmatrix} a_{N+2} \\ b_{N+2} \end{pmatrix} = M_{N+1}\cdots M_p \cdots M_1 \begin{pmatrix} a_1 \\ b_1 \end{pmatrix} = \begin{pmatrix} M_{11} & M_{12} \\ M_{21} & M_{22} \end{pmatrix}\begin{pmatrix} a_1 \\ b_1 \end{pmatrix} \qquad (5.106)$$

其中，传输矩阵表示为

$$\begin{pmatrix} a_{p+1} \\ b_{p+1} \end{pmatrix} = \frac{1}{2} \begin{pmatrix} \mathrm{e}^{\mathrm{j}k_{p+1}z_p} & 0 \\ 0 & \mathrm{e}^{-\mathrm{j}k_{p+1}z_p} \end{pmatrix} \begin{pmatrix} \dfrac{\mu_p}{\mu_{p+1}} + \dfrac{k_p}{k_{p+1}} & \dfrac{\mu_p}{\mu_{p+1}} - \dfrac{k_p}{k_{p+1}} \\ \dfrac{\mu_p}{\mu_{p+1}} - \dfrac{k_p}{k_{p+1}} & \dfrac{\mu_p}{\mu_{p+1}} + \dfrac{k_p}{k_{p+1}} \end{pmatrix} \begin{pmatrix} \mathrm{e}^{-\mathrm{j}k_p z_p} & 0 \\ 0 & \mathrm{e}^{\mathrm{j}k_p z_p} \end{pmatrix} \begin{pmatrix} a_p \\ b_p \end{pmatrix} \tag{5.107}$$

令 $a_1=1$、$b_1=r$、$a_{N+2}=t$ 和 $b_{N+2}=0$，可得幅值的反射系数和传输系数为

$$\begin{cases} t = \dfrac{M_{11}M_{22} - M_{21}M_{12}}{M_{22}} \\ r = -\dfrac{M_{21}}{M_{22}} \end{cases} \tag{5.108}$$

对应的功率反射和传输系数为

$$\begin{cases} R = |r|^2 = \left| \dfrac{M_{21}}{M_{22}} \right|^2 \\ T = \dfrac{\mu_1 k_{N+2}}{\mu_{N+2} k_1} |t|^2 = \dfrac{\mu_1 k_{N+2}}{\mu_{N+2} k_1} \left| \dfrac{M_{11}M_{22} - M_{21}M_{12}}{M_{22}} \right|^2 \end{cases} \tag{5.109}$$

通过式(5.109)便可以计算 N 层窗片结构输出窗的传输和反射特性。

相对于单层结构输出窗，三层及三层以上结构输出窗工作带宽更大，反射更小，传输曲线更平坦。对于如图 5.19 所示的三层结构输出窗，当每层窗片厚度为四分之一波导波长的奇数倍(即 $n\lambda_g/4$，$n=1, 3, 5, \cdots$)时，对应的反射及传输参数为

$$S_{11}(\mathrm{dB}) \equiv 10\lg R = 10\lg \left| \frac{k_1 k_3^2 k_5 \mu_1 \mu_3^2 \mu_5 - k_2^2 k_4^2 \mu_2^2 \mu_4^2}{k_1 k_3^2 k_5 \mu_1 \mu_3^2 \mu_5 + k_2^2 k_4^2 \mu_2^2 \mu_4^2} \right|^2 \tag{5.110}$$

$$S_{12}(\mathrm{dB}) \equiv 10\lg T = 10\lg \left(\frac{4k_5 \mu_1}{k_1 \mu_5} \left| \frac{k_1 k_2 k_3 k_4 \mu_2 \mu_3 \mu_4 \mu_5}{k_1 k_3^2 k_5 \mu_1 \mu_3^2 \mu_5 + k_2^2 k_4^2 \mu_2^2 \mu_4^2} \right|^2 \right) \tag{5.111}$$

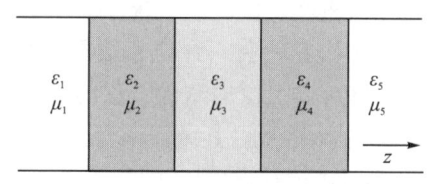

图 5.19 三层结构输出窗示意图

由式(5.110)可知，若满足：

$$\frac{k_2 k_4 \mu_2 \mu_4}{k_3 \mu_3} = \sqrt{k_1 k_5 \mu_1 \mu_5} \tag{5.112}$$

反射最小。根据式(5.112)，当三层结构输出窗中间层的相对介电常数近似等于两侧窗片相对介电常数乘积时，反射最小，即

$$\varepsilon_{r3} \approx \varepsilon_{r2} \varepsilon_{r4} \tag{5.113}$$

当每层窗片厚度为二分之一波导波长的奇数倍(即 $n\lambda_g/2$，$n=1, 3, 5, \cdots$)时，对应的反射及传输参数为

$$S_{11} = 10\lg\left|\frac{k_1k_4^2\mu_1\mu_4^2 - k_2^2k_5\mu_2^2\mu_5}{k_1k_4^2\mu_1\mu_4^2 + k_2^2k_5\mu_2^2\mu_5}\right|^2 \tag{5.114}$$

$$S_{12} = 10\lg\left(\frac{4k_5\mu_1}{k_1\mu_5}\left|\frac{k_1k_2k_4\mu_2\mu_4\mu_5}{k_1k_4^2\mu_1\mu_4^2 + k_2^2k_5\mu_2^2\mu_5}\right|^2\right) \tag{5.115}$$

由式(5.114)可知，若满足：

$$\frac{k_4\mu_4}{k_2\mu_2} = \sqrt{\frac{k_5\mu_5}{k_1\mu_1}} \tag{5.116}$$

反射最小。

另一种常见的三层结构输出窗如图 5.20 所示，即在三层介质窗片中间填充真空层。该输出窗相对比较复杂，难以得到反射和传输参数的解析表达式，可采用电磁仿真软件对窗片和真空层的厚度进行优化。

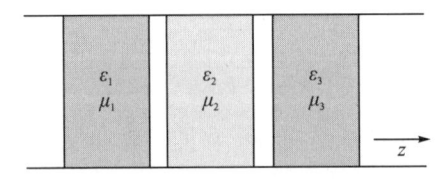

图 5.20　中间填充真空层的三层结构输出窗示意图

5.4.3　超材料输出窗

从三层结构输出窗的分析可以看出，无真空间隙的三层结构输出窗，因两侧窗片的相对介电常数与中间层窗片的相对介电常数不能完全匹配，其输出窗中心频带的反射系数难以降低到-20dB 以下。中间填充真空层的三层结构输出窗在高功率输出时会面临高压放电等问题。为了克服上述问题，可以通过在窗片表面构造周期结构来改变窗片材料的等效介电常数，从而克服三层结构输出窗因窗片材料介电常数不匹配导致的反射大、带宽无法有效扩展的困难[11]。图 5.21 为超材料输出窗的结构示意图，超材料匹配层分布在均匀窗片的两侧，超材料的单元结构为正方形格子，其中，w 为正方形格子的边长；g 为格子之间的距离；h 为均匀窗片的厚度；t 为两侧超材料匹配层的厚度。

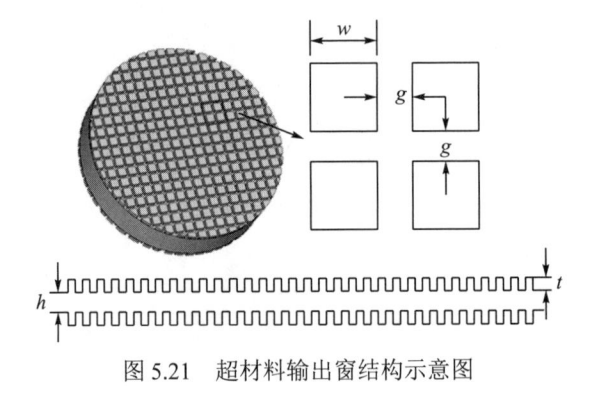

图 5.21　超材料输出窗结构示意图

超材料输出窗可以等效为无真空间隙的三层结构输出窗，如图 5.22 所示。从前面的分析可知，当中间窗片的相对介电常数等于两侧窗片相对介电常数的平方时，输出窗反射最小。根据这一条件，就可以确定周期单元尺寸 g 和 h。

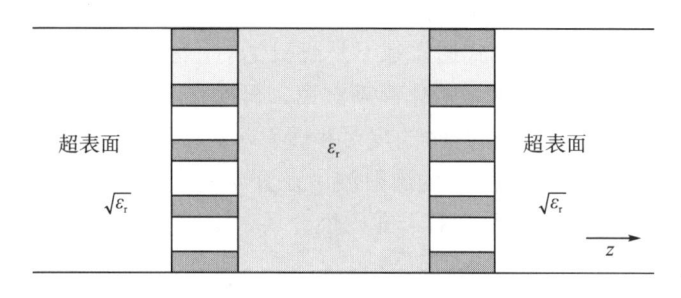

图 5.22 超材料输出窗的等效模型

可以采用加权非线性回归(nonlinear regression with weights，NRW)法对超材料单元结构的本构参数进行提取[12]。首先通过测试或仿真得到的 S 参数计算出反射系数 Γ：

$$\Gamma = K \pm \sqrt{K^2 - 1} \tag{5.117}$$

其中

$$K = \frac{S_{11}^2 - S_{21}^2 + 1}{2S_{11}} \tag{5.118}$$

式(5.117)中存在正负号，可以根据$|\Gamma| \leqslant 1$ 选择出唯一的符号。通过反射系数 Γ 可以计算传播因子：

$$T = \frac{S_{11} + S_{21} - \Gamma}{1 - (S_{11} + S_{21})\Gamma} \tag{5.119}$$

根据计算得出的反射系数 Γ 和传播因子 T，便可得到超材料的等效相对介电常数 ε_r 和等效相对磁导率 μ_r 分别为

$$\varepsilon_r = \left[-\gamma^2 \left(\frac{\lambda_0}{2\pi} \right)^2 + \left(\frac{\lambda_0}{\lambda_c} \right) \right] / \mu_r \tag{5.120}$$

$$\mu_r = \frac{\mathrm{j}\lambda_0 \gamma}{2\pi \sqrt{1 - (\lambda_0 / \lambda_c)^2}} \frac{1 + \Gamma}{1 - \Gamma} \tag{5.121}$$

其中

$$\gamma = -\frac{1}{l} \ln(T) \tag{5.122}$$

式中，l 为待测样品的厚度。

5.4.4 布鲁斯特输出窗

输出窗分为两大类：谐振型输出窗和非谐振型输出窗。前面提到的单层和多层输出窗均为谐振型输出窗。由于谐振带来的高反射，谐振型输出窗的带宽有限。非谐振型输出窗

的带宽要远大于谐振型输出窗。布鲁斯特窗是一种典型的非谐振型输出窗，当极化方向平行于入射面的 p 波以布鲁斯特角入射至窗片时可以完全无反射地通过介质窗片，即 p 波以布鲁斯特角入射至窗片时，布鲁斯特窗的反射特性与入射电磁波的频率没有关系。理论上，布鲁斯特窗的带宽要远优于前面提到的谐振型输出窗[13]。布鲁斯特窗的入射波为线极化高斯波束，而回旋器件的工作模式通常都不是线极化的，因此，需要先将回旋器件的工作模式通过准光模式变换器转换为线极化高斯波束，再通过布鲁斯特窗传输出去。

图 5.23 为线极化波入射到窗片时的反射和透射示意图，其中，ε_1 和 μ_1 为入射波所在介质的介电常数和磁导率；ε_2 和 μ_2 为透射波所在介质的介电常数和磁导率；θ_i、θ_r 和 θ_t 分别为入射角、反射角和透射角。对于非磁性介质，$\mu_1 = \mu_2 = \mu_0$。对于极化方向垂直于入射面的 n 波，斜入射时反射系数可以表示为

$$\Gamma_\perp = \frac{\sqrt{\varepsilon_1}\cos\theta_i - \sqrt{\varepsilon_2}\cos\theta_t}{\sqrt{\varepsilon_1}\cos\theta_i + \sqrt{\varepsilon_2}\cos\theta_t} \tag{5.123}$$

利用非磁性介质中入射角 θ_i 与透射角 θ_t 之间的关系：

$$\frac{\sin\theta_t}{\sin\theta_i} = \sqrt{\frac{\varepsilon_1}{\varepsilon_2}} \tag{5.124}$$

可得 n 波斜入射时反射系数 $\Gamma_\perp$ 的表达式为

$$\Gamma_\perp = \frac{\sin(\theta_t - \theta_i)}{\sin(\theta_t + \theta_i)} \tag{5.125}$$

根据式(5.125)可知，n 波不存在反射系数为零的入射角，即布鲁斯特角。

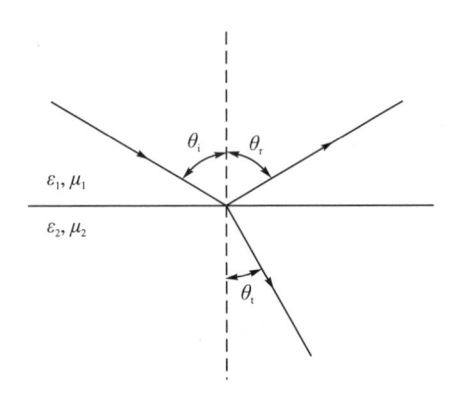

图 5.23 布鲁斯特角原理图

对于 p 波斜入射，反射系数 $\Gamma_{/\!/}$ 的表达式：

$$\Gamma_{/\!/} = \frac{\sqrt{\varepsilon_2}\cos\theta_i - \sqrt{\varepsilon_1}\cos\theta_t}{\sqrt{\varepsilon_2}\cos\theta_i + \sqrt{\varepsilon_1}\cos\theta_t} \tag{5.126}$$

利用式(5.124)、式(5.126)可以进一步表示成：

$$\Gamma_{/\!/} = \frac{\tan(\theta_i - \theta_t)}{\tan(\theta_i + \theta_t)} \tag{5.127}$$

要使得反射系数为零，则有

$$\theta_i = \theta_B = \frac{\pi}{2} - \theta_t \tag{5.128}$$

再利用式(5.124)，可得布鲁斯特角 θ_B 的表达式为

$$\tan\theta_B = \sqrt{\frac{\varepsilon_2}{\varepsilon_1}} \tag{5.129}$$

当电磁波以布鲁斯特角入射到介质窗片时，部分垂直极化波会在窗片的两个边界面上均发生反射，如图 5.24 所示。为了消除这一部分反射，需要对窗片厚度进行优化，使得波束 I 和波束 II 到达 A 点时的光程差为半波长的奇数倍，这样，波束 I 和波束 II 经窗片后产生的反射波就会在 A 点相互抵消，从而可以得到布鲁斯特窗的窗片厚度 d。

$$\frac{2\sqrt{\varepsilon_r}d}{\cos\theta_t} - 2d\tan\theta_t\sin\theta_i \pm \frac{\lambda}{2} = N\lambda \pm \frac{\lambda}{2} \tag{5.130}$$

其中，ε_r 为窗片的相对介电常数；N 为自然数；λ 为自由空间波长。

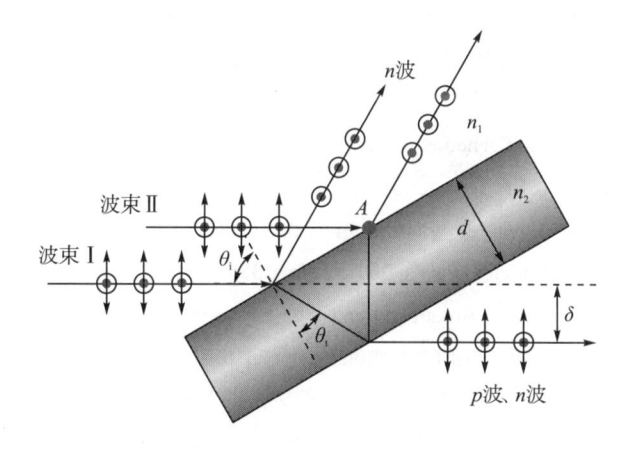

图 5.24 布鲁斯特窗示意图

将斯涅尔公式[式(5.124)]代入式(5.130)，即可得布鲁斯特窗的厚度 d 的表达式为

$$d = \frac{N\lambda\sqrt{1+\varepsilon_r}}{2\varepsilon_r} \tag{5.131}$$

参 考 文 献

[1] Neilson J M, Latham P E, Caplan M, et al. Determination of the resonant frequencies in a complex cavity using the scattering matrix formulation[J]. IEEE Transactions on Microwave Theory and Techniques, 1989, 37(8): 1165-1170.

[2] Wagner D, Thumm M, Kasparek W, et al. Prediction of TE-, TM-, and hybrid-mode transmission losses in gaps of oversized waveguides using a scattering matrix code[J]. International Journal of Infrared and Millimeter Waves, 1996, 17(6): 1071-1081.

[3] Doane J L. Propagation and mode coupling in corrugated and smith-wall circular waveguides[J]. Infrared and Millimeter Waves, 1985, 13: 124-170.

[4] Doane J L, Moeller C P. HE_{11} mitre bends and gaps in a circular corrugated waveguide[J]. International Journal of Electronics, 1994, 77(4): 489-509.

[5] Zhang L, Donaldson C R, Cross A W, et al. A pillbox window with impedance matching sections for a W-band gyro-TWA[J]. IEEE Electron Device Letters, 2018, 39(7): 1081-1084.

[6] Chang T H, Li C H, Wu C N, et al. Generating pure circular TE_{mn} modes using Y-type power dividers[J]. IEEE Transactions on Microwave Theory and Techniques, 2010, 58(6): 1543-1550.

[7] Guan X T, Fu W J, Yan Y. Demonstration of a high-order mode input coupler for a 220-GHz confocal gyrotron traveling wave tube[J]. Journal of Infrared Millimeter and Terahertz Waves, 2018, 39(2): 183-194.

[8] Wang J X, Yao Y L, Tian Q Z, et al. Broadband high-efficiency input coupler with mode selectivity for a W-band confocal gyro-TWA[J]. IEEE Transactions on Microwave Theory and Techniques, 2018, 66(4): 1895-1901.

[9] Zhang C, Song T, Liang P, et al. Theoretical and experimental investigations on input couplers for a double confocal gyro-amplifier[J]. IEEE Transactions on Electron Devices, 2022, 69(7): 3914-3919.

[10] Lin M C. A multilayer waveguide window for wide-bandwidth millimeter wave tubes[J]. International Journal of Infrared and Millimeter Waves, 2007, 28(5): 355-362.

[11] Wang Y, Liu G, Cao Y J, et al. Broadband and high power meta-surface dielectric window for W-band gyrotron traveling wave tubes[J]. IEEE Electron Device Letters, 2021, 42(9): 1386-1389.

[12] 杨闯. 微波和THz波段复介电常数与复磁导率测量的关键技术研究[D]. 天津: 天津大学, 2020.

[13] Zhu J F, Du C H, Bao L Y, et al. Wideband output Brewster window for terahertz TWT amplifiers application[J]. IEEE Microwave and Wireless Components Letters, 2021, 31(2): 133-136.

第6章 准光模式变换器

为了减小欧姆损耗、增加功率容量，太赫兹回旋管通常采用高阶模式作为工作模式。高阶模式场分布复杂，在自由空间发散严重，不便于直接传输和利用。为了解决这一问题，通常需要进行模式转换，将高阶工作模式转换为便于传输和利用的低阶模式或线极化高斯波束。从广义上来说，能够实现模式变换的装置都可以称作模式变换器，在回旋管中，模式变换主要包括波导模式变换和准光模式变换[1-4]。

一般而言，波导模式变换是指采用外接同轴波导、圆柱波导或矩形波导等方式来实现模式变换。尤其是指将轴对称模式转换成利于空间辐射的波导模式，例如将圆柱波导中的TE_{0n}模转换成HE_{11}模，根据变换过程中采用的线极化中间模式的不同，分为下面两种变换序列：

(1) TE_{0n}(回旋管)—TE_{01}(低损耗传输)—TE_{11}—HE_{11}(天线)。
(2) TE_{0n}(回旋管)—TE_{01}(低损耗传输)—TM_{11}—HE_{11}(天线)。

第一种模式变换序列中，线性极化中间模式选取TE_{11}模。首先采用径向周期微扰的模式变换器将回旋管输出模式TE_{0n}模转换成TE_{01}模，然后采用同轴弯曲的圆柱波导模式变换器将TE_{01}模转换成TE_{11}模。这部分模式变换器没有大的轴线弯曲，因此可以通过沿轴线旋转"TE_{01}(低损耗传输)—TE_{11}"波导传输段来调整极化方向，把初步线极化模式TE_{11}模馈入内壁沿圆周开槽、槽深在轴向由$\lambda/2$渐变至$\lambda/4$的直圆柱波纹波导中，实现TE_{0n}模到线极化准高斯HE_{11}模的转换。不过"TE_{01}(低损耗传输)—TE_{11}"需要经过多个拍频波长才能完全实现能量转换，因此该序列的波导模式变换器的带宽较窄。

第二种模式变换序列中，TM_{11}模为线性极化中间模式。TE_{01}模到TM_{11}模的转换需要采用一段弯曲的波导模式变换器，故其极化方向不方便改变。TM_{11}模到HE_{11}模的变换可以采用内壁沿圆周开槽、槽深在轴向由0渐变至$\lambda/4$的直圆柱波纹波导结构，由于TM_{11}模和TE_{01}模是简并模式，虽然这种变换方式不容易改变极化方向，但由于采用的是内壁光滑的波导圆弧弯曲结构，所以具有较宽的带宽。

对于相对论返波管(backward wave oscillator，BWO)、扩展互作用振荡器(extended interaction oscillator，EIO)等太赫兹辐射源，通常采用TM_{01}或TM_{0n}模式作为输出模式。对于这类器件，通常采用下列变换序列的波导模式变换器：TM_{0n}(高功率太赫兹辐射源)—TM_{01}—TE_{11}—HE_{11}(天线)。这种模式变换序列首先采用径向周期微扰的模式变换器将太赫兹辐射源输出模式TM_{0n}模转换成TM_{01}模，然后采用轴线弯曲的圆柱波导模式变换器将TM_{01}模转换成TE_{11}模。最后采用内壁沿圆周开槽、槽深在轴向由$\lambda/2$渐变至$\lambda/4$的直圆柱波纹波导结构输出线极化的准高斯模式HE_{11}模。该变换序列方便改变高频场的极化方向，但带宽较窄。

由此可知，在传统的波导模式变换器中，首先通过波导模式变换器将模式径向指数 m 和角向指数 n 的阶数降低，实现输出模式到准线性极化模式的转换，然后再通过内壁开槽的波纹波导，实现准线极化的波导模式到能量集中、类似高斯分布的 HE_{11} 模转换。对于低阶轴对称模式，传统波导模式变换器能够很好地实现模式转换；但对于高阶模式，尤其是旋转极化的非轴对称模式，如果采用波导模式变换器进行模式变换，会导致波导模式变换器的结构复杂、带宽窄且效率低下。

随着回旋管向着高频率和大功率方向发展，其工作模式逐渐从传统的低阶轴对称模式，变为低损耗的高阶腔体模式。最典型的工作模式包括 TE_{0n} 圆电模、TE_{mn} 边廊模(whispering gallery mode)($m \gg n$)，以及不对称体模(asymmetric volume mode)，这些工作模式的场分布复杂，不适合直接进行自由空间传输，通常需要将这些模式转换为便于传输的低阶波导模式或线极化高斯波束。对于回旋管中的这些高阶工作模式，若采用传统波导模式变换器，必然要采用过模传输波导，此时寄生模式的抑制变得很重要，虽然可以通过优化微扰结构实现较好的寄生模式抑制，但会导致波导模式变换器结构庞大，不利于系统紧凑性设计。1974 年，苏联科学家 Valsov 首先提出利用波导开口辐射器外加聚焦波束的反射镜面组成的模式变换器，实现高阶模式到高斯波束的高效转换，后来发展成为 Valsov 型准光模式变换器，这种模式变换器结构简单、紧凑、高效，被广泛应用。此后，俄罗斯科学家 Denisov 将 Valsov 型模式变换器进行改进，在光滑开口波导辐射器内壁增加微扰结构，使其能够实现电磁波预聚束，预聚束的目的在于抑制辐射器切口边缘处的场，降低衍射损耗，大幅提高转换效率，这种改进型辐射器又被称为 Denisov 型辐射器。准光模式变换器示意图如图 6.1 所示[5,6]。

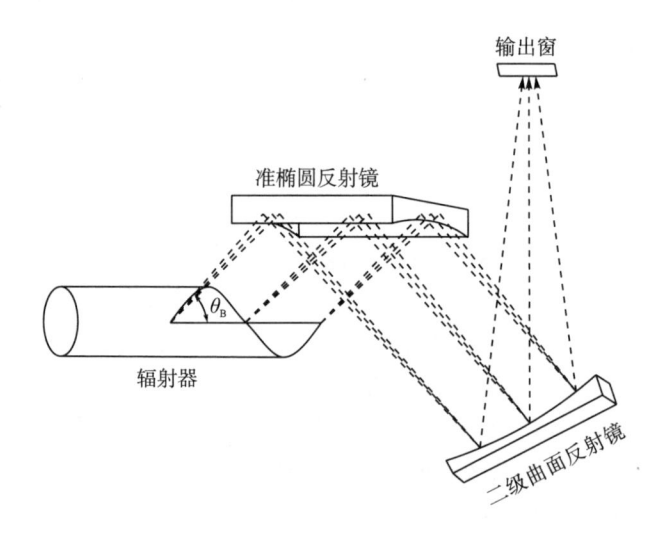

图 6.1 准光模式变换器示意图

相对于传统的波导模式变换器，准光模式变换器具有更大的功率容量。准光模式变换器的主要优点如下。

(1)可以方便地实现电磁波与电子注的分离。准光模式变换器实现了电磁波的横向输出，电子注收集极不再成为输出波导的一部分，可以自由地设计降压收集极形状，提高回旋器件的效率。

(2) 电磁波通过准光模式变换器的反射镜反射后横向输出，反射到回旋谐振腔的电磁波大幅减少，对谐振腔中注波互作用的干扰减少。

(3) 准光模式变换器输出模式为线极化高斯波束，可以直接用波纹波导或者反射镜低损耗传输和直接利用。

6.1 准光模式变换器的基本理论

准光模式变换器的理论分析方法主要有三种：几何光学法、标量衍射理论分析法和矢量绕射理论分析法[7-9]。

(1) 几何光学法：可以快速设计出准光模式变换器各部件的结构尺寸和空间位置，但几何光学法应用的前提是散射体几何尺寸远大于工作波长，考虑到回旋管腔体尺寸的限制，准光模式变换器的几何尺寸不可能远大于工作波长，因此，利用这种方法设计的模式变化器具有较大的误差。几何光学法通常用作准光模式变换器的初步设计。

(2) 标量衍射理论分析法：基于基尔霍夫(Kirchhoff)积分方法，可以分级优化，并且可以综合设计出非二次型反射面，使得输出窗口的场分布呈任意需要的形状。但标量绕射理论要求天线口径尺寸远大于工作波长，辐射场主瓣方向偏离角度范围不大，否则采用该方法将引起较大误差，这种方法在分析准光模式变换器时也有较大的近似性。

(3) 矢量绕射理论分析法：矢量绕射理论建立在 Stratton-Chu 理论基础上。随着计算机仿真软件越来越先进，矢量绕射理论得到了广泛的应用。这种方法全面考虑了电磁波各个场分量的影响，是比较严格的分析方法，也是目前比较通用的研究方法。

三维全波电磁仿真软件也可用于准光模式变换器的设计和优化，但随着准光模式变换器工作频率的提高，利用这些软件进行准光模式变换器的模拟计算时，在保证精度的前提下，划分的网格尺寸相对于准光模式变换器的整体尺寸而言太小，导致计算机硬件要求过高、计算量庞大而且花费时间过长。因此，通常情况下，首先采用几何光学方法初步设计出准光模式变换器各部件，包括辐射器和各反射镜面的初步几何尺寸和相对位置，然后利用标量或矢量绕射理论对准光模式变换器进行初步的优化，最后用商业软件进一步优化，得到满足要求的准光模式变换器最终结构。

6.1.1 几何光学理论

为了描述圆柱波导中电磁波的传播特性，从时谐麦克斯韦方程出发，取时谐因子为 $\exp(j\omega t)$，则有

$$\nabla \times E = -j\omega B \tag{6.1}$$

$$\nabla \times H = j\omega D + J \tag{6.2}$$

$$\nabla \cdot D = \rho \tag{6.3}$$

$$\nabla \cdot B = 0 \tag{6.4}$$

对于无源区，$J=0$，$\rho=0$，根据电磁波的本构关系，式(6.1)~式(6.3)可分别写成：

$$\nabla \times E = -j\omega\mu_0 H \tag{6.5}$$

$$\nabla \times H = j\omega\varepsilon_0 E \tag{6.6}$$

$$\nabla \cdot \varepsilon_0 E = 0 \tag{6.7}$$

式中，ε_0、μ_0 分别为真空中的介电常数和磁导率。由式(6.7)引入电位矢量 F，即

$$E = -\frac{1}{\varepsilon_0}\nabla \times F \tag{6.8}$$

将式(6.8)代入式(6.5)和式(6.6)得

$$-\frac{1}{\varepsilon_0}\nabla \times \nabla \times F = -j\omega\mu_0 H \tag{6.9}$$

$$\nabla \times H = -j\omega(\nabla \times F) \tag{6.10}$$

由式(6.10)可得

$$\nabla \times (H + j\omega F) = 0 \tag{6.11}$$

引入任意一个可以用来描述 F 散度部分的标量函数 φ_m，则有

$$H = -\nabla\varphi_\mathrm{m} - j\omega F \tag{6.12}$$

将式(6.12)代入式(6.9)，可得

$$-\frac{1}{\varepsilon_0}\nabla \times \nabla \times F = -j\omega\mu_0(-\nabla\varphi_\mathrm{m} - j\omega F) \tag{6.13}$$

根据矢量恒等式：

$$\nabla \times \nabla \times A = \nabla(\nabla \cdot A) - \nabla^2 A$$

将式(6.13)进行展开：

$$-\frac{1}{\varepsilon_0}\left[\nabla(\nabla \cdot F) - \nabla^2 F\right] = j\omega\mu_0(\nabla\varphi_\mathrm{m} + j\omega F) \tag{6.14}$$

式(6.14)整理后可得

$$\nabla^2 F + \omega^2\mu_0\varepsilon_0 F = j\omega\mu_0\varepsilon_0\nabla\left(\varphi_\mathrm{m} + \frac{\nabla \cdot F}{j\omega\mu_0\varepsilon_0}\right) \tag{6.15}$$

根据洛伦兹规范：

$$\varphi_\mathrm{m} + \frac{\nabla \cdot F}{j\omega\mu_0\varepsilon_0} = 0 \tag{6.16}$$

得到电位矢量 F 所满足的波动方程：

$$\nabla^2 F + k^2 F = 0 \tag{6.17}$$

其中，k 为自由空间波数。

$$k^2 = \omega^2\varepsilon_0\mu_0 \tag{6.18}$$

当电位矢量 F 已知时，便可求解出电场 E 和磁场 H：

$$E_F = -\frac{1}{\varepsilon_0}\nabla \times F \tag{6.19}$$

$$H_F = -j\omega F - j\frac{\nabla(\nabla \cdot F)}{\omega\mu_0\varepsilon_0} \tag{6.20}$$

同理，定义磁位矢量 $B = \nabla \times A$，可以类似地得

$$E_A = -j\omega A - j\frac{\nabla(\nabla \cdot A)}{\omega\varepsilon_0\mu_0} \tag{6.21}$$

$$H_A = \frac{1}{\mu_0}\nabla \times A \tag{6.22}$$

根据式(6.19)～式(6.22)，当电位或磁位矢量已知时，即可得相应的电场和磁场分布。在圆柱波导中，存在 TE 和 TM 两种模式。对于 TE 模，可以取

$$\begin{cases} A = 0 \\ F = e_z F_z \end{cases} \tag{6.23}$$

对于 TM 模，可以取

$$\begin{cases} A = e_z A_z \\ F = 0 \end{cases} \tag{6.24}$$

由于电位或磁位矢量只存在一个轴向分量，则式(6.17)可以转化为标量波动方程。令 $\psi = F_z = A_z$，则在圆柱坐标系 (r, θ, z) 下有

$$\nabla^2\psi + k^2\psi = 0 \tag{6.25}$$

式(6.25)在圆柱坐标系下展开后可得

$$\frac{1}{r}\frac{\partial}{\partial r}\left(r\frac{\partial\psi}{\partial r}\right) + \frac{1}{r^2}\frac{\partial^2\psi}{\partial\theta^2} + \frac{\partial^2\psi}{\partial z^2} + k^2\psi = 0 \tag{6.26}$$

根据分离变量法，令式(6.26)的解可以表示成 $\psi(r, \theta, z) = R(r)\Phi(\theta)Z(z)$，则有

$$\frac{1}{rR}\frac{\partial}{\partial r}\left(r\frac{\partial R}{\partial r}\right) + \frac{1}{r^2\Phi}\frac{\partial^2\Phi}{\partial\theta^2} + \frac{1}{Z}\frac{\partial^2 Z}{\partial z^2} + k^2 = 0 \tag{6.27}$$

令 $k_c^2 + k_z^2 = k^2$，式(6.27)可以分解为三个微分方程：

$$r^2\frac{\partial^2 R}{\partial r^2} + r\frac{\partial R}{\partial r} + \left[(k_c r)^2 - m^2\right]R = 0 \tag{6.28}$$

$$\frac{d^2\Phi}{d\theta^2} + m^2\Phi = 0 \tag{6.29}$$

$$\frac{d^2 Z}{dz^2} + k_z^2 Z = 0 \tag{6.30}$$

式(6.28)为 m 阶贝塞尔方程，其通解为

$$R(r) = AJ_m(k_c r) + BN_m(k_c r) \tag{6.31}$$

式中，A 和 B 为任意常数。m 阶贝塞尔函数和诺伊曼函数分别表示为

$$J_m(x) = \frac{1}{\pi}\int_0^\pi \cos(x\sin\theta - m\theta)d\theta \tag{6.32}$$

$$N_m(x) = \frac{J_m(x)\cos(m\pi) - J_{-m}(x)}{\sin(m\pi)} \tag{6.33}$$

当 m 为整数时，存在：

$$J_{-m}(x)=(-1)^m J_m(x) \tag{6.34}$$

$\rho=0$ 为诺伊曼函数的奇异点,对于所有的半径 ρ,场均为有限值,故式(6.31)中的 $B=0$。$\Phi(\theta)$ 和 $Z(z)$ 对应的解为

$$\Phi(\theta)=A_1 \mathrm{e}^{\mathrm{j}m\theta}+B_1 \mathrm{e}^{-\mathrm{j}m\theta} \tag{6.35}$$

$$Z=A_2 \mathrm{e}^{\mathrm{j}k_z z}+B_2 \mathrm{e}^{-\mathrm{j}k_z z} \tag{6.36}$$

因为场在角向 θ 的周期为 2π,故 m 为整数。适当选择 A_1、A_2、B_1 和 B_2,就可得角向和轴向的驻波和行波。在回旋管中,工作模式为角向行波,令 $A=A_{mn}$,则有

$$\psi_{mn}(r,\theta,z)=A_{mn}J_m(k_c r)\mathrm{e}^{\mp \mathrm{j}m\theta}\mathrm{e}^{\mp \mathrm{j}k_z z} \tag{6.37}$$

其中,"+"表示右旋波;"-"表示左旋波。将式(6.37)代入式(6.19)和式(6.20),可得 TE$_{mn}$ 模的电场和磁场分量的表达式:

$$\begin{cases} E_r=-\dfrac{1}{\varepsilon_0 r}\dfrac{\partial \psi_{mn}}{\partial \theta}=\pm\dfrac{\mathrm{j}m}{\varepsilon_0 r}A_{mn}J_m(k_c r)\mathrm{e}^{\mp \mathrm{j}m\theta}\mathrm{e}^{\mp \mathrm{j}k_z z} \\ E_\theta=\dfrac{1}{\varepsilon_0}\dfrac{\partial \psi_{mn}}{\partial r}=\dfrac{k_c}{\varepsilon_0}A_{mn}J_m'(k_c r)\mathrm{e}^{\mp \mathrm{j}m\theta}\mathrm{e}^{\mp \mathrm{j}k_z z} \\ H_r=-\dfrac{\mathrm{j}}{\omega\mu_0\varepsilon_0}\dfrac{\partial^2 \psi_{mn}}{\partial r\partial z}=\mp\omega\dfrac{k_c k_z}{k^2}A_{mn}J_m'(k_c r)\mathrm{e}^{\mp \mathrm{j}m\theta}\mathrm{e}^{\mp \mathrm{j}k_z z} \\ H_\theta=-\dfrac{\mathrm{j}}{\omega\mu_0\varepsilon_0}\dfrac{1}{r}\dfrac{\partial^2 \psi_{mn}}{\partial \theta\partial z}=\omega\dfrac{\mathrm{j}m k_z}{k^2 r}A_{mn}J_m(k_c r)\mathrm{e}^{\mp \mathrm{j}m\theta}\mathrm{e}^{\mp \mathrm{j}k_z z} \\ H_z=-\mathrm{j}\omega\psi_{mn}-\dfrac{\mathrm{j}}{\omega\mu_0\varepsilon_0}\dfrac{\partial^2 \psi_{mn}}{\partial z^2}=-\mathrm{j}\omega\dfrac{k_c^2}{k^2}A_{mn}J_m(k_c r)\mathrm{e}^{\mp \mathrm{j}m\theta}\mathrm{e}^{\mp \mathrm{j}k_z z} \end{cases} \tag{6.38}$$

根据圆柱波导中 TE$_{mn}$ 模的边界条件 $J_m'(\mu_{mn})=0$,可得横向截止波数 k_c 的表达式为

$$k_c=\dfrac{\mu_{mn}}{a} \tag{6.39}$$

式中,μ_{mn} 为 $J_m'(x)=0$ 的第 n 个根;a 为圆柱波导半径。同理可以求得 TM 模的各电场和磁场分量。

式(6.37)表示圆柱波导中传播模式的标量位函数,其中,m 阶贝塞尔函数可以分解为两类汉克尔函数的和,即可将径向的驻波场分解为两个行波场的叠加。

$$J_m(x)=\dfrac{1}{2}\left[H_m^{(1)}(x)+H_m^{(2)}(x)\right] \tag{6.40}$$

$$\psi=\psi^{\mathrm{in}}+\psi^{\mathrm{out}}=\dfrac{1}{2}A_{mn}\left[H_m^{(1)}(k_c r)+H_m^{(2)}(k_c r)\right]\mathrm{e}^{\mp \mathrm{j}m\theta}\mathrm{e}^{\mp \mathrm{j}k_z z} \tag{6.41}$$

式(6.41)可分解为入射波和出射波之和:

$$\psi^{\mathrm{in}}=\dfrac{1}{2}A_{mn}H_m^{(1)}(k_c r)\mathrm{e}^{\mp \mathrm{j}m\theta}\mathrm{e}^{\mp \mathrm{j}k_z z} \tag{6.42}$$

$$\psi^{\mathrm{out}}=\dfrac{1}{2}A_{mn}H_m^{(2)}(k_c r)\mathrm{e}^{\mp \mathrm{j}m\theta}\mathrm{e}^{\mp \mathrm{j}k_z z} \tag{6.43}$$

$H_m^{(1)}(x)$ 和 $H_m^{(2)}(x)$ 是共轭的。当 $x>m$ 时,$H_m^{(2)}(x)$ 可以近似地表示为

$$H_m^{(2)}(x) \approx \sqrt{\frac{2}{\pi\sqrt{x^2-m^2}}} e^{j\left(-\sqrt{x^2-m^2}+m\arccos\frac{m}{x}+\frac{\pi}{4}\right)} \tag{6.44}$$

出射波相位为

$$\arg(\psi^{\text{out}}) \approx -\sqrt{k_c^2 r^2 - m^2} + m\arccos\frac{m}{k_c r} + \frac{\pi}{4} - m\theta - k_z z \tag{6.45}$$

波沿着出射波相位的负梯度方向传播，即传播方向为

$$N(r,\theta,z) = -\nabla\arg[\psi_{\text{out}}(r,\theta,z)] \approx k_c\sqrt{1-\frac{m^2}{k_c^2 r^2}}e_r + \frac{m}{r}e_\theta + k_z e_z \tag{6.46}$$

图 6.2 为出射波在圆柱波导中反射传播示意图。根据式(6.46)，在圆柱波导内表面波传播方向为

$$N(a,\theta,z) \approx \frac{\sqrt{\mu_{mn}^2 - m^2}}{a}e_r + \frac{m}{a}e_\theta + k_z e_z \tag{6.47}$$

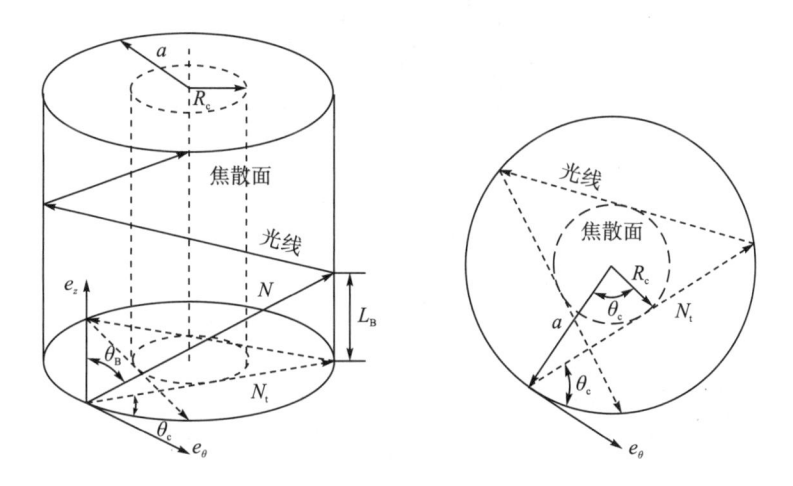

图 6.2　出射波在圆柱波导中反射传播示意图

波传播方向和圆柱波导轴向的夹角 θ_B 为布里渊角：

$$\cos\theta_B = \frac{N \cdot e_z}{|N| \cdot |e_z|} = \frac{k_z}{\sqrt{k_c^2 + k_z^2}} \tag{6.48}$$

波的传播方向 N 在横截面内的分量 N_t 为

$$N_t = \frac{\sqrt{\mu_{mn}^2 - m^2}}{a}e_r + \frac{m}{a}e_\theta \tag{6.49}$$

矢量 N_t 与矢量 e_θ 的夹角 θ_c 为

$$\cos\theta_c = \frac{N_t \cdot e_\theta}{|N_t| \cdot |e_\theta|} = \frac{m}{\mu_{mn}} \tag{6.50}$$

设从圆柱波导内壁反射回来的射线距离波导轴线的距离为 R_c，则

$$R_c = a\cos\theta_c = a\frac{m}{\mu_{mn}} \tag{6.51}$$

式中，R_c 为焦散半径。圆柱波导内波传输射线的内切圆为焦散圆，内切圆柱面为焦散圆柱面。焦散圆柱面内是没有射线经过的，即波束能量主要分布在焦散圆柱面和圆柱波导内壁之间的区域。对于轴对称模式 TE_{0n} 模，$m=0$ 时，$R_c=0$，即轴对称模式的焦散半径为 0，波束能量充满整个圆柱波导，并且都是从圆柱波导轴线处发射出来的锥状发散射线束。

图 6.3 为射线在圆柱波导中传播的柱面侧投影展开示意图。

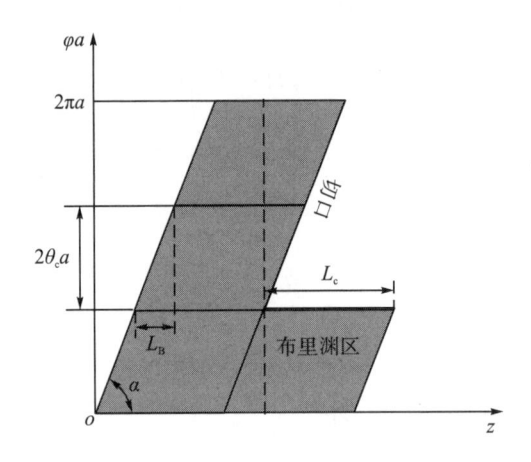

图 6.3 波导壁展开后射线的反射及辐射器切口

光线在波导壁上两次反射对应的轴向距离为

$$L_B = 2a\sin\theta_c \cot\theta_B = 2a\sqrt{1-\frac{m^2}{\mu_{mn}^2}}\cot\theta_B \tag{6.52}$$

射线在圆柱波导内壁柱面投影和圆柱波导轴线的夹角为

$$\alpha = \arctan\left(\theta_c \frac{\tan\theta_B}{\sin\theta_c}\right) \tag{6.53}$$

射线在角向完成一次循环后在轴向移动的距离为

$$L_c = 2\pi a \cot\alpha = 2\pi a^2 \frac{k_z}{\mu_{mn}}\sqrt{1-\frac{m^2}{\mu_{mn}^2}}\left/\arccos\left(\frac{m}{\mu_{mn}}\right)\right. \tag{6.54}$$

如果把波导沿角度 α 切开长度 L_c，则射线会被辐射出来，波导中所有的电磁能量也会被辐射出来。图 6.3 中横向宽度为 $2\theta_c a$ 和纵向长度 L_c 之间的平行四边形区域叫作布里渊区，在这个区域内每条射线反射后都不会落在该区域内。所有射线都将被靠近切口处的布里渊区反射，辐射到自由空间，完成初步聚束，提高辐射的方向性。因此可以将布里渊区等效为辐射口径面，看作辐射源，作为衍射积分计算时的有效辐射口径面。

几何光学理论给出了高阶模式在圆柱波导辐射器内以类似于光线的"射线"束反射传输的过程，可以清晰并接近真实波动过程来描述高阶模式在圆柱波导辐射器内传输的物理过程。该理论给出的相关几何参数，可以用来指导设计圆柱波导辐射器的基本几何结构。

6.1.2 标量衍射理论

齐次、非齐次标量或矢量波动方程描述了电磁波的一般问题,可以采用微分法或积分法对其进行求解。当源分布 $f(r)$ 不为零时,电磁场分量满足亥姆霍兹方程:

$$\nabla^2 \Phi(r) + k^2 \Phi(r) = -f(r) \tag{6.55}$$

若在面积 S 所包围的体积 V 中,标量 Φ 和 Ψ 满足正则条件,由格林定理:

$$\iiint_V (\Phi \nabla^2 \Psi - \Psi \nabla^2 \Phi) \mathrm{d}V = \oiint_S (\Phi \nabla \Psi - \Psi \nabla \Phi) \cdot \mathrm{d}S \tag{6.56}$$

在无界空间中,取 Ψ 为格林函数形式:

$$\Psi(r) = g(r) = \frac{\mathrm{e}^{jk|r-r'|}}{4\pi|r-r'|} \tag{6.57}$$

$g(r)$ 满足齐次亥姆霍兹方程:

$$\nabla^2 g(r) + k^2 g(r) = 0, \quad r \neq r' \tag{6.58}$$

其中,$r = r'$ 为 $g(r)$ 的奇异点,为了满足在体积 V 中二阶导数连续,取以 r' 为球心、a 为半径的小球 S_0,将 $r = r'$ 排除在体积 V 之外,如图 6.4 所示。将式 (6.55) 和式 (6.57) 代入式 (6.56),可得

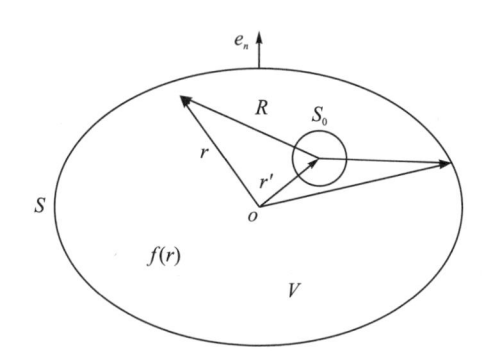

$$\iiint_V g(r) f(r) \mathrm{d}V = \oiint_{S+S_0} (\Phi \nabla g(r) - g(r) \nabla \Phi) \cdot \mathrm{d}S \tag{6.59}$$

图 6.4 标量场区域

在 S_0 上,$\partial g / \partial n = \partial g / \partial R$,且 $R = |r - r'|$,并考虑在 S_0 上 g 为常数有

$$\oiint_{S_0} (\Phi \nabla g - g \nabla \Phi) \cdot \mathrm{d}S = -\oiint_{S_0} \Phi \frac{\partial g}{\partial R} \mathrm{d}S - g(r=a) \oiint_{S_0} \nabla \Phi \cdot e_n \mathrm{d}S \tag{6.60}$$

S_0 所包围的体积 V_0 内 Φ 和 f 均为有限值,由高斯定理和式 (6.55),式 (6.60) 右边第二项的积分为

$$\oiint_{S_0} \nabla \Phi \cdot e_n \mathrm{d}S = \iiint_{V_0} \nabla^2 \Phi \mathrm{d}V = -\iiint_{V_0} (k^2 \Phi + f) \mathrm{d}V \xrightarrow{V_0 \to 0} 0 \tag{6.61}$$

式 (6.60) 右边第一项积分中,

$$\frac{\partial g}{\partial R} = \frac{\partial}{\partial R}\left(\frac{\mathrm{e}^{-\mathrm{j}kR}}{4\pi R}\right) = -(1+\mathrm{j}kR)\frac{\mathrm{e}^{-\mathrm{j}kR}}{4\pi R^2} \tag{6.62}$$

在 S_0 上，$R = a$ 为常数，因此有

$$-\oiint_{S_0} \Phi \frac{\partial g}{\partial R} \mathrm{d}S = (1+\mathrm{j}ka)\frac{\mathrm{e}^{-\mathrm{j}ka}}{4\pi a^2}\oiint_{S_0} \Phi \mathrm{d}S \xrightarrow{a\to 0} \Phi(r') \tag{6.63}$$

将式(6.61)和式(6.63)代入式(6.59)后可得

$$\Phi(r') = \iiint_V \frac{\mathrm{e}^{-\mathrm{j}k|r-r'|}}{4\pi|r-r'|} f(r)\mathrm{d}V - \frac{1}{4\pi}\oiint_S \left[\Phi \nabla\left(\frac{\mathrm{e}^{-\mathrm{j}k|r-r'|}}{|r-r'|}\right) - \frac{\mathrm{e}^{-\mathrm{j}k|r-r'|}}{|r-r'|}\nabla\Phi\right]\cdot \mathrm{d}S \tag{6.64}$$

为了习惯起见，将式(6.64)中的两个变量 r 和 r' 互换位置，则有

$$\Phi(r) = \iiint_V \frac{\mathrm{e}^{-\mathrm{j}k|r-r'|}}{4\pi|r-r'|} f(r')\mathrm{d}V - \frac{1}{4\pi}\oiint_S \left[\Phi(r') \nabla\left(\frac{\mathrm{e}^{-\mathrm{j}k|r-r'|}}{|r-r'|}\right) - \frac{\mathrm{e}^{-\mathrm{j}k|r-r'|}}{|r-r'|}\nabla\Phi(r')\right]\cdot \mathrm{d}S \tag{6.65}$$

式(6.65)表明，V 内任一点的标量场可由其中的源分布和边界上的场及其方向导数决定，若 V 内无源时，可以表示成：

$$\Phi(r) = \frac{1}{4\pi}\oiint_S \left[\frac{\mathrm{e}^{-\mathrm{j}k|r-r'|}}{|r-r'|}\nabla\Phi(r') - \Phi(r')\nabla\left(\frac{\mathrm{e}^{-\mathrm{j}k|r-r'|}}{|r-r'|}\right)\right]\cdot \mathrm{d}S \tag{6.66}$$

从式(6.66)可以看出，当 V 内无源分布时，V 内任一点的标量场仅由边界面上的场及其法向导数决定。当 V 无限大时，式(6.65)变为

$$\Phi(r) = \iiint_V \frac{\mathrm{e}^{-\mathrm{j}k|r-r'|}}{4\pi|r-r'|} f(r')\mathrm{d}V \tag{6.67}$$

式(6.67)表明，无限大区域内任一点的标量场仅由其中的源分布确定，对于无限大区域 V，封闭曲面 S 亦为无限大，封闭面上的积分对场的贡献应为零，即

$$\frac{1}{4\pi}\oiint_{S_\infty} \left[\Phi(r') \nabla\left(\frac{\mathrm{e}^{-\mathrm{j}k|r-r'|}}{|r-r'|}\right) - \frac{\mathrm{e}^{-\mathrm{j}k|r-r'|}}{|r-r'|}\nabla\Phi(r')\right]\cdot \mathrm{d}S = 0 \tag{6.68}$$

如图 6.5 所示，若只有 V_1 中存在源分布，则源区 V_1 以外的区域 V_2 的场为

$$\Phi(r) = -\frac{1}{4\pi}\oiint_S \left[\Phi(r') \nabla\left(\frac{\mathrm{e}^{-\mathrm{j}k|r-r'|}}{|r-r'|}\right) - \frac{\mathrm{e}^{-\mathrm{j}k|r-r'|}}{|r-r'|}\nabla\Phi(r')\right]\cdot \mathrm{d}S \tag{6.69}$$

式中，S 为 V_1 的封闭曲面；e_n 为 S 面上指向 V_2 的单位法向量。

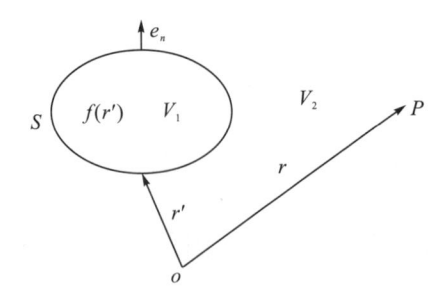

图 6.5 无源区的场

式(6.69)即为标量基尔霍夫公式,该公式表明,计算源产生场的大小可以等效为计算包围源的封闭面上的场积分。标量基尔霍夫公式可以用来近似计算电磁波遇到障碍物(如存在孔径的导电屏)后产生的绕射或衍射场,而此时包含障碍物口径封闭面上的场及其导数一般为未知数,所以需要设定基尔霍夫假设后进行计算。基尔霍夫近似假设为:

(1)对于封闭面而言,不考虑口径面之外场的作用,即除口径面之外封闭面上的场及其导数设定为零。

(2)对于口径面而言,面上的场及其导数等于无障碍物时的入射场。

由此可知,基尔霍夫近似假设条件下,口径面边缘的场值存在突变,这将会导致绕射现象的产生。虽然基尔霍夫近似假设条件存在这样的不足,但对于口径面为电大尺寸、绕射影响较小的情况,计算结果还能保持准确性;但对于口径面尺寸与波长接近,且辐射场主瓣方向偏离一定角度时,标量衍射方法将引起较大误差。

6.1.3 矢量绕射理论

在各向均匀同性的线性媒质中,根据麦克斯韦方程组:

$$\begin{cases} \nabla \times H = \dfrac{\partial D}{\partial t} + J \\ \nabla \times E = -\dfrac{\partial B}{\partial t} - J^m \\ \nabla \cdot E = \dfrac{\rho}{\varepsilon_0} \\ \nabla \cdot H = \dfrac{\rho^m}{\mu_0} \end{cases} \tag{6.70}$$

其中,J^m为磁流密度;ρ^m为磁荷密度。取时谐因子为$e^{j\omega t}$,可得有源区域电磁场满足:

$$\begin{cases} \nabla \times \nabla \times H - k^2 H = -j\omega\varepsilon_0 J^m + \nabla \times J \\ \nabla \times \nabla \times E - k^2 E = -j\omega\mu_0 J - \nabla \times J^m \end{cases} \tag{6.71}$$

考虑一般情况,区域V由内外两个面S'和S组成,如图6.6所示。根据奥-高定理:

$$\iiint_V \nabla \cdot A \mathrm{d}V = \oiint_S A \cdot \mathrm{d}S \tag{6.72}$$

按照图6.6中封闭曲面法线方向的定义,式(6.72)可以进一步表示成:

$$\iiint_V \nabla \cdot A \mathrm{d}V = -\oiint_S A \cdot e_n \mathrm{d}S \tag{6.73}$$

令$A = P \times \nabla \times Q$,式(6.73)可以改写成:

$$\iiint_V \nabla \cdot (P \times \nabla \times Q) \mathrm{d}V = -\oiint_S (P \times \nabla \times Q) \cdot e_n \mathrm{d}S \tag{6.74}$$

利用矢量恒等式:

$$\nabla \cdot (A \times B) = \nabla \times A \cdot B - \nabla \times B \cdot A$$

并令$A = P$,$B = \nabla \times Q$,式(6.74)可以表示成:

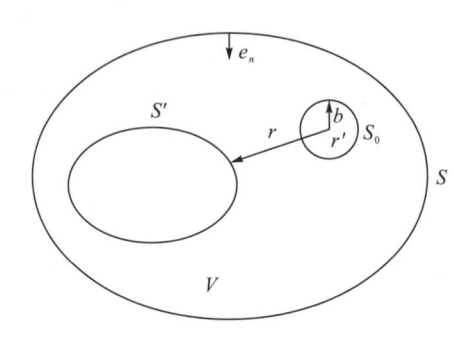

图 6.6 V 区域示意图

$$\iiint_V (\nabla \times P \cdot \nabla \times Q - P \cdot \nabla \times \nabla \times Q) \mathrm{d}V = -\oiint_S (P \times \nabla \times Q) \cdot e_n \mathrm{d}S \tag{6.75}$$

将式(6.75)中的 P 和 Q 互换后得到

$$\iiint_V (\nabla \times Q \cdot \nabla \times P - Q \cdot \nabla \times \nabla \times P) \mathrm{d}V = -\oiint_S (Q \times \nabla \times P) \cdot e_n \mathrm{d}S \tag{6.76}$$

式(6.75)和式(6.76)相减,即可得矢量格林定理公式为

$$\iiint_V (Q \cdot \nabla \times \nabla \times P - P \cdot \nabla \times \nabla \times Q) \mathrm{d}V = -\oiint_S (P \times \nabla \times Q - Q \times \nabla \times P) \cdot e_n \mathrm{d}S \tag{6.77}$$

式中,P 和 Q 是在区域 V 中满足正则条件的任意矢量函数。令 $P=E$,$Q=ag$,其中,a 和 g 分别为任意常矢量和格林函数,此时需要选取一个包含格林函数奇异点 r' 的小球将其排除于式(6.77)之外。设小球的半径为 b,面积为 S_0,则式(6.77)改写成:

$$\iiint_V [ga \cdot \nabla \times \nabla \times E - E \cdot \nabla \times \nabla \times (ga)] \mathrm{d}V$$
$$= -\oiint_{S+S'+S_0} [E \times \nabla \times (ga) - (ga) \times \nabla \times E] \cdot e_n \mathrm{d}S \tag{6.78}$$

根据矢量恒等式:

$$\nabla \times \nabla \times A = \nabla(\nabla \cdot A) - \nabla^2 A$$

以及式(6.71),且 g 在区域 V 中满足齐次亥姆霍兹方程,即满足式(6.58),式(6.78)左边的被积函数变为

$$ga \cdot \nabla \times \nabla \times E - E \cdot \nabla \times \nabla \times (ga) = -a \cdot (\mathrm{j}\omega\mu_0 gJ + g\nabla \times J^m) - E \cdot \nabla[(a \cdot \nabla g)] \tag{6.79}$$

利用矢量恒等式:

$$\nabla \times (\varphi A) = \nabla\varphi \times A + \varphi\nabla \times A \tag{6.80}$$
$$\nabla \cdot (\varphi A) = A \cdot \nabla\varphi + \varphi\nabla \cdot A \tag{6.81}$$

式(6.79)右边两项分别变为

$$g\nabla \times J^m = \nabla \times (gJ^m) + J^m \times \nabla g \tag{6.82}$$
$$E \cdot \nabla(a \cdot \nabla g) = \nabla \cdot [E(a \cdot \nabla g)] - (a \cdot \nabla g)\nabla \cdot E \tag{6.83}$$

将式(6.82)和式(6.83)代入式(6.79),并利用 $\nabla \cdot E = \rho/\varepsilon_0$,以及式(6.78)可得

$$a \cdot \iiint_V \left(\mathrm{j}\omega\mu_0 gJ + J^m \times \nabla g - \nabla g \frac{\rho}{\varepsilon_0} \right) \mathrm{d}V + a \cdot \iiint_V \nabla \times (gJ^m) \mathrm{d}V + \iiint_V \nabla \cdot [E(a \cdot \nabla g)] \mathrm{d}V$$
$$= \oiint_{S+S'+S_0} [E \times \nabla \times (ga) - (ga) \times \nabla \times E] \cdot e_n \mathrm{d}S \tag{6.84}$$

根据矢量恒等式：
$$\nabla \cdot (A \times B) = B \cdot (\nabla \times A) - A \cdot (\nabla \times B)$$

式(6.84)中，左边第二项积分为
$$a \cdot \iiint_V \nabla \times (gJ^m) \mathrm{d}V = \iiint_V \nabla \cdot [(gJ^m) \times a] \mathrm{d}V = -a \cdot \oiint_{S+S'+S_0} [e_n \times (gJ^m)] \mathrm{d}S \tag{6.85}$$

式(6.84)左边第三项积分为
$$\iiint_V \nabla \cdot [E(a \cdot \nabla g)] \mathrm{d}V = -\oiint_{S+S'+S_0} [E(a \cdot \nabla g)] \cdot e_n \mathrm{d}S = -a \cdot \oiint_{S+S'+S_0} (e_n \cdot E) \nabla g \mathrm{d}S \tag{6.86}$$

式(6.84)右侧积分的第一项为
$$\oiint_{S+S'+S_0} [E \times \nabla \times (ga)] \cdot e_n \mathrm{d}S = a \cdot \oiint_{S+S'+S_0} [(e_n \times E) \times \nabla g] \mathrm{d}S \tag{6.87}$$

利用式(6.70)，式(6.84)右侧积分的第二项为
$$\oiint_{S+S'+S_0} [(ga) \times \nabla \times E] \cdot e_n \mathrm{d}S = a \cdot \oiint_{S+S'+S_0} [\mathrm{j}\omega\mu_0 g(e_n \times H) + g(e_n \times J^m)] \mathrm{d}S \tag{6.88}$$

将式(6.85)~式(6.88)代入式(6.84)可得
$$a \cdot \iiint_V \left(\mathrm{j}\omega\mu_0 gJ + J^m \times \nabla g - \nabla g \frac{\rho}{\varepsilon_0} \right) \mathrm{d}V$$
$$= a \cdot \oiint_{S+S'+S_0} [\mathrm{j}\omega\mu_0 g(H \times e_n) + (e_n \cdot E)\nabla g + (e_n \times E) \times \nabla g] \mathrm{d}S \tag{6.89}$$

因为对于任意常矢量 a，式(6.89)均成立，因此可得
$$\iiint_V \left(\mathrm{j}\omega\mu_0 gJ + J^m \times \nabla g - \nabla g \frac{\rho}{\varepsilon_0} \right) \mathrm{d}V$$
$$= \oiint_{S+S'+S_0} [\mathrm{j}\omega\mu_0 g(H \times e_n) + (e_n \cdot E)\nabla g + (e_n \times E) \times \nabla g] \mathrm{d}S \tag{6.90}$$

当小球 S_0 半径 $b \to 0$ 时，可得式(6.90)右边在球面 S_0 上的积分为 $-E(r')$，交换 r 和 r' 的位置，式(6.90)变为
$$E(r) = -\iiint_V \left[\mathrm{j}\omega\mu_0 J(r') + J^m(r') \times \nabla' - \frac{\rho(r')}{\varepsilon_0} \nabla' \right] g \mathrm{d}V$$
$$+ \oiint_{S+S'} \left[\mathrm{j}\omega\mu_0 H(r') \times e_n + [e_n \times E(r')] \times \nabla' + [e_n \cdot E(r')] \nabla' \right] g \mathrm{d}S \tag{6.91}$$

对于磁场分量，令 $P=H$，$Q=ag$，则矢量格林定理公式[式(6.77)]可改写成：
$$\iiint_V [ga \cdot \nabla \times \nabla \times H - H \cdot \nabla \times \nabla \times (ga)] \mathrm{d}V$$
$$= -\oiint_{S+S'+S_0} [H \times \nabla \times (ga) - (ga) \times \nabla \times H] \cdot e_n \mathrm{d}S \tag{6.92}$$

利用式(6.71)，且 g 在区域 V 中满足齐次亥姆霍兹方程，即满足式(6.58)，式(6.92)左边

的被积函数变为

$$ga \cdot \nabla \times \nabla \times H - H \cdot \nabla \times \nabla \times (ga) = -a \cdot \left[j\omega\varepsilon_0 g J^m - g(\nabla \times J) \right] - H \cdot \nabla(a \nabla \cdot g) \tag{6.93}$$

根据式(6.80)和式(6.81)，式(6.93)右端第二项可以进一步写成：

$$g(\nabla \times J) = \nabla \times (gJ) - \nabla g \times J \tag{6.94}$$

$$H \cdot \nabla(a \cdot \nabla g) = \nabla \cdot \left[H(a \cdot \nabla g) \right] - (a \cdot \nabla g) \nabla \cdot H \tag{6.95}$$

将式(6.94)和式(6.95)代入式(6.93)，并利用式(6.92)可得

$$\begin{aligned} a \cdot \iiint_V \left(j\omega\varepsilon_0 g J^m + \nabla g \times J - \frac{\rho^m}{\mu_0} \nabla g \right) dV - a \cdot \iiint_V \nabla \times (gJ) dV + \iiint_V \nabla \cdot \left[H(a \cdot \nabla g) \right] dV \\ = \oiint_{S+S'+S_0} \left[H \times \nabla \times (ga) - (ga) \times \nabla \times H \right] \cdot e_n dS \end{aligned} \tag{6.96}$$

式中，左边积分第二项为

$$a \cdot \iiint_V \nabla \times (gJ) dV = a \cdot \oiint_{S+S'+S_0} \left[(gJ) \times e_n \right] dS \tag{6.97}$$

左边积分第三项为

$$\iiint_V \nabla \cdot \left[H(a \cdot \nabla g) \right] dV = -a \cdot \oiint_{S+S'+S_0} (e_n \cdot H) \nabla g dS \tag{6.98}$$

右边积分第一项为

$$\oiint_{S+S'+S_0} \left[H \times \nabla \times (ga) \right] \cdot e_n dS = a \cdot \oiint_{S+S'+S_0} \left[(e_n \times H) \times \nabla g \right] dS \tag{6.99}$$

右边积分第二项为

$$\oiint_{S+S'+S_0} \left[(ga) \times \nabla \times H \right] \cdot e_n dS = a \cdot \oiint_{S+S'+S_0} \left(j\omega\varepsilon_0 g E \times e_n + gJ \times e_n \right) dS \tag{6.100}$$

将式(6.97)~式(6.100)代入式(6.96)后可得

$$\begin{aligned} a \cdot \iiint_V \left(j\omega\varepsilon_0 g J^m + \nabla g \times J - \nabla g \frac{\rho^m}{\mu_0} \right) dV \\ = a \cdot \oiint_{S+S'+S_0} \left[j\omega\varepsilon_0 g e_n \times E + (e_n \times H) \times \nabla g + (e_n \cdot H) \nabla g \right] dS \end{aligned} \tag{6.101}$$

同样，对于任意常矢量 a，式(6.101)均成立，因此可得

$$\begin{aligned} \iiint_V \left(j\omega\varepsilon_0 g J^m + \nabla g \times J - \frac{\rho^m}{\mu_0} \nabla g \right) dV \\ = \oiint_{S+S'+S_0} \left[j\omega\varepsilon_0 g e_n \times E + (e_n \times H) \times \nabla g + (e_n \cdot H) \nabla g \right] dS \end{aligned} \tag{6.102}$$

当小球 S_0 半径 $b \to 0$ 时，可得式(6.102)右边在球面上 S_0 的积分为 $-H(r')$，交换 r 和 r' 的位置，式(6.102)变为

$$\begin{aligned} H(r) = -\iiint_V \left[j\omega\varepsilon_0 J^m(r') - J(r') \times \nabla' - \frac{\rho^m(r')}{\mu_0} \nabla' \right] g dV \\ + \oiint_{S+S'} \left[j\omega\varepsilon_0 e_n \times E(r') + \left[e_n \times H(r') \right] \times \nabla' + \left[e_n \cdot H(r') \right] \nabla' \right] g dS \end{aligned} \tag{6.103}$$

式(6.91)和式(6.103)称为矢量绕射公式，又称为 Stratton-Chu 公式。根据该公式，区域 V 中任何一点的场包括两部分，一部分是 V 中场源所辐射的场，这一部分场由式(6.91)和式(6.103)右边的体积分来表示；另一部分是区域 V 以外其他场源所辐射的场，这部分场为边界面上切向和法向场的面积分。

对于电磁场中的任意一个面，可以用等效面源来描述面上的切向和法向场：

$$J_S = e_n \times H \tag{6.104}$$

$$J_S^m = E \times e_n \tag{6.105}$$

$$\rho_S = \varepsilon_0 e_n \cdot E \tag{6.106}$$

$$\rho_S^m = \mu_0 e_n \cdot H \tag{6.107}$$

其中，ρ_S、J_S、ρ_S^m 和 J_S^m 分别为等效面电荷、等效面电流密度、等效面磁荷和等效面磁流密度。根据电荷守恒定律和磁荷守恒定律，ρ_S 和 ρ_S^m 并不独立，由 J_S 或 J_S^m 确定，即区域 V 封闭面上的等效面源只由面上的电磁场切向分量决定。

当 $S' \to \infty$ 时，此时封闭面外不存在源作用，于是面上积分等于 0，即

$$\oiint_{S_\infty} \left[j\omega\mu_0 H \times e_n + (e_n \times E) \times \nabla' + (e_n \cdot E)\nabla' \right] g \mathrm{d}S = 0 \tag{6.108}$$

$$\oiint_{S_\infty} \left[j\omega\varepsilon_0 e_n \times E + (e_n \times H) \times \nabla' + (e_n \cdot H)\nabla' \right] g \mathrm{d}S = 0 \tag{6.109}$$

该条件下，观测点的场值仅包含 V 中场源所辐射的场，即

$$E(r) = -\iiint_V \left(j\omega\mu_0 J + J^m \times \nabla' - \frac{\rho}{\varepsilon}\nabla' \right) g \mathrm{d}V \tag{6.110}$$

$$H(r) = -\iiint_V \left(j\omega\varepsilon_0 J^m - J \times \nabla' - \frac{\rho^m}{\mu_0}\nabla' \right) g \mathrm{d}V \tag{6.111}$$

若源分布只存在于观测点所在区域之外，这时，场值仅由边界面上的等效源确定，即

$$E(r) = \oiint_{S+S'} \left[j\omega\mu_0 H \times e_n + (e_n \times E) \times \nabla' + (e_n \cdot E)\nabla' \right] g \mathrm{d}S \tag{6.112}$$

$$H(r) = \oiint_{S+S'} \left[j\omega\varepsilon_0 e_n \times E + (e_n \times H) \times \nabla' + (e_n \cdot H)\nabla' \right] g \mathrm{d}S \tag{6.113}$$

式(6.112)和式(6.113)称为矢量基尔霍夫公式。

口径面边缘场值会发生突变，为了提高计算的准确性，可以假设口径面边缘存在着使口径面上满足电流和磁流连续性条件的线电流和磁流分布，因此在计算观测点场值时还须包括口径边缘线电流和线磁流的辐射场。在口径面边缘上引入线电荷 J_l 和线磁荷 J_l^m，根据连续性条件：

$$\begin{cases} \rho_l = -\dfrac{1}{j\omega}(e_t \cdot H) \\ \rho_l^m = \dfrac{1}{j\omega}(e_t \cdot E) \end{cases} \tag{6.114}$$

式中，e_t 是开口面边缘上的切向单位矢量。线源产生的辐射场为

$$E_l = \frac{1}{\varepsilon_0}\oint_C \rho_l \nabla'g\mathrm{d}l = -\frac{1}{\mathrm{j}\omega\varepsilon_0}\oint_C (e_t \cdot H)\nabla'g\mathrm{d}l \tag{6.115}$$

$$H = \frac{1}{\mu_0}\oint_C \rho_l^\mathrm{m} \nabla'g\mathrm{d}l = \frac{1}{\mathrm{j}\omega\mu_0}\oint_C (e_t \cdot E)\nabla'g\mathrm{d}l \tag{6.116}$$

引入线电荷和线磁荷以后，式(6.112)和式(6.113)可以修正为

$$\begin{aligned}E(r) = &-\frac{1}{\mathrm{j}\omega\varepsilon_0}\oint_C (e_t \cdot H)\nabla'g\mathrm{d}l \\ &+ \iint_{S+S'}\left[\mathrm{j}\omega\mu_0 H \times e_n + (e_n \times E)\times\nabla' + (e_n \cdot E)\nabla'\right]g\mathrm{d}S\end{aligned} \tag{6.117}$$

$$\begin{aligned}H(r) = &\frac{1}{\mathrm{j}\omega\mu_0}\oint_C (e_t \cdot E)\nabla'g\mathrm{d}l \\ &+ \iint_{S+S'}\left[\mathrm{j}\omega\varepsilon_0 e_n \times E + (e_n \times H)\times\nabla' + (e_n \cdot H)\nabla'\right]g\mathrm{d}S\end{aligned} \tag{6.118}$$

式(6.117)和式(6.118)中，S 为口径面。

在直角坐标系(x, y, z)中展开$\nabla'g$，则式(6.117)和式(6.118)中线积分化为

$$\oint_C (e_t \cdot H)\nabla'g\mathrm{d}l = \oint_C (e_t \cdot H)\left(\frac{\partial g}{\partial x'}e_{x'} + \frac{\partial g}{\partial y'}e_{y'} + \frac{\partial g}{\partial z'}e_{z'}\right)\mathrm{d}l \tag{6.119}$$

$$\oint_C (e_t \cdot E)\nabla'g\mathrm{d}l = \oint_C (e_t \cdot E)\left(\frac{\partial g}{\partial x'}e_{x'} + \frac{\partial g}{\partial y'}e_{y'} + \frac{\partial g}{\partial z'}e_{z'}\right)\mathrm{d}l \tag{6.120}$$

根据斯托克斯定理：

$$\iint_S \nabla_T \times \frac{\partial \varphi_\mathrm{i}}{\partial z}\nabla_T \varphi_\mathrm{k} \cdot e_z \mathrm{d}S = \oint_C \frac{\partial \varphi_\mathrm{i}}{\partial z}\nabla_T \varphi_\mathrm{k} \cdot e_l \mathrm{d}l \tag{6.121}$$

式(6.119)中的线积分：

$$\oint_C (e_t \cdot H)\frac{\partial g}{\partial x'}\mathrm{d}l = \oint_C \left(H\frac{\partial g}{\partial x'}\right)\cdot e_t \mathrm{d}l = \iint_S \left[\nabla \times \left(H\frac{\partial g}{\partial x'}\right)\right]\cdot e_n \mathrm{d}S \tag{6.122}$$

利用式(6.80)，可得

$$\nabla \times \left(H\frac{\partial g}{\partial x'}\right) = \nabla \frac{\partial g}{\partial x'}\times H + \frac{\partial g}{\partial x'}\nabla \times H \tag{6.123}$$

利用式(6.70)，式(6.122)右端可以改写成

$$\iint_S \left[\nabla \times \left(H\frac{\partial g}{\partial x'}\right)\right]\cdot e_n \mathrm{d}S = \iint_S \left[-(e_n \times H)\cdot \nabla \frac{\partial g}{\partial x'} + \mathrm{j}\omega\varepsilon_0(e_n \cdot E)\frac{\partial g}{\partial x'}\right]\mathrm{d}S \tag{6.124}$$

即

$$\oint_C (e_t \cdot H)\frac{\partial g}{\partial x'}\mathrm{d}l = \iint_S \left[-(e_n \times H)\cdot \nabla \frac{\partial g}{\partial x'} + \mathrm{j}\omega\varepsilon_0(e_n \cdot E)\frac{\partial g}{\partial x'}\right]\mathrm{d}S \tag{6.125}$$

同理可得

$$\oint_C (e_t \cdot H)\frac{\partial g}{\partial y'}\mathrm{d}l = \iint_S \left[-(e_n \times H)\cdot \nabla \frac{\partial g}{\partial y'} + \mathrm{j}\omega\varepsilon_0(e_n \cdot E)\frac{\partial g}{\partial y'}\right]\mathrm{d}S \tag{6.126}$$

$$\oint_C (e_t \cdot H)\frac{\partial g}{\partial z'}\mathrm{d}l = \iint_S \left[-(e_n \times H)\cdot\nabla\frac{\partial g}{\partial z'} + \mathrm{j}\omega\varepsilon_0 (e_n \cdot E)\frac{\partial g}{\partial z'}\right]\mathrm{d}S \tag{6.127}$$

式(6.125)～式(6.127)可以写成：

$$\oint_C (e_t \cdot H)\nabla' g\mathrm{d}l = \iint_S \left[-(e_n \times H)\cdot\nabla' + \mathrm{j}\omega\varepsilon_0 (e_n \cdot E)\right]\nabla' g\mathrm{d}S \tag{6.128}$$

同理

$$\oint_C (e_t \cdot E)\nabla' g\mathrm{d}l = -\iint_S \left[(e_n \times E)\cdot\nabla' + \mathrm{j}\omega\mu_0 (e_n \cdot H)\right]\nabla' g\mathrm{d}S \tag{6.129}$$

将式(6.128)代入式(6.117)，式(6.129)代入式(6.118)，可得空间任意一点 P 处的场与口径面上的场的关系为

$$E_P = -\frac{\mathrm{j}}{\omega\varepsilon_0}\iint_S \left[k^2 (e_n \times H) + (e_n \times H)\cdot\nabla\nabla + \mathrm{j}\omega\varepsilon_0 (e_n \times E)\times\nabla\right]g\mathrm{d}S \tag{6.130}$$

$$H_P = \frac{\mathrm{j}}{\omega\mu_0}\iint_S \left[k^2 (e_n \times E) + (e_n \times E)\cdot\nabla\nabla - \mathrm{j}\omega\mu_0 (e_n \times H)\times\nabla\right]g\mathrm{d}S \tag{6.131}$$

6.2 辐 射 器

6.2.1 Valsov 型辐射器

1974 年，苏联科学家 Valsov 提出了 Valsov 型辐射器。根据几何光学理论可知，对于轴对称 TE$_{0n}$ 模，其焦散半径 R_c 为 0，所有波射线都经过轴线，呈圆锥状前进。要想实现定向辐射，需要改变波射线的辐射方式，此时辐射器一般采用在波导端口进行矩形阶梯或斜切形开口方式，如图 6.7 所示。对于旋转极化的非对称 TE$_{mn}$($m\neq 0$) 模，其波射线是在波导中按照绕轴螺旋旋转的方式前进，此时辐射器一般是按照波射线前进方式，在波导端口沿着波螺旋行进方向进行切口，将旋转极化的波导模式能量尽可能多地定向辐射出去。

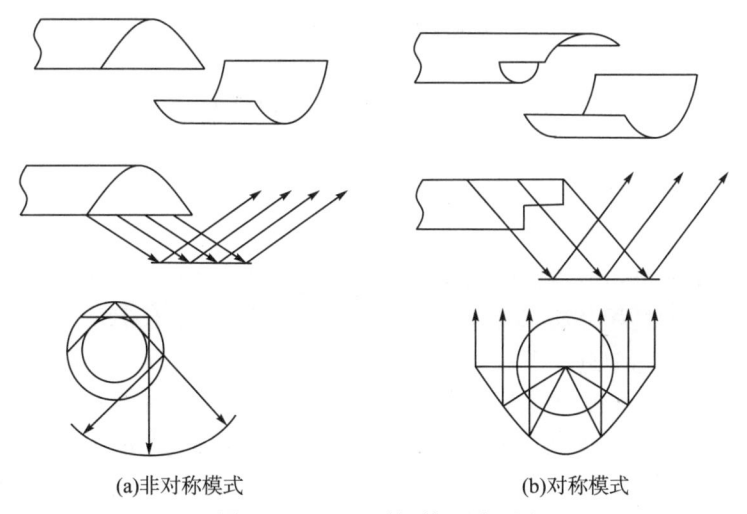

(a)非对称模式　　　　　　　　　(b)对称模式

图 6.7 Valsov 型辐射器原理图

从辐射器出射的光线尽管具有一定的方向性,但在角向为发散状态,还需要采用曲面镜进行角向汇聚。在几何光学理论描述下的波射线从 Valsov 型辐射器出射后再经反射镜反射的情况如图 6.7 所示,图中清楚地展示了对称和非对称模的出射光线从辐射器端口出射到镜面的反射情况。对于圆柱波导中旋转极化 TE_{mn} 模,通过曲面反射镜反射后,实现了角向汇聚。对于圆柱波导中轴对称 TE_{0n} 模,其焦散半径 $R_c=0$,波射线都经过轴线,从横截面的方向可以将其看作一个理想的点源辐射。轴对称 TE_{0n} 模对应的辐射器可以采用如图 6.8 所示的两种形式。

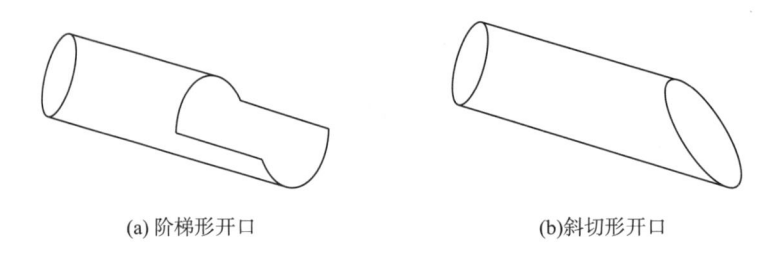

(a) 阶梯形开口　　　　　　　　(b) 斜切形开口

图 6.8　轴对称 TE_{0n} 模的不同开口结构 Valsov 型辐射器

对于螺旋形开口 Valsov 型辐射器,由几何光学理论可知,波束射线在圆柱波导内壁来回弹射,沿着螺旋方向前进,且全部通过切向纵向切开的矩形口径面,如图 6.9 所示。因此可以通过用矩形口径面上的场作为馈源的方式,进行口径面积分,来分析 Valsov 型辐射器的辐射特性。但是该方法未考虑螺旋切口对场本身的扰动,特别是对于边缘场很强的情况,会产生较大误差。

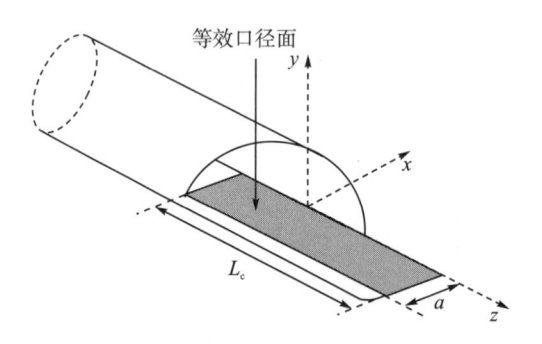

图 6.9　Valsov 型辐射器等效口径面示意图

为了提高计算精度,应考虑电磁波在辐射器开口波导壁来回反射以及边缘场的作用,因此可以结合口径面场积分法和等效电流法,采用矢量绕射迭代算法。如图 6.10 所示,将辐射器分成 I 和 II 两部分,在 I 区中,由于边界条件未发生改变,场结构有较好的稳定性,I 区内存在的场仍可视为规则波导场,其场分布可以用式(6.38)来表示。将 I 区末端的圆柱波导口径面 S_0 作为等效口径面,则可利用式(6.130)和式(6.131)计算得到 I 区在 II 区螺旋切口内壁上的辐射场 E_1 和 H_1。该辐射场在波导内壁会激励起相应的壁电流:

$$J = 2e_n \times H_1 \tag{6.132}$$

将壁电流作为二次源，可向空间任意一点 P 辐射出新的场，其场可以由初始场表示为

$$E_P = -\frac{2\mathrm{j}}{\omega \varepsilon_0} \iint_S \left[k^2 (e_n \times H) + (e_n \times H) \cdot \nabla \nabla \right] g \mathrm{d}S \tag{6.133}$$

$$H_P = 2 \iint_S (e_n \times H) \times \nabla g \mathrm{d}S \tag{6.134}$$

(a) Valsov 型辐射器侧视图　　(b) 辐射器直角坐标系展开图

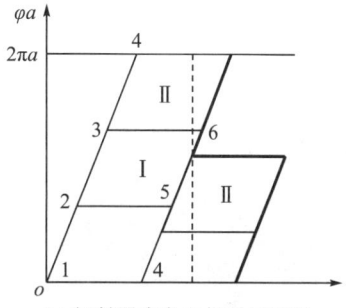

图 6.10　辐射器辐射特性分析示意图

对于 TE_{0n} 模的阶梯型 Valsov 型辐射器，其波束能量一部分从馈源波导面 S_0 出射，另一部分能量经过阶梯切口内壁一次反射后直接出射。但对于 TE_{mn} 模 ($m \neq 0$) 的螺旋切口型 Valsov 型辐射器，其波束能量一部分从馈源波导面 S_0 出射，另一部分能量要经过辐射器切口内壁中多次反射后才能完成最终的辐射过程。每进行一次反射计算，壁电流分布会相应更新一次。重复迭代计算过程，直至壁电流分布不再随反射计算次数的增加而发生改变时，即可认为此迭代算法收敛，此时所得到的辐射器壁电流已接近实际分布结果。

准光模式变换器输出场为线极化高斯波束，输出场的高斯成分通常用标量相关系数 η_s 和矢量相关系数 η_v 描述：

$$\eta_\mathrm{s} = \frac{\iint_S |u_1| \cdot |u_2| \mathrm{d}S}{\sqrt{\iint_S |u_1|^2 \mathrm{d}S \cdot \iint_S |u_2|^2 \mathrm{d}S}} \tag{6.135}$$

$$\eta_\mathrm{v} = \frac{\iint_S |u_1||u_2| \mathrm{e}^{\mathrm{j}(\varphi_1 - \varphi_2)} \mathrm{d}S \cdot \iint_S |u_1||u_2| \mathrm{e}^{\mathrm{j}(\varphi_2 - \varphi_1)} \mathrm{d}S}{\iint_S |u_1|^2 \mathrm{d}S \cdot \iint_S |u_2|^2 \mathrm{d}S} \tag{6.136}$$

其中，$u_1 \exp(\mathrm{j}\varphi_1)$ 为准光模式变换器的输出场分布；u_1 为输出场的幅值；φ_1 为输出场的相位；$u_2 \exp(\mathrm{j}\varphi_2)$ 为标准的高斯场分布；u_2 为标准的高斯场幅值；φ_2 为标准的高斯场相位。

6.2.2　Denisov 型辐射器

Valsov 型辐射器切口边缘处存在较强的场分布，会引起较强的绕射和反射，一方面会降低整个准光模式变换器的转换效率，另一方面产生绕射和反射的高功率波束会加热整个回旋管腔体，影响回旋管工作状态。同时，工作模式为高阶模式时 ($m>1$, $n>1$)，从 Valsov 型辐射器辐射出的场角向分布很广，需要很大的反射镜进行聚焦，造成准光模式变换器内

置的回旋管封装体积较大。为了克服以上问题，1992 年俄罗斯科学家 Denisov 等提出了一种改进型辐射器，在辐射器前端增加一段内壁周期微扰的波导结构，如图 6.11 所示。微扰的波导内壁能够将回旋管工作模式的场进行预聚束，即通过将回旋管工作模式转换成一系列模式的混合，在辐射器内壁形成准高斯分布。预聚束有效降低了辐射器切口边缘处的场分布和衍射损耗，在提高辐射效率的同时又具有更好的定向辐射作用。这种在辐射器前端通过内壁微扰进行模式预聚束，开口处采用螺旋开口结构的改进型辐射器，又被称为 Denisov 型辐射器，它是实现回旋管高效输出的一项突破性进展。

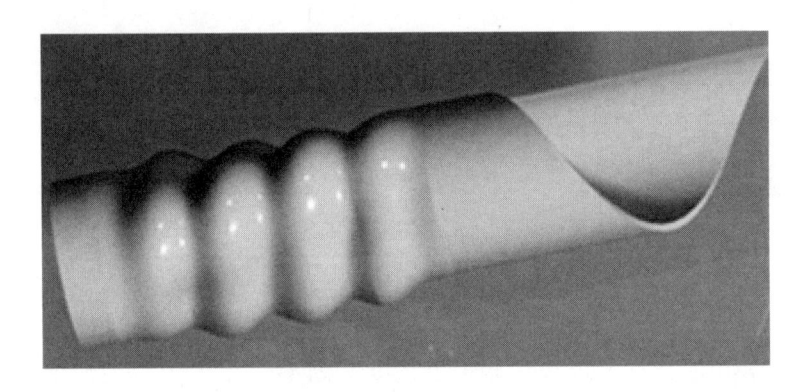

图 6.11 Denisov 型辐射器

Denisov 型辐射器主要是利用了切口前端波导内壁的微扰结构，使得回旋管工作模式在波导中按一定功率比耦合成特定的几个模式，使电磁波在辐射器内壁聚束成准高斯分布[10,11]。

对于一维高斯分布，可以用升余弦分布近似表示为

$$\sqrt{\frac{2}{\pi w}}\exp\left(\frac{2z^2}{w^2}\right) \approx \frac{b}{3\pi}(1+\cos bz)^2 \tag{6.137}$$

$$f(z) = 1 + \cos bz = 1 + \frac{1}{2}e^{jbz} + \frac{1}{2}e^{-jbz} \tag{6.138}$$

标准高斯分布形式可以表示为

$$f_G(z) = \exp\left(\frac{z^2}{2\alpha^2}\right) \tag{6.139}$$

根据矢量相关系数的公式[式(6.136)]，可得

$$\eta_g = \frac{\int f_G^* f \mathrm{d}z \int f_G f^* \mathrm{d}z}{\int f_G^* f_G \mathrm{d}z \int f^* f \mathrm{d}z} \tag{6.140}$$

当 $-\pi \leqslant bz \leqslant \pi$，$\alpha = 0.4\pi/b$ 时，相关系数 η_g 高达 0.9974，因此升余弦函数可以很好地近似高斯分布。

对于纵向传播常数分别为 k_{z1}、k_{z2} 和 k_{z3} 的三个模式，它们的叠加场为

$$B\left(e^{-jk_{z1}z} + ae^{-jk_{z2}z} + ae^{-jk_{z3}z}\right) = Be^{-jk_{z1}z}\left[1 + ae^{-j(k_{z2}-k_{z1})z} + ae^{-j(k_{z3}-k_{z1})z}\right] \tag{6.141}$$

令

第 6 章 准光模式变换器

$$\delta = \frac{(k_{z2} - k_{z1}) + (k_{z3} - k_{z1})}{2} \tag{6.142}$$

将式(6.142)代入式(6.141)可得

$$B\left(e^{-jk_{z1}z} + ae^{-jk_{z2}z} + ae^{-jk_{z3}z}\right) = Be^{-jk_{z1}z}\left[1 + 2ae^{-j\delta z}\cos(\bar{h}z)\right] \tag{6.143}$$

其中，

$$\bar{h} = \frac{(k_{z2} - k_{z1}) - (k_{z3} - k_{z1})}{2} \tag{6.144}$$

选择恰当的纵向位置，满足 $\exp(-j\delta z)=1$，令系数 $a=1/2$，三个模式的叠加场可以近似为如式(6.139)所示的高斯分布。对式(6.141)取绝对值有

$$\left|e^{-jk_{z1}z} + ae^{-jk_{z2}z} + ae^{-jk_{z3}z}\right| = \left|1 + \frac{1}{2}e^{-j(k_{z2}-k_{z1})z} + \frac{1}{2}e^{-j(k_{z3}-k_{z1})z}\right| \tag{6.145}$$

Denisov 型辐射器的最短长度需要满足三个模式在辐射器末端相位相同的条件，根据式(6.145)可得辐射器转换部分的长度为

$$(k_{z2} - k_{z1})L = (2k-1)\pi - (k_{z3} - k_{z1})L, \quad k = 1, 2, 3, \cdots \tag{6.146}$$

$k = 1$ 时辐射器最短，即

$$L_{\min} = \frac{\pi}{|2k_{z1} - k_{z2} - k_{z3}|} \tag{6.147}$$

对于角向和纵向均为高斯分布的场，利用升余弦函数可以近似地表示二维高斯模式的场分布：

$$f(\theta, z) = \left(1 + \frac{1}{2}e^{j\pi\theta/\theta_c} + \frac{1}{2}e^{-j\pi\theta/\theta_c}\right)\left(1 + \frac{1}{2}e^{j2\pi z/L} + \frac{1}{2}e^{-j2\pi z/L}\right) \tag{6.148}$$

式(6.148)可以展开成九项之和，如果将每一项看作一个波导模式，则通过这九个波导模式叠加可得二维高斯分布，它们的相对功率占比需要满足表 6.1 所示的要求。

表 6.1　九个模式相对功率分布

	角 向		
轴向	TE$_{m-2, n+1}$ (1/36)	TE$_{m+1, n}$ (1/9)	TE$_{m+4, n-1}$ (1/36)
	TE$_{m-3, n+1}$ (1/9)	TE$_{m, n}$ (4/9)	TE$_{m+3, n-1}$ (1/9)
	TE$_{m-4, n+1}$ (1/36)	TE$_{m-1, n}$ (1/9)	TE$_{m+2, n-1}$ (1/36)

上述参数选择依据为：
(1)纵向：各模式有相同的焦散面半径、接近的微扰长度和切口长度。
(2)角向：各模式有相同的焦散面半径、接近的贝塞尔函数零点。
上述两点要求各模式满足：

$$\Delta m = \pm\frac{\pi}{\theta_c}, \quad \Delta \beta = \pm\frac{\pi}{L_c} \tag{6.149}$$

式中，L_c 为辐射器切口长度；$\theta_c = \arccos(m/\mu_{mn})$，为角向弹射角度。

由于 Denisov 型辐射器内壁有微小扰动，腔体模式已经不再严格正交，各个模式间会

发生耦合。辐射器半径可以表示成：

$$r(\theta,z) = a + \delta_1 \cos(\Delta\beta_1 z + l_1\theta) + \delta_2 \cos(\Delta\beta_2 z + l_2\theta) \tag{6.150}$$

其中，

$$\Delta\beta_1 = k_{zm,n} - k_{zm\pm 1,n}, \quad l_1 = \pm 1 \tag{6.151}$$

$$\Delta\beta_2 = k_{zm,n} - k_{zm\pm\Delta m, n\mp\Delta n}, \quad l_2 = \pm\Delta m \tag{6.152}$$

式中，$k_{zm,n}$ 为 TE_{mn} 模的纵向波数；$l_1=\pm 1$ 描述纵向扰动，$l_2=\pm\Delta m$ 描述角向扰动。l_1 和 l_2 均为正时，为右螺旋扰动；反之，则为左螺旋扰动。辐射器扰动段的最小长度为

$$L_{\min} = \frac{\pi}{\left|2k_{zm,n} - k_{zm+\Delta m, n-\Delta n} - k_{zm-\Delta m, n+\Delta n}\right|} \tag{6.153}$$

由于 $TE_{m-1,n}$ 模和 $TE_{m+1,n}$ 模的特征值不相等，$TE_{m-\Delta m, n+\Delta n}$ 模和 $TE_{m+\Delta m, n-\Delta n}$ 模的特征值不相等，$\Delta\beta_1$ 和 $\Delta\beta_2$ 均有两个不同的值，可以用它们的均值来代替 $\Delta\beta_1$ 和 $\Delta\beta_2$。

$$\Delta\beta_1 = \frac{1}{2}(\beta_{m-1,n} - \beta_{m+1,n}) = \frac{1}{2}\left[\sqrt{k^2 - \left(\frac{\mu_{m-1,n}}{a}\right)^2} - \sqrt{k^2 - \left(\frac{\mu_{m+1,n}}{a}\right)^2}\right] \tag{6.154}$$

$$\begin{aligned}\Delta\beta_2 &= \frac{1}{2}(\beta_{m-\Delta m, n+\Delta n} - \beta_{m+\Delta m, n-\Delta n}) \\ &= \frac{1}{2}\left[\sqrt{k^2 - \left(\frac{\mu_{m-\Delta m, n+\Delta n}}{a}\right)^2} - \sqrt{k^2 - \left(\frac{\mu_{m+\Delta m, n-\Delta n}}{a}\right)^2}\right]\end{aligned} \tag{6.155}$$

为了消除微扰段的反射并抑制其他寄生模式，通常会引入一个微小角度 α，使得 Denisov 型辐射器呈喇叭状微弱地渐变，此时辐射器半径为[12]

$$r(\theta,z) = a + \alpha z + \delta_1 \cos(\Delta\beta_1 z + l_1\theta) + \delta_2 \cos(\Delta\beta_2 z + l_2\theta) \tag{6.156}$$

令

$$R(z) = a + \alpha z \tag{6.157}$$

则有

$$r(\theta,z) = R(z) + \delta_1 \cos(\Delta\beta_1 z + l_1\theta) + \delta_2 \cos(\Delta\beta_2 z + l_2\theta) \tag{6.158}$$

当 $\alpha\neq 0$ 时，$\Delta\beta_i$ 不再是常数，其计算方法为

$$\int_0^z \Delta\beta_i \mathrm{d}z = \frac{1}{2}\left[\int_0^z \beta_{mn}(z)\mathrm{d}z - \int_0^z \beta_{lp}(z)\mathrm{d}z\right] \tag{6.159}$$

$$\int_0^z \Delta\beta_{ij} \mathrm{d}z = \frac{1}{\alpha}\left[\sqrt{k(a+\alpha z)^2} - \mu_{mn}\arccos\frac{\mu_{mn}}{k(a+\alpha z)}\right]_{z=0}^z \tag{6.160}$$

但由于通常情况下 α 的值很小，$\Delta\beta_i$ 可以近似为

$$\int_0^z \Delta\beta_i \mathrm{d}z \approx \Delta\beta_i z = \frac{z}{2}\left[\sqrt{k^2 - \left(\frac{\mu_{mn}}{a+\alpha z}\right)^2} - \sqrt{k^2 - \left(\frac{\mu_{lp}}{a+\alpha z}\right)^2}\right] \tag{6.161}$$

适当选取微扰幅值 δ 和微扰长度 L，便可以得到满足表 6.1 所示的各个模式及其相应功率。对于 TE_{mn}（$m\gg 1$，$n\gg 1$）模，微扰幅值 δ 和微扰长度 L 的选取可以分为下面几种情况[12,13]。

(1) 当角向或径向不同时变化时，如 $\Delta m=0$、$\Delta n \neq 0$，那么

$$L = 2\hbar a^2 \frac{k_{z,mn}^3}{\pi k^2 (\Delta n)^2}\left(1-\frac{m^2}{\mu_{mn}^2}\right) \tag{6.162}$$

$$\delta = \frac{\lambda a (\Delta n \pi k)^2}{\left(\mu_{mn}^2 - m^2\right) k_{z,mn}^2} \tag{6.163}$$

如果 $\Delta m \neq 0$，$\Delta n = 0$，则有

$$L = 2\hbar\pi a^2 \frac{k_{z,mn}^3}{k^2 (\Delta m \theta_c)^2}\left(1-\frac{m^2}{\mu_{mn}^2}\right) \tag{6.164}$$

$$\delta = \frac{\lambda a (\Delta m \theta_c k)^2}{\left(\mu_{mn}^2 - m^2\right) k_{z,mn}^2} \tag{6.165}$$

(2) 当角向和径向同时变化时，即 $\Delta m \neq 0$，$\Delta n \neq 0$。这时，

$$L = \frac{2\hbar\pi a^2 k_{z,mn}}{(\Delta m)^2}\left(1-\frac{m^2}{\mu_{mn}^2}\right) \tag{6.166}$$

$$\delta = \frac{\lambda a (\Delta m)^2}{\left(\mu_{mn}^2 - m^2\right)} \tag{6.167}$$

其中，扰动长度 $L_p=L/2$；$0.25 \leq \lambda < 1$；$0.5 \leq \hbar \leq 1/\sqrt{1.5}$。

为了分析 Denisov 型辐射器中微扰段的模式耦合情况，下面通过传输线方程结合阻抗微扰理论推导相应的耦合波方程。对于一般的非对称变截面波导，假设波导壁为理想导体，其中的横向场可以展开成下列级数[14-16]：

$$\begin{cases} E_T(u,v,z) = \sum_{i=1}^{2}\sum_{k} V_k^{(i)}(z) e_k^{(i)}(u,v,z) \\ H_T(u,v,z) = \sum_{i=1}^{2}\sum_{k} I_k^{(i)}(z) h_k^{(i)}(u,v,z) \end{cases} \tag{6.168}$$

其中，$V_k^{(i)}(z)$ 和 $I_k^{(i)}(z)$ 分别为电场和磁场幅值；$e_k^{(i)}(u,v,z)$ 和 $h_k^{(i)}(u,v,z)$ 分别为横向单位电矢量和横向单位磁矢量。$i=1$ 对应 TE 模，$i=2$ 对应 TM 模。利用模式的正交性：

$$\int_S \left(e_k^{(i)} \times h_l^{(j)*}\right) \cdot e_z \mathrm{d}S = \int_S e_k^{(i)} \cdot e_l^{(j)*} \mathrm{d}S = \begin{cases} 1 & k=l, i=j \\ 0, & \text{其他情况} \end{cases} \tag{6.169}$$

根据式(6.168)和式(6.169)，可得

$$\int_S E_T \cdot \left(h_k^{(i)*} \times e_z\right) \mathrm{d}S = V_k^{(i)}(z) \tag{6.170}$$

$$\int_S H_T \cdot \left(e_z \times e_k^{(i)*}\right) \mathrm{d}S = I_k^{(i)}(z) \tag{6.171}$$

将电场 E 和磁场 H 分解为横向场和纵向场叠加的形式：

$$\begin{cases} E = E_T + e_z E_z \\ H = H_T + e_z E_z \end{cases} \tag{6.172}$$

由式(6.70)可得

$$\begin{cases} \nabla_T \times H_T + \nabla_T H_z \times e_z + e_z \times \dfrac{\partial H_T}{\partial z} = \mathrm{j}\omega\varepsilon_0 E_T + \mathrm{j}\omega\varepsilon_0 E_z e_z + J \\ \nabla_T \times E_T + \nabla_T E_z \times e_z + e_z \times \dfrac{\partial E_T}{\partial z} = -\mathrm{j}\omega\mu_0 H_T - \mathrm{j}\omega\mu_0 H_z e_z - J^{\mathrm{m}} \end{cases} \quad (6.173)$$

将式(6.173)×e_z，可得

$$\begin{cases} \nabla_T H_z - \dfrac{\partial H_T}{\partial z} = \mathrm{j}\omega\varepsilon_0 e_z \times E_T + e_z \times J_T \\ \nabla_T E_z - \dfrac{\partial E_T}{\partial z} = -\mathrm{j}\omega\mu_0 e_z \times H_T - e_z \times J_T^{\mathrm{m}} \end{cases} \quad (6.174)$$

将式(6.173)中的每一项·e_z，并利用矢量关系式：

$$e_z \cdot (\nabla \times A) = e_z \cdot (\nabla_T \times A_T) = \nabla_T \cdot (A_T \times e_z) \quad (6.175)$$

可得

$$\begin{cases} \nabla_T \cdot (H_T \times e_z) = \mathrm{j}\omega\varepsilon_0 E_z + J_z \\ \nabla_T \cdot (E_T \times e_z) = -\mathrm{j}\omega\mu_0 H_z - J_z^{\mathrm{m}} \end{cases} \quad (6.176)$$

式(6.176)可以进一步改写成用横向分量表达的纵向分量表达式：

$$\begin{cases} E_z = \dfrac{1}{\mathrm{j}\omega\varepsilon_0} \nabla_T \cdot (H_T \times e_z) - \dfrac{J_z}{\mathrm{j}\omega\varepsilon_0} \\ H_z = -\dfrac{1}{\mathrm{j}\omega\mu_0} \nabla_T \cdot (E_T \times e_z) - \dfrac{J_z^{\mathrm{m}}}{\mathrm{j}\omega\mu_0} \end{cases} \quad (6.177)$$

将式(6.177)代入式(6.174)后可得

$$\begin{cases} -\dfrac{\partial E_T}{\partial z} = \mathrm{j}\omega\mu_0 \left(\bar{I} + \dfrac{1}{k^2}\nabla_T\nabla_T\right) \cdot (H_T \times e_z) + \dfrac{\nabla_T J_z}{\mathrm{j}\omega\varepsilon_0} + J_T^{\mathrm{m}} \times e_z \\ -\dfrac{\partial H_T}{\partial z} = \mathrm{j}\omega\varepsilon_0 \left(\bar{I} + \dfrac{1}{k^2}\nabla_T\nabla_T\right) \cdot (e_z \times E_T) + \dfrac{\nabla_T J_z^{\mathrm{m}}}{\mathrm{j}\omega\mu_0} + e_z \times J_T \end{cases} \quad (6.178)$$

其中，$\bar{I}$ 为并矢，且满足 $\bar{I} \cdot A = A \cdot \bar{I} = A$。为了得到变截面波导的耦合波方程组，将式(6.178)分别和 $h_k^{(i)*} \times e_z$、$e_z \times e_k^{(i)*}$ 做点乘，并在波导横截面上积分，可得

$$\begin{cases} -\int_S \dfrac{\partial E_T}{\partial z} \cdot \left(h_k^{(i)*} \times e_z\right) \mathrm{d}S = \mathrm{j}\omega\mu_0 \int_S \left[\left(\bar{I} + \dfrac{1}{k^2}\nabla_T\nabla_T\right) \cdot (H_T \times e_z)\right] \cdot \left(h_k^{(i)*} \times e_z\right) \mathrm{d}S \\ \qquad\qquad + \dfrac{1}{\mathrm{j}\omega\varepsilon_0} \int_S \nabla_T J_z \cdot \left(h_k^{(i)*} \times e_z\right) \mathrm{d}S + \int_S \left(J_T^{\mathrm{m}} \times e_z\right) \cdot \left(h_k^{(i)*} \times e_z\right) \mathrm{d}S \\ -\int_S \dfrac{\partial H_T}{\partial z} \cdot \left(e_z \times e_k^{(i)*}\right) \mathrm{d}S = \mathrm{j}\omega\varepsilon_0 \int_S \left[\left(\bar{I} + \dfrac{1}{k^2}\nabla_T\nabla_T\right) \cdot (e_z \times E_T)\right] \cdot \left(e_z \times e_k^{(i)*}\right) \mathrm{d}S \\ \qquad\qquad + \dfrac{1}{\mathrm{j}\omega\mu_0} \int_S \nabla_T J_z^{\mathrm{m}} \cdot \left(e_z \times e_k^{(i)*}\right) \mathrm{d}S + \int_S \left(e_z \times J_T\right) \cdot \left(e_z \times e_k^{(i)*}\right) \mathrm{d}S \end{cases} \quad (6.179)$$

利用式(6.170)和式(6.171)，式(6.179)可以进一步简写成：

$$\begin{cases} -\int_S \dfrac{\partial E_T}{\partial z} \cdot \left(h_k^{(i)*} \times e_z\right) \mathrm{d}S = \mathrm{j}\omega\mu_0 I_k^{(i)} - \dfrac{1}{\mathrm{j}\omega\varepsilon_0}\int_S \left[\nabla_T \nabla_T \cdot \left(H_T \times e_z\right)\right] \cdot \left(h_k^{(i)*} \times e_z\right)\mathrm{d}S - v_k^{(i)}(z) \\ -\int_S \dfrac{\partial H_T}{\partial z} \cdot \left(e_z \times e_k^{(i)*}\right) \mathrm{d}S = \mathrm{j}\omega\varepsilon_0 V_k^{(i)} - \dfrac{1}{\mathrm{j}\omega\mu_0}\int_S \left[\nabla_T \nabla_T \cdot \left(e_z \times E_T\right)\right] \cdot \left(e_z \times e_k^{(i)*}\right)\mathrm{d}S - i_k^{(i)}(z) \end{cases} \qquad (6.180)$$

其中

$$\begin{cases} v_k^{(i)}(z) = -\dfrac{1}{\mathrm{j}\omega\varepsilon_0}\int_S \nabla_T J_z \cdot \left(h_k^{(i)*} \times e_z\right)\mathrm{d}S - \int_S J_T^{\mathrm{m}} \cdot h_k^{(i)*}\mathrm{d}S \\ i_k^{(i)}(z) = -\dfrac{1}{\mathrm{j}\omega\mu_0}\int_S \nabla_T J_z^{\mathrm{m}} \cdot \left(e_z \times e_k^{(i)*}\right)\mathrm{d}S - \int_S J_T \cdot e_k^{(i)*}\mathrm{d}S \end{cases} \qquad (6.181)$$

对于 TE 模，根据式(3.24)，式(6.180)右边的积分项可以表示成：

$$\begin{cases} \int_S \left[\nabla_T\nabla_T \cdot \left(H_T \times e_z\right)\right] \cdot \left(h_k^{(1)*} \times e_z\right)\mathrm{d}S = -\mathrm{j}\omega\varepsilon_0 \oint_C \tan\alpha \left(E_T \cdot e_n\right)\left(e_k^{(1)*} \cdot e_n\right)\mathrm{d}l \\ \int_S \left[\nabla_T\nabla_T \cdot \left(E_T \times e_z\right)\right] \cdot \left(e_z \times e_k^{(1)*}\right)\mathrm{d}S = k_{\mathrm{c},k}^{(1)2} V_k^{(1)} \end{cases} \qquad (6.182)$$

将式(6.182)代入式(6.180)，并利用式(3.18)和式(3.22)，对于 TE 模，式(6.180)可以进一步写成：

$$\begin{cases} \dfrac{\mathrm{d}V_k^{(1)}(z)}{\mathrm{d}z} = -\mathrm{j}Z_k^{(1)}k_{z,k}^{(1)} I_k^{(1)}(z) + \sum_{i'=1}^{2}\sum_{k'} V_{k'}^{(i')}(z)\int_S e_{k'}^{(i')} \cdot \dfrac{\partial e_k^{(1)*}}{\partial z}\mathrm{d}S + v_k^{(1)}(z) \\ \dfrac{\mathrm{d}I_k^{(1)}(z)}{\mathrm{d}z} = -\mathrm{j}\dfrac{k_{z,k}^{(1)}}{Z_k^{(1)}} V_k^{(1)}(z) - \sum_{i'=1}^{2}\sum_{k'} I_{k'}^{(i')}(z)\int_S e_k^{(1)*} \cdot \dfrac{\partial e_{k'}^{(i')}}{\partial z}\mathrm{d}S + i_k^{(1)}(z) \end{cases} \qquad (6.183)$$

其中，$Z_k^{(1)}$ 为 TE 模的波阻抗。

$$Z_k^{(1)} = \dfrac{\omega\mu_0}{k_{z,k}^{(1)}} \qquad (6.184)$$

$$\begin{cases} v_k^{(1)}(z) = -\dfrac{1}{\mathrm{j}\omega\varepsilon_0}\int_S \nabla_T J_z \cdot e_k^{(1)*}\mathrm{d}S - \int_S J_T^{\mathrm{m}} \cdot h_k^{(1)*}\mathrm{d}S \\ i_k^{(1)}(z) = -\dfrac{1}{\mathrm{j}\omega\mu_0}\int_S \nabla_T J_z^m \cdot h_k^{(1)*}\mathrm{d}S - \int_S J_T \cdot e_k^{(1)*}\mathrm{d}S \end{cases} \qquad (6.185)$$

对于 TM 模，根据式(3.17)，式(6.180)右边的积分项可以表示成：

$$\begin{cases} \int_S \left[\nabla_T\nabla_T \cdot \left(H_T \times e_z\right)\right] \cdot e_k^{(2)*}\mathrm{d}S = -k_{\mathrm{c},k}^{(2)2} I_k^{(2)} - \mathrm{j}\omega\varepsilon_0 \oint_C \tan\alpha\left(E_T \cdot e_n\right)\left(e_k^{(2)*} \cdot e_n\right)\mathrm{d}l \\ \int_S \left[\nabla_T\nabla_T \cdot \left(E_T \times e_z\right)\right] \cdot h_k^{(2)*}\mathrm{d}S = 0 \end{cases} \qquad (6.186)$$

将式(6.186)代入式(6.180)，并利用式(3.18)和式(3.22)，对于 TM 模，式(6.180)可以进一步写成：

$$\begin{cases} \dfrac{\mathrm{d}V_k^{(2)}(z)}{\mathrm{d}z} = -\mathrm{j}Z_k^{(2)}k_{z,k}^{(2)} I_k^{(2)}(z) + \sum_{i'=1}^{2}\sum_{k'} V_{k'}^{(i')}(z)\int_S e_{k'}^{(i')} \cdot \dfrac{\partial e_k^{(2)*}}{\partial z}\mathrm{d}S + v_k^{(2)}(z) \\ \dfrac{\mathrm{d}I_k^{(2)}(z)}{\mathrm{d}z} = -\mathrm{j}\dfrac{k_{z,k}^{(2)}}{Z_k^{(2)}} V_k^{(2)}(z) - \sum_{i'=1}^{2}\sum_{k'} I_{k'}^{(i')}(z)\int_S e_{k'}^{(i')*} \cdot \dfrac{\partial e_{k'}^{(i')}}{\partial z}\mathrm{d}S + i_k^{(2)}(z) \end{cases} \qquad (6.187)$$

其中，$Z_k^{(2)}$ 为 TM 模的波阻抗。

$$Z_k^{(2)} = \frac{k_{z,k}^{(2)}}{\omega\varepsilon_0} \tag{6.188}$$

$$\begin{cases} v_k^{(2)}(z) = -\dfrac{1}{\mathrm{j}\omega\varepsilon_0}\int_S \nabla_T J_z \cdot e_k^{(2)*}\mathrm{d}S - \int_S J_T^\mathrm{m} \cdot h_k^{(2)*}\mathrm{d}S \\ i_k^{(2)}(z) = -\dfrac{1}{\mathrm{j}\omega\mu_0}\int_S \nabla_T J_z^\mathrm{m} \cdot h_k^{(2)*}\mathrm{d}S - \int_S J_T \cdot e_k^{(2)*}\mathrm{d}S \end{cases} \tag{6.189}$$

式(6.183)和式(6.187)可以统一表示为

$$\begin{cases} \dfrac{\mathrm{d}V_k^{(i)}(z)}{\mathrm{d}z} = -\mathrm{j}Z_k^{(i)}k_{z,k}^{(i)}I_k^{(i)}(z) + \sum_{i'=1}^{2}\sum_{k'} C_{(k)(k')}^{(i)(i')*}V_{k'}^{(i')}(z) + v_k^{(i)}(z) \\ \dfrac{\mathrm{d}I_k^{(i)}(z)}{\mathrm{d}z} = -\mathrm{j}\dfrac{k_{z,k}^{(i)}}{Z_k^{(i)}}V_k^{(i)}(z) - \sum_{i'=1}^{2}\sum_{k'} C_{(k')(k)}^{(i')(i)}I_{k'}^{(i')}(z) + i_k^{(i)}(z) \end{cases} \tag{6.190}$$

式中，$i=1$，2。模式之间的耦合系数为

$$C_{(k')(k)}^{(i')(i)} = \int_S \frac{\partial e_{k'}^{(i')}}{\partial z} \cdot e_k^{(i)*}\mathrm{d}S \tag{6.191}$$

根据式(3.38)可得 TE-TE 模之间的耦合系数为

$$C_{(k')(k)}^{(1)(1)} = \begin{cases} \dfrac{k_{\mathrm{c},k}^2}{k_{\mathrm{c},k'}^2 - k_{\mathrm{c},k}^2}\tan\alpha\oint_C \Phi_k^* \dfrac{\partial^2 \Phi_{k'}}{\partial n^2}\mathrm{d}l, & k \neq k' \\ -\dfrac{1}{2}\tan\alpha\oint_C \dfrac{\partial \Phi_k}{\partial l}\dfrac{\partial \Phi_k^*}{\partial l}\mathrm{d}l, & k = k' \end{cases} \tag{6.192}$$

根据式(3.39)，可得 TE-TM 模之间的耦合系数为

$$C_{(k')(k)}^{(2)(1)} = -\tan\alpha\oint_C \frac{\partial \Phi_k^*}{\partial l}\frac{\partial \Psi_{k'}}{\partial n}\mathrm{d}l \tag{6.193}$$

根据式(3.40)，可得 TM-TE 模之间的耦合系数为

$$C_{(k')(k)}^{(1)(2)} = \tan\alpha\oint_C \frac{\partial \Phi_{k'}}{\partial n}\frac{\partial \Psi_k^*}{\partial l}\mathrm{d}l = 0 \tag{6.194}$$

根据式(3.41)，可得 TM-TM 模之间的耦合系数为

$$C_{(k')(k)}^{(2)(2)} = \begin{cases} \dfrac{k_{\mathrm{c},k'}^2}{k_{\mathrm{c},k}^2 - k_{\mathrm{c},k'}^2}\tan\alpha\oint_C \dfrac{\partial \Psi_{k'}}{\partial n}\dfrac{\partial \Psi_k^*}{\partial n}\mathrm{d}l, & k \neq k' \\ -\dfrac{1}{2}\tan\alpha\oint_C \dfrac{\partial \Psi_k}{\partial n}\dfrac{\partial \Psi_k^*}{\partial n}\mathrm{d}l, & k = k' \end{cases} \tag{6.195}$$

式中，Φ_k 为 TE 模的标量位函数；Ψ_k 为 TM 模的标量位函数。

按照等效边界条件，由于 Denisov 型辐射器内壁的微扰，在原来的参考边界面上会出现等效的表面磁流。

$$J^\mathrm{m} = \Delta E \times e_n \tag{6.196}$$

其中，ΔE 是边界面微小形变引起的微扰场。对于圆柱波导系统，参考边界面上的切向微扰电场可以进行展开：

$$\begin{cases} \Delta E_\theta = \sum_{k'} \Delta E_{\theta k'} \\ \Delta E_z = \sum_{k'} \Delta E_{zk'} \end{cases} \quad (6.197)$$

式中，每一个模式在参考边界面上的切向微扰电场可以表示为

$$\begin{cases} \Delta E_{\theta k'} = \Delta Z_{\theta k'} H_{zk'}^0 \\ \Delta E_{zk'} = -\Delta Z_{zk'} H_{\theta k'}^0 \end{cases} \quad (6.198)$$

$\Delta Z_{zk'}$ 和 $\Delta Z_{\theta k'}$ 是波导内壁微扰后在参考边界面上出现的等效阻抗微扰。波型 k' 的未微扰磁场分量在边界面上的值为 $H_{\theta k'}^0$ 和 $H_{zk'}^0$。对于半径为 a 的圆截面边界，在 $r=a$ 处的等效场，在一次近似条件下可以表示为

$$\begin{cases} \Delta E_{\theta k'} = \mathrm{j}\omega\mu_0 l H_{zk'}^0 - \dfrac{1}{a}\dfrac{\partial}{\partial \theta}\left(E_{rk'}^0 l\right) \\ \Delta E_{zk'} = -\mathrm{j}\omega\mu_0 l H_{\theta k'}^0 - \dfrac{\partial}{\partial z}\left(E_{rk'}^0 l\right) \end{cases} \quad (6.199)$$

其中，l 为扰动波导边界相对于未扰波导边界的偏移量，是 θ 和 z 的函数。对于 TE 模，利用阻抗微扰的定义：

$$\begin{cases} \Delta Z_{\theta k'}^{(1)} = \mathrm{j}\omega\mu_0 l - \dfrac{1}{H_{zk'}^0}\dfrac{1}{a}\dfrac{\partial}{\partial \theta}\left(E_{rk'}^0 l\right) \\ \Delta Z_{zk'}^{(1)} = \mathrm{j}\omega\mu_0 l + \dfrac{1}{H_{\theta k'}^0}\dfrac{\partial}{\partial z}\left(E_{rk'}^0 l\right) \end{cases} \quad (6.200)$$

对于 TM 模，利用阻抗微扰的定义：

$$\Delta Z_{zk'}^{(2)} = \mathrm{j}\dfrac{l}{\omega\varepsilon_0}k_{c,k'}^{(2)2} - \dfrac{k_{z,k'}^{(2)}}{\omega\varepsilon_0}\dfrac{\partial l}{\partial z} \quad (6.201)$$

将理想波导中 TE 模的电磁分量代入式(6.200)中可得 TE 模的微扰阻抗为

$$\begin{cases} \Delta Z_{\theta k'}^{(1)} = \mathrm{j}\omega\mu_0\left(1 - \dfrac{m_{k'}^2}{\mu_{k'}^2}\right)l + \dfrac{\mathrm{j}\omega\mu_0}{\mu_{k'}^2}\dfrac{1}{\Phi_{k'}}\dfrac{\partial \Phi_{k'}}{\partial \theta}\dfrac{\partial l}{\partial \theta} \\ \Delta Z_{zk'}^{(1)} = \dfrac{\omega\mu_0}{k_{z,k'}^{(1)}}\dfrac{\partial l}{\partial z} \end{cases} \quad (6.202)$$

利用

$$\int_S \nabla_T f \cdot A \mathrm{d}S = -\int_S f \nabla_T \cdot A \mathrm{d}S + \oint_C f(A \cdot e_n)\mathrm{d}l \quad (6.203)$$

假定 J_z 和 J_z^m 是连续的，且在边界上 $J_z = 0$，$J_z^m = 0$。该假设下，对于 TE 模，式(6.185)简化为

$$\begin{cases} v_k^{(1)}(z) = -\int_S J^m \cdot h_k^{(1)*}\mathrm{d}S \\ i_k^{(1)}(z) = \int_S J^m \cdot h_{zk}^{(1)*}\mathrm{d}S - \int_S J \cdot e_k^{(1)*}\mathrm{d}S \end{cases} \quad (6.204)$$

对于 TM 模，式(6.189)简化为

$$\begin{cases} v_k^{(2)}(z) = \int_S J \cdot e_{zk}^{(2)*} \mathrm{d}S - \int_S J^m \cdot h_k^{(2)*} \mathrm{d}S \\ i_k^{(2)}(z) = -\int_S J \cdot e_k^{(2)*} \mathrm{d}S \end{cases} \quad (6.205)$$

对于波导壁微小几何形变在波导中激励电磁场问题，$J=0$，$J^m = \Delta E \times e_n$，对于 TE 模，式(6.204)可以进一步表示成：

$$\begin{cases} v_k^{(1)}(z) = -\int_S (\Delta E \times e_n) \cdot h_k^{(1)*} \mathrm{d}S \\ i_k^{(1)}(z) = \int_S (\Delta E \times e_n) \cdot h_{zk}^{(1)*} \mathrm{d}S \end{cases} \quad (6.206)$$

对于 TM 模，式(6.205)可以进一步表示成：

$$\begin{cases} v_k^{(2)}(z) = -\int_S (\Delta E \times e_n) \cdot h_k^{(2)*} \mathrm{d}S \\ i_k^{(2)}(z) = 0 \end{cases} \quad (6.207)$$

对于 TE 模，单位电矢量 $e_k^{(1)}$ 和单位磁矢量 $h_k^{(1)}$ 与标量位函数 Φ_k 和 e_z 之间满足：

$$\begin{cases} h_k^{(1)} = -\nabla_T \Phi_k \\ e_k^{(1)} = h_k^{(1)} \times e_z \end{cases} \quad (6.208)$$

因此，角向磁场分量可以表示成：

$$H_{\theta k'}^0 = -I_{k'}^{(1)}(z) \frac{1}{a} \frac{\partial \Phi_{k'}}{\partial \theta} \quad (6.209)$$

利用式(6.177)，可得纵向磁场分量的表达式为

$$H_{zk'}^0 = -\mathrm{j} \frac{k_{c,k'}^{(1)2}}{\omega \mu_0} V_{k'}^{(1)}(z) \Phi_{k'} \quad (6.210)$$

式中，$I_{k'}^{(1)}(z)$ 和 $V_{k'}^{(1)}(z)$ 分别对应 TE 模的电流和电压幅值。

对于 TM 模，单位电矢量 $e_k^{(2)}$ 和单位磁矢量 $h_k^{(2)}$ 与标量位函数 Ψ_k 和 e_z 之间满足：

$$\begin{cases} e_k^{(2)} = -\nabla_T \Psi_k \\ h_k^{(2)} = e_z \times e_k^{(2)} \end{cases} \quad (6.211)$$

因此，角向磁场分量和纵向磁场分量可以表示成

$$\begin{cases} H_{\theta k'}^0 = -I_{k'}^{(2)}(z) \frac{\partial \Psi_{k'}}{\partial r} \\ H_{zk'}^0 = 0 \end{cases} \quad (6.212)$$

其中，$I_{k'}^{(2)}(z)$ 对应 TM 模的电流幅值。

将式(6.209)和式(6.210)代入式(6.198)，对于 TE 模，切向微扰电场为

$$\begin{cases} \Delta E_{\theta k'}^{(1)} = -\Delta Z_{\theta k'}^{(1)} V_{k'}^{(1)}(z) \dfrac{\mathrm{j} k_{c,k'}^{(1)2}}{\omega \mu_0} \Phi_{k'} \\ \Delta E_{zk'}^{(1)} = \Delta Z_{zk'}^{(1)} I_{k'}^{(1)}(z) \dfrac{1}{a} \dfrac{\partial \Phi_{k'}}{\partial \theta} \end{cases} \quad (6.213)$$

将式(6.212)代入式(6.198)，对于 TM 模，切向微扰电场为

$$\begin{cases} \Delta E_{\theta k'}^{(2)} = 0 \\ \Delta E_{zk'}^{(2)} = \Delta Z_{zk'}^{(2)} I_{k'}^{(2)}(z) \dfrac{\partial \Psi_{k'}}{\partial r} \end{cases} \tag{6.214}$$

将式(6.213)代入式(6.197)，对于 TE 模，边界面总的微扰电场为

$$\begin{cases} \Delta E_{\theta}^{(1)} = -\sum\limits_{k'} \Delta Z_{\theta k'}^{(1)} V_{k'}^{(1)}(z) \dfrac{\mathrm{j} k_{c,k'}^{(1)2}}{\omega \mu_0} \Phi_{k'} \\ \Delta E_z^{(1)} = \sum\limits_{k'} \Delta Z_{zk'}^{(1)} I_{k'}^{(1)}(z) \dfrac{1}{a} \dfrac{\partial \Phi_{k'}}{\partial \theta} \end{cases} \tag{6.215}$$

将式(6.214)代入式(6.197)，对于 TM 模，边界面总的微扰电场为

$$\begin{cases} \Delta E_{\theta}^{(2)} = 0 \\ \Delta E_z^{(2)} = \sum\limits_{k'} \Delta Z_{zk'}^{(2)} I_{k'}^{(2)}(z) \dfrac{\partial \Psi_{k'}}{\partial r} \end{cases} \tag{6.216}$$

将式(6.215)和式(6.216)代入式(6.206)，并利用式(6.208)，对于 TE 模，波导壁微小形变引起的耦合为

$$\begin{cases} v_k^{(1)} = \dfrac{1}{a}\sum\limits_{k'} I_{k'}^{(1)} \int_0^{2\pi} \Delta Z_{zk'}^{(1)} \dfrac{\partial \Phi_{k'}}{\partial \theta}\dfrac{\partial \Phi_k^*}{\partial \theta}\mathrm{d}\theta + \sum\limits_{k'} I_{k'}^{(2)}\int_0^{2\pi}\Delta Z_{zk'}^{(2)}\dfrac{\partial \Psi_{k'}}{\partial r}\dfrac{\partial \Phi_k^*}{\partial \theta}\mathrm{d}\theta \\ i_k^{(1)} = -a\sum\limits_{k'}V_{k'}^{(1)}\dfrac{k_{c,k'}^{(1)2}k_{c,k}^{(1)2}}{\omega^2 \mu_0^2}\int_0^{2\pi}\Delta Z_{\theta k'}^{(1)}\Phi_{k'}\Phi_k^*\mathrm{d}\theta \end{cases} \tag{6.217}$$

将式(6.215)和式(6.216)代入式(6.207)，并利用式(6.211)，对于 TM 模，波导壁微小形变引起的耦合为

$$\begin{cases} v_k^{(2)} = a\sum\limits_{k'}I_{k'}^{(2)}\int_0^{2\pi}\Delta Z_{zk'}^{(2)}\dfrac{\partial \Psi_{k'}}{\partial r}\dfrac{\partial \Psi_k^*}{\partial r}\mathrm{d}\theta + \sum\limits_{k'}I_{k'}^{(1)}\int_0^{2\pi}\Delta Z_{zk'}^{(1)}\dfrac{\partial \Phi_{k'}}{\partial \theta}\dfrac{\partial \Psi_k^*}{\partial r}\mathrm{d}\theta \\ i_k^{(2)} = 0 \end{cases} \tag{6.218}$$

为了将电压和电流变换成前向和反向行波的叠加，引入归一化参数：

$$\begin{cases} V = V^+ + V^- = \sqrt{Z}\left(A^+ + A^-\right) \\ I = I^+ + I^- = \dfrac{1}{\sqrt{Z}}\left(A^+ - A^-\right) \end{cases} \tag{6.219}$$

将式(6.217)和式(6.219)代入式(6.183)，对于 TE 模，耦合波方程可以改写成

$$\begin{aligned}
&\dfrac{\mathrm{d}A_k^{(1)\pm}}{\mathrm{d}z} + \dfrac{1}{2Z_k^{(1)}}\dfrac{\mathrm{d}Z_k^{(1)}}{\mathrm{d}z}A_k^{(1)\mp} \pm \mathrm{j}k_{z,k}^{(1)}A_k^{(1)\pm} \\
&= \sum_{k'}\left(C_{kk'}^{(1)(1)\pm}A_{k'}^{(1)+} + C_{kk'}^{(1)(1)\mp}A_{k'}^{(1)-} + C_{kk'}^{(1)(2)\pm}A_{k'}^{(2)+} + C_{kk'}^{(1)(2)\mp}A_{k'}^{(2)-}\right) \\
&\quad + \sum_{k'}\left(\pm K_{kk'}^{(1)(1)\pm}A_{k'}^{(1)+} \pm K_{kk'}^{(1)(1)\mp}A_{k'}^{(1)-} + K_{kk'}^{(1)(2)+}A_{k'}^{(2)+} + K_{kk'}^{(1)(2)-}A_{k'}^{(2)-}\right)
\end{aligned} \tag{6.220}$$

其中，半径沿轴向渐变引起的耦合系数为

$$\begin{cases} C_{kk'}^{(1)(1)\pm} = \frac{1}{2}\sqrt{\frac{k_{z,k}^{(1)}}{k_{z,k'}^{(1)}}}\int_S e_{k'}^{(1)}\cdot\frac{\partial e_k^{(1)*}}{\partial z}\mathrm{d}S \mp \frac{1}{2}\sqrt{\frac{k_{z,k'}^{(1)}}{k_{z,k}^{(1)}}}\int_S e_k^{(1)*}\cdot\frac{\partial e_{k'}^{(1)}}{\partial z}\mathrm{d}S \\ C_{kk'}^{(1)(2)\pm} = \frac{1}{2}\frac{\sqrt{k_{z,k}^{(1)}k_{z,k'}^{(2)}}}{k}\int_S e_{k'}^{(2)}\cdot\frac{\partial e_k^{(1)*}}{\partial z}\mathrm{d}S \mp \frac{1}{2}\frac{k}{\sqrt{k_{z,k}^{(1)}k_{z,k'}^{(2)}}}\int_S e_k^{(1)*}\cdot\frac{\partial e_{k'}^{(2)}}{\partial z}\mathrm{d}S \end{cases} \quad (6.221)$$

波导壁微小形变引起的耦合系数为

$$\begin{cases} K_{kk'}^{(1)(1)\pm} = -\frac{1}{2}\frac{ak_{c,k'}^{(1)2}k_{c,k}^{(1)2}}{\omega\mu_0\sqrt{k_{z,k}^{(1)}k_{z,k'}^{(1)}}}\int_0^{2\pi}\Delta Z_{\theta k}^{(1)}\Phi_{k'}\Phi_k^*\mathrm{d}\theta \pm \frac{1}{2}\frac{\sqrt{k_{z,k}^{(1)}k_{z,k'}^{(1)}}}{\omega\mu_0 a}\int_0^{2\pi}\Delta Z_{zk}^{(1)}\frac{\partial\Phi_{k'}}{\partial\theta}\frac{\partial\Phi_k^*}{\partial\theta}\mathrm{d}\theta \\ K_{kk'}^{(1)(2)\pm} = \pm\frac{1}{2Z_0}\sqrt{\frac{k_{z,k}^{(1)}}{k_{z,k'}^{(2)}}}\int_0^{2\pi}\Delta Z_{zk}^{(2)}\frac{\partial\Psi_{k'}}{\partial r}\frac{\partial\Phi_k^*}{\partial\theta}\mathrm{d}\theta \end{cases} \quad (6.222)$$

其中，Z_0 为自由空间波阻抗。利用式(6.192)~式(6.195)，对于 TE 模，当 $k' \neq k$ 时，式(6.221)可以进一步化简为

$$\begin{cases} C_{kk'}^{(1)(1)\pm} = \frac{1}{2}\frac{k_{c,k'}^{(1)2}}{k_{c,k}^{(1)2} - k_{c,k'}^{(1)2}}\sqrt{\frac{k_{z,k}^{(1)}}{k_{z,k'}^{(1)}}}\tan\alpha\oint_C \Phi_{k'}\frac{\partial^2\Phi_k^*}{\partial n^2}\mathrm{d}l \\ \qquad\qquad \pm \frac{1}{2}\frac{k_{c,k}^{(1)2}}{k_{c,k}^{(1)2} - k_{c,k'}^{(1)2}}\sqrt{\frac{k_{z,k'}^{(1)}}{k_{z,k}^{(1)}}}\tan\alpha\oint_C \Phi_k^*\frac{\partial^2\Phi_{k'}}{\partial n^2}\mathrm{d}l \\ C_{kk'}^{(1)(2)\pm} = \pm\frac{1}{2}\frac{k}{\sqrt{k_{z,k}^{(1)}k_{z,k'}^{(2)}}}\tan\alpha\oint_C \frac{\partial\Phi_k^*}{\partial l}\frac{\partial\Psi_{k'}}{\partial n}\mathrm{d}l \end{cases} \quad (6.223)$$

当 $k' = k$ 时，式(6.221)可以进一步化简为

$$\begin{cases} C_{kk}^{(1)(1)\pm} = -\frac{1}{4}\left(\sqrt{\frac{k_{z,k}^{(1)}}{k_{z,k}^{(1)}}} \mp \sqrt{\frac{k_{z,k}^{(1)}}{k_{z,k}^{(1)}}}\right)\tan\alpha\oint_C \frac{\partial\Phi_k}{\partial l}\frac{\partial\Phi_k^*}{\partial l}\mathrm{d}l \\ C_{kk}^{(1)(2)\pm} = \pm\frac{1}{2}\frac{k}{\sqrt{k_{z,k}^{(1)}k_{z,k}^{(2)}}}\tan\alpha\oint_C \frac{\partial\Phi_k^*}{\partial l}\frac{\partial\Psi_k}{\partial n}\mathrm{d}l \end{cases} \quad (6.224)$$

将式(6.218)和式(6.219)代入式(6.187)，对于 TM 模，耦合波方程可以改写成：

$$\begin{aligned} &\frac{\mathrm{d}A_k^{(2)\pm}}{\mathrm{d}z} + \frac{1}{2Z_k^{(2)}}\frac{\mathrm{d}Z_k^{(2)}}{\mathrm{d}z}A_k^{(2)\mp} \pm jk_{z,k}^{(2)}A_k^{(2)\pm} \\ &= \sum_{k'}\left(C_{kk'}^{(2)(1)\pm}A_{k'}^{(1)+} + C_{kk'}^{(2)(1)\mp}A_{k'}^{(1)-} + C_{kk'}^{(2)(2)\pm}A_{k'}^{(2)+} + C_{kk'}^{(2)(2)\mp}A_{k'}^{(2)-}\right) \\ &\quad + \sum_{k'}\left(K_{kk'}^{(2)(1)+}A_{k'}^{(1)+} + K_{kk'}^{(2)(1)-}A_{k'}^{(1)-} + K_{kk'}^{(2)(2)+}A_{k'}^{(2)+} + K_{kk'}^{(2)(2)-}A_{k'}^{(2)-}\right) \end{aligned} \quad (6.225)$$

其中，半径沿轴向渐变引起的耦合系数为

$$\begin{cases} C_{kk'}^{(2)(1)\pm} = \dfrac{1}{2}\dfrac{k}{\sqrt{k_{z,k}^{(1)}k_{z,k}^{(2)}}}\int_S e_{k'}^{(1)}\cdot\dfrac{\partial e_k^{(2)*}}{\partial z}\mathrm{d}S \mp \dfrac{1}{2}\dfrac{\sqrt{k_{z,k}^{(2)}k_{z,k'}^{(1)}}}{k}\int_S e_k^{(2)*}\cdot\dfrac{\partial e_{k'}^{(1)}}{\partial z}\mathrm{d}S \\ C_{kk'}^{(2)(2)\pm} = \dfrac{1}{2}\sqrt{\dfrac{k_{z,k'}^{(2)}}{k_{z,k}^{(2)}}}\int_S e_{k'}^{(2)}\cdot\dfrac{\partial e_k^{(2)*}}{\partial z}\mathrm{d}S \mp \dfrac{1}{2}\sqrt{\dfrac{k_{z,k}^{(2)}}{k_{z,k'}^{(2)}}}\int_S e_k^{(2)*}\cdot\dfrac{\partial e_{k'}^{(2)}}{\partial z}\mathrm{d}S \end{cases} \quad (6.226)$$

波导壁微小形变引起的耦合系数为

$$\begin{cases} K_{kk'}^{(2)(1)\pm} = \pm\dfrac{1}{2Z_0}\sqrt{\dfrac{k_{z,k'}^{(1)}}{k_{z,k}^{(2)}}}\int_0^{2\pi}\Delta Z_{zk'}^{(1)}\dfrac{\partial \Phi_{k'}}{\partial \theta}\dfrac{\partial \Psi_k^*}{\partial r}\mathrm{d}\theta \\ K_{kk'}^{(2)(2)\pm} = \pm\dfrac{a\omega\varepsilon_0}{2\sqrt{k_{z,k}^{(2)}k_{z,k'}^{(2)}}}\int_0^{2\pi}\Delta Z_{zk'}^{(2)}\dfrac{\partial \Psi_{k'}}{\partial r}\dfrac{\partial \Psi_k^*}{\partial r}\mathrm{d}\theta \end{cases} \quad (6.227)$$

利用式(6.192)~式(6.195)，对于 TM 模，当 $k'\neq k$ 时，式(6.226)可以进一步化简为

$$\begin{cases} C_{kk'}^{(2)(1)\pm} = -\dfrac{1}{2}\dfrac{k}{\sqrt{k_{z,k}^{(1)}k_{z,k}^{(2)}}}\tan\alpha\oint_C\dfrac{\partial \Phi_{k'}}{\partial l}\dfrac{\partial \Psi_k^*}{\partial n}\mathrm{d}l \\ C_{kk'}^{(2)(2)\pm} = \dfrac{1}{2\left(k_{c,k}^{(2)2}-k_{c,k'}^{(2)2}\right)}\left(k_{c,k}^{(2)2}\sqrt{\dfrac{k_{z,k'}^{(2)}}{k_{z,k}^{(2)}}}\pm k_{c,k'}^{(2)2}\sqrt{\dfrac{k_{z,k}^{(2)}}{k_{z,k'}^{(2)}}}\right)\tan\alpha\oint_C\dfrac{\partial \Psi_{k'}}{\partial n}\dfrac{\partial \Psi_k^*}{\partial n}\mathrm{d}l \end{cases} \quad (6.228)$$

当 $k'=k$ 时，式(6.226)可以进一步化简为

$$\begin{cases} C_{kk}^{(2)(1)\pm} = -\dfrac{1}{2}\dfrac{k}{\sqrt{k_{z,k}^{(1)}k_{z,k}^{(2)}}}\tan\alpha\oint_C\dfrac{\partial \Phi_k}{\partial l}\dfrac{\partial \Psi_k^*}{\partial n}\mathrm{d}l \\ C_{kk}^{(2)(2)\pm} = -\dfrac{1}{4}\tan\alpha\oint_C\dfrac{\partial \Psi_k}{\partial n}\dfrac{\partial \Psi_k^*}{\partial n}\mathrm{d}l \pm \dfrac{1}{4}\tan\alpha\oint_C\dfrac{\partial \Psi_k}{\partial n}\dfrac{\partial \Psi_k^*}{\partial n}\mathrm{d}l \end{cases} \quad (6.229)$$

TE 模的标量位函数表达式为

$$\Phi_k = C_k J_{m_k}\left(k_{c,k}^{(1)}r\right)\mathrm{e}^{-\mathrm{j}m_k\theta} \quad (6.230)$$

其中，归一化系数为

$$C_k = \dfrac{1}{\sqrt{\pi\left(\mu_k^2-m_k^2\right)}J_{m_k}(\mu_k)} \quad (6.231)$$

TM 模的标量位函数表达式为

$$\Psi_k = C_k J_{m_k}\left(k_{c,k}^{(2)}r\right)\mathrm{e}^{-\mathrm{j}m_k\theta} \quad (6.232)$$

其中，归一化系数为

$$C_k = \dfrac{1}{\sqrt{\pi}\upsilon_k J'_{m_k}(\upsilon_k)} \quad (6.233)$$

代入式(6.223)，即可以得到 $k'\neq k$ 时，由波导半径沿径向变化引起的 $\mathrm{TE}_{m_k n_k}$ 与 $\mathrm{TE}_{m_{k'}n_{k'}}$ 或 $\mathrm{TM}_{m_{k'}n_{k'}}$ 耦合系数的最终表达式，当 $m_k\neq m_{k'}$ 时，

$$C_{kk'}^{(1)(1)\pm}=0;\quad C_{kk'}^{(1)(2)\pm}=0 \quad (6.234)$$

当 $m_{k'}=m_k$ 时，半径沿轴向渐变引起的耦合系数可以进一步写成：

$$\begin{cases} C_{kk'}^{(1)(1)\pm} = \dfrac{\mu_k^2 \mu_{k'}^2 \tan\alpha}{a\left(\mu_k^2 - \mu_{k'}^2\right)\sqrt{\left(\mu_k^2 - m_k^2\right)\left(\mu_{k'}^2 - m_{k'}^2\right)}} \\ \qquad \times \left[\dfrac{J''_{m_k}(\mu_k)}{J_{m_k}(\mu_k)} \sqrt{\dfrac{k_{z,k}^{(1)}}{k_{z,k'}^{(1)}}} \pm \dfrac{J''_{m_{k'}}(\mu_{k'})}{J_{m_{k'}}(\mu_{k'})} \sqrt{\dfrac{k_{z,k'}^{(1)}}{k_{z,k}^{(1)}}} \right] \\ C_{kk'}^{(1)(2)\pm} = \pm \dfrac{\mathrm{j} m_k k \tan\alpha}{a\sqrt{k_{z,k}^{(1)} k_{z,k'}^{(2)}}\left(\mu_k^2 - m^2\right)} \end{cases} \quad (6.235)$$

当 $k' = k$ 时，式(6.224)可以进一步表示为

$$\begin{cases} C_{kk'}^{(1)(1)\pm} = -\dfrac{m_k^2}{2a\left(\mu_k^2 - m_k^2\right)}\left(\sqrt{\dfrac{k_{z,k}^{(1)}}{k_{z,k'}^{(1)}}} \pm \sqrt{\dfrac{k_{z,k'}^{(1)}}{k_{z,k}^{(1)}}}\right)\tan\alpha \\ C_{kk'}^{(1)(2)\pm} = \pm \dfrac{\mathrm{j} m_k k \tan\alpha}{a\sqrt{k_{z,k}^{(1)} k_{z,k'}^{(2)}\left(\mu_k^2 - m_k^2\right)}} \end{cases} \quad (6.236)$$

利用式(6.230)、式(6.232)、式(6.201)和式(6.202)，不考虑辐射器渐变微小角度 α，当 $m_k - m_{k'} + l_i = 0$ 时，式(6.222)最终表达式为

$$\begin{cases} K_{kk'}^{(1)(1)\pm} = -\dfrac{\mathrm{j}}{2a\sqrt{k_{z,k}^{(1)} k_{z,k'}^{(1)}\left(\mu_k^2 - m_k^2\right)\left(\mu_{k'}^2 - m_{k'}^2\right)}} \\ \qquad \times \sum_{i=1}^{2} \delta_i \left[k_{c,k}^{(1)2}\left(\mu_{k'}^2 - m_k m_{k'}\right) \mp m_k m_{k'} k_{z,k}^{(1)} \Delta\beta_i \right] \mathrm{e}^{\mathrm{j}\Delta\beta_i z} \\ K_{kk'}^{(1)(2)\pm} = \mp \dfrac{m_k}{2ak\sqrt{\left(\mu_k^2 - m_k^2\right)}} \sqrt{\dfrac{k_{z,k}^{(1)}}{k_{z,k'}^{(2)}}} \sum_{i=1}^{2} \left(k_{c,k'}^{(2)2} - k_{z,k'}^{(2)} \Delta\beta_i \right) \delta_i \mathrm{e}^{\mathrm{j}\Delta\beta_i z} \end{cases} \quad (6.237)$$

当 $m_k - m_{k'} - l_i = 0$ 时，式(6.222)最终表达式为

$$\begin{cases} K_{kk'}^{(1)(1)\pm} = -\dfrac{\mathrm{j}}{2a\sqrt{k_{z,k}^{(1)} k_{z,k'}^{(1)}\left(\mu_k^2 - m_k^2\right)\left(\mu_{k'}^2 - m_{k'}^2\right)}} \\ \qquad \times \sum_{i=1}^{2} \delta_i \left[k_{c,k}^{(1)2}\left(\mu_{k'}^2 - m_k m_{k'}\right) \pm m_k m_{k'} k_{z,k}^{(1)} \Delta\beta_i \right] \mathrm{e}^{-\mathrm{j}\Delta\beta_i z} \\ K_{kk'}^{(1)(2)\pm} = \mp \dfrac{m_k}{2ak\sqrt{\left(\mu_k^2 - m_k^2\right)}} \sqrt{\dfrac{k_{z,k}^{(1)}}{k_{z,k'}^{(2)}}} \sum_{i=1}^{2} \left(k_{c,k'}^{(2)2} + k_{z,k'}^{(2)} \Delta\beta_i \right) \delta_i \mathrm{e}^{-\mathrm{j}\Delta\beta_i z} \end{cases} \quad (6.238)$$

当 $m_k - m_{k'} \pm l_i \neq 0$ 时，式(6.222)最终表达式为

$$K_{kk'}^{(1)(1)\pm} = 0; \quad K_{kk'}^{(1)(2)\pm} = 0 \quad (6.239)$$

将式(6.230)和式(6.232)代入式(6.228)，即可以得出 $k' \neq k$ 时，由波导半径沿径向变化引起的 $\mathrm{TM}_{m_k n_k}$ 与 $\mathrm{TE}_{m_{k'} n_{k'}}$ 或 $\mathrm{TM}_{m_{k'} n_{k'}}$ 耦合系数的最终表达式，当 $m_k \neq m_{k'}$ 时，

$$C_{kk'}^{(2)(1)\pm} = 0; \quad C_{kk'}^{(2)(2)\pm} = 0 \quad (6.240)$$

当 $m_{k'} = m_k$ 时，式(6.229)可以进一步写成：

$$\begin{cases} C_{kk'}^{(2)(1)\pm} = \dfrac{\mathrm{j}m_k k}{a\sqrt{k_{z,k}^{(1)}k_{z,k}^{(2)}\left(\mu_{k'}^2 - m_{k'}^2\right)}}\tan\alpha \\ C_{kk'}^{(2)(2)\pm} = \dfrac{1}{a\left(k_{c,k'}^{(2)2} - k_{c,k}^{(2)2}\right)}\left(k_{c,k}^{(2)2}\sqrt{\dfrac{k_{z,k'}^{(2)}}{k_{z,k}^{(2)}}} \pm k_{c,k'}^{(2)2}\sqrt{\dfrac{k_{z,k}^{(2)}}{k_{z,k'}^{(2)}}}\right)\tan\alpha \end{cases} \tag{6.241}$$

当 $k' = k$ 时，式(6.229)可以进一步表示为

$$\begin{cases} C_{kk}^{(2)(1)\pm} = \dfrac{\mathrm{j}m_k k}{a\sqrt{k_{z,k}^{(1)}k_{z,k}^{(2)}\left(\mu_k^2 - m_k^2\right)}}\tan\alpha \\ C_{kk}^{(2)(2)\pm} = -\dfrac{1}{2a}\tan\alpha \pm \dfrac{1}{2a}\tan\alpha \end{cases} \tag{6.242}$$

利用式(6.230)、式(6.232)、式(6.201)和式(6.202)，不考虑辐射器渐变微小角度 α，当 $m_k - m_{k'} + l_i = 0$ 时，式(6.227)的最终表达式为

$$\begin{cases} K_{kk'}^{(2)(1)\pm} = \pm \dfrac{m_k k}{2a\sqrt{k_{z,k}^{(1)}k_{z,k}^{(2)}\left(\mu_{k'}^2 - m_{k'}^2\right)}}\sum_{i=1}^{2}\Delta\beta_i\delta_i\mathrm{e}^{\mathrm{j}\Delta\beta_i z} \\ K_{kk'}^{(2)(2)\pm} = \pm \dfrac{\mathrm{j}}{2a\sqrt{k_{z,k}^{(2)}k_{z,k'}^{(2)}}}\sum_{i=1}^{2}\left(k_{c,k'}^{(2)2} - k_{z,k'}^{(2)}\Delta\beta_i\right)\delta_i\mathrm{e}^{\mathrm{j}\Delta\beta_i z} \end{cases} \tag{6.243}$$

当 $m_k - m_{k'} - l_i = 0$ 时，式(6.227)的最终表达式为

$$\begin{cases} K_{kk'}^{(2)(1)\pm} = \mp \dfrac{m_k k}{2a\sqrt{k_{z,k}^{(1)}k_{z,k}^{(2)}\left(\mu_{k'}^2 - m_{k'}^2\right)}}\sum_{i=1}^{2}\delta_i\Delta\beta_i\mathrm{e}^{-\mathrm{j}\Delta\beta_i z} \\ K_{kk'}^{(2)(2)\pm} = \pm \dfrac{\mathrm{j}}{2a\sqrt{k_{z,k}^{(2)}k_{z,k'}^{(2)}}}\sum_{i=1}^{2}\left(k_{c,k'}^{(2)2} + k_{z,k'}^{(2)}\Delta\beta_i\right)\delta_i\mathrm{e}^{-\mathrm{j}\Delta\beta_i z} \end{cases} \tag{6.244}$$

当 $m_k - m_{k'} \pm l_i \neq 0$ 时，式(6.227)的最终表达式为

$$K_{kk'}^{(2)(1)\pm} = 0; \quad K_{kk'}^{(2)(2)\pm} = 0 \tag{6.245}$$

由于 Denisov 型辐射器角向和径向的结构扰动，回旋管工作模式经 Denisov 型辐射器耦合成功率按一定比例分配的九个模式，这九个模式的叠加构成了辐射器内壁能量集中的高斯场分布，降低了旁瓣功率分布，切口边缘场强远低于波束中心的峰值场强，有效地抑制了衍射，大幅提高了定向辐射效率。

6.2.3 混合型辐射器

与 Valsov 型辐射器相比，Denisov 型辐射器对波束预聚束效果明显，有效地改善了辐射器切口边缘的衍射与反射。一般来说，Denisov 型辐射器输出场的高斯成分可以达到 95%左右。但由于 Denisov 型辐射器具有角向和径向周期变化的扰动结构，优化参数较多，难以通过改变扰动结构来进一步提升高斯转化效率并降低波束的衍射损耗。为了进一步提高转化效率、降低衍射损耗，在上述两种类型辐射器的基础上，提出了镜像线型辐射器（mirror-line launcher）和混合型辐射器（hybrid-type launcher）。镜像线型和混合型辐射器设

计过程中，首先要构建出呈高斯分布的目标场，然后通过相位校正迭代算法来计算扰动，使辐射器的输出波束逐渐逼近目标高斯场，这样可以得到任意扰动的辐射器，使辐射器出射场的高斯成分进一步提高到99%以上。

KSA(Katsenelenbaum-Semenov algorithm)是一种相位校正迭代算法，1967年由苏联科学家Katsenelenbaum和Semenov基于相位校正原理而提出。相位校正原理是通过传输镜面上的微小扰动来补偿波束传播过程中的相位变化，达到相位校正的目的。KSA利用目标场和入射场的相位差异，反复迭代，使入射场逐步逼近目标场，在迭代过程中不断优化镜面的微扰结构，最终得到扰动镜面的形状。相位校正迭代原理图如图6.12所示[17]。

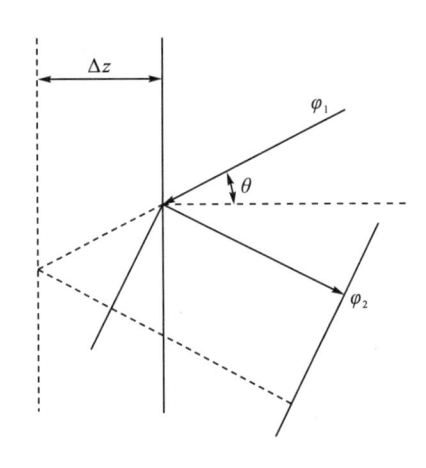

图6.12 相位校正迭代原理示意图

假设入射波束的相位为 φ_1，以角度 θ 入射到镜面，在传播过程中，波束的相位发生改变，改变量为

$$\Delta\varphi = k\Delta l \tag{6.246}$$

式中，k 为传播常数；Δl 为波束传播的路程差，由几何关系得到波束传播路程与微扰量 Δz 之间的关系为

$$\Delta l = 2\Delta z \cos\theta \tag{6.247}$$

将式(6.247)代入式(6.246)，可得微扰量与入射波和出射波相位差的关系为

$$\Delta z = \frac{\Delta\varphi}{2k\cos\theta} = \frac{\varphi_2 - \varphi_1}{2k\cos\theta} \tag{6.248}$$

KSA可以用于单个镜面或多个镜面的设计，其迭代算法相同，由于辐射器可以看作一个单镜面系统，下面介绍单镜面的KSA。图6.13给出了单镜面KSA流程图。

KSA的具体步骤如下。

(1) 设置入射场 Ae^{ja} 和目标场 De^{jd}。

(2) 计算入射场传输到镜面时的场 Be^{jb}。

(3) 计算目标场传输到镜面时的场 Ce^{jc}。

(4) 比较 Be^{jb} 和 Ce^{jc} 的相位差，计算镜面的扰动量 Δz。

(5) 利用扰动修正镜面结构，重新迭代，直到满足终止条件。

第 6 章 准光模式变换器

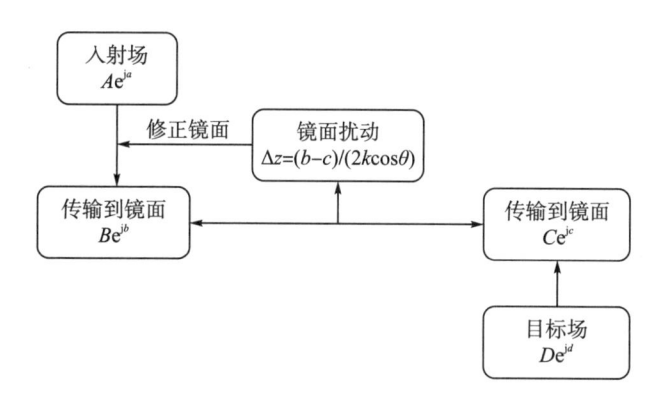

```
入射场 Ae^ja
   ↓ 修正镜面      镜面扰动
                 Δz=(b-c)/(2kcosθ)
传输到镜面 Be^jb ←→ 传输到镜面 Ce^jc
                      ↑
                   目标场 De^jd
```

图 6.13 单镜面 KSA 流程图

对混合型辐射器进行优化时，目标场是设置在辐射器的波导壁的，因此可以省略第(3)步，直接比较 Be^{jb} 和 De^{jd} 的相位差即可。在实际优化过程中，还需要考虑扰动的曲率与连续性等问题，降低辐射器的加工难度，因此，实际算法中还会引入相位解缠等辅助算法。

混合型辐射器的主要思想是通过相位校正算法(KSA)，不断迭代优化辐射器内壁的扰动，使辐射器内壁的场分布不断逼近所设置的目标场，最终得到与目标场一致的内壁场分布和辐射器内壁微扰结构。目标场的设置对于混合型辐射器的优化至关重要，可以采用由工作模式及八个邻近模式按照一定的功率占比叠加形成目标场。如用 $u_{mn} = A_{mn}e^{j\beta_{mn}}$ 表示各模式的复幅值，其中 A_{mn} 表示各模式的幅度，β_{mn} 表示初始相位。初始相位的设置主要是为了保证各模式在辐射器最终的口径面中心具有相同的相位分布，使形成的叠加场的场强最大。初始相位应当满足：

$$\beta_{mn} = k_{z,mn}z_c + m\theta \tag{6.249}$$

其中，z_c 是口径面中心的纵向坐标。由九个模式叠加的目标场可以表示为

$$U_{mn} = \sum u_{mn} \tag{6.250}$$

迭代过程中，第 p 次的扰动可以由相位校正原理求得，即

$$\Delta R_p = \sum_p \delta \frac{\varphi_p - \varphi_t}{2k\cos\theta} \tag{6.251}$$

其中，φ_t 和 φ_p 分别为目标场相位和第 p 次迭代场的相位；θ 为入射角；δ 为引入的系数，用于扰动幅度的控制，一般取值为 $0<\delta<0.1$。

通过设置主模及八个卫星模式的功率占比及相位，得到混合型辐射器的目标场。用构建的场作为目标场，在辐射器前端输入主模作为馈源，用 KSA 进行迭代，在反复迭代至收敛后，得到迭代场以及辐射器内壁的扰动结构。

混合型辐射器内壁的扰动幅度一般为几十微米，相对于辐射器的半径来说，是极其微小的。在进行混合型辐射器设计时需要考虑整个内壁的扰动分布，扰动应是连续光滑的，不存在间断点与突变点。光滑的镜面结构可以防止尖端放电打火导致的损坏，保证辐射器长时间稳定工作；同时，连续的扰动可降低辐射器的加工难度。

6.3 反 射 镜

辐射器的出射场虽然具有一定的辐射方向,但随着传输距离增加,辐射场仍然会发散。为了得到尽可能接近理想高斯分布的输出波束,还需要利用反射镜面对出射场进行聚焦和相位修正。反射镜面包括准椭圆型反射镜和抛物型反射镜等规则反射镜面,以及相位校正镜等非规则反射镜面。

6.3.1 准椭圆型反射镜

由于开口辐射器出射场在角向和轴向存在一定的发散,为了实现高质量的高斯波束输出,还需要利用反射镜对波束进一步聚焦。采用两个规则反射镜,即准椭圆型反射镜和抛物型反射镜的准光模式变换器的光线传播路径如图 6.14 所示,其中, a 和 L_c 分别为辐射器的半径和切口长度;l_1 和 l_2 为准椭圆型反射镜的两个焦距长度;f_p 为抛物型反射镜的焦距长度。准椭圆型反射镜是一种双焦反射镜,波束从它的一个焦点发出后全部被反射到另一个焦点。辐射器和准椭圆型反射镜的横截面中射线传播如图 6.15 所示。辐射器的中心处于准椭圆型反射镜的一个焦点位置(0,0),轴线与 z 轴平行,经准椭圆型反射镜反射后,从辐射器出射的波束到达准椭圆型反射镜的另一焦点位置(0,$-l_2$)。对于任意两束从辐射器出射的射线,它们的相位差满足[18]:

$$\arg(r,\theta',z) - \arg(r,\theta,z) = m(\theta' - \theta) \qquad (6.252)$$

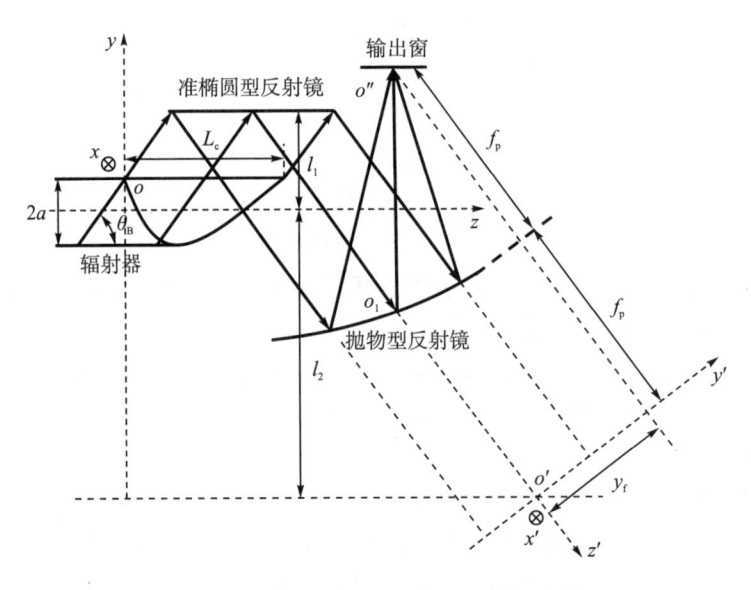

图 6.14 准光模式变换器几何光学示意图

第 6 章 准光模式变换器

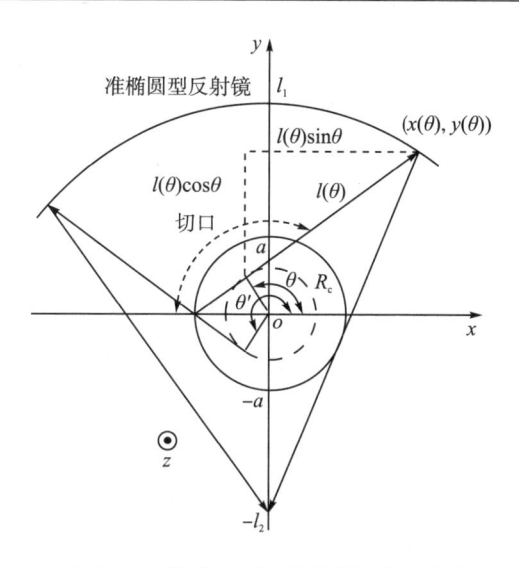

图 6.15 辐射器和准椭圆型反射镜横截面中射线传播示意图

两束射线的相位差在焦散面上对应的弧长为
$$\Delta s(\theta',\theta) = R_c(\theta' - \theta) \tag{6.253}$$

射线切于焦散面，从切点开始经过准椭圆型反射镜反射到达另一焦点后，其传播距离 $L(\theta)$ 可以表示为
$$L(\theta) = l(\theta) + \sqrt{[y(\theta) + l_2]^2 + x^2(\theta)} \tag{6.254}$$

其中，准椭圆型反射镜上任意一点的坐标 $(x(\theta), y(\theta))$ 满足：
$$\begin{cases} x(\theta) = l(\theta)\sin\theta + R_c\cos\theta \\ y(\theta) = R_c\sin\theta - l(\theta)\cos\theta \end{cases} \tag{6.255}$$

射线到达准椭圆型反射镜的另一焦点 $(0, -l_2)$ 时，两束射线相位相等，因此，
$$\Delta s(\theta',\theta) + L(\theta) - L(\theta') = 0 \tag{6.256}$$

令 $\theta' = \pi$，将式 (6.253)～式 (6.255) 代入式 (6.256) 后可得
$$l(\theta) = \frac{2R_c l_2 \sin\theta - \pi^2 R_c^2 + 2\pi R_c^2 \theta + 2\pi R_c l_p - R_c^2 \theta^2 - 2R_c l_p \theta + l_2^2 + R_c^2 - l_p^2}{2(l_2\cos\theta + \pi R_c - R_c\theta - l_p)} \tag{6.257}$$

其中，参量 l_p 满足：
$$l_p = L(\pi) \tag{6.258}$$

根据图 6.15 所示的几何关系，l_p 可以近似表示为
$$l_p = l_1 + \sqrt{(l_1 + l_2)^2 + R_c^2} \tag{6.259}$$

当 $l_2 \to \infty$ 时，准椭圆型反射镜变为准抛物型反射镜。
$$\lim_{l_2 \to \infty} l(\theta) = \frac{R_c\sin\theta + \pi R_c - R_c\theta}{\cos\theta - 1} \tag{6.260}$$

当 $R_c = 0$ 时，式 (6.256) 退化成：
$$L(\theta) = L(\theta') \tag{6.261}$$

此时，准椭圆型反射镜退化成标准的椭圆型反射镜。

在直角坐标系中，准椭圆型反射镜面上任意一点坐标可以表示为

$$r = \left(x(\theta), y(\theta), z\right) \tag{6.262}$$

准椭圆型反射镜上任意一点的法向量 n' 表示如下：

$$n' = \frac{\partial r}{\partial z} \times \frac{\partial r}{\partial \theta} = \left(-\frac{\partial y(\theta)}{\partial \theta}, \frac{\partial x(\theta)}{\partial \theta}, 0\right) = \left(n'_x, n'_y, 0\right) \tag{6.263}$$

根据式(6.255)，可得在准椭圆型反射镜上任意一点的法向分量在 x、y、z 三个方向上的分量 n'_x、n'_y 和 n'_z 的表达式为

$$\begin{cases} n'_x = l'(\theta)\cos\theta - l(\theta)\sin\theta - R_c\cos\theta \\ n'_y = l'(\theta)\sin\theta + l(\theta)\cos\theta - R_c\sin\theta \\ n'_z = 0 \end{cases} \tag{6.264}$$

其中，$l(\theta)$ 的导数 $l'(\theta)$ 的表达式为

$$l'(\theta) = \frac{R_c l_2 \cos\theta + \pi R_c^2 - R_c^2 \theta - R_c l_p + l(\theta)(l_2 \sin\theta + R_c)}{l_2 \cos\theta + \pi R_c - R_c \theta - l_p} \tag{6.265}$$

在直角坐标系中，其单位法向量可以表示为

$$n = n_x e_x + n_y e_y \tag{6.266}$$

x、y 方向的单位法向量可以表示为

$$n_x = \frac{n'_x}{\sqrt{n'^2_x + n'^2_y}}, \quad n_y = \frac{n'_y}{\sqrt{n'^2_x + n'^2_y}} \tag{6.267}$$

6.3.2 抛物型反射镜

从准椭圆型反射镜出射的波束虽然较好地实现了角向聚焦，但沿轴向还存在一定发散，为了进一步优化波束形状，实现高质量的高斯波束输出，还应当采用抛物型反射镜作为第二级反射镜。如图 6.14 所示，抛物型反射镜形状沿 x 轴方向不变，在 yoz 面上为一条抛物线，即镜面的横截面为一条抛物线，在局部坐标系 (x', y', z') 中满足[19]：

$$z' = -\frac{1}{4f_p}(y' - y_f)^2 - f_p \tag{6.268}$$

在全局坐标系 (x, y, z) 中，原点 o' 对应全局坐标系中的位置坐标为 $(0, -l_2, L_c/2+(2l_1+l_2)\cot\theta_B)$。坐标系 (x', y', z') 和坐标系 (x, y, z) 之间满足：

$$\begin{cases} y' = y\cos\theta_B + z\sin\theta_B - \dfrac{L_c}{2}\sin\theta_B - 2l_1\cos\theta_B \\ z' = -y\sin\theta_B + z\cos\theta_B - \dfrac{L_c}{2}\cos\theta_B - \dfrac{2l_1\cos^2\theta_B + l_2}{\sin\theta_B} \end{cases} \tag{6.269}$$

抛物型反射镜面上任意一点 (y'_0, z'_0) 处的斜率为

$$\left.\frac{dz'}{dy'}\right|_{(y'_0, z'_0)} = -\frac{1}{2f_p}(y'_0 - y_f) \tag{6.270}$$

(y'_0, z'_0) 处法线所在的直线方程表示为

$$z' - z'_0 = \frac{2f_p}{y'_0 - y_f}(y' - y'_0) \tag{6.271}$$

式 (6.271) 表示的 (y'_0, z'_0) 处法线与直线 $y' = y_f$ 的交点为 $(y_f, -2f_p + z'_0)$，在局部坐标系 (x', y', z') 中，抛物型反射镜面任意一点 (y'_0, z'_0) 处的法线方向为

$$(y_f, -2f_p + z'_0) - (y'_0, z'_0) = (y_f - y'_0, -2f_p) \tag{6.272}$$

在抛物型反射镜面上，任意一点 (y'_0, z'_0) 处的单位法向量 n' 表示如下：

$$n' = \frac{(y_f - y'_0)e'_y - 2f_p e'_z}{\sqrt{(y_f - y'_0)^2 + 4f_p^2}} \tag{6.273}$$

在局部坐标系 (x', y', z') 中，单位法向量 n' 可以写成

$$n' = n'_y e'_y + n'_z e'_z \tag{6.274}$$

其中

$$\begin{cases} n'_y = \dfrac{y_f - y'_0}{\sqrt{(y_f - y'_0)^2 + 4f_p^2}} \\ n'_z = \dfrac{-2f_p}{\sqrt{(y_f - y'_0)^2 + 4f_p^2}} \end{cases} \tag{6.275}$$

在全局坐标系 (x, y, z) 中，抛物型反射镜上任意一点的单位法向矢量可以表示为

$$n = n_y e_y + n_z e_z \tag{6.276}$$

其中

$$\begin{cases} n_y = n'_y \cos\theta_B - n'_z \sin\theta_B \\ n_z = n'_y \sin\theta_B + n'_z \cos\theta_B \end{cases} \tag{6.277}$$

图 6.14 中，o_1 点在坐标系 (x', y', z') 中对应的坐标为 $\left(0, 0, -y_f^2/4f_p - f_p\right)$，$o''$ 点在坐标 (x', y', z') 中对应的坐标为 $\left(0, y_f, -2f_p\right)$。根据式 (6.269)，在坐标系 (x, y, z) 中，o_1 和 o'' 两点对应的坐标分别为

$$\begin{cases} y_{o_1} = \left(\dfrac{y_f^2}{4f_p} + f_p\right)\sin\theta_B - l_2 \\ z_{o_1} = \dfrac{L_c}{2} + (2l_1 + l_2)\cot\theta_B - \left(\dfrac{y_f^2}{4f_p} + f_p\right)\cos\theta_B \end{cases} \tag{6.278}$$

$$\begin{cases} y_{o''} = 2f_p \sin\theta_B + y_f \cos\theta_B - l_2 \\ z_{o''} = \dfrac{L_c}{2} + (2l_1 + l_2)\cot\theta_B + y_f \sin\theta_B - 2f_p \cos\theta_B \end{cases} \tag{6.279}$$

要最终实现波束横向输出,即 o_1o'' 在全局坐标系 (x, y, z) 中满足与 y 轴平行,故 y_f 和 f_p 之间满足:

$$\frac{y_f}{f_p} = 2\frac{1-\sin\theta_B}{\cos\theta_B} \tag{6.280}$$

当辐射器、准椭圆型反射镜和抛物型反射镜的几何参数确定后,利用矢量绕射理论就可以计算各个反射镜面上的场分布,以及输出窗处的输出场分布。辐射器出射场在角向和纵向均存在着一定程度的发散,波束经过准椭圆型反射镜进行角向汇聚,通过抛物型反射镜进行轴向汇聚,经过两级反射镜聚焦后,辐射场在输出窗处形成能量集中的准高斯波束。一般情况下,由于采用光滑反射镜面结构,输出窗处的输出场不可避免地会出现波束旁瓣。所以,需要对规则镜面进行改进,如加入非规则的相位校正镜面来修正输出场的相位和分布,进一步提高输出窗处输出场的高斯成分。

6.3.3 相位校正镜

通常情况下,经准光模式变换器中的准椭圆型反射镜和抛物型反射镜对波束进行横向和纵向汇聚后,模式变换器的输出场除高斯波束的基模成分,还存在一些散射角度较大的高阶模式,输出场并不是理想的高斯波束。为了进一步提高输出场的高斯成分,需要根据理想高斯波束相位分布,采用相位校正镜来修正传输过程中的波束相位。相位修正方法以 KSA 为基础,通过反射镜面的微小扰动来修正输出场相位,从而提高准光模式变换器输出场高斯成分[20,21]。

如图 6.16 所示,假设从辐射器出射的波束经准椭圆型反射镜反射后到达相位校正镜 1 处时的场为 E_{F1},经相位校正镜 1 反射后到达相位校正镜 2 处的场为 E_{F2},经相位校正镜 2 反射后到达输出窗处的场为 E_F。设输出窗处的目标场为 E_G,其反向传输到校正镜 2 和校正镜 1 的场分别为 E_{B2} 和 E_{B1}。校正镜 1 和校正镜 2 初始可为任意形状,为计算方便,可假设为两个光滑的平面反射镜,于是可以通过对比 E_{F2} 和 E_{B2} 得到校正镜 2 的扰动分布 Δx_2,

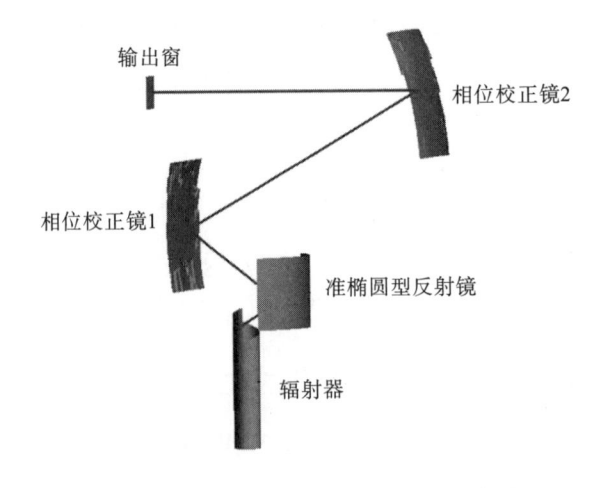

图 6.16 准光模式变换器相位校正示意图

第 6 章 准光模式变换器

此时校正镜 2 不再为光滑平面镜，E_G 反向传输经校正镜 2 反射后到达校正镜 1 时会得到一个新的 E_{B1}。同理，对比 E_{B1} 和 E_{F1} 可得校正镜 1 的扰动分布 Δx_1，由于镜面扰动 Δx_1 和 Δx_2，相应的 E_{F2} 和 E_F 也将会更新，如图 6.17 所示。如此反复迭代计算，校正镜面的形状会持续更新，直到 E_F 达到设计要求，即与目标场 E_G 十分接近时，迭代计算停止，其判断标准可由场 E_F 和 E_G 的相关系数确定。

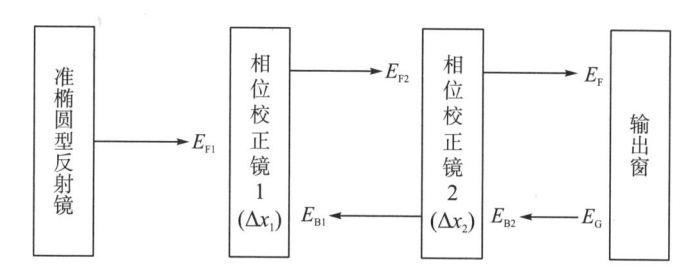

图 6.17　两面校正镜的 KSA 算法图示

对于沿 +z 轴传输的基模高斯波束，其场分布可写成：

$$E_G(x,y,z) = \frac{w_G}{w(z)} e^{-\frac{x^2+y^2}{w^2(z)}} e^{-j\left[k_0 z - \tan^{-1}\left(\frac{z}{z_G}\right)\right]} e^{-j\frac{k_0(x^2+y^2)}{2R_G(z)}} \tag{6.281}$$

其中

$$w(z) = w_G \sqrt{1+\left(\frac{z}{z_G}\right)^2} \tag{6.282}$$

$$R_G(z) = z\left[1+\left(\frac{z_G}{z}\right)^2\right] \tag{6.283}$$

$$z_G = \frac{\pi w_G^2}{\lambda_0} \tag{6.284}$$

w_G 为束腰大小；λ_0 为自由空间波长；k_0 为自由空间波数。

相位校正镜优化设计流程图如图 6.18 所示，其中，目标场基模高斯分布的束腰设置为实际所需要的束腰大小，标量相关系数 η_s 和矢量相关系数 η_v 取相应合理的阈值（图 6.18 中分别为 99%和 95%），相关系数达到此要求时出射波束已经和标准高斯波束十分接近。标准高斯分布作为辐射源的反向传输场与到达各个镜面位置的正向传输场进行比较时，利用它们都为线极化波的特性，应用式(6.246)和式(6.247)对主场分量的相位进行差值计算后得到所需要的镜面扰动大小。为了降低相位校正镜面的加工难度，减少扰动分布不连续和出现尖端突起的情况，可在对主场分量相位进行差值计算之前，先对相位分布做连续化处理，即利用相位解缠的方法将周期性变化的真实相位值通过加减相应周期数或其他数值算法转换成等效的连续缠绕相位分布。根据 KSA，得到经过优化设计的两级相位校正镜面不出现尖端突起，且扰动分布呈相对连续变化，这样可以大大降低相位校正镜的加工难度。

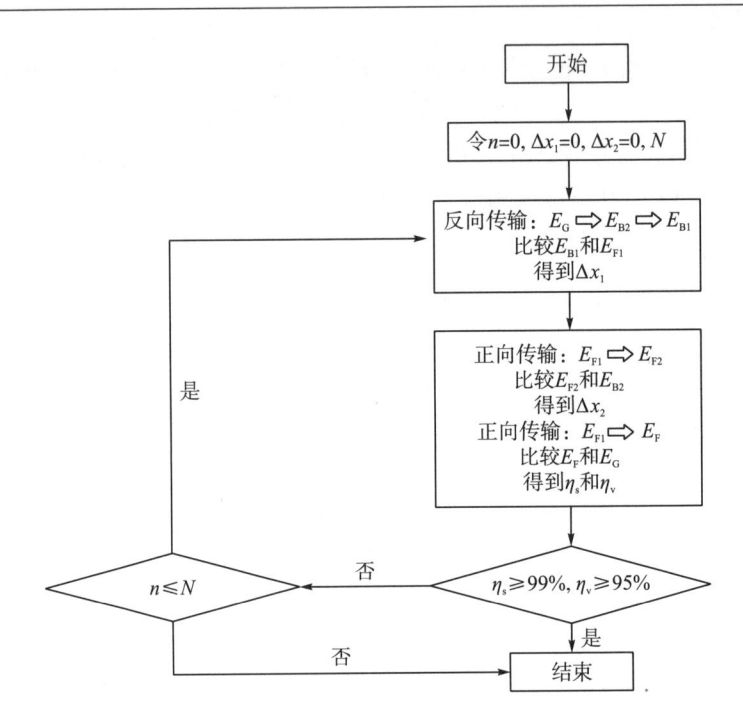

图 6.18　相位校正镜优化设计流程图

参 考 文 献

[1] Thumm M K, Kasparek W. Passive high-power microwave components[J]. IEEE Transactions on Plasma Science, 2002, 30(3): 755-786.

[2] Liu D W, Wang W, Zhuang Q M, et al. Theoretical and experimental investigations on the quasi-optical mode converter for a pulsed terahertz gyrotron[J]. IEEE Electron Device Letters, 2015, 36(2): 195-197.

[3] Wang W, Song T, Liu D W, et al. Quasi-optical mode converter for a 0.42 THz TE_{26} mode pulsed gyrotron oscillator[J]. IEEE Transactions on Plasma Science, 2016, 44(10): 2406-2409.

[4] Wang W, Song T, Shen H, et al. Quasi-optical mode converter for a 0.42THz $TE_{17,4}$ mode pulsed gyrotron oscillator[J]. IEEE Transactions on Electron Devices, 2017, 64(3): 1751-1755.

[5] Denisov G G, Kuftin A N, Malygin V I, et al. 110 GHz gyrotron with a built-in high-efficiency converter[J]. International Journal of Electronics, 1992, 72(5/6): 1079-1091.

[6] Bogdashov A A, Denisov G G. Asymptotic theory of high-efficiency converters of higher-order waveguide modes into eigenwaves of open mirror lines[J]. Radiophysics and Quantum Electronics, 2004, 47(4): 283-296.

[7] Kong J A. Electromagnetic wave theory[M]. New York: Wiley, 1986.

[8] Stratton J A, Chu L J. Diffraction theory of electromagnetic waves[J]. Physical Review, 1939, 56(1): 99-107.

[9] Jouguet M. Effects of curvature on the propagation of electromagnetic waves in guides of circular cross section[J]. Cables et Transmission, 1947, 1(2): 133-153.

[10] Jin J B, Thumm M, Piosczyk B, et al. Novel numerical method for the analysis and synthesis of the fields in highly oversized waveguide mode converters[J]. IEEE Transactions on Microwave Theory and Techniques, 2009, 57(7): 1661-1668.

[11] Jin J B, Thumm M, Gantenbein G, et al. A numerical synthesis method for hybrid-type high-power gyrotron launchers[J]. IEEE Transactions on Microwave Theory and Techniques, 2017, 65(3): 699-706.

[12] Wang W, Liu D W, Qiao S, et al. Study on the terahertz denisov quasi-optical mode convertor[J]. IEEE Transactions on Plasma Science, 2014, 42(2): 346-349.

[13] Jin J B, Thumm M, Piosczyk B, et al. Theoretical investigation of an advanced launcher for a 2-MW 170-GHz $TE_{34,19}$ coaxial cavity gyrotron[J]. IEEE Transactions on Microwave Theory and Techniques, 2006, 54(3): 1139-1145.

[14] Huang H J. General theory of nonconventional waveguides for long-distance transmission[J]. Science in China, 1962, 5(6): 761-784.

[15] Doane J L. Propagation and mode coupling in corrugated and smooth-wall circular waveguides[J]. Infrared and Millimeter Waves, 1985, 13: 123-170.

[16] 黄宏嘉. 微波原理(卷Ⅱ)[M]. 北京: 科学出版社, 1964.

[17] Katsenelenbaum B Z and Semenov V V. Synthesis of phase correctors shaping a specified field[J]. Radio Engineering and Electron Physics, 1967, 12: 223-231.

[18] 金践波. 同轴腔回旋管准光学模式转换器[D]. 成都: 西南交通大学, 2006.

[19] Xu S X, Wang B, Geng Z H, et al. Study of a quasi-optical mode converter for W-band gyrotron-oscillator[J]. IEEE Transactions on Plasma Science, 2011, 39(12): 3345-3350.

[20] Hirata Y, Mitsunaka Y, Hayashi K, et al. Wave-beam shaping using multiple phase-correction mirrors[J]. IEEE Transactions on Microwave Theory and Techniques, 1997, 45(1): 72-77.

[21] Jin J, Piosczyk B, Thumm M, et al. Quasi-optical mode converter/mirror system for a high-power coaxial-cavity gyrotron[J]. IEEE Transactions on Plasma Science, 2006, 34(4): 1508-1515.

第7章 太赫兹回旋器件的应用

太赫兹回旋器件包括太赫兹回旋振荡器和太赫兹回旋放大器。大功率和高频率是太赫兹回旋器件目前的两个主要发展方向。大功率太赫兹回旋器件在拒止系统(active denial system，ADS)、磁约束聚变(magnetic confinement fusion，MCF)、工业加热、电子对抗和雷达成像等领域有广阔的应用需求；高频率太赫兹回旋器件在动态核极化核磁共振波谱系统、放射性材料远距离探测和生物医学等方面有广阔的发展前景。

7.1 电子回旋共振加热

原子核中蕴藏巨大的能量，从一种原子核变化为另一种原子核的过程中往往伴随着能量的释放。核聚变是与核裂变相反的核反应形式。核聚变是指质量小的原子，主要是氘或氚，在超高温和超高压等条件下，发生原子核聚合作用，生成新的质量更重的原子核，并伴随着巨大能量释放的一种核反应形式。目前科学家正在努力研究可控核聚变，核聚变将成为未来的能量来源。

核聚变有着许多潜在的优点：核聚变释放的能量比核裂变更大；核聚变是清洁能源，不会造成大的环境污染；燃料供应充足，海水中的氘和氚足以满足人类未来几十亿年对能源的需求。聚变能源的开发，有望成为长期可持续的能源解决方案之一。

托卡马克(Tokamak)是一种利用磁约束来实现受控核聚变的环形容器，由苏联莫斯科库尔恰托夫研究所的阿齐莫维奇等在20世纪50年代提出，来源于俄语中的环形(toroidal)、真空室(kamera)、磁(magnit)和线圈(kotushka)这四个词语。托卡马克是一个中央为环形真空室的装置，外面缠绕着各种线圈，当线圈通电时，托卡马克内部就会产生巨大的螺旋形磁场，约束其中加热到极高温度的等离子体，以达到发生核聚变的目的。托卡马克装置示意图如图7.1所示。

核聚变点火的先决条件是等离子体具有足够高的温度，即将等离子体加热到氘氚燃烧的温度。托卡马克装置通常采用欧姆加热来提高内部等离子体温度，但随着等离子体温度的提高，等离子体电阻将下降，即使是ITER这样的大型装置，单纯通过欧姆加热的方法，其等离子体温度也很难超过3keV。另外，装置变压器的伏秒容量有限，欧姆加热无法维持较长的放电时间，因此除欧姆加热外，必须发展其他加热方法，通常称为辅助加热。

磁约束聚变装置常用的辅助加热方式可分为射频(radio frequency，RF)加热和中性束注入(neutral beam injection，NBI)加热两种。射频加热主要是利用波对等离子体的作用进行加热，按照工作频率不同可分为米波段的离子回旋共振加热(ion cyclotron resonance

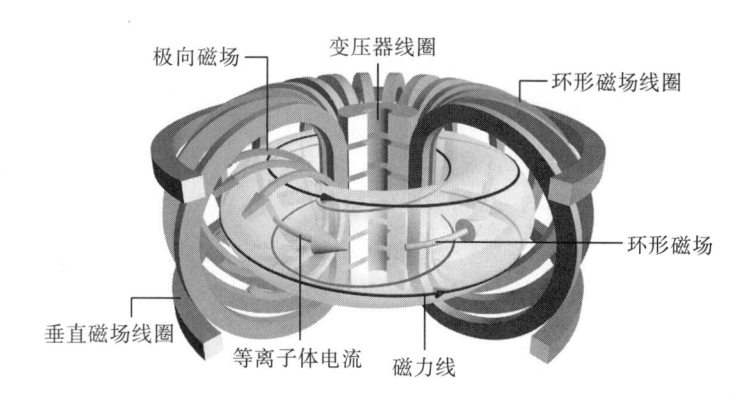

图 7.1 托卡马克装置示意图

heating，ICRH)、厘米波段的低杂波电流驱动(lower hybrid current drive，LHCD)和毫米波太赫兹频段的电子回旋共振加热(electron cyclotron resonance heating，ECRH)。每个频段的波加热系统在工程和物理技术上特性各异，与离子回旋共振加热和低杂波电流驱动相比，电子回旋共振加热的特点概括如下：

(1)毫米波易于耦合进入等离子体内，不易受电子密度和等离子体形状等边缘等离子体参数的影响，加热效果直接，物理图像清晰。

(2)毫米波波长短，在空气中传输近轴、准光学特性明显，因此注入天线可远离等离子体，能量沉积局域性好，除加热外还可以用于对等离子体参数精确控制。

在等离子体内进行电子温度加热，共振需发生在电子的回旋频率附近，因此 ECRH 工作频率的选择需要和电子的回旋频率对应，具体关系为

$$f_{ce} = \frac{ne_0 B_t}{2\pi m_e} \approx 28 n B_t \tag{7.1}$$

式中，m_e 为电子质量；e_0 为电子电量；B_t 为约束磁感应强度；n 为谐波次数。对于目前聚变装置使用的磁场范围，电子回旋频率一般介于 28~250GHz。ECRH 系统一般使用回旋管作为辐射源，高功率电磁波经过一段传输线后进入天线，通过天线镜面反射将波束注入到等离子体中，实现加热或者电流驱动。

磁约束聚变等离子体是不均匀的，对于波长比等离子体特征尺寸小的波，可以采用局域近似来研究波的传播，即在空间的每一点，可以用均匀等离子体模型得出的介电张量的局部值代入波传播方程来计算波的轨迹。等离子体是一种时空色散介质，波在等离子体中的相速度或折射率不仅与频率有关，还与波长或波数有关。下面利用冷等离子色散模型对波进入等离子体后的传播特性进行分析，设在等离子体内有一束单色平面电磁波在传输，电场表示为[1]

$$E(r,t) = E(\omega,k) e^{j(k \cdot r + \omega t)} \tag{7.2}$$

其电位移矢量为

$$D(\omega,k) = \varepsilon(\omega,k) \cdot E(\omega,k) \tag{7.3}$$

式中，$\varepsilon(\omega,k)$ 为介电张量，在冷等离子中表示为

$$\varepsilon(\omega,k) = \begin{pmatrix} S & -jD & 0 \\ jD & S & 0 \\ 0 & 0 & P \end{pmatrix} \tag{7.4}$$

其中，

$$S = \frac{1}{2}(R+L), D = \frac{1}{2}(R-L) \tag{7.5}$$

$$L = 1 - \frac{\omega_{pi}^2}{\omega(\omega - \Omega_i)} - \frac{\omega_{pe}^2}{\omega(\omega + \Omega_e)} \tag{7.6}$$

$$R = 1 - \frac{\omega_{pi}^2}{\omega(\omega + \Omega_i)} - \frac{\omega_{pe}^2}{\omega(\omega - \Omega_e)} \tag{7.7}$$

$$P = 1 - \sum_s \frac{\omega_{ps}^2}{\omega^2} \tag{7.8}$$

式中，ω 为电磁波频率；ω_{pi} 和 ω_{pe} 分别为离子和电子的等离子体频率；Ω_i 和 Ω_e 分别为离子和电子的回旋频率。

在获得介电常数张量值后，进一步通过麦克斯韦方程组可得

$$k \times (k \times E) + \frac{\omega^2}{c^2} \varepsilon \cdot E = 0 \tag{7.9}$$

定义折射率矢量 $N=kc/\omega$，设 α 为磁场 B ($B=e_z B_0$) 与 N 的夹角，则波动方程可表示为

$$\begin{pmatrix} S - N^2 \cos^2\alpha & -jD & N^2 \sin\alpha\cos\alpha \\ jD & S - N^2 & 0 \\ N^2 \sin\alpha\cos\alpha & 0 & P - N^2 \sin^2\alpha \end{pmatrix} \begin{pmatrix} E_x \\ E_y \\ E_z \end{pmatrix} = 0 \tag{7.10}$$

根据式(7.10)可得以下色散关系，即 Astron-Allis 方程：

$$\tan^2\alpha = -\frac{P(N^2 - R)(N^2 - L)}{(SN^2 - RL)(N^2 - P)} \tag{7.11}$$

通过式(7.11)，可得任意夹角 α 时 N^2 的显式解。下面讨论两种特殊的角度：波平行于磁场和垂直于磁场入射。当波平行于磁场入射时，即 $\alpha=0$ 的波，可以分解为

$$P = 0, \quad N^2 = R, \quad N^2 = L \tag{7.12}$$

根据式(7.10)可知，电场各分量满足：

$$\begin{cases} (S - N^2)E_x - jDE_y = 0 \\ jDE_x + (S - N^2)E_y = 0 \\ PE_z = 0 \end{cases} \tag{7.13}$$

由此可见，波动分成独立的两种，一种是电场沿磁场方向的分量 $E_z \neq 0$ 的纵向振荡，其色散关系为

$$P = 1 - \sum_s \frac{\omega_{ps}^2}{\omega^2} = 0 \tag{7.14}$$

该色散关系与无磁场时静电振荡的色散关系一样。这是由于在静电振荡中粒子的运动方向沿波的传播方向，即外磁场方向，所以外磁场对其没有影响。另一种为回旋波，有了磁场

后，原来两个独立的线偏振波合成一种新的波，它具有圆偏振性质。这是由于在磁场作用下，带电粒子不再做直线运动而是回旋运动，这种具有圆偏振性质的电磁波称为回旋波。

将式(7.12)代入式(7.13)可得

$$E_x = \pm jE_y \tag{7.15}$$

这表明电场矢量是圆偏振的，"+"表示左旋圆偏振波，这时电场矢量的回旋方向与离子回旋方向相同；"-"表示右旋圆偏振波，这时电场矢量的回旋方向与电子回旋方向相同。

根据式(7.6)和式(7.7)可知，左旋和右旋两种回旋波的色散关系是不同的，因此，波的传播特性也不相同。左旋波和右旋波的截止频率一般是不相同的，因此，对于一定频率的电磁波，会出现只传播一种回旋波而另一种回旋波被等离子体全反射的情况。

左旋波和右旋波的截止条件分别由 $L=0$ 和 $R=0$ 决定。对于由电子和一价离子组成的等离子体，由式(7.6)和式(7.7)可得

$$L = 1 - \frac{\omega_p^2}{(\omega - \Omega_i)(\omega + \Omega_e)} \tag{7.16}$$

$$R = 1 - \frac{\omega_p^2}{(\omega - \Omega_e)(\omega + \Omega_i)} \tag{7.17}$$

其中，

$$\omega_p^2 = \omega_{pi}^2 + \omega_{pe}^2 \tag{7.18}$$

因此，左旋波和右旋波的截止频率分别为

$$\omega_{\text{cutoff}}^{(\text{L})} = \frac{\Omega_i - \Omega_e}{2} + \left[\frac{(\Omega_i + \Omega_e)^2}{4} + \omega_p^2\right]^{\frac{1}{2}} \approx -\frac{\Omega_e}{2} + \left(\frac{\Omega_e^2}{4} + \omega_p^2\right)^{\frac{1}{2}} \tag{7.19}$$

$$\omega_{\text{cutoff}}^{(\text{R})} = \frac{\Omega_e - \Omega_i}{2} + \left[\frac{(\Omega_i + \Omega_e)^2}{4} + \omega_p^2\right]^{\frac{1}{2}} \approx \frac{\Omega_e}{2} + \left(\frac{\Omega_e^2}{4} + \omega_p^2\right)^{\frac{1}{2}} \tag{7.20}$$

左旋波和右旋波的共振条件分别由 $L=\infty$ 和 $R=\infty$ 决定。根据式(7.16)和式(7.17)，共振频率分别为

$$\omega_\infty^{(\text{L})} = \Omega_i \tag{7.21}$$

$$\omega_\infty^{(\text{R})} = \Omega_e \tag{7.22}$$

左旋波的电场矢量方向与离子回旋方向相同，所以当 $\omega=\Omega_i$ 时，波的频率与离子的回旋频率相同，使离子发生共振，称为离子回旋共振。同理，右旋波的电场矢量方向与电子回旋方向相同，所以当 $\omega=\Omega_e$ 时，发生电子共振，称为电子回旋共振。共振时波的能量被等离子体吸收，因此，可以利用回旋波的共振现象来加热等离子体。

根据式(7.16)和式(7.17)可得不同频率区间回旋波的性质。

(1)高频波($\omega > \Omega_e$)。在 $\omega \gg \Omega_{ci}, \omega_{pi}$ 的区域，式(7.16)和式(7.17)可以化为

$$L = 1 - \frac{\omega_{pe}^2}{\omega(\omega + \Omega_e)} \tag{7.23}$$

$$R = 1 - \frac{\omega_{pe}^2}{\omega(\omega - \Omega_e)} \tag{7.24}$$

通过式(7.23)和式(7.24)可知，当 $\omega \gg \Omega_e$ 时，$L=R=0$，即 $|v_p|=c$，表示极高频率的电磁波通过等离子体与通过真空一样，这是由于频率极高时电子和离子都来不及响应；在 $\omega \geqslant \Omega_e$ 区域，左旋波和右旋波分别有截止频率 $\omega_{cutoff}^{(L)}$ 和 $\omega_{cutoff}^{(R)}$，并且在 $\omega \geqslant \omega_{cutoff}^{(R)}$ 区域，左、右旋波均能传播，在 $\Omega_e < \omega < \omega_{cutoff}^{(R)}$ 区域，只有左旋波能传播。

(2)电子回旋波($\omega \leqslant \Omega_e$)。通过式(7.23)和式(7.24)可知，在该频率区间，$R>0$，$L<0$，因此只能传播右旋波，并在 $\omega = \Omega_e$ 时产生电子回旋共振，所以通常称这个频率区域的波为电子回旋波。

(3)哨声波($\Omega_i < \omega \ll \Omega_e$)。这个区域也只有右旋波能够传播。由于 $\omega \ll \Omega_e$，式(7.24)化为

$$R = \frac{\omega_{pe}^2}{\omega \Omega_e} \tag{7.25}$$

由此可见，这时回旋波的群速度随频率的升高而变大：

$$v_g = \frac{\partial \omega}{\partial k} = \frac{c}{\omega_{pe}} \sqrt{\Omega_e \omega} \tag{7.26}$$

这就意味着如果在等离子体中产生了包含很多频率成分的脉冲，则脉冲的高频成分沿磁力线传播的速度比低频成分快。因此，若在远离脉冲源处放置宽带接收机，它将以先高频后低频的次序接收电磁波，发出的声音像哨声一样，因此称为哨声(whistler)波。

(4)离子回旋波($\omega \leqslant \Omega_i$)。由于波的频率 $\omega \ll \Omega_e$，在该频率区间式(7.16)和式(7.17)可化为

$$L = 1 + \frac{\omega_{pi}^2}{\Omega_{Li}(\Omega_i - \omega)} \tag{7.27}$$

$$R = 1 + \frac{\omega_{pi}^2}{\Omega_{Li}(\Omega_i + \omega)} \tag{7.28}$$

式(7.27)和式(7.28)只与离子振荡有关，在波的频率接近离子回旋频率的区域，离子对回旋波起主要作用。在 $\omega = \Omega_i$ 处，左旋波与离子产生离子回旋共振。

(5)低频波($\omega \ll \Omega_i$)。当波的频率远远小于离子回旋频率 Ω_i 时，左旋波和右旋波的色散关系为

$$R = L = 1 + \frac{\omega_{pi}^2}{\Omega_i^2} = 1 + \frac{\mu_0 \rho_0}{B_0^2} c^2 \tag{7.29}$$

其中，$\rho_0 = n_i m_i$，n_i 和 m_i 分别对应离子的密度和质量。

$$v_p = \frac{\omega}{k} = \frac{v_A}{\left(1 + v_A^2 / c^2\right)^{1/2}} \tag{7.30}$$

其中，$v_A = B_0 \sqrt{\mu_0 \rho_0}$，为阿尔文速度。式(7.30)为阿尔文波的色散关系。该式表明，左、右旋波的相速度相同，因此，阿尔文波是线偏振的。

当波垂直于磁场入射时，即 $\alpha = \pi/2$，方程有两个解，分别为

$$N^2 = P \tag{7.31}$$

$$N^2 = \frac{RL}{S} \tag{7.32}$$

根据式(7.10)，可得电场各分量满足的方程为

$$\begin{cases} SE_x - jDE_y = 0 \\ jDE_x + (S - N^2)E_y = 0 \\ (P - N^2)E_z = 0 \end{cases} \tag{7.33}$$

由此可见，波分为独立的两种，一种波对应 $P=N^2$，即 $E_x=E_y=0, E_z\neq 0$，相应的色散关系如式(7.8)所示。它和无磁场时线偏振电磁波的色散关系式一样，称为寻常模，又称 O 模。寻常模的电场矢量平行于磁场，即 $E_z//B_0$。这时带电粒子的运动方向平行于磁场，因此磁场对粒子的运动和电磁波都没有影响。

另一种波对应 $N^2=RL/S$，这种波的电场矢量位于垂直于磁场的平面上，由纵向分量 E_x 和横向分量 E_y 组成，是纵波和横波的混杂模，称为非寻常模，或 X 模。X 模电场的纵向分量不等于零($E_x\neq 0$)的原因是电荷在交叉场 E_y 和 B_0 作用下沿 x 方向漂移。只有在 $\omega \ll \Omega_i$ 的情况下电子和离子的漂移速度才相等。一般情况下它们的漂移速度是不同的，并且引起电荷分离；这个电荷分离产生的纵向电场为 $E_x = j(D/S)E_y$。由于 $E_x \neq E_y$，X 模一般是椭圆偏振的。

波在不均匀等离子体中传播会发生截止、共振及模转换三种情况，电子回旋加热过程中主要关注共振和截止现象。在电子回旋工作频段，式(7.6)~式(7.8)中的 R、L 和 P 可近似表示为

$$R \approx 1 - \frac{\omega_{pe}^2}{\omega(\omega + \Omega_e)}, \quad L \approx 1 - \frac{\omega_{pe}^2}{\omega(\omega - \Omega_e)}, R \approx 1 - \frac{\omega_{pe}^2}{\omega^2} \tag{7.34}$$

折射率可以简化为

$$N^2 \approx 1 - \frac{2\beta(1-\beta)\omega^2}{2\omega^2(1-\beta) - \Omega_e^2 \sin^2\alpha \pm \Omega_e \Gamma} \tag{7.35}$$

其中，

$$\Gamma = \sqrt{\Omega_e^2 \sin^4\alpha + 4\omega^2(1-\beta)^2 \cos^2\alpha}; \quad \beta \approx \frac{\omega_{pe}^2}{\omega^2} \tag{7.36}$$

式(7.35)分母的最后一项中"−"代表 X 模；"+"代表 O 模。波的具体性质与参数 ω_{pe}^2/Ω_e^2 的大小有很大关系。波近垂直入射时，色散关系可以进一步简化。对于 O 模：

$$N^2 \approx 1 - \frac{\omega_{pe}^2}{\omega^2} \tag{7.37}$$

对于 X 模：

$$N^2 \approx 1 - \frac{\omega_{pe}^2(\omega^2 - \omega_{pe}^2)}{\omega^2(\omega^2 - \omega_{UH}^2)} \tag{7.38}$$

其中，$\omega_{UH}^2 = \omega_{pe}^2 + \omega_{ce}^2$，为上混杂频率。

O 模与 X 模折射率的差异导致其在等离子体中的传输、反射和吸收特性不同。O 模折射率只取决于等离子体频率，表明其传播特性仅取决于等离子体密度，与约束磁场无关。

因此从聚变装置低磁场侧或者高磁场侧注入 O 模,均可到达共振层,唯一的限定条件为 $\omega > \omega_{pe}$,所以对于 O 模加热存在等离子体截止密度。等离子体中传播 X 模时,等离子体中的电子将受到入射波电场分量的作用,它既受到单粒子行为(Ω_e)的影响,又与等离子体集体行为(ω_{pe})有关,因此 X 模的传播特性比较复杂,可借助 CMA 图(Clemmow-Mullaly-Allis diagram)进行描述。在图 7.2 所示的 O 模和 X 模在等离子体中传播的 CMA 图中,X 模有三个传播轨迹,分别如带箭头曲线 1、2 和 3 所示:若 X 模沿带箭头曲线 1 所示(X1 模),从弱磁场低密度区域发射,当它朝强磁场区传播时会遇到低密度区的截止区,不能到达高混杂共振区及基频共振区,不具备共振条件;若 X 模沿带箭头曲线 2 所示(X2 模),从弱磁场低密度区发射,当它朝强磁场高密度区传播时,会在遇到低密度截止区之前到达二次谐波共振区,具备共振条件;若 X 模沿带箭头曲线 3 所示(X3 模),从高场侧发射,则可以到达高混杂共振层和基频共振区,具备共振条件。考虑 O/X 模的传播特性、加热效率及工程实现难度,ECRH 系统通常用 O 模或 X2 模加热,且从真空室低场侧注入。

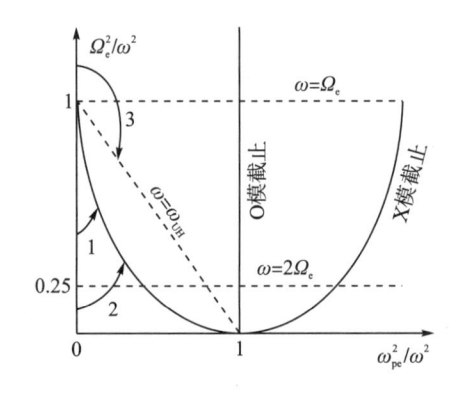

图 7.2 O 模和 X 模在等离子体中传播的 CMA 图

7.1.1 ITER 装置

国际热核聚变实验堆(ITER)是一个正在规划建设中,为验证全尺寸可控核聚变技术可行性而设计的国际超导托卡马克实验堆。ITER 托卡马克装置如图 7.3 所示[2,3]。

ITER 的目标是对长脉冲氘氚自持燃烧进行实验研究,实现"点火"。ITER 计划的运行阶段分为三个时间段:

(1) H 阶段,这是一个非核阶段,仅仅使用氢或者氦等离子体,主要完成一些非核环境中托卡马克系统的任务。同时,在这个阶段开展和模拟完全 D-T 阶段的放电操作情况。

(2) D 阶段,除了大量 α 离子加热外,氘等离子体的特性与氘氚等离子体特性非常相似,因此对于氘氚实验中的高 Q 值、感应运行及非感应稳态运行实验都可以在氘阶段进行模拟,为氘氚阶段实验做参考。

(3) D-T 阶段,此阶段又分为两个阶段。在氘氚运行的第一阶段,除非感应运行目标已经达到,否则聚变能和燃烧脉冲时间长度将会一直逐步增大。另外,对非感应稳态运行情况也会进行研究。

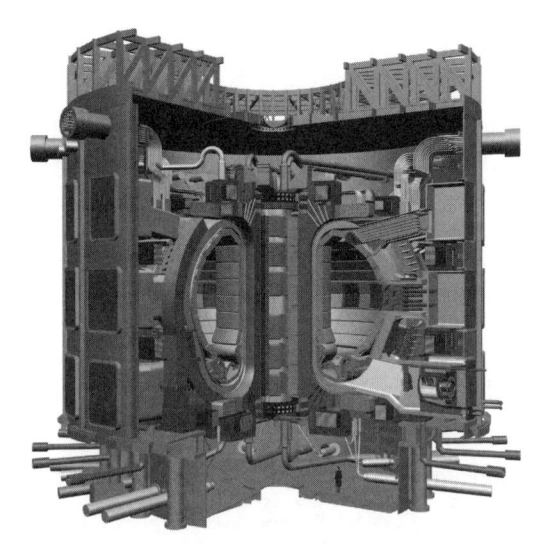

图 7.3 ITER 托卡马克装置

同时，一旦重要的中子通量达到，将会展开与 DEMO 核反应堆相关的包层模块测试工作。在完全氘氚运行的第二阶段，将会把重点放在整体性能的提升和更高中子通量下器件和材料的测试方面。在第三个运行阶段——氘氚阶段，一共有三个运行模式：感应运行、混合运行和稳态运行。

ITER 装置要建立工作频率为 170GHz、脉冲时间长度为 3600s 的 24MW 电子回旋加热系统。此电子回旋加热系统主要用于等离子体点火、等离子体中心加热、电流驱动、电流剖面控制以及在等离子体的平顶阶段对磁流体进行不稳定性控制。ITER 电子回旋加热系统由辐射源、传输线和发射天线三个部分组成。ITER 电子回旋加热系统的初步设计方案中，辐射源采用 24 支 1MW/170GHz 回旋管和 3 支 1MW/120GHz 回旋管。24 支 170GHz 回旋管产生的能量由一个水平天线和三个顶部天线注入到等离子中。3 支 120GHz 回旋管通过水平天线进行辅助等离子体启动。后来的研究发现，等离子体被击穿的区域可以更广，故采用 2 支 170GHz 回旋管进行等离子体辅助加热启动。两种类型天线共用传输线的前端部分，后端传输线由波导开关进行切换。水平天线主要用于加热和电流驱动，顶部天线主要用于离轴电流驱动和新经典撕裂模（neo-classical tearing modes，NTMs）控制。

随着电子回旋加热系统中的回旋管技术、高压电源技术及元器件等的逐渐发展，ITER 电子回旋加热系统设计也在不断完善和改进中，改进的电子回旋加热系统升级到 48MW。电子回旋加热系统主要由以下子系统组成：13 个高压电源、26 支回旋管、24 路传输线、5 个发射天线以及一些重要的辅助设备，如控制子系统和冷却子系统等。其中，5 个发射天线包括 1 个水平天线和 4 个顶部天线，两种类型天线的功能与初步方案中天线的功能差别不大，水平天线用来实现等离子体中心加热、电流驱动和电流剖面控制，顶部天线主要通过提供一个非常集中的峰值电流密度分布来控制等离子体的不稳定性，包括 NTMs 不稳定性控制和锯齿波不稳定性控制。

电子回旋加热系统中，回旋管分别由欧洲、日本和俄罗斯提供，其中，日本原子能研究开发机构（Japan Atomic Energy Agency，JAEA）提供的回旋管为双阳极回旋管，其他两家提供的均为单阳极回旋管。日本 JAEA 研制的 170GHz 回旋管已经实现了 1MW/800s 高功率输出,输出效率为 55%。回旋管采用圆柱回旋谐振腔,工作模式为 $TE_{31,8}$ 模。欧洲研制的 1MW/170GHz 回旋管工作模式为 $TE_{32,9}$ 模。俄罗斯的回旋管由 GYCOM 公司研制,工作模式为 $TE_{28,12}$ 模,实现了 1.2MW/100s 的高功率输出,输出效率为 53%。三家单位研制的回旋管目前均实现了数百秒、1MW 的功率输出,均采用了单级降压收集极,输出效率均超过了 50%。为了简化庞大的电子回旋加热系统,输出功率为 1.5MW 和 2MW 的回旋管也一直在研制中。

7.1.2 JET 电子回旋加热系统

欧洲联合环(joint European torus,JET)是一个大尺寸的托卡马克装置。根据 JET 装置的磁场、等离子体电流、电子密度及电子温度等参数,电子回旋加热系统采用 113GHz、150GHz 和 170GHz 三种不同频率的回旋管,其中 113GHz 和 150GHz 对应一个双频回旋管。对于 113GHz,电子回旋波吸收发生在 O 模共振层位置,而 150GHz 和 170GHz 共振模式均为 X2 模[4]。

JET 装置的 170GHz/10MW 电子回旋共振加热系统由 12 支单管输出功率 1MW 的回旋管、传输线及水平天线组成。12 支回旋管按 4×3 的矩阵形式排列。传输线是回旋管与天线之间的连接纽带,JET 装置中采用波纹波导作为传输线。波纹波导内径为 63.5mm,传输线长度为 75m,含有 6 个转向波导,损耗约为 4%。图 7.4 为 JET 托卡马克装置。

图 7.4 JET 托卡马克装置

7.1.3 Tore Supra 电子回旋加热系统

法国 Tore Supra 是一个中等尺寸的托卡马克装置,大半径为 2.4m,小半径为 0.8m,其装置上的电子回旋加热系统传输 2.4MW 连续波对等离子体进行加热和电流驱动。Tore Supra 电子回旋加热系统主要由辐射源、传输线和天线三部分组成。系统采用 6 支回旋管作为辐射源,工作频率为 118GHz,单支回旋管输出功率为 500kW 时,运行时间为 5s;输出功率为 400kW 时,则为连续波输出。6 支回旋管对应 6 条传输线,每条传输线均采用内径为 63.5mm 的圆柱波纹波导，传输模式为 HE_{11} 模，传输线长度为 25m，传输效率为 90%。6 条传输线在 Tore Supra 装置附近将电磁能量传输给天线，天线安装在 Tore Supra 装置的水平窗口，电磁能量通过水平天线注入到等离子体中[5]。图 7.5 法国为 Tore Supra 托卡马克装置。

图 7.5　法国 Tore Supra 托卡马克装置

7.1.4　DIII-D 电子回旋加热系统

DIII-D 是美国通用原子能公司建设的托卡马克实验装置。在 DIII-D 电子回旋加热和电流驱动系统中，采用 4 支回旋管作为辐射源。回旋管的脉冲宽度为 10s，工作频率为 110GHz，高斯波束输出，高斯成分为 96%，最大输出功率为 1066kW，输出效率为 31%。采用圆柱波纹波导作为传输线，波纹波导内径为 63.5mm，传输线长度为 70～80m，传输模式为 HE_{11} 模，传输效率介于 72%～79.4%。经由天线注入到等离子体中的电磁波束可在托卡马克装置上半平面内的极向上进行±20°的扫描，在环向入射角±20°范围内进行电流驱动。电磁波束由天线注入到等离子体中是通过两面反射镜组合来实现的，这两面反射镜分别为具有较弱聚焦功能的固定聚焦镜和可在环向、极向上进行旋转的可转动平面镜。电磁波束从波纹波导中输出后入射到固定聚焦镜上进行聚焦，然后反射到可转动平面反射镜，由可转动平面反射镜旋转一定的角度，将波束入射到等离子体中指定的位置[6]。图 7.6 为美国 DIII-D 托卡马克装置。

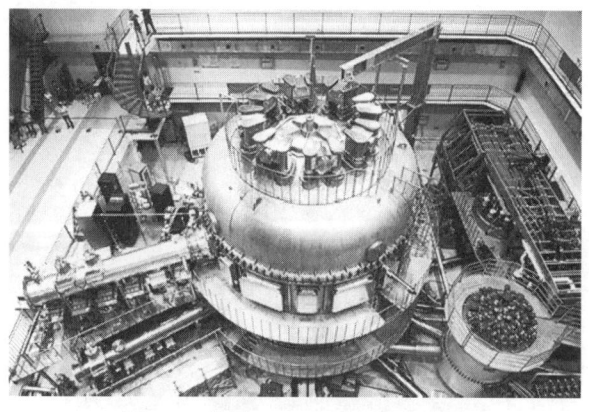

图 7.6　美国 DIII-D 托卡马克装置

7.1.5　FTU 电子回旋加热系统

FTU 是意大利的一个短脉冲托卡马克装置,其电子回旋加热系统的工作频率为 140GHz,由四条独立的传输线构成,每条传输线传输 500kW 的功率。电磁波束由 4 支 0.5MW 回旋管提供,回旋管输出模式为高斯波束。电磁波束经过过滤杂波、成形和极化调节等几个步骤后输入到内径为 88.9mm 的圆柱波纹波导传输线。传输线长 40m,由多段 2m 长的直波导组成。ECRH 天线在极向和环向都能独立地转动,其传输的电磁能量在等离子体边缘处的最大功率密度为 60kW/cm^2,在等离子体中的束腰半径为 20mm,实现局域性加热。发射天线的上部分和下部分是对称的,两条传输线中的电磁能量被直接耦合到上部分,剩下的两条传输线中的电磁能量被传输到下部分。天线中的高斯波束在环向上只能实现固定的六个角度(±10°、±20°和±30°)转动,通过在波束入射窗口内壁安装一定厚度的金属板,高斯波束传输过程中在金属板上发生一次反射、二次反射和三次反射。一次反射实现环向转动±10°,二次反射实现环向转动±20°,三次反射实现环向转动±30°[7]。

7.1.6　HL-2A 电子回旋加热系统

中国环流器二号 A 装置(HL-2A)依托核工业西南物理研究院。该装置的电子回旋加热系统一共有 8 支回旋管,整个系统分为三个阶段建成:2004~2006 年,建成 4 个单元,每个单元包括 1 支回旋管、传输线、控制保护测量和冷却等子系统,每个单元采用 0.5MW/1s/68GHz 回旋管;2008~2009 年,建成 2 个单元,每个单元采用 0.5MW/1.5s/68GHz 回旋管;2009 年以后建成 2 个单元,每个单元采用 1MW/3s/140GHz 回旋管。前两个阶段建成的电子回旋加热系统中,圆柱波纹波导传输线内径为 80mm,传输线为非真空状态;2009 年以后建成的系统中圆柱波纹波导内径为 63.5mm,传输线为真空状态。天线分为上、下两层,上层利用氮化硼(boron nitride,BN)窗入射两束 68GHz/0.5MW/1s 的电磁波束,下层利用化学气相沉积(chemical vapor deposition,CVD)窗入射两束 140GHz/1MW/3s 的电磁波束。整个天线部件包括真空密封箱、用于聚焦的椭球镜、可转动的平面镜及其转动机构和传动机构。图 7.7 为中国环流器二号 A 托卡马克装置。

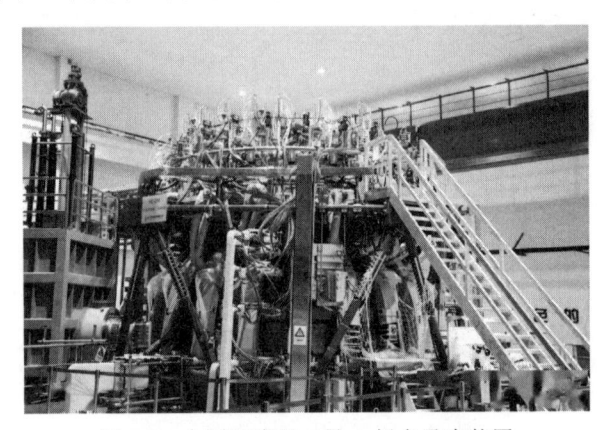

图 7.7　中国环流器二号 A 托卡马克装置

7.1.7　EAST 电子回旋加热系统

全超导托卡马克核聚变实验装置(experimental advanced superconducting Tokamak，EAST，东方超环)依托中国科学院合肥物质科学研究院。EAST 电子回旋加热系统由回旋管、传输线、天线、高压电源、监控保护、水冷及配套的真空和低温等子系统构成，如图 7.8 所示。该系统采用 4 支 140GHz/1MW 长脉冲回旋管作为辐射源。每支回旋管配备有相应的超导磁体、电源等附属系统。回旋管系统产生的高功率电磁波通过真空波纹波导传输线馈入天线系统，天线将高功率电磁波辐射进等离子体，实现等离子体加热及电流驱动。天线是整个系统中的重要部件，其性能的好坏直接影响电流驱动效率和驱动电流分布。EAST 电子回旋加热系统的天线系统包括波纹波导、聚焦镜和活动反射镜、反射镜驱动控制机构、水冷结构、屏蔽结构和支持结构。四路入射波束以 2×2 的方式排列，通过四条独立的圆柱波纹波导传输后，再经聚焦镜聚焦和活动平面镜反射后注入到等离子体中。整个天线运行在真空环境中，电子回旋加热系统低真空度波导传输线和天线各路馈电端口之间采用 CVD 微波窗和微波阀门隔断，以维持装置真空室内的高真空度，同时保证波的正常传输[8]。2021 年 5 月 28 日，EAST 装置实现了可重复的 1.2 亿摄氏度 101 秒等离子体运行和 1.6 亿摄氏度 20 秒等离子体运行，创造托卡马克实验装置运行新的世界纪录。

图 7.8　中国 EAST 托卡马克装置

7.1.8　CFETR 电子回旋加热系统

中国聚变工程实验堆(China fusion engineering test reactor，CFETR)，是中国自主设计和研制并联合国际合作的重大科学工程，是中国在全面消化吸收国际热核聚变实验堆(ITER)相关技术的基础上，预先开展下一代超导聚变堆研究的重大项目。2017 年 12 月 5

日，CFETR 项目在合肥正式启动工程设计，中国核聚变研究由此开启新征程。CFETR 托卡马克装置示意图如图 7.9 所示。

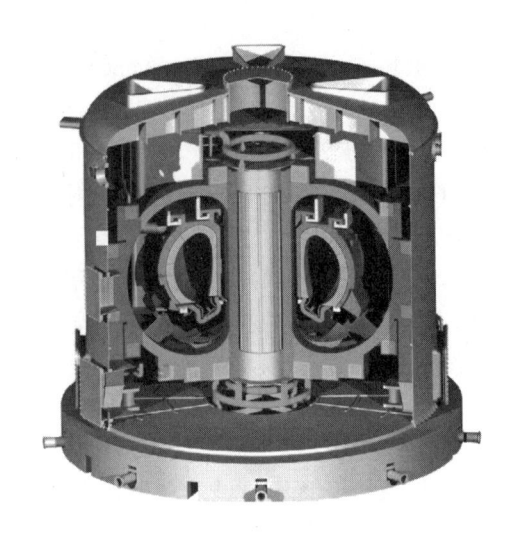

图 7.9　CFETR 托卡马克装置

CFETR 是我国下一代大型全超导磁约束聚变装置，将成为衔接 ITER 与 DEMO 的桥梁，解决 ITER 无法解决而未来聚变堆又必须面对的一系列物理和工程技术难题，如氚自持燃烧问题、高辐照环境下的诊断建设问题、增殖包层问题和遥操作等。CFETR 是我国磁约束聚变实验装置走向聚变发电厂原型装置的关键一步。CFETR 的设计目标分为两个运行阶段：第一阶段，实现聚变功率 50～200MW、能量增益 1～5、中子辐照效应约 10dpa、氚增殖率大于 1 的稳态运行和自持燃烧；第二阶段，主要是对 DEMO 进行可行性验证，聚变功率将超过 1GW、能量增益大于 10、中子辐照效应约 50dpa[9]。

针对目前大尺寸、更高参数的 CFETR 装置，ECRH 系统输出功率要求达到 30MW。辐射源由 36 支 170GHz/MW 回旋管组成，从辐射源引出的 36 条传输线分为 3 组，将高功率电磁波传输至装置的 3 个相邻顶部窗口。使用波导开关切换电磁波的传输路径，两组用于电子回旋电流驱动(electron cyclotron current drive，ECCD)发射天线，单窗口 18MW 功率输入；一组用于新经典撕裂模发射天线，单窗口 7MW 功率输入。

7.2　动态核极化核磁共振波谱技术

核磁共振(nuclear magnetic resonance，NMR)是磁矩不为零的原子核，在外磁场作用下自旋能级发生塞曼(Zeeman)分裂，共振吸收某一特定频率电磁辐射的物理过程。核磁共振波谱与紫外吸收光谱、红外吸收光谱和质谱被人们称为"四谱"，是分析各种有机物和无机物成分的强有力工具。核磁共振波谱广泛应用于化学、食品、生物医学、材料科学和能源等领域，是这些领域不可或缺的分析手段。

1945 年，核磁共振现象由哈佛大学的 Edward Mills Purcell 和斯坦福大学的 Felix Bloch 发现。他们将具有奇数个核子(包括质子和中子)的原子核置于磁场中，再施加特定频率的射频场，发现原子核吸收射频场能量的现象，这就是人们最初对核磁共振现象的认识。由于这项重大发现，他们二人共同获得了 1952 年诺贝尔物理学奖。在接下来的一段时期中，NMR 技术经历了几次飞跃。1948 年建立了核磁弛豫理论，1950 年发现了化学位移和耦合现象，1965 年诞生了脉冲傅里叶变换技术，迎来了 NMR 真正的繁荣期；自从 20 世纪 70 年代以来，NMR 发展异常迅猛，形成了液体核磁、固体核磁和 NMR 成像三足鼎立的新局面。二维 NMR 的发展，使液体 NMR 的应用迅速扩展到了生物领域；魔角旋转、交叉极化技术及偶极去偶等技术，有力促进了固态材料结构的研究和应用，在材料科学中发挥了巨大的作用；NMR 成像技术的发展，使 NMR 进入了与人类生命息息相关的医学领域。

原子核的磁性源于原子核的磁矩，而原子核的磁矩源于原子核的自旋角动量。原子核是由质子和中子组成的，质子和中子统称为核子，都有自旋角动量。在微观世界，自旋和质量一样，是所有微观粒子的基本属性。质子和中子的自旋量子数均为 1/2。在原子核中，质子和中子都有自旋运动和轨道运动，原子核自旋角动量等于组成它的所有核子的角动量的矢量和。由于核子角动量通常成对地抵消，核自旋角动量通常体现为不成对的核子角动量的叠加合成。核角动量 J 为量子化的[10]：

$$J = \hbar I \tag{7.39}$$

式中，I 为原子核的自旋量子数，只取整数和半整数；$\hbar = h/(2\pi)$，为角动量单位，h 为普朗克常数。

$$|I| = \sqrt{I(I+1)} \quad \left(I = 0, \frac{1}{2}, 1, \frac{3}{2}, \cdots\right) \tag{7.40}$$

当原子核质量数为奇数时，I 取半整数。常见的自旋量子数 I 为半整数的原子核：①I=1/2：^{1}H、^{13}C、^{15}N、^{19}F、^{29}Si、^{31}P、^{123}Te、^{129}Xe 等；②I=3/2：^{7}Li、^{9}Be、^{23}Na 等。

当原子核质量数为偶数，且原子序数为奇数时，自旋量子数 I 取整数，如 $I=1$ 的核有 ^{2}H、^{14}N、^{6}Li 等，$I=4$ 的核有 ^{40}K 等。

当核的质量数和原子序数均为偶数时，原子核的自旋量子数 $I=0$，如 $^4_2$He、$^{12}_6$C、$^{16}_8$O、$^{20}_{10}$Ne、$^{32}_{16}$S、$^{80}_{34}$Se 等偶-偶核就没有自旋角动量。

质子带正电，有自旋，可以等效为一个电流环，因此质子具有非零自旋磁矩。中子虽然整体不带电，但实验测量到的中子自旋磁矩不为零，并且为负值。这是因为中子可以看成里面是质子，外面由负电子云包裹着，里外两个电流环的面积不相等，所以两个磁矩不能抵消为零，而是表现出一个负磁矩。因此，中子和质子的磁矩虽然符号相反，但绝对值不相等，不可能相互抵消。比如氘核包含一个质子和中子，其自旋量子数 $I=1$，磁矩接近于质子和中子磁矩的差值。之所以不严格相等，是因为除自旋外，还有轨道运动的影响，核磁矩也是量子化的，它和自旋角动量之间满足：

$$\mu = \gamma J = \gamma \hbar I \tag{7.41}$$

式中，γ 为磁旋比，是测量值，是原子核常数。为度量核磁矩的大小，定义核磁子：

$$\mu_\mathrm{N} = \frac{e_0 \hbar}{2m_\mathrm{p}} = 5.05 \times 10^{-27} \, (\mathrm{J/T}) \tag{7.42}$$

式中，e_0 为电子电量；m_p 为质子质量。质子磁矩 $\mu_\mathrm{p} = 2.79255\mu_\mathrm{N}$。电子的磁矩单位是玻尔磁子，

$$\mu_\mathrm{B} = \frac{e_0 \hbar}{2m_\mathrm{e}} \tag{7.43}$$

其中，m_e 为电子质量。由于 $m_\mathrm{p}/m_\mathrm{e} = 1840$，所以核磁子是玻尔磁子的 1/1840。当以核磁子 μ_N 为核磁矩单位，以 $\hbar$ 作为角动量单位时，量纲一的 γ 就等于 g 因子：

$$\gamma = \frac{\mu/\mu_\mathrm{N}}{J/\hbar} = \frac{\mu}{I} = g \tag{7.44}$$

质子磁矩和自旋角动量共线且同方向，磁矩为正，$\gamma > 0$；中子磁矩与自旋角动量共线但方向相反，磁矩为负，$\gamma < 0$。一般原子核具有相对稳定的结构，故一般都服从能量极小原理，因此核子的磁矩通常成对抵消。所以，质子数或中子数为奇数的核的磁矩由不成对的那些核子的磁矩决定。质子数和中子数均为偶数的核，自旋为零，磁矩也为零，如 $^4_2\mathrm{He}$、$^{12}_6\mathrm{C}$、$^{16}_8\mathrm{O}$、$^{20}_{10}\mathrm{Ne}$、$^{32}_{16}\mathrm{S}$、$^{80}_{34}\mathrm{Se}$ 等偶-偶核就没有自旋磁矩，这类核称为非磁性核，不存在核磁共振，但它们一定存在非零磁矩的同位素核，例如，要测量 $^{12}_6\mathrm{C}$，可以进行 $^{13}_6\mathrm{C}$ 核磁共振测量，然后通过天然丰度数据，换算出 $^{12}_6\mathrm{C}$。有自旋磁矩的原子核称为磁性核，都可以发生核磁共振。表 7.1 列出了部分原子核的自旋量子数、自旋磁矩、旋磁比和天然丰度等数据。

表 7.1 部分原子核的核磁共振数据

原子核	自旋量子数 I	自旋磁矩 $\mu(\mu_\mathrm{N})/(\mathrm{rad} \cdot \mathrm{T}^{-1} \cdot \mathrm{s}^{-1})$	磁旋比 $\gamma/(10^7 \mathrm{rad} \cdot \mathrm{T}^{-1} \cdot \mathrm{s}^{-1})$	天然丰度/%	9.4T 磁场中的共振频率/MHz
n	1/2	−1.91315	−18.326	—	274.17
$^1_1\mathrm{H}$	1/2	2.79255	26.7519	99.985	400.21
$^2_1\mathrm{H}$	1	0.857387	4.10648	0.0156	61.44
$^3_2\mathrm{He}$	1/2	−2.1274	−20.378	0.00013	304.87
$^6_3\mathrm{Li}$	1	0.82189	3.9366	7.42	58.89
$^7_3\mathrm{Li}$	3/2	3.25586	10.396	92.58	155.53
$^9_4\mathrm{Be}$	3/2	−1.1774	−3.7595	100	56.24
$^{13}_6\mathrm{C}$	1/2	0.702199	6.7283	1.108	100.63
$^{14}_7\mathrm{N}$	1	0.40365	1.9325	99.635	28.91
$^{15}_7\mathrm{N}$	1/2	−0.28299	−2.712	0.365	40.55
$^{17}_8\mathrm{O}$	5/2	−1.8930	−3.6267	0.037	54.26
$^{19}_9\mathrm{F}$	1/2	2.62727	25.181	100	376.51
$^{23}_{11}\mathrm{Na}$	3/2	2.21711	7.0761	100	105.86
$^{27}_{13}\mathrm{Al}$	5/2	3.6385	6.9706	100	104.28

续表

原子核	自旋量子数 I	自旋磁矩 $\mu(\mu_N)/(rad\cdot T^{-1}\cdot s^{-1})$	磁旋比 $\gamma/(10^7 rad\cdot T^{-1}\cdot s^{-1})$	天然丰度/%	9.4T 磁场中的共振频率/MHz
$^{31}_{15}P$	1/2	1.1305	10.841	100	162.01
$^{29}_{14}Si$	1/2	-0.55477	-5.3142	4.70	79.50
$^{39}_{19}K$	3/2	0.391	1.2483	93.10	18.68
$^{40}_{19}K$	4	-1.291	-1.552	0.0118	23.22
$^{41}_{19}K$	3/2	0.215	0.68518	6.88	10.25
$^{51}_{23}V$	3/2	5.139	7.0328	99.76	105.21
$^{129}_{54}Xe$	1/2	-0.77247	-7.3997	26.44	110.70

$I=1/2$ 的核是球对称的，无电四极矩，对 NMR 特别重要，容易得到高分辨 NMR 谱，如 ^1H、^{13}C、^{19}F、^{31}P、^3He、^{129}Xe 等。$I>1/2$ 的核是椭球形的，有电四极矩，因为电四极矩与电场梯度相互作用很强，对 NMR 干扰较大，使得 NMR 信号观察要困难一些，如 ^{23}Na，自旋 $I=3/2$。

把磁性核置于外磁场 B_0 中，习惯上 B_0 取在 z 轴方向，它会受到一个磁力矩的作用：

$$L = \mu \times B_0 \tag{7.45}$$

在该力矩的作用下，根据经典电磁理论，核磁矩应该转到与 B_0 平行的方向，使其使能最低：

$$E = -\mu \cdot B_0 \tag{7.46}$$

然而，微观粒子的运动遵守量子力学定律。在外磁场 B_0 作用下，核自旋不是转到与 B_0 平行的方向，而是与 B_0 保持一定的夹角。这样，核磁矩就始终受到一个恒定磁力矩的作用，在该力矩作用下，核磁矩绕 B_0 以一定角速度运动。于是，角动量 J 在 z 轴上的投影 J_z 是量子化的。

$$J_z = I_z\hbar = m\hbar \quad (m = -I, -I+1, \cdots, I-1, I) \tag{7.47}$$

式中，m 称为磁量子数，共有 $2I+1$ 个取值。与之相对应的核磁矩 μ 在 z 轴上的投影 μ_z 也有 $2I+1$ 个取值，对应于不同的磁能级 E_m。无磁场时，这些基态能级是简并的；有磁场时，简并解除。这种能级分裂现象叫作塞曼分裂，这种能级叫作塞曼能级：

$$E_m = -\mu_z B_0 = -\gamma B_0 \hbar I_z = -\gamma m\hbar B_0 \tag{7.48}$$

m 最大值等于 I，对于 $I=1/2$ 的核来说，m 只有 $2\times 1/2+1=2$ 个取值，因此只有两个塞曼能级；对于 $I=3/2$ 的核来说，m 有 $2\times 3/2+1=4$ 个取值，因此有四个塞曼能级。塞曼能级的特点是等间距，其间距为

$$\Delta E = \gamma B_0 \hbar \tag{7.49}$$

可见，核磁矩本身不可能完全与 B_0 平行，而是贡献了一个 z 向分量，对于由大量原子核组成的宏观体系(样品)来说，外场 B_0 对核磁矩的定向作用还必须服从统计规律。总之，在静磁场 B_0 中，原子核被磁化，与 B_0 同方向的核自旋略多于反方向的核自旋，于是产生宏观磁化强度 M_0。

原子核自旋系统(样品)在 B_0 中被磁化，核磁矩与外场相互作用的哈密顿量为

$$E = -\mu \cdot B_0 = -\gamma B_0 \hbar I_z = -\gamma B_0 \hbar m \tag{7.50}$$

m 取 $I, I-1, \cdots, -I$ 共 $2I+1$ 个值。对于 $I=1/2$，m 取 $1/2$、$-1/2$ 两个值，即两个塞曼能级。从量子力学的观点来看，在原子核系统上加上一个射频磁场，当场量子 $h\nu = \hbar\omega_0 = \gamma\hbar B_0$ 时，即电磁波量子 $\hbar\omega_0$ 正好等于能级间距时，原子核会从射频场吸收能量，从低能态跃迁到高能态，因此共振条件为

$$\omega_0 = \gamma B_0 \quad \text{或} \quad f_0 = \frac{\gamma}{2\pi} B_0 = \Gamma B_0 \tag{7.51}$$

式中，Γ 称为约化磁旋比。对于塞曼能级跃迁，需要注意以下几点。

(1) 塞曼能级特点：把样品置于磁场中，其基态能级解除简并，形成分裂的塞曼能级。塞曼能级的分裂是正负对称的，且间距相等。塞曼能级间距落在射频范围内。

(2) 塞曼跃迁定则是 $\Delta m = \pm 1$，即只在相邻能级之间跃迁。

(3) 无射频场时，塞曼能级之间存在自发跃迁，a、b 两能级之间有动态平衡关系为

$$N_a W_{a\to b} = N_b W_{b\to a} \tag{7.52}$$

这里 N_a、N_b 分别表示 a、b 两磁能级上的自旋数目，$W_{a\to b}$ 代表从 a 到 b 的跃迁概率，同样，$W_{b\to a}$ 代表从 b 到 a 的跃迁概率。

(4) 只有当塞曼能级间自旋数不同时，加射频场才可能有净吸收或者净发射，即发生 NMR。

(5) NMR 要求主磁场 B_0 为均匀场，B_0 越均匀，塞曼能级宽度越窄，共振吸收峰越尖锐，信噪比越高，NMR 越容易观测。

(6) 对于原子核磁矩 μ_N 和一般实验室磁场 B_0 来说，塞曼能级落在射频范围内。从地磁场 0.5Gs 到超导磁体 28.2T，射频覆盖范围为 2~1200MHz。因为电子顺磁磁矩 μ_B 比原子核磁矩 μ_N 大 1000 多倍，所以电子顺磁共振频率落在微波及太赫兹波范围(GHz)内。

生物分子结构和它的功能是强相关的。测定蛋白质原子级分辨率的三维结构细节对理解它们的工作机理、催化化学反应以及与药物和信号分子的相互作用是至关重要的。到目前为止，最有效的结构测定手段是 X 射线衍射分析，但该方法具有一定的弊端：记录衍射图样所需要的高度有序的结晶环境不能反映真实的生物环境。在活的有机体内，蛋白质分布在溶液中或者嵌入细胞膜，部分蛋白质是固有无序的。对于真实生物环境中的分子，核磁共振波谱比 X 射线衍射分析更适合用于结构细节的测定，尤其是核自旋的位点特异性信号能够揭示蛋白质分子的亚埃级结构信息。由于核磁共振波谱的高分辨率，作为一种谱分析方法，核磁共振波谱已广泛用于物理、化学、材料科学和生物医学领域。核磁共振信号强度与高能级和低能级上的粒子数差值 Δn 成正比，但是，由于核自旋能级的间隔很小，几乎是所有类型的吸收光谱中能级间隔最小的，在玻尔兹曼平衡状态下，常温下的核自旋能级粒子数的差值(极化率)是很小的。核磁共振波谱技术已广泛应用于作为药物靶标的膜蛋白、阿尔茨海默病密切相关的纤维蛋白以及微孔材料等的分子结构研究，但随着分子变大，单位体积内目标原子的数量减少，核磁共振波谱灵敏度降低。所以和紫外光谱、红外光谱、顺磁共振等相比，常规核磁共振波谱的灵敏度是

很低的。随着高频率、高分辨率固体和液态核磁共振在生物大分子如蛋白质、核酸等结构研究中的应用，灵敏度对这一技术能否成功推广至关重要。

提高核磁共振灵敏度的方法主要包括两大类：采用灵敏度更高的核磁共振信号探测方法和增强核磁共振信号本身。傅里叶变换核磁共振波谱、低温魔角自旋核磁共振探针等技术的引入显著提高了核磁共振信号探测方法的灵敏度。增强核磁共振信号的方法包括提高磁感应强度，提高磁感应强度可增加能级间隔，增大级间粒子数差值，提高核磁共振波谱灵敏度。目前固体核磁共振的磁感应强度最高已达 40T。但产生超强磁场需要高昂的成本，且由于技术的限制，磁感应强度不能无限度提高。

动态核极化(dynamic nuclear polarization，DNP)是核磁共振波谱学中一种增强核磁共振信号的重要技术手段。动态核极化是一种将电子自旋共振和核磁共振相结合的技术。它利用样品内微量顺磁中心，在强磁场下用电磁波激发自由电子跃迁，通过自由电子与核的相互作用，相关核的自旋能级分布发生极化，使核自旋能级粒子数的差值 Δn 大大增加，因此核磁共振信号强度也大大增强。图 7.10 为含 ^{1}H 和 ^{13}C 核磁共振波谱系统中可能的 DNP 转移路径。根据实验条件如温度、溶剂成分和氘化程度等的不同，动态核极化可以成功地将核磁共振的灵敏度提高 20~400 倍，因此，利用动态核极化技术可以缩短核磁共振的扫描时间(缩短为原来的 1/160000~1/400)、减小样品的体积，并可以获得高信噪比的多维核磁共振谱。

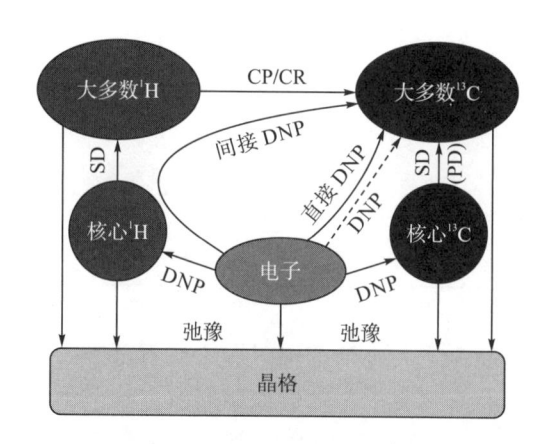

图 7.10 含 ^{1}H 和 ^{13}C 核磁共振波谱系统中可能的 DNP 转移路径
CP/CR 为交叉极化/交叉弛豫；SD 为自旋扩散；PD 为极化分布

电磁波驱动动态核极化是一种公认的增强固态/液态核磁共振波谱和成像信号的有效方法，可以将核磁共振谱灵敏度提高百倍以上，这样可以将多维核磁共振谱的扫描时间缩短 4 个数量级。这种改善使得核磁共振技术可以用于研究更大的分子、反应动力学或高通量筛选等。对 ^{1}H，理论的最大增强值为 $\gamma_S/\gamma_I \approx 660$，其中，$\gamma_S$ 和 γ_I 分别为电子和核磁旋比。

核磁共振的灵敏度正比于外加磁感应强度 B_0。早期的毫米波驱动动态核极化核磁共振使用 3.4T 外加磁场，利用 94GHz 固态倍频器或速调管作为驱动源。随着超导磁体技术的发展,为了进一步提高核磁共振谱的灵敏度,现代核磁共振波谱技术正在向高场方向发展。对于300~1000MHz高场核磁共振谱系统,电子顺磁共振频率(electron paramagnetic resonance,EPR)为200~650GHz,这一频率范围恰好位于太赫兹波段。动态核极化技术中所需要的电磁波功率主要取决于极化机理、样品温度、样品大小、极化剂以及电磁波的耦合效率。从根本上讲,功率的大小取决于电子的弛豫率。对于300~1000MHz高场核磁共振谱系统,为了使电子自旋极化达到饱和,最大限度地提高灵敏度,需要辐射源的功率为20~100W,同时,为了与传输线匹配提高耦合效率,要求辐射源的输出场分布是理想的或者接近理想的自由空间高斯分布。为了满足动态核极化高场核磁共振波谱分析系统的要求,相应的太赫兹辐射源主要性能指标需要满足表7.2的要求。工作频率能够在一定范围内连续可调的太赫兹辐射源能够更好地满足动态核极化核磁共振波谱分析的需要,可以通过调节驱动电磁波工作频率的方式代替磁场调节,从而最大限度提高动态核极化核磁共振波谱的灵敏度[11]。

表7.2 动态核极化高场核磁共振波谱系统对太赫兹辐射源的性能指标要求

性能指标	取值
工作频率/GHz	$\approx 28B_0$
输出功率/W	≥20
功率稳定度/%	±0.5
频率稳定度/MHz	<2
连续波工作时间/h	>36
寿命/h	>50000
稳压/%	0.1
稳流/%	1
输出模式纯度/%	>90

从目前国内外研究现状来看,太赫兹辐射源主要有三类,分别是半导体太赫兹辐射源、光子学太赫兹辐射源和真空电子学太赫兹辐射源。室温工作的半导体固态倍频源的频率最高覆盖到2.75THz,在2.67THz时最大输出功率为4μW,在140GHz时最大输出功率为数百毫瓦,300GHz时输出功率仅为几毫瓦。低温工作的半导体量子级联激光器工作频率在2THz以上,最高功率在百毫瓦级。在光子学太赫兹辐射源中,基于光泵浦的远红外激光在0.16~7.5THz有一系列离散的工作频率点,在2.5THz时最大输出功率为1.2W,到600GHz时输出功率仅为毫瓦量级;超短脉冲的光电导效应或光整流产生太赫兹波的脉冲功率可达兆瓦级,单脉冲能量为微焦级;光学差频(difference frequency generation,DFG)及参量振荡器(terahertz frequency generator,TPG/terahertz parametric oscillator,TPO)可在0.3~3THz实现调谐,在2THz频点附近脉冲功率达到了千瓦级,平均功率为毫瓦量级。光子学太赫兹辐射源优势在于可调谐、常温工作,但是能量转换效率较低。传统电真空器件的互作用腔体尺寸共度于工作波长,工作在太赫兹频段时腔体的加工和散热都很困难,同时由于电子轰击和高热负载,慢波结构寿命会缩短。电子

学太赫兹辐射源中的返波管已经在实验室系统中得到重要应用，最高工作频率可达2.1THz，其连续波功率在毫瓦量级。扩展互作用振荡器工作在140GHz时连续波输出功率可以达到25W，到220GHz时，输出功率为瓦级，280GHz时输出功率仅为0.3W。基于相对论电子束实现高功率太赫兹辐射是一种重要的技术手段，如自由电子激光、超短脉冲电子束产生相干太赫兹辐射及基于强激光激发等离子体产生太赫兹辐射等，其脉冲功率达到千瓦甚至兆瓦级，平均功率可达瓦级，由于整个系统需采用 MeV 量级的电子束或超短脉冲强激光来驱动，体积非常庞大，能量转换效率低，且难以做成实用器件。图 7.11 为太赫兹辐射源的发展现状，不难看出，回旋管是目前唯一能满足太赫兹波驱动动态核极化核磁共振波谱系统的太赫兹辐射源。

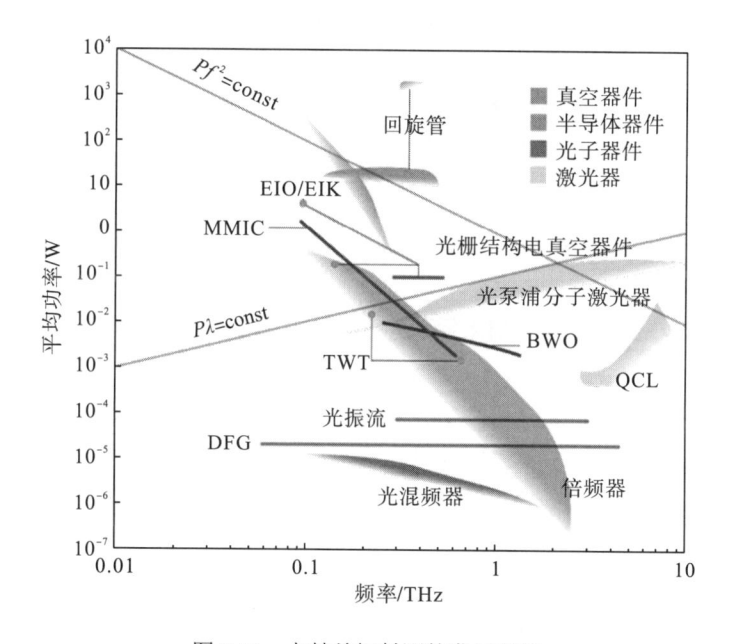

图 7.11 太赫兹辐射源的发展现状

MMIC (monolithic microwave integrated circuit) 为微波集成电路；TWT (traveling-wave tube) 为行波管；BWO (backward-wave oscillator) 为返波管；EIO (extended interaction oscillator)/EIK (extended interaction klystron) 为扩展互作用振荡器/放大器；QCL (quantum cascade laser) 为量子级联激光器；DFG 为光学差频；Pf^2 为功率乘以频率平方；$P\lambda$ 为功率乘以波长

太赫兹波驱动的动态核极化核磁共振波谱系统如图 7.12 所示，通常由太赫兹回旋管、传输线和核磁共振谱仪三部分组成。太赫兹回旋管需要超导磁体提供工作磁场，核磁共振谱仪同样需要超导磁体提供工作磁场。为了避免回旋管工作磁场对核磁共振波谱信号的干扰，两个超导磁体的 5 高斯线 (5 Gauss line) 不能交叠，太赫兹回旋管和核磁共振谱仪需要保持适当的距离，因此，需要一段低损耗、高模式纯度的传输线将太赫兹波从太赫兹回旋管传输至核磁共振谱仪中样品的位置。

1992 年，Becerra 等首次将 140GHz、连续波功率 20W 的回旋管用于 DNP NMR 实验。该回旋管工作模式为 TE_{031} 模，工作电压为 42kV，工作电流为 10~100mA，连续波工作时输出功率为 20W，脉冲工作时输出功率为 200W。工作模式 TE_{03} 模经过一个内置模式转换器转换为 TE_{01} 模后，通过一个斜面弯头经输出窗输出。WR-8 波导用于将回旋管输出场传输至核磁共振谱仪的样品处。在该 DNP NMR 实验系统中，实现了 BDPA 苯自由基络合物掺杂的聚苯乙烯中 ^{1}H 信号的 10 倍增强和 ^{13}C 的 40 倍增强。

图 7.12　太赫兹波增强核磁共振波谱系统

2000 年，在 140GHz DNP NMR 系统基础上，美国麻省理工学院开始了 250GHz DNP NMR 系统的研制，该系统如图 7.13 所示。该 250GHz 回旋管工作电压为 12kV，工作电流为 35mA，工作模式为 TE_{032} 模。20K 时，在该 DNP NMR 实验系统中，实现了甘氨酸-1-^{13}C 中 ^{1}H 信号的 170 倍增强。在该回旋管中，采用内置准光模式变换器将回旋管工作模式转换为线极化高斯波束，采用低损耗过模波纹波导将回旋管输出场传输至 380MHz 核磁共振谱仪中。

图 7.13　MIT 250GHz DNP NMR 系统

2009 年，瑞士布鲁克公司开发出第一套商用的 263GHz/400MHz DNP NMR 系统，该系统如图 7.14 所示。该系统中回旋管采用单阳极电子枪，工作电压为 11～15kV，工作电流为 20~100mA，工作磁场为 9.7T，工作模式为 TE$_{031}$ 模。平均阴极半径为 5mm，电流发射密度小于 1A/cm^2，电子注的横向速度离散优于 1%。当工作电压为 15kV，工作电流为 30mA 时，回旋管输出功率为 50W，输出效率为 11%。该回旋管采用内置的 Valsov 型准光模式变换器，将工作模式 TE$_{03}$ 模转换为线极化的高斯波束。采用厚度为 0.93mm、孔径为 25.4mm 蓝宝石作为回旋管的输出窗。

目前布鲁克最高频率的商用 DNP NMR 系统为 527GHz/800MHz DNP NMR 系统，如图 7.15 所示。为了降低回旋管工作磁感应强度，该系统中的回旋管采用二次回旋谐波工作方式。回旋管工作模式为 TE$_{11,2,1}$ 模，采用单阳极电子枪。当工作电压为 16.65kV，工作电流为 110mA，工作磁场为 9.7T 时，工作频率为 527.2GHz，频率调谐带宽为 0.4GHz，

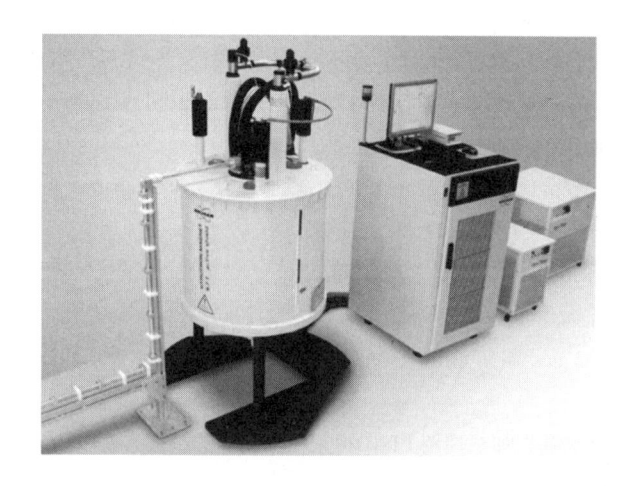

图 7.14　布鲁克 263GHz/400MHz 商用 DNP NMR 系统中的回旋管

图 7.15　布鲁克 527GHz/800MHz 商用 DNP NMR 系统中的回旋管

输出功率为 9.3W，输出效率约 0.5%。采用内置 Valsov 型准光模式变换器将 $TE_{11,2}$ 模转换为线极化高斯波束[12]。

参 考 文 献

[1] 邱励俭. 聚变能及其应用[M]. 北京: 科学出版社, 2008.

[2] Omori T, Henderson M A, Albajar F, et al. Overview of the ITER EC H&CD system and its capabilities[J]. Fusion Engineering and Design, 2011, 86(6/7/8): 951-954.

[3] Carannante G, Cavinato M, Gandini F, et al. User requirements and conceptual design of the ITER electron cyclotron control system[J]. Fusion Engineering and Design, 2015, 96/97: 420-424.

[4] Lennholm M, Giruzzi G, Parkin A, et al. ECRH for JET: A feasibility study[J]. Fusion Engineering and Design, 2011, 86(6/7/8): 805-809.

[5] Darbos C, Magne R, Arnold A, et al. The 118-GHz electron cyclotron heating system on tore supra[J]. Fusion Science and Technology, 2009, 56(3): 1205-1218.

[6] Cengher M, Brambila R, Chen X, et al. DIII-D electron cyclotron heating and current drive system status and plans[J]. IEEE Transactions on Plasma Science, 2022, 50(11): 4069-4073.

[7] Pucella G, Alessi E, Almaviva S, et al. Overview of the FTU results[J]. Nuclear Fusion, 2022, 62(4): 042004.

[8] 李彦龙. EAST 离子回旋共振加热控制 ELM 相关物理机制的模拟研究[D]. 合肥: 中国科学技术大学, 2022.

[9] 张超. CFETR 电子回旋加热系统发射技术研究[D]. 合肥: 中国科学技术大学, 2021.

[10] 俎栋林, 高家红. 核磁共振成像: 生理参数测量原理和医学应用[M]. 北京: 北京大学出版社, 2014.

[11] Nanni E A, Barnes A B, Griffin R G, et al. THz dynamic nuclear polarization NMR[J]. IEEE Transactions on Terahertz Science and Technology, 2011, 1(1): 145-163.

[12] Jawla S K, Griffin R G, Mastovsky I A, et al. Second harmonic 527-GHz gyrotron for DNP-NMR: Design and experimental results[J]. IEEE Transactions on Electron Devices, 2020, 67(1): 328-334.

附 录

A1 部分物理常数

常用名称	符号	数值
真空中的光速	c	299792458 ± 1.2 m/s $\approx 3\times 10^8$ m/s
真空介电常数	ε_0	$1/(4\pi c^2)\times 10^7$ F/m $\approx 8.854187818\times 10^{-12}$ F/m
真空磁导率	μ_0	$4\pi\times 10^{-7}$ H/m
真空波阻抗	η_0	$4\pi c\times 10^{-7}\Omega \approx 120\pi\Omega$
电子电荷	e_0	$1.6021766208\times 10^{-19}$ C
电子静质量	m_e	$9.10938356\times 10^{-31}$ kg
电子荷质比	e_0/m_e	$1.758820024\times 10^{11}$ C/kg
经典电子半径	R_e	$2.8179403227\times 10^{-15}$ m
质子静质量	m_p	$1.672621898\times 10^{-27}$ kg
玻尔兹曼常数	k	1.3806488×10^{-23} J/K
普朗克常数	h	$6.62606957\times 10^{-34}$ J·s
电子磁旋比	γ_e	$1.760859644\times 10^{11}$ rad/T·s
质子磁旋比	γ_p	2.675221900×10^8

A2 中国法定计量单位制——国际单位制(SI)

表 A2.1 国际单位制的部分基本单位

量的名称	单位名称	单位符号
长度	米	m
质量	千克(公斤)	kg
时间	秒	s
电流	安[培]	A

表 A2.2 国际单位制的部分辅助单位

量的名称	单位名称	单位符号
[平面]角	弧度	rad
立体角	球面度	sr

表 A2.3　国际单位制的导出单位

量的名称	单位名称	单位符号	用 SI 基本单位和导出单位表示
频率	赫[兹]	Hz	s^{-1}
力	牛[顿]	N	$kg \cdot m/s^2$
能[量]；功；热量	焦[耳]	J	$N \cdot m$
功率	瓦[特]	W	J/s
电荷[量]	库[仑]	C	$A \cdot s$
电位；电压；电动势	伏[特]	V	W/A
电场强度	伏[特]/米	V/m	
电感应强度(电位移)；极化强度	库[仑]/米^2	C/m^2	
磁通[量]	韦[伯]	Wb	$V \cdot s$
磁感应强度；磁通[量]密度	特[斯拉]	T	Wb/m^2
磁场强度；磁化强度	安[培]/米	A/m	
电阻	欧[姆]	Ω	V/A
电导	西[门子]	S	A/V
电容	法[拉]	F	C/V
电感	亨[利]	H	Wb/A
电容率；介电常数	法[拉]/米	F/m	
磁导率	亨[利]/米	H/m	

表 A2.4　我国选定的非国际单位制单位

量的名称	单位名称	单位符号	换算单位
时间	分 [小]时 天(日)	min h d	1min=60s 1h=60min=3600s 1d=24h=86400s
[平面]角	[角]秒 [角]分 度	(″) (′) (°)	1″=(π/648000) rad 1′=60″=(π/10800) rad 1°=60′=(π/180) rad
旋转速度	转每分	r/min	1r/min = (1/60) s^{-1}
质量	吨 原子质量单位	t u	1t=10^3kg 1u≈1.660538782(83)×10^{-27}kg
体积	升	L(l)	1L=1dm^3=10^{-3}m^3
能	电子伏	eV	1eV=1.602176487(40)×10^{-19}J
级差	分贝	dB	

表 A2.5　用于构成十进倍数和分数单位的词头

所表示的因数	词头名称	SI 原名称	词头符号
10^{24}	尧[它]	Yotta	Y
10^{21}	泽[它]	Zetta	Z
10^{18}	艾[可萨]	Exa	E
10^{15}	拍[它]	Peta	P
10^{12}	太[拉]	tera	T
10^{9}	吉[咖]	giga	G
10^{6}	兆	mega	M
10^{3}	千	kilo	k
10^{2}	百	hecta	h
10^{1}	十	deca	da
10^{-1}	分	deci	d
10^{-2}	厘	centi	c
10^{-3}	毫	milli	m
10^{-6}	微	micro	μ
10^{-9}	纳[诺]	nano	n
10^{-12}	皮[可]	pico	p
10^{-15}	飞[母托]	femto	f
10^{-18}	阿[托]	atto	a
10^{-21}	仄[普托]	zepto	z
10^{-24}	幺[科托]	yocto	y

A3　高斯单位制与国际单位制的换算

表 A3.1　国际单位制与高斯单位制主要公式对照表

公式名称	国际单位制	高斯单位制
麦克斯韦方程组	$\nabla \times E = -\dfrac{\partial B}{\partial t}$ $\nabla \times H = \dfrac{\partial D}{\partial t} + J$ $\nabla \cdot D = \rho$ $\nabla \cdot B = 0$	$\nabla \times E = -\dfrac{1}{c}\dfrac{\partial B}{\partial t}$ $\nabla \times H = \dfrac{1}{c}\dfrac{\partial D}{\partial t} + \dfrac{4\pi}{c}J$ $\nabla \cdot D = 4\pi\rho$ $\nabla \cdot B = 0$
洛伦兹力	$F = q(E + v \times B)$	$F = q\left(E + \dfrac{1}{c}v \times B\right)$
本构方程	$D = \varepsilon_0 E + P = \varepsilon E$ $B = \mu_0(H + M) = \mu H$ $J = \gamma E$	$D = E + 4\pi P = \varepsilon E$ $B = H + 4\pi M = \mu H$ $J = \gamma E$

续表

公式名称	国际单位制	高斯单位制
媒质常数	$\varepsilon = \varepsilon_0(1+\chi_e)$ $\mu = \mu_0(1+\chi_m)$	$\varepsilon = 1+4\pi\chi_e$ $\mu = 1+4\pi\chi_m$
边界条件	$n \cdot (D_2 - D_1) = \sigma$ $n \times (E_2 - E_1) = 0$ $n \cdot (B_2 - B_1) = 0$ $n \times (H_2 - H_1) = \alpha$	$n \cdot (D_2 - D_1) = 4\pi\sigma$ $n \times (E_2 - E_1) = 0$ $n \cdot (B_2 - B_1) = 0$ $n \times (H_2 - H_1) = \dfrac{4\pi}{c}\alpha$
库仑定律及电位	$E = \dfrac{1}{4\pi\varepsilon}\int_V \dfrac{\rho}{r^2} r \mathrm{d}V'$ $\varphi = \dfrac{1}{4\pi\varepsilon}\int_V \dfrac{\rho}{r}\mathrm{d}V'$	$E = \dfrac{1}{\varepsilon}\int_V \dfrac{\rho}{r^2} r \mathrm{d}V'$ $\varphi = \dfrac{1}{\varepsilon}\int_V \dfrac{\rho}{r}\mathrm{d}V'$
泊松方程	$\nabla^2 \varphi = -\dfrac{\rho}{\varepsilon}$	$\nabla^2 \varphi = -4\pi\dfrac{\rho}{\varepsilon}$
比奥-萨瓦定律及矢量磁位	$B = \dfrac{\mu}{4\pi}\int_V \dfrac{J \times r}{r^2}\mathrm{d}V'$ $A = \dfrac{\mu}{4\pi}\int_V \dfrac{J}{r}\mathrm{d}V'$	$B = \dfrac{1}{c}\int_V \dfrac{J \times r}{r^2}\mathrm{d}V'$ $A = \dfrac{1}{c}\int_V \dfrac{J}{r}\mathrm{d}V'$
矢量泊松方程	$\nabla^2 A = -\mu J$	$\nabla^2 A = -\dfrac{4\pi}{c}J$
场与位的关系	$B = \nabla \times A$ $E = -\dfrac{\partial A}{\partial t} - \nabla\varphi$	$B = \nabla \times A$ $E = -\dfrac{1}{c}\dfrac{\partial A}{\partial t} - \nabla\varphi$
洛伦兹条件	$\nabla \cdot A + \varepsilon\mu\dfrac{\partial \varphi}{\partial t} = 0$	$\nabla \cdot A + \dfrac{\varepsilon\mu}{c}\dfrac{\partial \varphi}{\partial t} = 0$
能量密度	$w = \dfrac{1}{2}(E \cdot D + B \cdot H)$	$w = \dfrac{1}{8\pi}(E \cdot D + B \cdot H)$
能流密度	$P = E \times H$	$P = \dfrac{c}{4\pi}E \times H$
无源波动方程	$\nabla^2 E - \gamma\mu\dfrac{\partial E}{\partial t} - \varepsilon\mu\dfrac{\partial^2 E}{\partial t^2} = 0$ $\nabla^2 H - \gamma\mu\dfrac{\partial H}{\partial t} - \varepsilon\mu\dfrac{\partial^2 H}{\partial t^2} = 0$	$\nabla^2 E - \dfrac{4\pi}{c^2}\gamma\mu\dfrac{\partial E}{\partial t} - \dfrac{\varepsilon\mu}{c^2}\dfrac{\partial^2 E}{\partial t^2} = 0$ $\nabla^2 H - \dfrac{4\pi}{c^2}\gamma\mu\dfrac{\partial H}{\partial t} - \dfrac{\varepsilon\mu}{c^2}\dfrac{\partial^2 H}{\partial t^2} = 0$
达朗伯方程	$\nabla^2 A - \varepsilon\mu\dfrac{\partial^2 A}{\partial t^2} = -\mu J$ $\nabla^2 \varphi - \varepsilon\mu\dfrac{\partial^2 \varphi}{\partial t^2} = -\dfrac{\rho}{\varepsilon}$	$\nabla^2 A - \dfrac{\varepsilon\mu}{c^2}\dfrac{\partial^2 A}{\partial t^2} = -\dfrac{4\pi}{c}\mu J$ $\nabla^2 \varphi - \dfrac{\varepsilon\mu}{c^2}\dfrac{\partial^2 \varphi}{\partial t^2} = -\dfrac{4\pi\rho}{\varepsilon}$
滞后位	$\varphi = \dfrac{1}{4\pi\varepsilon}\int_V \dfrac{\rho\left(t - \dfrac{r}{c}\right)}{r}\mathrm{d}V'$ $A = \dfrac{\mu}{4\pi}\int_V \dfrac{J\left(t - \dfrac{r}{c}\right)}{r}\mathrm{d}V'$	$\varphi = \int_V \dfrac{\rho\left(t - \dfrac{r}{c}\right)}{r}\mathrm{d}V'$ $A = \int_V \dfrac{J\left(t - \dfrac{r}{c}\right)}{r}\mathrm{d}V'$

表 A3.2 高斯制单位与国际制单位换算表

量的名称	高斯制单位	换算倍数	国际制单位
长度	厘米，cm	10^{-2}	米，m
质量	克，g	10^{-3}	千克（公斤），kg
时间	秒，s	1	秒，s
频率	赫[兹]，Hz	1	赫[兹]，Hz
力，重力	达因，dyn	10^{-5}	牛[顿]，N
能量，功	尔格，erg	10^{-7}	焦[耳]，J
功率	尔格/秒，erg/s	10^{-7}	瓦[特]，W
电荷量	静[电]库[仑]	$\frac{1}{3} \times 10^{-9}$	库[仑]，C
电流	静[电]安[培]	$\frac{1}{3} \times 10^{-9}$	安[培]，A
电位；电压；电动热	静[电]伏[特]	3×10^{2}	伏[特]，V
电场强度	静[电]伏[特]/厘米	3×10^{4}	伏[特]/米，V/m
电感应强度（电位移）	静[电]伏[特]/厘米^2	$\frac{1}{12\pi} \times 10^{-5}$	库[仑]/米^2，C/m^2
极化强度	静[电]库[仑]/厘米^2	$\frac{1}{3} \times 10^{-5}$	库[仑]/米^2，C/m^2
磁通量	高[斯]·厘米^2=麦[克斯韦]	10^{-8}	韦[伯]，Wb
磁感应强度，磁通密度	高[斯]	10^{-4}	特[斯拉]，T
磁场强度	奥[斯特]	$\frac{1}{4\pi} \times 10^{3}$	安[培]/米，A/m
磁化强度	高[斯]，奥[斯特]	10^{3}	安[培]/米，A/m
电阻	秒/厘米	9×10^{11}	欧[姆]，Ω
电导	厘米/秒	$\frac{1}{9} \times 10^{-11}$	西[门子]，S
电容	厘米	$\frac{1}{9} \times 10^{-11}$	法[拉]，F
电感	厘米	10^{-9}	亨[利]，H

A4　矢量微分运算在正交坐标系中的展开式

A4.1　直角坐标(x, y, z)

$$\nabla \varphi = \frac{\partial \varphi}{\partial x} e_x + \frac{\partial \varphi}{\partial y} e_y + \frac{\partial \varphi}{\partial z} e_z$$

$$\nabla \cdot A = \frac{\partial A_x}{\partial x} + \frac{\partial A_y}{\partial y} + \frac{\partial A_z}{\partial z}$$

$$\nabla \times A = \left(\frac{\partial A_z}{\partial y} - \frac{\partial A_y}{\partial z}\right)e_x + \left(\frac{\partial A_x}{\partial z} - \frac{\partial A_z}{\partial x}\right)e_y + \left(\frac{\partial A_y}{\partial x} - \frac{\partial A_x}{\partial y}\right)e_z$$

$$\nabla^2 \varphi = \frac{\partial^2 \varphi}{\partial x^2} + \frac{\partial^2 \varphi}{\partial y^2} + \frac{\partial^2 \varphi}{\partial z^2}$$

$$\nabla^2 A = \nabla^2 A_x e_x + \nabla^2 A_y e_y + \nabla^2 A_z e_z$$

A4.2　圆柱坐标(r, θ, z)

$$\nabla \varphi = \frac{\partial \varphi}{\partial r}e_r + \frac{1}{r}\frac{\partial \varphi}{\partial \theta}e_\theta + \frac{\partial \varphi}{\partial z}e_z$$

$$\nabla \cdot A = \frac{1}{r}\frac{\partial}{\partial r}(rA_r) + \frac{1}{r}\frac{\partial A_\theta}{\partial \theta} + \frac{\partial A_z}{\partial z}$$

$$\nabla \times A = \left(\frac{1}{r}\frac{\partial A_z}{\partial \theta} - \frac{\partial A_\theta}{\partial z}\right)e_r + \left(\frac{\partial A_r}{\partial z} - \frac{\partial A_z}{\partial r}\right)e_\theta + \left[\frac{1}{r}\frac{\partial}{\partial r}(rA_\theta) - \frac{1}{r}\frac{\partial A_r}{\partial \theta}\right]e_z$$

$$\nabla^2 \varphi = \frac{1}{r}\frac{\partial}{\partial r}\left(r\frac{\partial \varphi}{\partial r}\right) + \frac{1}{r^2}\frac{\partial^2 \varphi}{\partial \theta^2} + \frac{\partial^2 \varphi}{\partial z^2}$$

$$\nabla^2 A = \left(\nabla^2 A_r - \frac{2}{r^2}\frac{\partial A_\theta}{\partial z} - \frac{\partial A_r}{r^2}\right)e_r + \left(\nabla^2 A_\theta + \frac{2}{r^2}\frac{\partial A_r}{\partial \theta} - \frac{\partial A_\theta}{r^2}\right)e_\theta + \nabla^2 A_z e_z$$

A4.3　球坐标(r, θ, ϕ)

$$\nabla \varphi = \frac{\partial \varphi}{\partial r}e_r + \frac{1}{r}\frac{\partial \varphi}{\partial \theta}e_\theta + \frac{1}{r\sin\theta}\frac{\partial \varphi}{\partial \phi}e_\phi$$

$$\nabla \cdot A = \frac{1}{r^2}\frac{\partial}{\partial r}(r^2 A_r) + \frac{1}{r\sin\theta}\frac{\partial}{\partial \theta}(\sin\theta A_\theta) + \frac{1}{r\sin\theta}\frac{\partial A_\phi}{\partial \phi}$$

$$\nabla \times A = \frac{1}{r\sin\theta}\left[\frac{\partial}{\partial \theta}(\sin\theta A_\phi) - \frac{\partial A_\theta}{\partial \phi}\right]e_r + \frac{1}{r}\left[\frac{1}{\sin\theta}\frac{\partial A_r}{\partial \phi} - \frac{\partial}{\partial r}(rA_\phi)\right]e_\theta + \frac{1}{r}\left[\frac{\partial}{\partial r}(rA_\theta) - \frac{\partial A_r}{\partial \theta}\right]e_\phi$$

$$\nabla^2 \varphi = \frac{1}{r^2}\frac{\partial}{\partial r}\left(r^2 \frac{\partial \varphi}{\partial r}\right) + \frac{1}{r^2 \sin\theta}\frac{\partial}{\partial \theta}\left(\sin\theta \frac{\partial \varphi}{\partial \theta}\right) + \frac{1}{r^2 \sin^2\theta}\frac{\partial^2 \varphi}{\partial \phi^2}$$

$$\nabla^2 A = \left[\nabla^2 A_r - \frac{2}{r^2}\left(A_r + \cot\theta A_\theta + \csc\theta \frac{\partial A_\phi}{\partial \phi} + \frac{\partial A_\theta}{\partial \theta}\right)\right]e_r$$

$$+ \left[\nabla^2 A_\theta - \frac{1}{r^2}\left(\csc^2\theta A_\theta - 2\frac{\partial A_r}{\partial \theta} + 2\cot\theta \csc\theta \frac{\partial A_\phi}{\partial \phi}\right)\right]e_\theta$$

$$+ \left[\nabla^2 A_\phi - \frac{1}{r^2}\left(\csc^2\theta A_\phi - 2\csc\theta \frac{\partial A_r}{\partial \phi} - 2\cot\theta \csc\theta \frac{\partial A_\theta}{\partial \phi}\right)\right]e_\phi$$

A5　矢量恒等式

A5.1　矢量代数恒等式

$$A \cdot B = B \cdot A$$
$$A \times B = -B \times A$$
$$A \cdot (B \times C) = B \cdot (C \times A) = C \cdot (A \times B)$$
$$A \times (B \times C) = (A \cdot C)B - (A \cdot B)C$$
$$(A \times B) \cdot (C \times D) = (A \cdot C)(B \cdot D) - (A \cdot D)(B \cdot C)$$

A5.2　矢量微分恒等式

$$\nabla(\varphi + \psi) = \nabla\varphi + \nabla\psi$$
$$\nabla(\varphi\psi) = \varphi\nabla\psi + \psi\nabla\varphi$$
$$\nabla(A \cdot B) = (A \cdot \nabla)B + (B \cdot \nabla)A + A \times (\nabla \times B) + B \times (\nabla \times A)$$
$$\nabla \cdot (A + B) = \nabla \cdot A + \nabla \cdot B$$
$$\nabla \cdot (\varphi A) = A \cdot \nabla\varphi + \varphi\nabla \cdot A$$
$$\nabla \cdot (A \times B) = B \cdot (\nabla \times A) - A \cdot (\nabla \times B)$$
$$\nabla \times (A + B) = \nabla \times A + \nabla \times B$$
$$\nabla \times (\varphi A) = \nabla\varphi \times A + \varphi\nabla \times A$$
$$\nabla \times (A \times B) = A(\nabla \cdot B) - B(\nabla \cdot A) + (B \cdot \nabla)A - (A \cdot \nabla)B$$
$$\nabla \cdot \nabla\varphi = \nabla^2\varphi$$
$$\nabla \times \nabla\varphi = 0$$
$$\nabla \cdot \nabla \times A = 0$$
$$\nabla \times \nabla \times A = \nabla(\nabla \cdot A) - \nabla^2 A$$

A5.3　矢量积分恒等式

$$\int_V \nabla \cdot A \, dV = \oint_S A \cdot dS \text{（奥-高公式）}$$
$$\int_S \nabla \times A \cdot dS = \oint_l A \cdot dl \text{（斯托克斯公式）}$$
$$\int_V \nabla\varphi \, dV = \oint_S \varphi \, dS$$
$$\int_V (\nabla \times A) \, dV = \oint_S dS \times A$$
$$\int_S dS \times \nabla\varphi = \oint_l \varphi \, dl$$

A5.4　格林第一恒等式

$$\int_V \left(\varphi \nabla^2 \psi + \nabla \varphi \cdot \nabla \psi \right) \mathrm{d}V = \oint_S \varphi \nabla \psi \cdot \mathrm{d}S \quad (\text{三维})$$

$$\int_S \left(\varphi \nabla_T^2 \psi + \nabla_T \varphi \cdot \nabla_T \psi \right) \mathrm{d}S = \oint_l \varphi \nabla_T \psi \cdot e_n \mathrm{d}l \quad (\text{二维})$$

A5.5　格林第二恒等式

$$\int_V \left(\psi \nabla^2 \varphi - \varphi \nabla^2 \psi \right) \mathrm{d}V = \oint_S \left(\psi \nabla \varphi - \varphi \nabla \psi \right) \cdot \mathrm{d}S \quad (\text{三维})$$

$$\int_S \left(\psi \nabla_T^2 \varphi - \varphi \nabla_T^2 \psi \right) \mathrm{d}S = \oint_l \left(\psi \nabla_T \varphi - \varphi \nabla_T \psi \right) \cdot e_n \mathrm{d}l \quad (\text{二维})$$

$$\int_S \nabla_T f \cdot A \mathrm{d}S = -\int_S f \nabla_T \cdot A \mathrm{d}S + \oint_C f (A \cdot e_n) \mathrm{d}l$$

$$\int_S (\nabla_T \nabla_T \cdot A) \cdot B \mathrm{d}S = \int_S A \cdot (\nabla_T \nabla_T \cdot B) \mathrm{d}S + \oint_C (\nabla_T \cdot A)(B \cdot e_n) - \oint_C (A \cdot e_n)(\nabla_T \cdot B) \mathrm{d}l$$

A5.6　矢径的微分公式

设 $r = x - x'$，由 x' 指向 x 的矢径为

$$r = |r| = |x - x'| = \sqrt{(x-x')^2 + (y-y')^2 + (z-z')^2}$$

$$\nabla = \frac{\partial}{\partial x} e_x + \frac{\partial}{\partial y} e_y + \frac{\partial}{\partial z} e_z$$

$$\nabla' = \frac{\partial}{\partial x'} e_x + \frac{\partial}{\partial y'} e_y + \frac{\partial}{\partial z'} e_z$$

$$\nabla r = -\nabla' r = \frac{r}{r} = e_r$$

$$\nabla \frac{1}{r} = -\nabla' \frac{1}{r} = -\frac{r}{r^3} = -\frac{e_r}{r^2}$$

$$\nabla \cdot \frac{r}{r^3} = -\nabla' \cdot \frac{r}{r^3} = \delta(r)$$

$$\nabla^2 \frac{1}{r} = -\nabla'^2 \frac{1}{r} = \delta(r)$$

A6　圆柱函数常用公式

A6.1　贝塞尔函数和诺伊曼函数

贝塞尔方程：

$$x^2\frac{d^2y}{dx^2}+x\frac{dy}{dx}+(x^2-v^2)y=0$$

贝塞尔函数：

$$J_{\pm v}(x)=\sum_{m=0}^{\infty}\frac{(-1)^m}{m!\Gamma(\pm v+m+1)!}\left(\frac{x}{2}\right)^{\pm v+2m}$$

当 v 为整数，即 $v=n$ 时

$$J_{-n}(x)=(-1)^n J_n(x)$$

贝塞尔函数或第一类贝塞尔函数：

$$J_n(x)=\sum_{m=0}^{\infty}\frac{(-1)^m}{m!(m+n)!}\left(\frac{x}{2}\right)^{n+2m} \quad (n \text{ 为整数})$$

诺伊曼 (Neumann) 函数或第二类贝塞尔函数：

$$N_n(x)=\frac{J_n(x)\cos(n\pi)-J_{-n}(x)}{\sin(n\pi)}$$

A6.2 汉克尔函数

第一类汉克尔 (Hankel) 函数：

$$H_n^{(1)}(x)=J_n(x)+jN_n(x)$$

第二类汉克尔函数：

$$H_n^{(2)}(x)=J_n(x)-jN_n(x)$$

A6.3 变态贝塞尔函数

第一类变态贝塞尔函数：

$$I_v(x)=(-j)^v J_v(jx)$$

第二类变态贝塞尔函数：

$$K_v(x)=(j)^{v+1}\frac{\pi}{2}H_v^{(1)}(jx)=(j)^{v+1}\frac{\pi}{2}[J_v(jx)+jN_v(jx)]$$

A6.4 小自变量渐进式 ($x \to 0$)

$$\lim_{x\to 0}J_n(x)=\frac{1}{n!}\left(\frac{x}{2}\right)^n;\quad \lim_{x\to 0}J_0(x)=1-\frac{x^2}{4};\quad \lim_{x\to 0}J_1(x)=\frac{x}{2}-\frac{x^3}{16}$$

$$\lim_{x\to 0}N_n(x)=\frac{(n-1)!}{\pi}\left(\frac{x}{2}\right)^n,\quad n\neq 0;\quad \lim_{x\to 0}N_0(x)=\frac{2}{\pi}\ln\frac{\gamma x}{2}$$

$$\lim_{x\to 0}I_n(x)=\frac{1}{n!}\left(\frac{x}{2}\right)^n;\quad \lim_{x\to 0}I_0(x)=1+\frac{x^2}{4};\quad \lim_{x\to 0}I_1(x)=\frac{x}{2}+\frac{x^3}{16}$$

$$\lim_{x\to 0} K_n(x) = \frac{(n-1)!}{2}\left(\frac{x}{2}\right)^n, \quad n\neq 0; \quad \lim_{x\to 0} K_0(x) = \ln\frac{2}{\gamma x}$$

式中，γ 是欧拉常数，$\ln\gamma = \lim_{n\to\infty}\left(\sum_{m=1}^{n}\frac{1}{m} - \ln n\right) = 0.577\cdots$，故 $\gamma = 1.781\cdots$。

A6.5 大自变量渐进式 ($x \to \infty$)

$$\lim_{x\to\infty} J_n(x) = \sqrt{\frac{2}{\pi x}}\cos\left(x - \frac{\pi}{4} - \frac{n\pi}{2}\right)$$

$$\lim_{x\to\infty} N_n(x) = \sqrt{\frac{2}{\pi x}}\sin\left(x - \frac{\pi}{4} - \frac{n\pi}{2}\right)$$

$$\lim_{x\to\infty} H_n^{(1)}(x) = \sqrt{\frac{2}{\pi x}}e^{j\left(x - \frac{\pi}{4} - \frac{n\pi}{2}\right)}$$

$$\lim_{x\to\infty} H_n^{(2)}(x) = \sqrt{\frac{2}{\pi x}}e^{-j\left(x - \frac{\pi}{4} - \frac{n\pi}{2}\right)}$$

$$\lim_{x\to\infty} I_n(x) = \frac{1}{\sqrt{2\pi x}}e^x$$

$$\lim_{x\to\infty} K_n(x) = \sqrt{\frac{\pi}{2x}}e^{-x}$$

A6.6 圆柱函数常用公式

以下公式中用 $Z_n(x)$ 代表 $J_n(x)$、$N_n(x)$、$H_n^{(1)}(x)$ 和 $H_n^{(2)}(x)$。

递推公式：

$$Z_{n-1}(x) + Z_{n+1}(x) = \frac{2n}{x}Z_n(x)$$

$$I_{n-1}(x) - I_{n+1}(x) = \frac{2n}{x}I_n(x)$$

$$K_{n-1}(x) - K_{n+1}(x) = -\frac{2n}{x}K_n(x)$$

微分公式：

$$xJ_n'(x) + nJ_n(x) = xJ_{n-1}(x)$$

$$xJ_n'(x) - nJ_n(x) = -xJ_{n+1}(x)$$

$$Z_{n-1}(x) - Z_{n+1}(x) = 2Z_n'(x)$$

$$I_{n-1}(x) + I_{n+1}(x) = 2I_n'(x)$$

$$K_{n-1}(x) + K_{n+1}(x) = -2K_n'(x)$$

$$Z_0'(x) = -Z_1(x)$$

$$I_0'(x) = I_1(x)$$

附　录

$$K_0'(x) = -K_1(x)$$

积分公式：

$$\int x^{n+1} Z_n(x) \mathrm{d}x = x^{n+1} Z_{n+1}(x)$$

$$\int x^{-n+1} Z_n(x) \mathrm{d}x = -x^{-n+1} Z_{n-1}(x)$$

$$\int x Z_n^2(kx) \mathrm{d}x = \frac{x^2}{2} \left[Z_n^2(kx) - Z_{n-1}(kx) Z_{n+1}(kx) \right]$$

其他公式：

$$Z_{-n}(x) = (-1)^n Z_n(x)$$
$$I_{-n}(x) = I_n(x)$$
$$K_{-n}(x) = K_n(x)$$

A6.7　洛默尔（Lommel）积分

$$\int_0^x J_\nu(kx) J_\nu(lx) x \mathrm{d}x = \frac{x}{k^2 - l^2} \left[k J_\nu(lx) J_{\nu+1}(kx) - l J_\nu(kx) J_{\nu+1}(lx) \right]$$

$$\int_0^x J_\nu(kx) J_\nu(lx) x \mathrm{d}x = \frac{x}{k^2 - l^2} \left[l J_{\nu-1}(lx) J_\nu(kx) - k J_{\nu-1}(kx) J_\nu(lx) \right]$$

$$\int_0^x J_\nu^2(kx) x \mathrm{d}x = \frac{x^2}{2} \left[J_\nu'^2(kx) + \left(1 - \frac{\nu^2}{k^2 x^2} \right) J_\nu^2(kx) \right]$$

A7　埃尔米特多项式

A7.1　埃尔米特多项式的母函数

由母函数 e^{2xt-t^2} 按照 t^n 展开来定义埃尔米特多项式：

$$\mathrm{e}^{2xt-t^2} = \sum_{k=0}^{\infty} H_n(x) \frac{t^n}{n!} \quad (0 \leqslant n < \infty)$$

A7.2　埃尔米特多项式的表达式

$$H_n(x) = (-1)^n \mathrm{e}^{x^2} \frac{\mathrm{d}^n}{\mathrm{d}x^n} \mathrm{e}^{-x^2} = \sum_{k=0}^{[n/2]} \frac{(-1)^k n!}{k!(n-2k)!} (2x)^{n-2k}$$

$$H_0(x) = 1$$
$$H_1(x) = 2x$$
$$H_2(x) = 4x^2 - 2$$
$$H_3(x) = 8x^3 - 12x$$

$$H_4(x) = 16x^4 - 48x^2 + 12$$
$$H_5(x) = 32x^5 - 160x^3 + 120x$$

……

$$H_{2m}(x) = \frac{(-1)^m}{m!}(2m)!\,_1F_1\left(-m;\frac{1}{2};x^2\right)$$

$$H_{2m+1}(x) = \frac{(-1)^m}{m!}(2m+1)!\,2x\,_1F_1\left(-m;\frac{3}{2};x^2\right)$$

其中，$_1F_1$ 为库默尔函数。库默尔函数又称合流超几何函数，其级数表达形式为

$$_1F_1(\alpha;\gamma;z) = \frac{\Gamma(\gamma)}{\Gamma(\alpha)}\sum_{n=0}^{\infty}\frac{\Gamma(n+\alpha)}{\Gamma(n+\gamma)}\frac{z^n}{n!} \quad (\gamma \neq 0,-1,-2,\cdots)$$

A7.3 埃尔米特多项式的渐近表达式

$$H_n(x) \approx 2^{\frac{n+1}{2}} n^{\frac{n}{2}} e^{-\frac{n}{2}+\frac{x^2}{2}} \cos\left(\sqrt{2n+1}\,x - \frac{n\pi}{2}\right) \quad (n\to\infty，对于任意有限的 x 值)$$

$$H_{2m}(x) = (-1)^m 2^m (2m-1)!!\,e^{\frac{x^2}{2}}\left[\cos\sqrt{4m+1}\,x + O\left(\frac{1}{\sqrt[4]{m}}\right)\right]$$

$$H_{2m+1}(x) = (-1)^m 2^{m+\frac{1}{2}}(2m-1)!!\sqrt{2m+1}\,e^{\frac{x^2}{2}}\left[\sin\sqrt{4m+3}\,x + O\left(\frac{1}{\sqrt[4]{m}}\right)\right]$$

$$\lim_{m\to\infty}\left[\frac{(-1)^m \sqrt{m}}{2^{2m}\cdot m!}H_{2m}\left(\frac{x}{2\sqrt{m}}\right)\right] = \frac{1}{\sqrt{\pi}}\cos x$$

$$\lim_{m\to\infty}\left[\frac{(-1)^m}{2^{2m+1}\cdot m!}H_{2m+1}\left(\frac{x}{2\sqrt{m}}\right)\right] = \frac{2}{\sqrt{\pi}}\sin x$$

A7.4 埃尔米特多项式的正交性

$$\int_{-\infty}^{+\infty} H_m(x)H_n(x)e^{-x^2}\,dx = \begin{cases} 0 & (m \neq n) \\ 2^n n!\sqrt{\pi} & (m = n) \end{cases}$$

A7.5 埃尔米特多项式的递推公式

$$H_{n+1}(x) = 2xH_n(x) - 2nH_{n-1}(x)$$
$$H_n'(x) = 2nH_{n-1}(x)$$
$$H_n(-x) = (-1)^n H_n(x)$$

A8 椭圆积分

A8.1 椭圆积分的定义

形如

$$\int R(x,y)\mathrm{d}x$$

其中，R 是 x,y 的有理函数；$y^2=P(x)$ 是 x 的三次或四次多项式的积分，称为椭圆积分。椭圆积分可以化为一些能用初等函数表示的积分。

A8.2 勒让德椭圆积分

$$F(k,\varphi) = \int_0^{\sin\varphi} \frac{\mathrm{d}x}{\sqrt{(1-x^2)(1-k^2x^2)}} = \int_0^{\varphi} \frac{\mathrm{d}\phi}{\sqrt{(1-k^2\sin^2\phi)}}$$

$$E(k,\varphi) = \int_0^{\sin\varphi} \sqrt{\frac{1-k^2x^2}{1-x^2}}\mathrm{d}x = \int_0^{\varphi} \sqrt{1-k^2\sin^2\phi}\,\mathrm{d}\phi$$

$$\Pi(h,k,\varphi) = \int_0^{\sin\varphi} \frac{\mathrm{d}x}{(1+hx^2)\sqrt{(1-x^2)(1-k^2x^2)}} = \int_0^{\varphi} \frac{\mathrm{d}\phi}{(1+h\sin^2\phi)\sqrt{(1-k^2\sin^2\phi)}}$$

这三个积分分别称为勒让德第一类、第二类和第三类椭圆积分。其中，k 为这些积分的模数；$k'=\sqrt{1-k^2}$，为补模数；h 为第三类积分的参数。

A8.3 外尔斯特拉斯椭圆积分

$$I_1 = \int \frac{\mathrm{d}x}{\sqrt{4x^3-g_2x-g_3}}$$

$$I_2 = \int \frac{x\mathrm{d}x}{\sqrt{4x^3-g_2x-g_3}}$$

$$I_3 = \int \frac{\mathrm{d}x}{(x-c)\sqrt{4x^3-g_2x-g_3}}$$

这三个积分分别称为外尔斯特拉斯第一类、第二类和第三类椭圆积分。

A8.4 完全椭圆积分

$$K = K(k) = F\left(k, \frac{\pi}{2}\right) = \int_0^1 \frac{\mathrm{d}x}{\sqrt{(1-x^2)(1-k^2x^2)}} = \int_0^{\frac{\pi}{2}} \frac{\mathrm{d}\phi}{\sqrt{1-k^2\sin^2\phi}}$$

$$E = E(k) = E\left(k, \frac{\pi}{2}\right) = \int_0^1 \sqrt{\frac{1-k^2x^2}{1-x^2}} \mathrm{d}x = \int_0^{\frac{\pi}{2}} \sqrt{1-k^2\sin^2\phi}\,\mathrm{d}\phi$$

$$\Pi(h,k) = \int_0^1 \frac{\mathrm{d}x}{(1+hx^2)\sqrt{(1-x^2)(1-k^2x^2)}} = \int_0^{\frac{\pi}{2}} \frac{\mathrm{d}\phi}{(1+h\sin^2\phi)\sqrt{1-k^2\sin^2\phi}}$$

这三个积分分别称为第一类、第二类和第三类完全椭圆积分。

A8.5 椭圆积分的有关公式

$$F(k, n\pi \pm \varphi) = 2nK \pm F(k, \varphi) \quad (n\text{为整数})$$

$$E(k, n\pi \pm \varphi) = 2nE \pm E(k, \varphi) \quad (n\text{为整数})$$

$$\frac{\partial E(k, \varphi)}{\partial k} = \frac{E(k, \varphi) - K(k, \varphi)}{k}$$

$$\frac{\mathrm{d}E(k)}{\mathrm{d}k} = \frac{E(k) - K(k)}{k}$$

$$\frac{\mathrm{d}K(k)}{\mathrm{d}k} = \frac{E(k)}{k(1-k^2)} - \frac{K(k)}{k}$$

A9 标准矩形波导

波导型号 国际电工会议(IEC)	波导型号 中国国标	波导型号 美国EIA	主要频率范围 /GHz	截止频率 /MHz	结构尺寸/mm 标称宽度 a	结构尺寸/mm 标称高度 b	击穿功率(空气击穿场强为30kV/cm)
R3	BJ3	WR2300	0.32~0.49	256.58	584.2	292.1	759MW
R4	BJ4	WR2100	0.35~0.53	281.02	533.4	266.7	632.8MW
R5	BJ5	WR1800	0.41~0.62	327.86	457.2	228.6	464.9MW
R6	BJ6	WR1500	0.49~0.75	393.43	381.0	190.5	322.8MW
R8	BJ8	WR1150	0.64~0.98	513.17	292.0	146.0	189.6MW
R9	BJ9	WR975	0.76~1.15	605.27	247.6	123.8	136.3MW
R12	BJ12	WR770	0.96~1.46	766.42	195.6	97.8	85.09MW
R14	BJ14	WR650	1.14~1.73	907.91	165.0	82.5	60.55MW
R18	BJ18	WR510	1.45~2.20	1137.1	129.6	64.8	37.36MW
R22	BJ22	WR430	1.72~2.61	1372.4	109.2	54.6	26.52MW
R26	BJ26	WR340	2.17~3.30	1735.7	86.4	43.2	16.5MW
R32	BJ32	WR284	2.60~3.95	2077.9	72.14	34.04	10.92MW
R40	BJ40	WR229	3.22~4.90	2576.9	58.20	29.1	7.533MW
R48	BJ48	WR187	3.94~5.99	3152.4	47.55	22.15	4.685MW
R58	BJ58	WR159	4.64~7.05	3711.2	40.40	20.2	3.63MW
R70	BJ70	WR139	5.38~8.17	4301.2	34.85	15.8	2.449MW
R84	BJ84	WR112	6.57~9.99	5259.7	28.50	12.6	1.597MW
R100	BJ100	WR90	8.20~12.5	6557.1	22.86	10.16	1.033MW
R120	BJ120	WR75	9.84~15.0	7868.6	19.05	9.52	806.7kW
R140	BJ140	WR62	11.9~18.0	9487.7	15.80	7.9	555.2kW
R180	BJ180	WR51	14.5~22.0	11571	12.96	6.48	373.6kW
R220	BJ220	WR42	17.6~26.7	14051	10.67	4.32	205.0kW
R260	BJ260	WR34	21.7~33.0	17357	8.64	4.32	168.0kW
R320	BJ320	WR28	26.4~40.0	21077	7.112	3.556	112.5kW
R400	BJ400	WR22	32.9~50.1	26344	5.690	2.845	72.00kW
R500	BJ500	WR19	39.2~59.6	31392	4.775	2.388	50.72kW
R620	BJ620	WR15	49.8~75.8	39977	3.759	1.88	31.43kW
R740	BJ740	WR12	60.5~91.9	48369	3.099	1.549	21.35kW
R900	BJ900	WR10	73.8~112	59014	2.540	1.27	14.25kW
R1200	BJ1200	WR8	92.2~140	73768	2.032	1.016	9.183kW
R1400	BJ1400	WR7	114~173	90791	1.651	0.826	6.066kW
R1800	BJ1800	WR5	145~220	115750	1.295	0.648	3.733kW
R2200	BJ2200	WR4	172~261	137268	1.092	0.546	2.652kW
R2600	BJ2600	WR3	217~330	173491	0.864	0.432	1.660kW

击穿功率是频率为1.5倍截止频率时的数据,击穿功率为极限功率,实际传输功率为表中数字的1/3~1/5

A10　标准矩形波导法兰

国标	A 型			B 型			C 型	
	FAP	FAM	FAE	FBP	FBM	FBE	FCP	FCM
BJ3								
BJ4								
BJ5								
BJ6								
BJ8								
BJ9								
BJ12								
BJ14								
BJ18								
BJ22								
BJ26								
BJ32	FAP32	FAM32	FAE32					
BJ40	FAP40	FAM40	FAE40					
BJ48	FAP48	FAM48	FAE48					
BJ58	FAP58	FAM58	FAE58					
BJ70	FAP70	FAM70	FAE70					
BJ84				FBP84	FBM84	FBE84		
BJ100				FBP100	FBM100	FBE100		
BJ120				FBP120	FBM120	FBE120		
BJ140				FBP140	FBM140	FBE140		
BJ180				FBP180	FBM180	FBE180		
BJ220				FBP220	FBM220	FBE220	FCP220	FCM220
BJ260				FBP260	FBM260	FBE260	FCP260	FCM260
BJ320				FBP320	FBM320	FBE320	FCP320	FCM320
BJ400	FAP400	FAM400					FCP400	FCM400
BJ500	FAP500	FAM500					FCP500	FCM500
BJ620	FAP620	FAM620						
BJ740	FAP740	FAM740						
BJ900	FAP900	FAM900						
BJ1200								
BJ1400								
BJ1800								
BJ2200								
BJ2600								

附　录

续表

国标	D 型		E 型	LD 型		US 型	UG 型
	FDP	FDM	FEP	LFDP	LFDM	FUGP	
BJ3	FDP3	FDM3					
BJ4	FDP4	FDM4					
BJ5	FDP5	FDM5					
BJ6	FDP6	FDM6					
BJ8	FDP8	FDM8					
BJ9	FDP9	FDM9					
BJ12	FDP12	FDM12					
BJ14	FDP14	FDM14		LFDP14	LFDM14		UG-417B/U
BJ18	FDP18	FDM18		LFDP18	LFDM18		
BJ22	FDP22	FDM22		LFDP22	LFDM22		UG-435B/U
BJ26	FDP26	FDM26		LFDP26	LFDM26		
BJ32	FDP32	FDM32	FEP32	LFDP32	LFDM32		
BJ40	FDP40	FDM40	FEP40	LFDP40	LFDM40		
BJ48	FDP48	FDM48	FEP48	LFDP48	LFDM48		
BJ58	FDP58	FDM58	FEP58	LFDP58	LFDM58		
BJ70	FDP70	FDM70	FEP70	LFDP70	LFDM70		
BJ84	FDP84	FDM84	FEP84				
BJ100	FDP100	FDM100	FEP100				
BJ120	FDP120	FDM120					
BJ140	FDP140	FDM140					
BJ180	FDP180	FDM180					
BJ220							
BJ260							
BJ320							UG-599/U
BJ400						FUGP400	UG-383/U
BJ500						FUGP500	UG-383/U
BJ620						FUGP620	UG-385/U
BJ740						FUGP740	UG-387/U
BJ900						FUGP900	UG-387/U
BJ1200							UG-387/U
BJ1400							UG-387/U
BJ1800							UG-387/U
BJ2200							UG-387/U
BJ2600							UG-387/U

A11 标准圆波导

圆波导型号		频率范围/GHz		内截面		
国标	IEC 标准	TE_{11}	TE_{01}	基本直径/mm	直径偏差/±mm	椭圆率
BY3.3	C3.3	0.312～0.427	0.683～0.94	647.900	0.650	0.0010
BY4	C4	0.365～0.5	0.799～1.1	553.500	0.550	0.0010
BY4.5	C4.5	0.427～0.586	0.936～1.29	472.800	0.470	0.0010
BY5.3	C5.3	0.5～0.686	1.1～1.51	403.900	0.400	0.0010
BY6.2	C6.2	0.586～0.803	1.28～1.77	345.100	0.350	0.0010
BY7	C7	0.686～0.939	1.5～2.07	294.790	0.300	0.0010
BY8	C8	0.803～1.1	1.76～2.42	251.840	0.250	0.0010
BY10	C10	0.939～1.29	2.06～2.83	215.140	0.220	0.0010
BY12	C12	1.1～1.51	2.41～3.31	183.770	0.180	0.0010
BY14	C14	1.29～1.76	2.82～3.88	157.000	0.160	0.0010
BY16	C16	1.51～2.07	3.3～4.54	134.110	0.130	0.0010
BY18	C18	1.76～2.42	3.86～5.32	114.580	0.110	0.0010
BY22	C22	2.07～2.83	4.52～6.22	97.870	0.100	0.0010
BY25	C25	2.42～3.31	5.29～7.28	83.620	0.080	0.0010
BY30	C30	2.83～3.88	6.19～8.53	71.420	0.070	0.0010
BY35	C35	3.31～4.54	7.25～9.98	61.040	0.060	0.0010
BY40	C40	3.89～5.33	8.51～11.7	51.990	0.050	0.0010
BY48	C48	4.54～6.23	9.95～13.7	44.450	0.044	0.0010
BY56	C56	5.3～7.27	11.6～16	38.100	0.038	0.0010
BY65	C65	6.21～8.51	13.6～18.7	32.537	0.033	0.0010
BY76	C76	7.27～9.97	15.9～21.9	27.788	0.028	0.0010
BY89	C89	8.49～11.6	18.6～25.6	23.825	0.024	0.0010
BY104	C104	9.97～13.7	21.9～30.1	20.244	0.020	0.0010
BY120	C120	11.6～15.9	25.3～34.9	17.415	0.017	0.0010
BY140	C140	13.4～18.4	29.3～40.4	15.088	0.015	0.0010
BY165	C165	15.9～21.8	34.8～48.8	12.700	0.013	0.0010
BY190	C190	18.2～24.9	39.8～54.8	11.125	0.010	0.0010
BY220	C220	21.2～29.1	46.4～63.9	9.525	0.010	0.0011
BY255	C255	24.3～33.2	53.4～73.1	8.331	0.008	0.0011
BY290	C290	28.3～38.8	61.9～85.2	7.137	0.008	0.0011
BY330	C330	31.8～43	69.1～95.9	6.350	0.008	0.0013
BY380	C380	36.4～49.8	79.6～110	5.563	0.008	0.0015
BY430	C430	42.4～58.1	92.9～128	4.775	0.008	0.0017
BY495	C495	46.3～63.5	101～139	4.369	0.008	0.0019
BY580	C580	56.6～77.5	124～171	3.581	0.008	0.0022
BY660	C660	63.5～87.2	139～192	3.175	0.008	0.0025
BY765	C765	72.7～99.7	159～219	2.769	0.008	0.0030
BY890	C890	84.8～116	186～256	2.388	0.008	0.0035

A12 国产同轴线参数表

A12.1 常用硬同轴线参数表

参数型号	特征阻抗/Ω	外导体内直径/mm	内导体外直径/mm	衰减 α /[dB/(m·Hz$^{1/2}$)]	理论最大允许功率/kW	最短安全波长/cm
50-7	50	7	3.04	$3.38\times10^{-6}f^{1/2}$	167	1.73
75-7	75	7	2.00	$3.08\times10^{-6}f^{1/2}$	94	1.56
50-16	50	16	6.95	$1.48\times10^{-6}f^{1/2}$	756	3.9
75-16	75	16	4.58	$1.34\times10^{-6}f^{1/2}$	492	3.6
50-35	50	35	15.2	$0.67\times10^{-6}f^{1/2}$	3555	8.6
75-35	75	35	10.0	$0.61\times10^{-6}f^{1/2}$	2340	7.8
53-39	53	39	16	$0.60\times10^{-6}f^{1/2}$	4270	9.6
50-75	50	75	32.5	$0.31\times10^{-6}f^{1/2}$	16300	1.85
50-87	50	87	38	$0.27\times10^{-6}f^{1/2}$	22410	21.6
50-110	50	110	48	$0.22\times10^{-6}f^{1/2}$	35800	27.3

注：本表数据均按 $\varepsilon_r=1$ 计算，以纯铜计算；最短安全波长取 $\lambda=1.1\pi(a+b)$。

A12.2 国产同轴射频电缆参数表

参数型号	特征阻抗/Ω	衰减(45MHz)(不大于 dB/m)	电晕电压/kV	绝缘电阻/(MΩ/km)	相对应旧型号
SYV-50-2-1	50	0.26	1	10000	IEC-50-2-1
SYV-50-2-2	50	0.156	1	10000	PK-19
SYV-50-5	50	0.082	3	10000	PK-29
SYV-50-11	50	0.052	5.5	10000	PK-48
SYV-50-15	50	0.039	8.5	10000	PK-61
SYV-75-2	75	0.28	6.9	10000	—
SYV-75-5-1	75	0.082	2	10000	PK-1
SYV-75-7	75	0.061	4.5	10000	PK-20
SYV-75-18	75	0.026	8.5	10000	PK-8
SYV-100-7	100	0.066	3	10000	PK-2
SWY-50-2	50	0.160	3.5	10000	PK-119
SWY-50-7-2	50	0.065	4	10000	PK-128
SWY-75-1	75	0.082	2	10000	PK-101
SWY-75-7	75	0.061	3	10000	PK-120
SWY-100-7	100	0.066	3	10000	PK-102

注：同轴射频电缆型号组成如下，第1个字母"S"表示同轴射频电缆；第2个字母"Y"表示以聚乙烯绝缘，"W"表示以稳定聚乙烯作绝缘；第3个字母"V"表示护层为聚氯乙烯，"Y"表示护层为聚乙烯；第4位数字表示同轴电缆的特性阻抗；第5位数字表示芯线绝缘外径。

A13 通用射频连接器

参数型号	类型	外导体内径 mm	外导体内径 in	特征阻抗/Ω	频率范围	兼容性
IEC169-16	N 型	7	0.276	50/75	DC~11GHz	
IEC169-8	BNC 型	6.5	0.256	50/75	DC~4GHz	
IEC169-17	TNC 型	6.5	0.256	50/75	DC~11GHz	
IEC169-15	SMA 型	4.13	0.163	50	DC~18GHz	3.5mm/K
IEC169-10	SMB 型	3	0.12	50/75	DC~4GHz	
IEC169-9	SMC 型	3	0.12	50/75	DC~10GHz	
IEC169-18	SSMA 型	2.79	0.11	50	DC~34GHz	
IEC169-19	SSMB 型	2.08	0.082	50	DC~3GHz	
IEC169-20	SSMC 型	2.08	0.082	50	DC~12GHz	
IEC169-21	SC 型	9.5	0.374	50		
IEC457-2	APC7 型	7	0.276	50		
IEC169-23	APC3.5 型/3.5mm	3.5	0.138	50	DC~34GHz	SMA/K
—	K 型/2.92mm	2.92	0.115	50	DC~40GHz	SMA/3.5mm
—	OS-50 型/2.4mm	2.4	0.095	50	DC~50GHz	V
IEC169-24	F 型			75	DC~1/2.4GHz	
IEC169-27	E 型			75		
IEC169-32	V 型/1.85mm	1.85		50	DC~67GHz	2.4mm
—	1mm	1.00		50	DC~110GHz	

注：1in=2.54cm；DC：direct current，直流；SMA：subminiature version A，微型射频连接器。

A14 电磁波段划分

电磁波-频段名称				频率	波长
无线电	特低频(ULF)		超长波	3Hz~3kHz	100000~100km
	低频(LF)		长波	3~300kHz	100~1km
	中频(MF)		中波	300kHz~3MHz	1000~100m
射频	高频(HF)		短波	3~30MHz	100~10m
	甚高频(VHF)		米波	30MHz~1GHz	10~0.3m
电波	微波	特高频(UHF)	分米波	L	1~2GHz	300.00~150.00mm
				S	2~4GHz	150.00~75.00mm
		超高频(SHF)	厘米波	C	4~8GHz	75.00~37.50mm
				X	8~12GHz	37.50~25.00mm
				Ku	12~18GHz	25.00~16.67mm
				K	18~27GHz	16.67~11.11mm
				Ka	27~40GHz	11.11~7.50mm
		极高频(EHF)	毫米波	Q	30~50GHz	10.00~6.00mm
				U	40~60GHz	7.50~5.00mm
				V	50~75GHz	6.00~4.00mm
				E	60~90GHz	5.00~3.33mm
				W	75~110GHz	4.00~2.73mm
				F	90~140GHz	3.33~2.14mm
				D	110~170GHz	2.73~1.76mm
				G	140~220GHz	2.14~1.36mm
		太赫兹波			0.1~10THz	3.00~0.03mm

续表

电磁波-频段名称				频率	波长
光波	微米波	红外线	远红外	(1/50～1/10.6)300THz	50～10.6μm
			中红外	(1/10.6～1/1.675)300THz	10.6～1.675μm
			近红外 U	(1/1.675～1/1.625)300THz	1.675～1.625μm
			近红外 L	(1/1.625～1/1.566)300THz	1.625～1.566μm
			近红外 C	(1/1.566～1/1.53)300THz	1.566～1.53μm
			近红外 S	(1/1.53～1/1.46)300THz	1.53～1.46μm
			近红外 E	(1/1.46～1/1.36)300THz	1.46～1.36μm
			近红外 O	(1/1.36～1/1.26)300THz	1.36～1.26μm
			短波	(1/1.26～1/1.06)300THz	1.26～1.06μm
			短波	(1/1.06～1/0.94)300THz	1.06～0.94μm
			超短波	(1/0.94～1/0.85)300THz	0.94～0.85μm
			超短波	(1/0.85～1/0.78)300THz	0.85～0.78μm
	纳米波	可见光	红光	(1/0.78～1/0.66)300THz	780～660nm
			橙光	(1/0.66～1/0.60)300THz	660～600nm
			黄光	(1/0.60～1/0.54)300THz	600～540nm
			绿光	(1/0.54～1/0.50)300THz	540～500nm
			青光	(1/0.50～1/0.46)300THz	500～460nm
			蓝光	(1/0.46～1/0.44)300THz	460～440nm
			紫光	(1/0.44～1/0.38)300THz	440～380nm
		紫外线	近紫外	(1/0.40～1/0.20)300THz	400～200nm
			中紫外	(1/0.20～1/0.1)300THz	200～100nm
			远紫外	(1/0.1～1/0.01)300THz	100～10nm
		X光		(100～10000)300THz	10～0.1nm
皮米波	特种辐射		γ射线	(10000～1000000)300THz	100～1pm
			高能辐射	>300000000THz	<1pm

A15 功率单位 mW 和 dBm 的换算关系

dBm	mW	dBm	mW
0	1.0mW	26	400mW
1	1.3mW	27	500mW
2	1.6mW	28	640mW
3	2.0mW	29	800mW
4	2.5mW	30	1.0W
5	3.2mW	31	1.3W
6	4.0mW	32	1.6W
7	5.0mW	33	2.0W
8	6.0mW	34	2.5W
9	8.0mW	35	3.0W
10	10mW	36	4.0W
11	13mW	37	5.0W
12	16mW	38	6.0W
13	20mW	39	8.0W
14	25mW	40	10W
15	32mW	41	13W
16	40mW	42	16W
17	50mW	43	20W
18	64mW	44	25W
19	80mW	45	32W
20	100mW	46	40W
21	128mW	47	50W
22	160mW	48	64W
23	200mW	49	80W
24	250mW	50	100W
25	320mW	60	1000W

A16 $J_m(x)$和 $J_m'(x)$的前 200 个根(μ_{mn} 和 v_{mn})

序号	模式 mn	μ_{mn} 或 v_{mn}	序号	模式 mn	μ_{mn} 或 v_{mn}
1	TE$_{11}$	1.841184	32	TE$_{91}$	10.711434
2	TM$_{01}$	2.404826	33	TM$_{42}$	11.064709
3	TE$_{21}$	3.054237	34	TM$_{71}$	11.086370
4*	TM$_{11}$	3.831706	35	TE$_{33}$	11.345924
5*	TE$_{01}$	3.831706	36	TM$_{23}$	11.619841
6	TE$_{31}$	4.201189	37	TE$_{14}$	11.706005
7	TM$_{21}$	5.135622	38	TE$_{62}$	11.734936
8	TE$_{41}$	5.317553	39	TE$_{10,1}$	11.770877
9	TE$_{12}$	5.331443	40	TM$_{04}$	11.791534
10	TM$_{02}$	5.520078	41	TM$_{81}$	12.225092
11	TM$_{31}$	6.380162	42	TM$_{52}$	12.338604
12	TE$_{51}$	6.415616	43	TE$_{43}$	12.681908
13	TE$_{22}$	6.706133	44	TE$_{11,1}$	12.826491
14*	TM$_{12}$	7.015587	45	TE$_{72}$	12.932386
15*	TE$_{02}$	7.015587	46	TM$_{33}$	13.015201
16	TE$_{61}$	7.501266	47	TE$_{24}$	13.170371
17	TM$_{41}$	7.588342	48*	TM$_{14}$	13.323692
18	TE$_{32}$	8.015237	49*	TE$_{04}$	13.323692
19	TM$_{22}$	8.417244	50	TM$_{91}$	13.354300
20	TE$_{13}$	8.536316	51	TM$_{62}$	13.589290
21	TE$_{71}$	8.577836	52	TE$_{12,1}$	13.878843
22	TM$_{03}$	8.653728	53	TE$_{53}$	13.987189
23	TM$_{51}$	8.771484	54	TE$_{82}$	14.115519
24	TE$_{42}$	9.282396	55	TM$_{43}$	14.372537
25	TE$_{81}$	9.647422	56	TM$_{10,1}$	14.475501
26	TM$_{32}$	9.761023	57	TE$_{34}$	14.585848
27	TM$_{61}$	9.936110	58	TM$_{24}$	14.795952
28	TE$_{23}$	9.969468	59	TM$_{72}$	14.821269
29*	TM$_{13}$	10.173468	60	TE$_{15}$	14.863589
30*	TE$_{03}$	10.173468	61	TE$_{13,1}$	14.928374
31	TE$_{52}$	10.519861	62	TM$_{05}$	14.930918

续表

序号	模式 mn	μ_{mn} 或 v_{mn}	序号	模式 mn	μ_{mn} 或 v_{mn}
63	TE_{63}	15.268181	98	TE_{45}	19.196029
64	TE_{92}	15.286738	99	TM_{35}	19.409415
65	$TM_{11,1}$	15.589848	100	TE_{26}	19.512913
66	TM_{53}	15.700174	101	TM_{83}	19.554536
67	TE_{44}	15.964107	102*	TM_{16}	19.615859
68	$TE_{14,1}$	15.975439	103*	TE_{06}	19.615859
69	TE_{82}	16.037774	104	$TM_{11,2}$	19.615967
70	TM_{34}	16.223466	105	$TE_{13,2}$	19.883224
71	TE_{25}	16.347522	106	TE_{74}	19.941853
72	$TE_{10,2}$	16.447853	107	$TM_{15,1}$	19.994431
73*	TM_{15}	16.470630	108	$TE_{18,1}$	20.144079
74*	TE_{05}	16.470630	109	$TE_{10,3}$	20.223031
75	TE_{73}	16.529366	110	TM_{64}	20.320789
76	$TM_{12,1}$	16.698250	111	TE_{55}	20.575515
77	TM_{63}	17.003820	112	$TM_{12,2}$	20.789906
78	$TE_{15,1}$	17.020323	113	TM_{93}	20.807048
79	TM_{92}	17.241220	114	TM_{45}	20.826933
80	TE_{54}	17.312842	115	TE_{36}	20.972477
81	$TE_{11,2}$	17.600267	116	$TE_{14,2}$	20.015405
82	TM_{44}	17.615966	117	$TM_{16,1}$	20.085147
83	TE_{83}	17.774012	118	TM_{26}	21.116997
84	TE_{35}	17.788748	119	TE_{17}	21.164370
85	$TM_{13,1}$	17.801435	120	$TE_{19,1}$	21.182267
86	TM_{25}	17.959819	121	TM_{07}	21.211637
87	TE_{16}	18.015528	122	TE_{84}	21.229063
88	$TE_{16,1}$	18.063261	123	$TE_{11,3}$	21.430854
89	TM_{06}	18.071064	124	TM_{74}	21.641541
90	TM_{73}	18.287583	125	TE_{65}	21.931715
91	$TM_{10,2}$	18.433464	126	$TM_{13,2}$	21.956244
92	TE_{64}	18.637443	127	$TM_{10,3}$	22.046985
93	$TE_{12,2}$	18.745091	128	$TE_{15,2}$	22.142247
94	$TM_{14,1}$	18.899998	129	$TM_{17,1}$	21.172495
95	TM_{54}	18.980134	130	TM_{55}	22.217800
96	TE_{93}	19.004594	131	$TE_{20,1}$	22.219145
97	$TE_{17,1}$	19.104458	132	TE_{46}	22.401032

续表

序号	模式 mn	μ_{mn} 或 v_{mn}	序号	模式 mn	μ_{mn} 或 v_{mn}
133	TE$_{94}$	22.510399	167	TM$_{16,2}$	25.417019
134	TM$_{36}$	22.582730	168	TM$_{20,1}$	25.417141
135	TE$_{12,3}$	22.629300	169	TM$_{56}$	25.430341
136	TE$_{27}$	22.671582	170	TE$_{18,2}$	25.495558
137*	TM$_{17}$	22.760084	171	TM$_{10,4}$	25.509450
138*	TE$_{07}$	22.760084	172	TE$_{47}$	25.589760
139	TM$_{84}$	22.945173	173	TM$_{13,3}$	25.705104
140	TM$_{14,2}$	23.115778	174	TM$_{37}$	25.748167
141	TE$_{21,1}$	23.254816	175	TE$_{28}$	25.826037
142	TM$_{12,1}$	23.256777	176	TE$_{95}$	25.891177
143	TE$_{16,2}$	23.264269	177*	TM$_{18}$	25.903672
144	TE$_{75}$	23.268053	178*	TE$_{08}$	25.903672
145	TM$_{11,3}$	23.275854	179	TM$_{15,3}$	26.177766
146	TM$_{65}$	23.586084	180	TE$_{12,4}$	26.246048
147	TE$_{10,4}$	23.760716	181	TM$_{85}$	26.266815
148	TE$_{56}$	23.803581	182	TE$_{24,1}$	26.355506
149	TE$_{13,3}$	23.819374	183	TM$_{21,1}$	26.493648
150	TM$_{46}$	24.019020	184	TE$_{76}$	26.545032
151	TE$_{37}$	24.144897	185	TM$_{17,2}$	26.559784
152	TM$_{94}$	24.233885	186	TE$_{19,2}$	26.605533
153	TM$_{15,2}$	24.269180	187	TM$_{11,4}$	26.773323
154	TM$_{27}$	24.270112	188	TM$_{66}$	26.820152
155	TE$_{22,1}$	24.239385	189	TM$_{14,3}$	26.907369
156	TE$_{18}$	24.311327	190	TE$_{57}$	27.010308
157	TM$_{19,1}$	24.338250	191	TE$_{10,5}$	27.182022
158	TM$_{08}$	24.352472	192	TM$_{47}$	27.199088
159	TE$_{17,2}$	24.381913	193	TE$_{38}$	27.310058
160	TM$_{12,3}$	24.494885	194	TE$_{16,3}$	27.347386
161	TE$_{85}$	24.587197	195	TE$_{25,1}$	27.387204
162	TM$_{75}$	24.934928	196	TM$_{28}$	27.420574
163	TE$_{14,3}$	25.001972	197	TE$_{19}$	27.457051
164	TE$_{11,4}$	25.008519	198	TE$_{13,4}$	27.474340
165	TE$_{66}$	25.183925	199	TM$_{09}$	27.493480
166	TE$_{23,1}$	25.322921	200	TM$_{22,1}$	27.567944

*表示兼并模。